全国地层多重划分对比研究

（50）

西南区区域地层

主　　编：郝子文
副 主 编：饶荣标
编　　者：郝子文　饶荣标　徐星琪
姚冬生　方飞龙

中国地质大学出版社

内 容 简 介

本书以中国西南区四川省、云南省、青海省、西藏自治区“八五”期间“地层多重划分对比研究”成果为基础，以《国际地层指南》和《中国地层指南及中国地层指南说明书》为理论指导，首次尝试对我国西南区大陆造山带进行岩石地层单位的划分、对比，并综合了生物地层、同位素测年及古地磁资料，论述了各断代地层的沉积环境、构造格架及时空演化关系。它是一部研究中国西南区大陆造山带地层的综合性论著。对地层研究工作者、构造研究工作者、区调人员，以及教学、其他科研人员都具有普遍参考价值。

图书在版编目(CIP)数据

西南区区域地层/郝子文主编. —武汉：中国地质大学出版社有限责任公司，1999.12(2012.7重印)

〔全国地层多重划分对比研究；50〕

ISBN 978-7-5625-1274-5

Ⅰ. ①西…

Ⅱ. ①郝…

Ⅲ. ①地层学-西南地区

Ⅳ. ①P535.27

中国版本图书馆 CIP 数据核字(2012)第155120号

西南区区域地层

〔全国地层多重划分对比研究(50)〕

郝子文 主编

责任编辑：刘粤湘 褚松和　　技术编辑：阮一飞　　责任校对：熊华珍

出版发行：中国地质大学出版社有限责任公司(武汉市洪山区鲁磨路388号)　邮政编码：430074

电　话：(027)67883511　　传真：67883580　　E-mail：cbb @ cug. edu. cn

经　销：全国新华书店　　http://www. cugp. cug. edu. cn

开本：787毫米×1092毫米 1/16　　字数：368千字　印张：14.5　插页：1

版次：1999年12月第1版　　印次：2012年7月第2次印刷

印刷：武汉教文印刷厂　　印数：601—1 100册

ISBN 978-7-5625-1274-5　　定价：51.00元

序

100多年来，地层学始终是地质学的重要基础学科的支柱，甚至还可以说是基础中的基础，它为近代地质学的建立和发展发挥了十分重要的作用。随着板块构造学说的提出和发展，地质科学正经历着一场深刻的变革，古老的地层学和其他分支学科一样还面临着满足社会不断进步与发展的物质需要和解决人类的重大环境问题等双重任务的挑战。为了迎接这一挑战，依靠现代科技进步及各学科之间相互渗透，地层学的研究范围将不断扩大，研究途径更为宽广，研究方法日趋多样化，并萌发出许多新的思路和学术思想，产生出许多分支学科，如生态地层学、磁性地层学、地震地层学、化学地层学、定量地层学、事件地层学、气候地层学、构造地层学和月球地层学等等，它们的综合又导致了“综合地层学”和“全球地层学”概念的提出。所有这一切，标志着地层学研究向高度综合化方向发展。

我国的地层学和与其密切相关的古生物学早在本世纪前期的创立阶段，就涌现出一批杰出的地层古生物学家和先驱，他们的研究成果奠定了我国地层学的基础。但是大规模的进展，还是从1949年以后，尤其是随着全国中小比例尺区域地质调查的有计划开展，以及若干重大科学计划的执行而发展起来的。正像我国著名的地质学家尹赞勋先生在第一届全国地层会议上所讲：“区域地质调查成果的最大受益者就是地层古生物学。”1959年召开的中国第一届全国地层会议，总结了建国十年来所获的新资料，制定了中国第一份地层规范（草案），标志着我国地层学和地层工作进入了一个新的阶段。过了20年，地层学在国内的发展经历了几乎十年停滞以后，于1979年召开了中国第二届全国地层会议，会议在某种程度上吸收学习了国际地层学研究的新成果，还讨论制定了《中国地层指南及中国地层指南说明书》，为推动地层学在中国的发展，缩小同国际地层学研究水平的差距奠定了良好基础。这次会议以后所进行的一系列工作，包括应用地层单位的多重性概念所进行的地层划分对比研究、区域地层格架及地层模型的研究，现代地层学与沉积学相结合所进行的盆地分析以及1：5万区域地质填图方法的改进与完善等，都成为我国地层学进一步发展的强大推动力。为此，地质矿产部组织了一项“全国地层多重划分对比研究（清理）”的系统工程，在30个省、直辖市、自治区（含台湾省，不含上海市）范围内，自下而上由省（市、区）、大区和全国设立三个层次的课题，在现代地层学和沉积学理论指导下，对以往所建立的地层单位进行研究（清理），追溯地层单位创名的沿革，重新厘定单位含义、层型类型与特征、区域延伸与对比，消除同物异名，查清同名异物，在大范围内建立若干断代岩石地层单位的时空格架、编制符合现代地层学含义的新一代区域地层序列表，并与地层多重划分对比研究工作同步开展了省（市、区）和全国两级地层数据库的研建，对巩固地层多重划分对比研究（清理）成果，为地层学的科学化、系统化和现代化发展打下了良好基础。这项研究工作在部、省（市、区）各级领导的支持关怀下，全体研究人员经过5年的艰苦努力已圆满地完成了任务，高兴地看到许多成果已陆续要出版了。这项工作涉及的范围之广、参加的单位及人员之多、文件的时间跨度之长，以及现代科学理论与计算机技术的应用等各方面，都可以说是在我国地层学工作不断发展中具有里程碑意义的。这项研究中不同层次成果的出版问世，不仅对区域地质调查、地质图件的编测、区域矿产普查与勘查、地质科研和教学等方面都具有现实的指导作用和实用价值，而且对我国地层学的发展和科学化、系统化将起到积极的促进作用。

首次组织实施这样一项规模空前的全国性的研究工作，尽管全体参与人员付出了极大的辛勤劳动，全国项目办和各大区办进行了大量卓有成效和细致的组织协调工作，取得了巨大的成绩，但由于种种原因，难免会有疏漏甚至失误之处。即使这样，该系列研究是认识地层学真理长河中的一个相对真理的阶段，其成果仍不失其宝贵的科学意义和巨大的实用价值。我相信经过广大地质工作者的使用与检验，在修订再版时，其内容将会更加完美。在此祝贺这一系列地层研究成果的公开出版，它必将发挥出巨大社会经济效益，为地质科学的发展做出新的贡献。

程裕淇

前　　言

地层学在地质科学中是一门奠基性的基础学科，是基础地质的基础。自从19世纪初由W史密斯奠定的基本原理和方法以来的一个半世纪中，地层学是地质科学中最活跃的一个分支学科，对现代地质学的建立和发展产生了深刻的影响，作出了不可磨灭的贡献，特别是在20世纪60年代由于板块构造学说兴起引发的一场“地学革命”，其表现更为显著。随着板块构造学的确立，沉积学和古生态学的发展，地球历史和生物演化中的灾变论思想的复兴和地质事件概念的建立，使地层学的分支学科，如时间地层学、生态地层学、地震地层学、同位素地层学、气候地层学、磁性地层学、定量地层学和构造地层学等像雨后春笋般地蓬勃发展，这种情况必然对地层学、生物地层和沉积地层等的传统理论认识和方法提出了严峻的挑战。经过20年的论战，充分体现当代国际地质科学先进思想的《国际地层指南》（英文版）于1976年见诸于世，之后在不到20年的时间里又于1979、1987、1993年连续三次进行了修改补充，陆续补充了《磁性地层极性单位》、《不整合界限地层单位》，以及把岩浆岩与变质岩等作为广义地层学范畴纳入地层指南而又补充编写了《火成岩和变质岩岩体的地层划分与命名》等内容。

国际地层学上述重大变革，对我国地学界产生了强烈冲击，十年动乱形成的政治禁锢被打开，迎来了科学的春天，先进的科学思潮像潮水般涌来，于是在1980年第二届全国地层工作会议上通过并公开出版了《中国地层指南及中国地层指南说明书》，阐述了地层多重划分概念。于1983年按地层多重划分概念和岩石地层单位填图在安徽区调队进行了首次试点。1985年《贵州省区域地质志》中地层部分吸取了地层多重划分概念进行撰写。1986年地质矿产部设立了“七五”重点科技攻关项目——“1∶5万区调中填图方法研究项目”，把以岩石地层单位填图，多重地层划分对比，识别基本地层层序等现代地层学和现代沉积学相结合的内容列为沉积岩区区调填图方法研究课题，从此拉开了新一轮1∶5万区调填图的序幕，由试点的贵州、安徽和陕西三省逐步推向全国。

1∶5万区调填图方法研究试点中遇到的最大问题是如何按照现代地层学的理论和方法来对待与处理按传统理论和方法所建立的地层单位？如果维持长期沿用的按传统理论建立的地层单位，虽然很省事，但是又如何体现现代地层学和现代沉积学相结合的理论与方法呢？这样就谈不上紧跟世界潮流，迎接这一场由板块构造学说兴起所带来的“地学革命”。如果要坚持这一技术领域的革命性变革，就要下决心花费很大力气克服人力、财力和技术性等方面的重重困难，对长期沿用的不规范化的地层单位进行彻底的清理。经过反复研究比较，我们认识到科学技术的变革也和社会经济改革的潮流一样是不可逆转的，只有坚持改革才能前进，不进则退，否则就将被历史所淘汰，别无选择。在这一关键时刻，地质矿产部和原地矿部直管局领导作出了正确决策，从1991年开始，从地勘经费中设立一项重大基础地质研究项目——全国地层多重划分对比研究项目，简称全国地层清理项目，开始了一场地层学改革的系统工程，在全国范围内由下而上地按照现代地层学的理论和方法对原有的地层单位重新明确其定义、划分对比标准、延伸范围及各类地层单位的相互关系，与此同时研建全国地层数据库，巩固地层清理成果，推动我国地层学研究和地层单位管理的规范化和现代化，指导当前和今后一个时期1：5万、1：25万等区调填图等，提高我国地层学研究水平。1991年地质矿产部原直管局将地层清理作为部指令性任务以地直发(1991)005号文和1992年以地直发(1992)014号文下发了《地矿部全国地层多重划分对比（清理）研究项目第一次工作会议纪要》，明确了各省（市、自治区）地质矿产局（厅）清理研究任务，并于1993年2月补办了专项地勘科技项目合同（编号直科专92-1），并明确这一任务分别设立部、大区和省（市、自治区）三级领导小组，实行三级管理。

部级成立全国项目领导小组

组长	李廷栋	地质矿产部副总工程师
副组长	叶天竺	地质矿产部原直管局副局长
	赵　逊	中国地质科学院副院长

成立全国地层清理项目办公室，受领导小组委托对全国地层清理工作进行技术业务指导和协调以及经常性业务组织管理工作，并设立在中国地质科学院区域地质调查处（简称区调处）。

项目办公室主任	陈克强	区调处处长，教授级高级工程师
副主任	高振家	区调处总工，教授级高级工程师
	简人初	区调处高级工程师
专家	张守信	中国科学院地质研究所研究员
	魏家庸	贵州省地质矿产局区调院教授级高级工程师
成员	姜　义	区调处工程师
	李　忠	会计师
	周统顺	中国地质科学院地质研究所研究员

大区一级成立大区领导小组，由大区内各省（市、自治区）局级领导成员和地科院沈阳、天津、西安、宜昌、成都、南京六个地质矿产研究所各推荐一名专家组成。领导小组对本大区地层清理工作进行组织、指导、协调、仲裁并承担研究的职责。下设大区办公室，负责大区地层清理的技术业务指导和经常性业务技术管理工作。在全国项目办直接领导下，成立全国地层数据库研建小组，由福建区调队和部区调处承担，负责全国和省（市、自治区）二级地层数据库软件开发研制。

各省（市、自治区）成立省级领导小组，以省（市、自治区）局总工或副总工为组长，有区调主管及有关处室负责人组成，在专业区调队（所、院）等单位成立地层清理小组，具体负责地层清理工作，同时成立省级地层数据库录入小组，按照全国地层数据库研建小组研制的软件及时将本省清理的成果进行数据录入，并检验软件运行情况，及时反馈意见，不断改进和优化软件。在全国地层清理的三个级次的项目中，省级项目是基础，因此要求各省（市、自治区）地层清理工作必须实行室内清理与野外核查相结合，清理工作与区调填图相结合，清理与研究相结合，地层清理与地层数据库建立相结合，“生产”单位与科研教学单位相结合，并强调地层清理人员要用现代地层学和现代沉积学的理论武装起来，彻底打破传统观点，统一标准内容，严格要求，高标准地完成这一历史使命。实践的结果，凡是按上述五个相结合去做的效果都比较好，不仅出了好成果，而且通过地层清理培养锻炼了一支科学技术队伍，从总体上把我国区调水平提高到一个新台阶。

三年多以来，参加全国地层清理工作的人员总数达400多人，总计查阅文献约24 000份，野外核查剖面约16 472.6 km，新测剖面70余条约300 km，清理原有地层单位有12 880个，通过清查保留的地层单位约4721个（还有省与省之间重复的），占总数36.6%，建议停止使用或废弃的单位有8159个（为同物异名或非岩石地层单位等），占总数63.4%，清查中通过实测剖面新建地层单位134个。与此同时研制了地层单位的查询、检索、命名和研究对比功能的数据库，通过各省（市、自治区）数据录入小组将12 880个地层单位（每个单位5张数据卡片）和10 000多条各类层型剖面全部录入，首次建立起全国30个（不含上海市）省（市、自治区）基础地层数据库，为全国地层数据库全面建成奠定了坚实的基础。从1994年7月—11月，分七个片对30个省（市、自治区）地层清理成果报告及数据库的数据录入进行了评审验收，到1994年底可以说基本上完成了省一级地层清理任务。1995—1996年将全面完成大区和总项目的清理研究任务。由此可见，这次全国地层清理工作无论是参加人数之多，涉及面之广，新方法新技术的应用以及理论指导的高度和研究的深度都可以堪称中国地层学研究的第三个里程碑。这一系统工程所完成的成果，不仅是这次直接参加清理的400多人的成果，而且亦应该归功于全国地层工作者、区域地质调查者、地层学科研与教学人员以及为地层工作做过贡献的普查勘探人员。全国地层清理成果的公开出版，必将对提高我国地层学研究水平，统一岩石地层划分和命名指导区调填图，加强地层单位的管理以及地质勘察和科研教学等方面发挥重要的作用。

鉴于本次地层清理工作和地层数据库的研建是过去从未进行过的一项研究性很强的系统工程，涉及的范围很广，时间跨度长达100多年，参加该项工作的人员多达300～400人，由于时间短，经费有限，人员水平不一，文献资料掌握程度等种种主客观原因，尽管所有人员都尽了最大努力，但是在本书中少数地层单位的名称、出处、命名人和命名时间等不可避免地存在一些问题。本书中地层单位名称出现的“岩群”、“岩组”等名词，是根据1990年公开出版的程裕淇主编的《中国地质图（1∶500万）及说明书》所阐述的定义。为了考虑不同观点的读者使用，本书对有“岩群”、“岩组”的地层单位，均暂以（岩）群、（岩）组处理。如鞍山（岩）群、迁西（岩）群。总之，本书中存在的错漏及不足之处，真心地欢迎广大读者提出宝贵意见，以便今后不断改正和补充。

在30个省（市、自治区）地层清理系统成果即将公开出版之际，我代表全国地层清理项目办公室向参加30个省（市、自治区）地层清理、数据库研建和数据录入的同志所付出的辛勤劳动表示衷心的感谢和亲切的慰问。在全国地层清理项目立项过程中，原直管局王新华、黄崇柯副局长给予了大力支持，原直管局局长兼财务司司长现地矿部副部长陈洲其在项目论证会上作了立项论证报告，在人、财、物方面给予过很大支持；全国地层委员会副主任程裕淇院士一直对地层清理工作给予极大的关心和支持，并在立项论证会上作了重要讲话；中国地质大学教授、全国地层委员会地层分类命名小组组长王鸿祯院士是本项目的顾问，在地层清理的指导思想、方法步骤及许多重大技术问题上给予了具体的指导和帮助；中国地质大学教授杨遵仪院士对这项工作热情关心并给以指导；中国地质科学院院长、部总工程师陈毓川研究员参加了第三次全国地层清理工作会议并作了重要指示与鼓励性讲话；部科技司姜作勤高工，计算中心邬宽廉、陈传森，信息院赵精满，地科院刘心铸等专家对地层数据库设计进行评审，为研建地层数据库提出许多有意义的建议。中国科学院地质研究所，南京古生物研究所，中国地质科学院地质研究所，天津、沈阳、南京、宜昌、成都和西安地质矿产研究所，南京大学，西北大学，中国地质大学，长春地质学院，西安地质学院等单位的知名专家、教授和学者，各省（市、自治区）地矿局领导、总工程师、区调主管、质量检查员和区调队、地研所、综合大队等单位的区域地质学家共600余人次参加了各省（市、自治区）地层清理研究成果和六个大区区域地层成果报告的评审和鉴定验收，给予了友善的帮助；各省（市、自治区）地矿局（厅）、区调队（所、院）等各级领导给予地层清理工作在人、财、物方面的大力支持。可以肯定，没有以上各有关单位和部门的领导和众多的专家教授对地层清理工作多方面的关心和支持，这项工作是难以完成的。在30个省（市、自治区）地层清理成果评审过程中一直到成果出版之前，中国地质大学出版社，特别是以褚松和副社长和刘粤湘编辑为组长的全国地层多重划分对比研究报告编辑出版组为本套书编辑出版付出了极大的辛苦劳动，使这一套系统成果能够如此快地、规范化地出版了！在全国项目办设在区调处的几年中，除了参加项目办的成员外，区调处的陈兆棉、其和日格、田玉莹、魏书章、刘凤仁多次承担地层清理会议的会务工作，赵洪伟和于庆文同志除了承担会议事务还为会议打印文稿，于庆文同志还协助绘制地层区划图及文稿复印等工作。

在此，向上面提到的单位和所有同志一并表示我们最诚挚的谢意，并希望继续得到他们的关心和支持。

全国地层清理项目办公室（陈克强执笔）

目 录

Contents

第一章

绪 论

《全国地层多重划分对比研究》分为部、大区和省(市、自治区)三个层次进行工作。西南大区的研究范围介于东经78°—105°、北纬21°—36°之间。北部以南昆仑断裂与西北大区分界,东部以龙门山断裂—哀牢山断裂与中南大区分界(参见图2-1),包括西藏自治区全境、青海省南部、四川省及云南省西部,总面积约为$2\times10^6km^2$,占全国面积五分之一强。

各省(自治区)研究课题是最基础的工作,它的中心任务是对以往所建立的地层单位进行研究。即以《国际地层指南》(1979)和《中国地层指南及中国地层指南说明书》(1981)为指导,根据地层多重划分对比理论和方法,对现有的地层单位重新明确其单位性质和定义、划分对比标准、延伸范围以及各类地层的相互关系,从而提出一套推荐使用的岩石地层系统,并尽可能地阐明岩石地层单位与其他地层单位如年代地层单位、生物地层单位等的关系。

大区一级的研究任务是在各省(自治区)地层清理成果基础上对其进行综合、归纳、上升和提高,以求在更大时空范围内探讨地质历史上接受沉积的盆地对岩石地层的控制和配置关系,它不再是地层清理工作的重复,而是区域地层规律性的探讨和研究。

西南大区的研究资料,除依据西藏、青海、四川、云南四省(区)地层清理成果外,还重新查阅、核实了1:100万和1:20万区调原始地层剖面资料,特别是"七五"到"八五"期间在西藏东部及拉萨地区的最新区调报告和1951年以来国内的、中外合作的项目与集体、个人的大量专著、文献及论文,在此特予说明并致以衷心的感谢。

《中国西南区区域地层》编写的技术思路和遵循的原则是:

(1)《国际地层指南》和《中国地层指南及中国地层指南说明书》关于地层多重划分对比的理论是本书编著的基本理论依据。地直发(1991)005号文和地直发(1992)014号文是相应的技术政策和质量要求准则。

(2)从实际出发。研究区1:20万图幅截至1994年共完成128幅,占研究区应测图幅276幅的44.6%。大体上说,东经90°以西主要为1:100万资料,90°—96°之间有少部分1:20万资料,96°以东主要为1:20万资料。以上形成了研究区内精度差异的"三大阶梯"。因此,我们一切从实际出发,不作人为的拔高。

(3)突出重点、有所为有所不为。研究区元古宙"杂岩"宜粗,早古生代地层出露有限宜"简",晚古生代以来是本区地质背景重大转折期,是本次研究的重点。

(4)突出"造山带"岩石地层特色,力求对"造山带"岩石地层特征、划分、对比等方面在研究思路上有所创新和进展,在工作方法上有所突破。

(5)三个级别的地层区划中,"地层区"一级被认为是我们最适中的研究单位。尽量在少重复的原则下，将“地层区”的事实交代清楚，以便从不同角度的使用者根据事实做出自己的判断。

《中国西南区区域地层》编著的时间虽然只有一年，但准备工作起步较早，1992年4月至1994年大区在履行“组织、协调、指导、仲裁”任务时，曾先后16次27人次到西藏、青海、云南、四川与各省(区)主管单位、项目清理组共同研究并处理了大量跨省(区)的地层问题，对疑难地区进行了长达3 775km的实地踏勘调研。参加这一阶段大区领导小组和办公室成员有郝子文、饶荣标、姚冬生、方飞龙、徐星琪、曹佑功(后期夏代祥)、金淳泰、吴向农、秦德厚、王全海等同志。研究报告分两步进行，第一步按“地层区”分工，参加执笔的有郝子文、饶荣标、姚冬生、方飞龙、徐星琪；第二步按自然断代和章、节分工，其中绪论、前寒武纪、结束语以及全书摘要由郝子文执笔；泥盆纪—二叠纪、三叠纪由饶荣标执笔；寒武纪—志留纪、侏罗纪—白垩纪、第三纪以及地层区划由徐星琪执笔，附表1和附表2分别由饶荣标和徐星琪编制。最后，由郝子文、饶荣标统纂。全书采纳或使用的岩石地层单位名称共计388个，其中群级(含岩群)单位54个，组级(含岩组)单位334个。

在编著本书过程中，自始至终都在“全国地层多重划分对比研究”项目办公室及其专家、顾问的关心指导下开展工作的。本书初稿于1996年1月8日—12日在北京由地质矿产部地质调查局组织以中国科学院院士李廷栋为首的14位专家组成“成果鉴定验收委员会”，对书稿进行了严肃认真的审查，指出书稿“在运用现代地层学、沉积学和板块构造理论综合研究大区内岩石地层单位的时空分布规律，地层格架、沉积类型、环境和沉积盆地演化等方面取得了重要进展，把大区区域地层学研究提高到一个新水平。它是一项具有重要意义和实用价值的区域地层学研究成果，总体达到国内领先水平，并在构造格架控制区域岩石地层时空分布、发育特征的分析研究方面达到国际同类研究的先进水平”。同时，也提出了一些中肯的修改意见，编著者根据地调发［1996］06号文关于下发《中国西南区区域地层》成果鉴定意见书的通知精神，对书稿进行了认真修改和完善。在付印出版前，由“全国地层多重划分对比研究”项目办公室陈克强、高振家、魏家庸会同中国地质大学出版社对全书再次进行了审阅。除上述单位和专家、顾问外，西藏自治区、青海省、云南省、四川省四省(区)地层清理组的工作是编著本书的基础，书中大量引用了四省(区)的清理成果，特别是截至1995年待出版的最新区调成果，同时也大量参考和引用了科研、教学单位及个人的研究资料，除本书中说明作者、单位外，在此再次对上述单位和个人一并表示衷心的感谢。

第二章

地层区划及综合地层序列

中国西南区的范围大致相当地理学概念中“青藏高原”的大部分，在行政上包括西藏自治区全境、青海省南部及四川省和云南省的西部。中国西南区的西部和南部分别与巴基斯坦、印度、尼泊尔、不丹、锡金、缅甸、老挝、越南等国相邻，北部与中国西北区接壤，东部与中国中南区衔接。

西南区的岩石地层区划(图2-1)，是按“全国地层多重划分对比研究”项目办公室统一的划分方案进行，分为地层大区、地层区、地层分区三个级别。西南区主要涉及全国统一地层区划中的两个地层大区，即华南地层大区和藏滇地层大区。另在南部国境线附近，有小部分属印度地层大区的地层。

下面将三个级别的地层区划名称、编号(全国统一编号)及隶属关系列表如下：

Ⅵ　华南地层大区

　Ⅵ$_1$　巴颜喀拉地层区

　　Ⅵ$_1^1$　玛多-马尔康（地层）分区

　　Ⅵ$_1^2$　玉树-中甸（地层）分区

　Ⅵ$_2$　羌北-昌都-思茅地层区

　　Ⅵ$_2^1$　西金乌兰-金沙江（地层）分区

　　Ⅵ$_2^2$　唐古拉-昌都（地层）分区

　　Ⅵ$_2^3$　兰坪-思茅（地层）分区

Ⅶ　藏滇地层大区

　Ⅶ$_1$　羌南-保山地层区

　　Ⅶ$_1^1$　崆喀山口（地层）分区(大部在新疆，图2-1未表示)

　　Ⅶ$_1^2$　双湖（地层）分区

　　Ⅶ$_1^3$　木嘎岗日（地层）分区

　　Ⅶ$_1^4$　保山（地层）分区

　Ⅶ$_2$　冈底斯-腾冲地层区

　　Ⅶ$_2^1$　措勤-申扎（地层）分区

　　Ⅶ$_2^2$　那曲-比如（地层）分区

　　Ⅶ$_2^3$　拉萨（地层）分区

　　Ⅶ$_2^4$　腾冲（地层）分区

　Ⅶ$_3$　喜马拉雅地层区

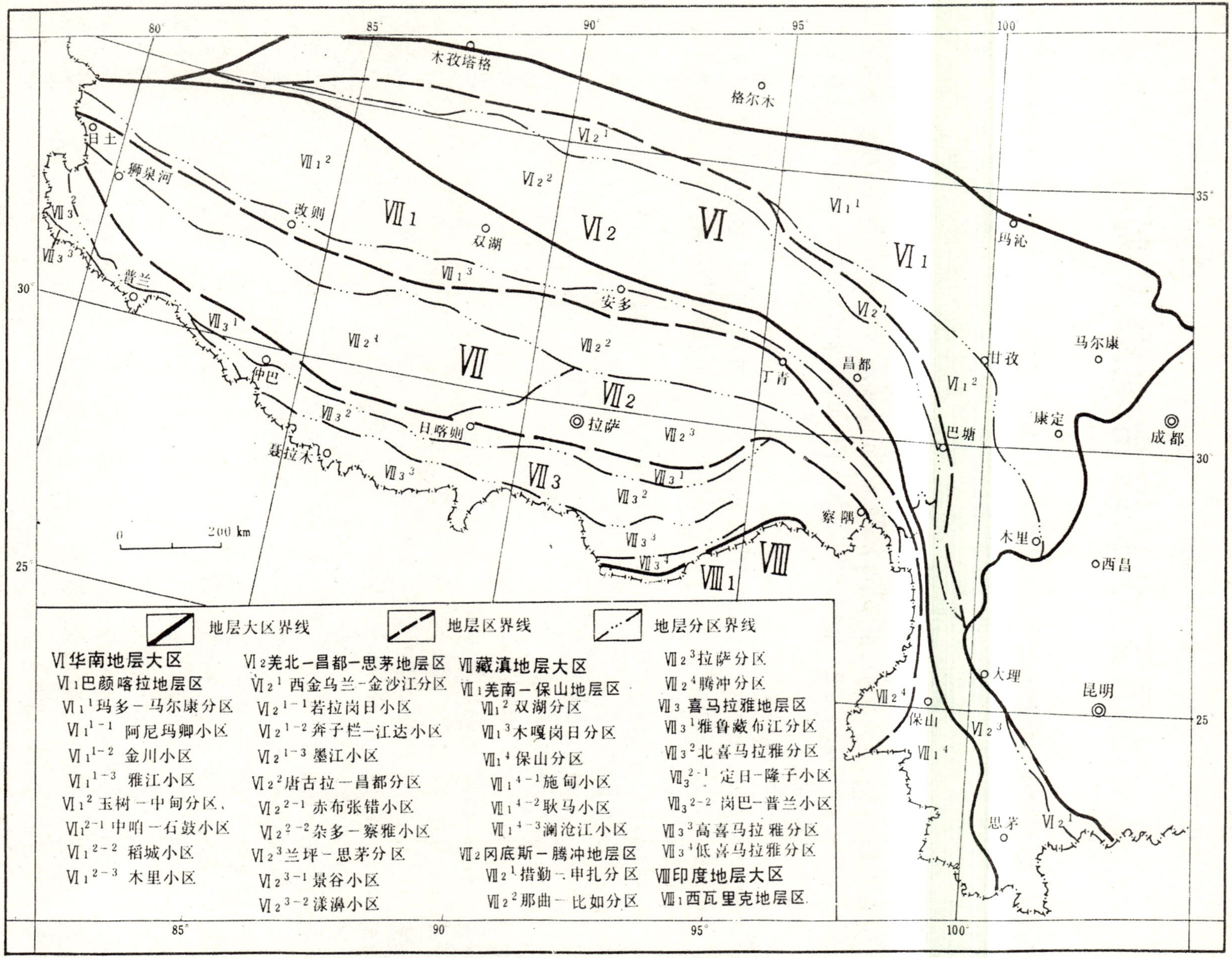

图 2-1 中国西南区的岩石地层区划图

Fig. 2-1 A map showing lithostratigraphic regionalism in Southwest China

$Ⅶ_3^1$ 雅鲁藏布江（地层）分区

$Ⅶ_3^2$ 北喜马拉雅（地层）分区

$Ⅶ_3^3$ 高喜马拉雅（地层）分区

$Ⅶ_3^4$ 低喜马拉雅（地层）分区

Ⅷ 印度地层大区

$Ⅷ_1$ 西瓦里克地层区

上述地层区划的分区界线，大部分以区域性断裂构造划分的，基本上与大地构造分区和区域地层组合的延伸关系相吻合，仅少数地区因新生代晚期的构造断裂影响，使一些分区界线的走势不甚和谐，本书进行了必要的修改。现将部分主要的地层区划界线的具体位置介绍于后，以便读者参阅区划图。

华南地层大区位于西南区的北部，其北界与华北地层大区以玛沁-略阳构造线为界，其具体位置：西起琼木孜塔格，向东沿昆仑断裂经木孜塔格山、鲸鱼湖、库赛湖与秀沟断裂(昆南断裂)相接，再经阿拉克湖、玛沁、玛曲沿玛沁-略阳断裂东延。

华南地层大区的南界是以澜沧江断裂及其北延部分与藏滇地层大区为界，由于澜沧江断裂的中南段比较明显，划分意见比较统一，但西北段多被中新生代地层覆盖，具体位置多有分歧，本书是以其中的一种认识为依据。其西部起于龙木错，向东经独立石湖、玉环湖、布诺湖、玛尔果茶卡、雅根错，并通过安多北部的湟和，索县的查吾拉与类乌齐、吉塘一带与澜沧江断裂带相接，南延经碧土和梅里雪山东坡，澜沧江西岸到永平水井和云县上达，以及临沧大寨和景谷半坡村，直到景洪、勐龙延出国界，与泰国的清迈缝合带衔接。

华南地层大区的西界以苦牙克-阿尔金山断裂带为界，由于该断裂带形成期较晚，许多地层单位仍可延伸到西北部喀拉昆仑地区。东部以龙门山断裂带的西侧沿青川断裂带南延到茂县、汶川、宝兴锅巴岩，绕过孔玉岩体到康定，接泸定磨西和棉沙湾-小金河断裂，以及三江口到剑川的翁水河断裂和云南滇西地区的藤条河-九甲断裂为界与同属华南地层大区的扬子地层区为邻。

在华南地层大区内，以西金乌兰-金沙江断裂为界，分成巴颜喀拉地层区和羌北-昌都-思茅地层区两部分。在东北角的摩天岭地区，由于其基底特征与扬子地层区有亲缘关系，许多学者将其划归扬子地层区，但考虑到其晚古生代地层与西秦岭地区的发育情况一致，并且许多岩石地层单位，是由西秦岭地区延伸过来的，本书进行区划时以岷江断裂、雪山梁子断裂和虎牙断裂、平武-古城断裂等陆块边缘断裂为界，将该区划归华南地层大区的南秦岭-大别山地层区，以摩天岭地层分区单独存在，以反映“泛扬子大陆”解体后的一个残留块体。

藏滇地层大区位于华南地层大区之西南侧，南界大部分位于国境之外，只有雅鲁藏布江大转弯的南部巴霞曲一带，能见到该地层大区以喜马拉雅主边界断裂(MBT)为界，与印度地层大区为邻。

藏滇地层大区内部，以班公湖-丁青-怒江带和印度河-雅鲁藏布江带两条明显的界线，将其分割为三个地层区。

有关地层分区的区划情况，仍以全国地层多重划分对比项目办公室统一的区划原则规定进行，以区域地层组合特征和展布的规律为基础，并结合区域性构造演化关系划分的，其具体区划界线请参阅区划图所示(图 2－1)，此处不再赘述。

西南区岩石地层单位综合序列表(参见附录附表 2)是在上述地层区划所确定的各级分区，按其隶属关系和自然排列编制而成。它是以地层分区为基本层序单位，但由于西南地区的地层演化历程，基本上为活动型构造地层区，地层横向变化甚大，仅以地层分区尚难表达地层单位的延伸变化和断代层序分布特点，因而在其上反映了部分地层小区的地层单位内容。

由于侏罗纪以后的区域地层的发育情况，不受以晚古生代和中生代早期地质演化为依据的地层区划范围所约束，同时又不宜单独进行区划，故在综合地层序列表上，常导致同一个地层单位被分割出现在几个地层分区内，因此要了解这些地层的展布情况，应参读具体的章节，此处特作说明。此外，由于造山带内常有一些孤立的构造岩石地层出露，如蛇绿岩、混杂岩以及构造岩块和岩片等，常常不见顶底，在区域地层上还有一定的地质意义，本书在序列表上用粗线框出，在某种程度上表示其为构造地层或为非正式地层单位含义。全表共列出采纳或使用的岩石地层单位名称共388个，其中群级(含岩群)单位54个，组级(含岩组)单位334个。所有群级和组级岩石地层单位的基本特征、对比标志、古生物序列以及特殊岩类要点和多重地层划分对比的相关材料，我们将在以下各章、节中加阐述。

第三章

前寒武纪

本区前寒武纪地层以元古宙地层为主，迄今尚无太古宙地层的报道。其分布在高喜马拉雅地区且以聂拉木(岩)群为代表广泛出露，其次在“三江”地区，“三江”南段有习惯称为滇西几大变质岩群，北、中段有所谓藏东的沿江三大变质岩系，在冈底斯—念青唐古拉地区也有一定分布面积。据最新报道，于玉树—昌都地区、巴颜喀拉地区也有零星发现和出露(图3-1)。

元古宙地层的出露形态或产出状态基本上有两种形式：其一，沿断裂带呈条带状分布，如“三江”地区最为典型；其二，作为构造穹或热穹的杂岩基底产出，前者如聂拉木(岩)群代表伸展构造折离面下的变质核杂岩基底，后者如拉轨岗日(岩)群、阿木岗日(岩)群代表的核杂岩受后期深熔物质上隆形成的基底杂岩，表现为混合岩化自内向外的递进变质。

本区元古宙地层由于受特提斯构造域复杂的改造以及通行条件的影响，迄今未能提出合理的区域岩石地层单位序列和对比意见。这些问题的解决取决于：(1)能否对本区前人所称的“时代不明变质杂岩”、“变质核杂岩”、“××变质杂岩带”、“前奥陶系”、“前石炭系”、“前白垩系”……等性质不明，地质年代不清的地质体进行初步的岩石地层单位的解体，划分出定义概念清楚的不同岩石地层单位；(2)这些不同的岩石地层单位纵向上叠置关系能否找到一个普遍的规律性用以确定上、下或新、老层序；(3)能否划到某种标志层提供对比的依据；(4)研究范围内元古宙地层是否存在不同的基底。

以下内容的介绍将紧密围绕上述思路展开，其要点是在研究区内从上到下自震旦纪—早元古代建立了4套建造组合，即：杂砾岩(或类冰成岩)组合—绿片岩组合—云英片岩、石英岩组合—片麻岩组合。据此，对前述“杂岩”进行了解体，对解体后的岩石地层单位特征给予了定义，强调了“杂砾岩”组合的标志和对比意义以及在古地理、古构造方面的重要性。根据矿物学、岩石学、测年数据等论证了层序关系和地质年代。

第一节　区域地层分述

如前所述，区域岩石地层在纵向上四分，在横向展布上大致以雅鲁藏布江为界两分，界线北侧四套建造组合俱全；界线南侧只发育下部两套组合，即片麻岩组合和云英片岩-石英岩组合。不受显生宙以来地层区划的约束(表3-1)。

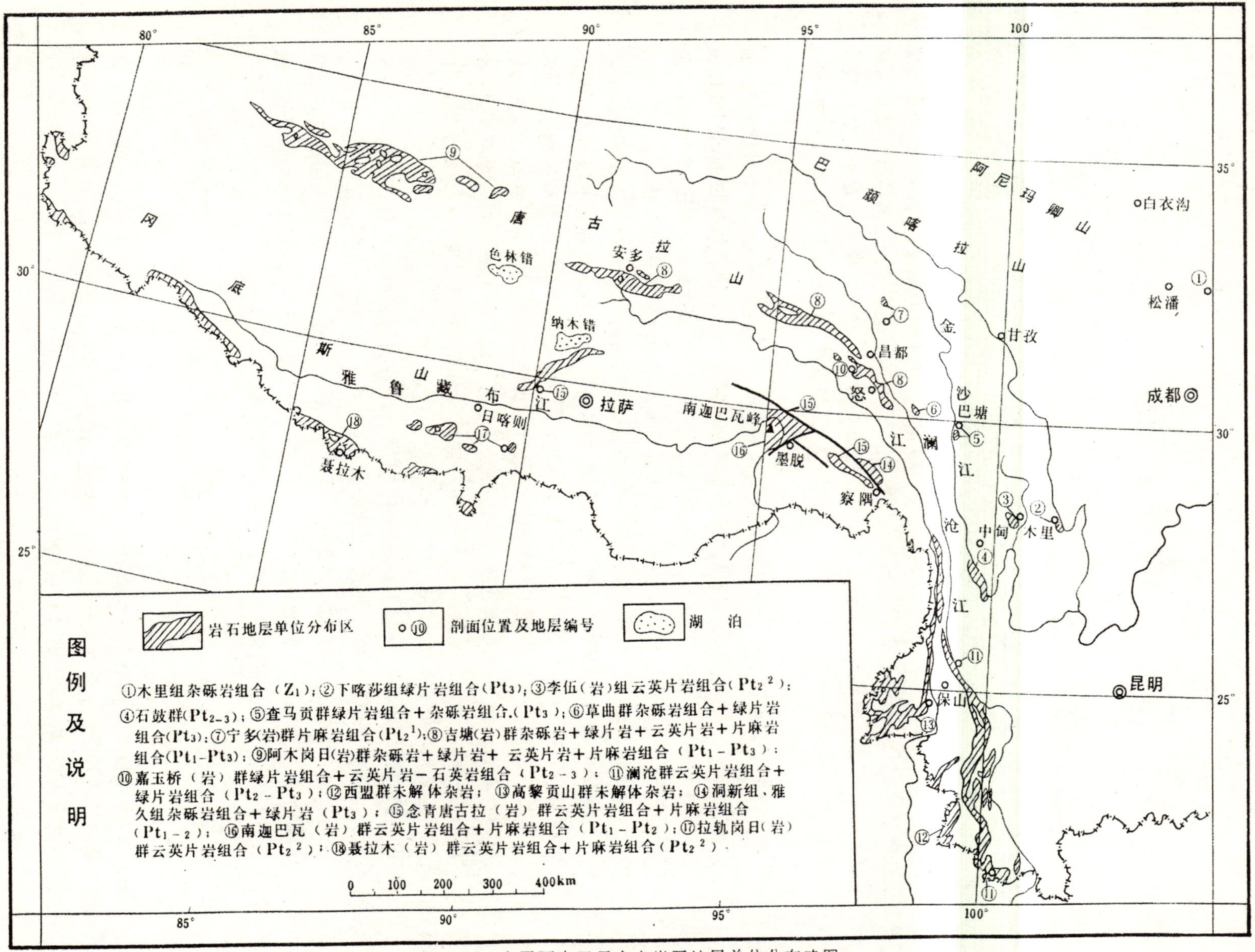

图 3-1 中国西南区元古宙岩石地层单位分布略图

Fig. 3-1 Sketch map showing distribution of Proterozoic lithostratigrapraphic units in Southwest China

表 3-1 中国西南区元古宙岩石地层及划分对比表

Table 3-1 The Classification and correlation of lithostratigraphic sequence of the proterozoic in Southwest China

<table>
<tr><th colspan="2" rowspan="2">地质年代</th><th rowspan="2">单位(Ma)</th><th rowspan="2">岩石地层特征</th><th rowspan="2">层序标志</th><th rowspan="2">巴颜喀拉地层区</th><th rowspan="2">羌北-昌都-思茅地层区</th><th rowspan="2">羌南-保山地层区</th><th colspan="2">冈底斯-腾冲地层区</th><th rowspan="2">喜马拉雅地层区</th></tr>
<tr><th>察隅地区</th><th>波密—墨脱地区</th></tr>
<tr><td rowspan="2">晚元古代</td><td>震旦纪</td><td>700</td><td>由陆源碎屑或火山碎屑组成，自下而上陆源成分增加。砾石成分复杂，大小不匀，砾石层一至多层，岩系厚度几十至几百米</td><td>杂砾岩组合</td><td rowspan="3">木座组—下喀沙组
查马贡群
石鼓群（塔城组、陇巴组、羊坡组）
李伍（岩）组</td><td rowspan="2">草曲群</td><td rowspan="5">吉塘（岩）群：Zmż、西西组、李伍（岩）组、恩达（岩）组
阿木岗日（岩）群：Zmż、西西组、李伍（岩）组、恩达（岩）组
嘉玉桥（岩）群
澜沧群：Pth、Ptml、Ptm、Ptn</td><td rowspan="2">洞新组—雅久组</td><td rowspan="2"></td><td rowspan="2"></td></tr>
<tr><td>青白口纪</td><td>850</td><td>以含绿泥石（绿帘石、阳起石）片岩为主夹中基性-基性火山岩、碎屑岩，厚度几百米到上千米</td><td>绿片岩组合</td></tr>
<tr><td rowspan="2">中元古代</td><td>蓟县纪</td><td>1 000</td><td>石英片岩、二云片岩、石英岩，厚度几百米到上千米，含特征热变质矿物蓝晶石、石榴石、十字石等</td><td>云石英片岩组合</td><td rowspan="2">宁多（岩）群</td><td rowspan="3">翠新（岩）组—本堆（岩）组</td><td rowspan="3">南迦巴瓦（岩）群：片岩组、片麻岩组
念青唐古拉（岩）群：片岩组、片麻岩组
冈底斯（岩）群：片岩组、片麻岩组</td><td rowspan="3">拉轨岗日（岩）群
聂拉木（岩）群</td></tr>
<tr><td>长城纪</td><td>1 400</td><td rowspan="2">斜长片麻岩、斜长角闪岩，夹变粒岩、大理岩</td><td rowspan="2">片麻岩组合</td><td rowspan="2"></td></tr>
<tr><td>早元古代</td><td></td><td>1 800</td><td></td></tr>
</table>

代号说明：Zmż 木座组；Pth 惠民组；Ptml 曼来组；Ptm 勐井山组；Ptn 楠木岭组。

一、华南地层大区

(一)巴颜喀拉地层区(Ⅵ$_1$)

元古宙地层仅出露于龙门山—康滇地轴两侧平武县—丹巴县、木里县及金沙江两岸，为本区前寒武纪上部两套组合的层型剖面命名地。

1. 李伍(岩)组

出露于西昌地区西侧九龙县李伍铜矿区穹状短轴背斜的核部，由一套云母石英片岩、片状石英岩夹变粒岩及少量斜长角闪岩组成，宋鸿林① 称其为“下部堆朵层系统李伍岩群”。恢复原岩总体为富铝硅酸盐沉积碎屑岩系；变质特征矿物有蓝晶石(或矽线石、铁铝榴石)。其上为一构造拆离断面，与早古生代志留纪或时代不能确定的地层构造接触。其下未见底。片状石英岩中锆石形态分组测定。在不一致曲线图中，上下交点分别为 $1\,437^{+160}_{-136}$ Ma 和525^{+55}_{-72} Ma。对斜长角闪岩所做的全岩 Sm－Nd 法测定，其年龄值为 1 674±62 Ma。由于李伍(岩)组是以片岩为主的岩石地层。现确定将少量斜长角闪岩排除在李伍(岩)组定义之外。

2. 石鼓群

正层型位于云南省丽江县石鼓镇，由云南省区调队测制剖面，由老至新包括三个组级单位：

(1)羊坡组，由二云石英片岩、二云变粒岩为主。含特征变质矿物蓝晶石、石榴石、十字石等。厚度不详。底未出露，顶与上覆陇巴组为断层接触。(2)陇巴组，由二云片岩、千枚岩组成，厚度＞3 439 m。底与羊坡组为断层接触，顶与塔城组整合接触。(3)塔城组，由钠长石、绿泥石微晶片岩、千枚岩夹钠长质基性火山岩组成。厚度大于 2 306 m。底部连续在陇巴组之上，顶部被第四系不整合覆盖。

上述岩性特征说明：羊坡组和陇巴组为一套浅变质的复理石泥砂质岩组成，变质后以云英片岩、变粒岩面貌出现，并含特征变质矿物蓝晶石、石榴石等，与区内的云英片岩—石英岩组合相当，可与李伍（岩）组对比。上部的塔城组以火山碎屑岩、火山岩及沉积碎屑岩为主要成分，大体上可与区内的下喀莎组绿片岩组合对比。

米士② (Misch)1947 年将石鼓群置于元古代。云南省区调队(1981)在 1：50 万地质图编图中置于前寒武纪；1985 年在 1：20 万维西幅中又将其定为早古生代。《云南省区域地质志》(1990)将石鼓群地质年代归于中元古代—晚元古代青白口纪并排除其为古生代构造岩片外来体的认识。

3. 下喀莎组

主要见于木里地区，主要由钠长石石英片岩、二云片岩、中基性火山岩及火山碎屑岩组成。变质后呈绿片岩相组合面貌。厚度大于 521 m，未见底，顶部在木里地区与木座组为平行不整合接触。在层型剖面地区，距顶部 100 m 处采有锆石 U－Pb 法单矿物测年组样，年龄值为 855～1 083 Ma。

根据下喀莎组为一套火山碎屑岩陆源碎屑岩建造，向上沉积物颗粒变粗、陆源组分增多

---

① 宋鸿林等，1995，扬子地台西缘江浪变质核杂岩体、变形、变质作用及李伍式铜矿成矿模式(内部资料)。

② 米士(P. Misch)，1947，丽江地质志，国立北京大学(油印本)。

(海水变浅)，在沉积层序上显示了退积层序特点，在岩性特征上包含了由绿片岩建造和杂砾岩建造(类冰成岩)。类似杂砾岩的沉积组合，新近发现于昌都县面达沟(草曲群)和察隅地区(雅久组、洞新组)。解体后的吉塘(岩)群和阿木岗日(岩)群，其顶部同样也存在一套杂砾岩组合，无疑这是区内相当地层的重要标志层，是区域地层对比的基础。

4. 茶马贡群

系四川省地层表编写组(1978)创名于四川省巴塘县茶马山。主要为钠长石绿泥片岩、钠长阳起片岩夹碳酸盐岩。厚度大于 1 000 m，其顶部有厚约 73 m 的变质砾岩。未见底，上部与小坝冲组关系不明。按岩石组合面貌可与区内绿片岩组合及杂砾岩组合相当，即与震旦纪下统的木座组及青白口纪的下喀莎组对比。

5. 木座组、蜈蚣口组、水晶组

三个组的正层型均位于四川省平武县木座乡，层型区地层层序完整、接触关系清楚。

木座组　类冰成岩砾石成分复杂，形态多样，砾径大小不一，砾石表面有压坑、刻痕，常见坠石和垮塌沉积特征。据何书成(1989)在平武—青川一带将其划分为冰川底碛和冰前冰海相、冰筏相和正常滨海、浅海相沉积。类似的沉积也见于丹巴、小金、木里等地，厚度在 136～392 m 之间。木里地区的木座组岩性组合略有变化，由变质杂砂岩、含砾绿泥石、钠长石片岩夹凸镜状白云岩组成，砾石成分仍较复杂，有花岗岩、闪长岩、脉石英、变粒岩、白云岩等构成。砾石 U－Pb 法单矿物组测年数值 808～886 Ma，胶结物测年数值为 748～777 Ma。年代为早震旦世。木座组底与下喀莎组为平行不整合接触，顶部与蜈蚣口组整合接触。

蜈蚣口组　本组仅见于平武县一带，其他地区尚未发现，主要由绢云石英千枚岩夹变质砂岩组成，局部可见含锰结核。厚 100～150 m。底与木座组顶与水晶组均为整合接触。

水晶组　断续地出露于平武、茂县、威州、丹巴及木里地区，主要由白云质结晶灰岩组成，富含叠层石藻类化石。厚达 400 余米。底部整合在蜈蚣口组之上，顶部可与大河边组、茂县群平行不整合接触。在区域上蜈蚣口组和水晶组可与扬子地区的陡山沱组及灯影组相当，年代属于晚震旦世，但在巴颜喀拉地层区内除上述地区外尚未找到可与其相当的层位。

巴颜喀拉地层区内的 9 个地层单位，除李伍(岩)组未见到与下喀莎组的接触关系外，其他岩石地层单位均可通过变形样式、变质程度和测年数值的对比关系将层序关系确定下来，按其特征自下而上可建立云英片岩、石英岩建造组合〔李伍(岩)组〕，绿片岩建造组合(下喀莎组)，变质杂砾岩建造组合(木座组)。它们的地质年代分别属于中元古代蓟县纪—长城纪、青白口纪和晚元古代震旦纪早世，至于晚震旦世的蜈蚣口组和水晶组已不属于基底变质岩系的范畴，故本章的重点，集中论述前人所称谓的年代不明的变质杂岩

(二)羌北-昌都-思茅地层区(Ⅵ$_2$)

由于大片中、新生代地层覆盖，本区元古宙地层出露很少，都以零星、残缺的构造岩片产出，其中规模较大者为出露于澜沧江北侧的吉塘(岩)群。此外，自青海的玉树地区向南至金沙江中、南段断续也有零星出露。

1. 宁多(岩)群

西藏区调队(1990)创名，姚宗富(1992)介绍，正层型位于青海省玉树地区小苏莽。原定义为一套斜长片麻岩为主的地层，获锆石 U－Pb 法年龄值 1 860 Ma。次层型位于西藏贡觉县雄松乡扎东弄剖面，分为下部斜长片麻岩、中部云英片岩、上部大理岩。厚度不详。本书认为上述层序经构造恢复后，应为下部斜长片麻岩夹大理岩组合，上部为云英片岩组合。其地

质年代应置于早—中元古代。

2. 草曲群

由西藏区调队(1992)创名，正层型位于昌都县面达乡草曲沟。由含砾或砾石质千枚岩、绿泥石石英片岩和变基性火山岩构成。草曲群为一构造岩片，其上被三叠纪甲丕拉组覆盖，锆石U-Pb法测年数据为990Ma和876Ma，与区内杂砾岩组合和绿片岩组合相当，本书将其地质时代置于青白口纪—早震旦世。

二、藏滇地层大区

(一)羌南-保山地层区(Ⅶ$_1$)

本区元古宙地层，指分布于澜沧江断裂带的吉塘(岩)群、嘉玉桥(岩)群、阿木岗日(岩)群及澜沧群。

1. 吉塘(岩)群

以吉塘(岩)群为代表的元古宙地层沿澜沧江北侧分布，它与夹在怒江断裂带和澜沧江断裂带之间的嘉玉桥(岩)群、阿木岗日(岩)群以及"安多杂岩"等都在同一构造杂岩带上，是历来地层单位划分、对比和地层年代归属争论最大、分歧最多的地区。长期以来，由于将不同的岩石地层单位混为一体而陷于混乱，本书将重新予以清理。

雍永源等(1990)在《初论北澜沧江变质岩》一文中，将混合岩化明显的地段(图3-2)划归"吉塘群"。下部称恩达组，岩性主要为斜长片麻岩、黑云变粒岩、斜长角闪岩等。此外，雍氏等还将具矽线石、十字石、铁铝榴石等特征变质矿物的片岩类岩石也划归恩达组，认为整个恩达组属前寒武纪。上部称西西组(图3-2,第9—20层)，变质岩石为绿片岩相的石英片岩、绿泥钠长片岩、钠长绿泥片岩、斜长角闪岩和变质砾岩等，将其时代置于早古生代。

本书认为雍永源等对"吉塘群"的研究，为"吉塘群"的解体打下了基础，但对该剖面构造恢复上值得商榷。图3-2剖面的核心问题是对第9层、第10层变质砾岩段的层序位置的确定和如何恢复构造。雍氏等将剖面处理为复式单斜正常层序，因此视变质砾岩段为西西组底砾岩。本书认为整个剖面是由两个次级背斜组成的复背斜，西西沟口为分割两个次级背斜断层所在，以西由高绿片岩相的云英片岩为核部，以东由片麻岩、混合岩为核部，其间被后期花岗岩侵入，可能为断层所在。西西沟口以西的次级背斜已由层16的背形褶皱宽缓构造所显示，并与两侧的低绿片岩相对应和谐一致。因此，变质砾岩段应处于倒转位置，属于低绿片岩相的顶部层段。因此本书将雍氏等划分的"吉塘群"解体为4个岩石标志明显、层序关系清楚的岩石地层单位，其层序特征由老至新如下所列：

吉塘(岩)群

(1)恩达(岩)组片麻岩组合：由黑云(角闪)斜长片麻岩、黑云变粒岩夹黑云石英片岩、斜长角闪岩组成，局部夹大理岩，后期普遍受混合岩化。年代归早—中元古代。

(2)李伍(岩)组云英片岩、石英岩组合：由二云石英片岩、绢云石英片岩等组成，含特征变质矿物矽线石、铁铝榴石、十字石。年代归中元古代晚期。

(3)西西组绿片岩组合：由黑云(二长)石英片岩、绿泥钠长石片岩、钠长绿泥片岩、斜长角闪片岩等组成。年代归青白口纪。

(4)木座组变质砾岩组合：由变质砾岩、含砾绢云石英片岩、含砾砂岩等组成。多穷沟—

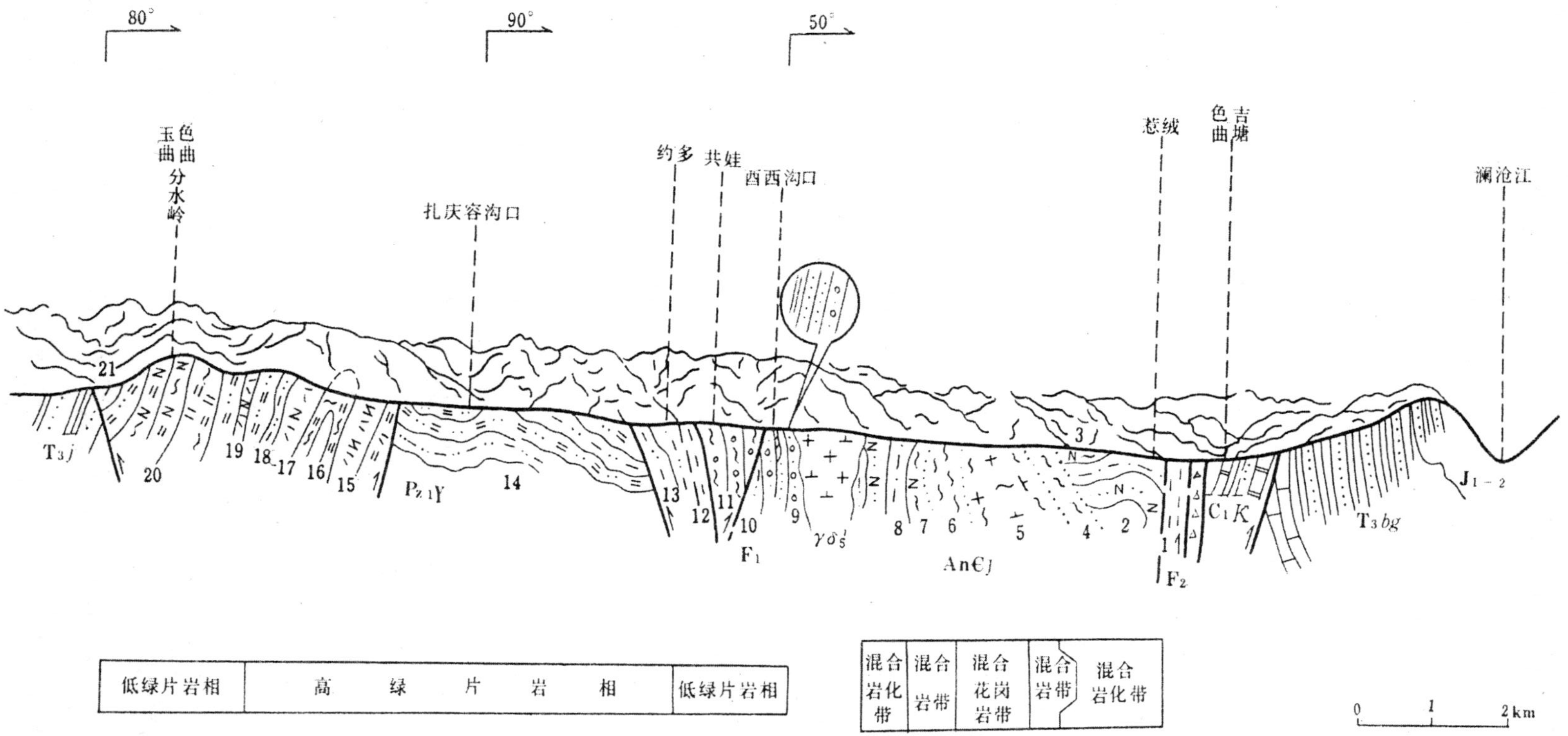

图 3－2 察雅县多穷沟北澜沧江变质岩〔吉塘(岩)群和西西组〕剖面图(雍永源等,1990)

Fig. 3－2 The profile of North Lancangjiang metamorphic rocks (Jyitang and Youxi Groups) at Duoqionggou, Chaya County

J_{1-2} 侏罗系下、中统;T_3bg. 三叠系上统巴贡组;T_3j. 三叠系上统甲丕拉组;C_1K. 石炭系下统卡贡群;Pz_1y. 下古生界西西组(北澜沧江变质岩上部);An∈J. 前寒武系吉塘(岩)群(北澜沧江变质岩下部);F_1. 北澜沧江大断裂;F_2. 卡贡-吉塘断裂;$\gamma\delta_5^1$. 印支期花岗闪长岩;1. 绿泥石化压碎片麻岩;2、8. 混合岩化黑云变粒岩夹浅粒岩;3、7 混合岩化黑云斜长片麻岩夹长英片岩;4、6. 角砾状、树枝状混合岩;5. 混合英云闪长岩—混合花岗岩;9. 变含砾长英砂岩夹紫色千枚岩;10. 绢英片岩夹含砾绢英片岩;11. 变质砾岩夹变质砂砾岩、钠长绿泥片岩;12. 糜棱岩化绿泥石英片岩;13. 黑云石英片岩;14. 二云长英片岩夹白云石英片岩;15. 斜长角闪片岩;16. 绿泥白云更长片岩;17. 斜长角闪片岩;18. 石英片岩;19. 白云石英片岩夹斜长角闪片岩;20. 绿泥白云钠长片岩;21. 绿泥白云石英片岩带砾岩厚达 300 m，砾石成分有片麻岩、变粒岩、花岗岩，胶结物中凝灰质组分达 20%～50%。年代归属为震旦纪早世。

尽管上述各(岩)组或组缺少微古化石和测年资料的佐证，但按岩石组合特点、变质特征以及杂砾岩组合的认定，为吉塘(岩)群的解体和层序恢复起到一定的作用。

2. 嘉玉桥(岩)群

李璞等(1959)原称“嘉玉桥变质岩系”，是指“怒江沿岸的嘉玉桥变质岩以绿片岩为主夹结晶灰岩、石英片岩的前寒武纪—古生代地层”。其分布自怒江以东的板登—嘉玉桥—八宿—下林卡一带以左贡断裂与前述吉塘(岩)群相隔。后来的工作者不断将“嘉玉桥群”含义扩大，认为“嘉玉桥群”下部包含了大理岩为主的部分，甚至包含有片麻岩(西藏自治区地矿局，1993①；西藏自治区地矿局，1994②)，将李璞等原定义的绿片岩为主的地层扩大成一个岩石地层种类繁杂、地质年代不清的“大口袋”，并且由于夹层中采到古生代珊瑚、牙形石，而将这个“大口袋”称为“未分古生代地层”。

在《西藏自治区区域地质志》(1993)所附地质图上所称的“嘉玉桥群”，实际为一构造杂岩体，它与吉塘(岩)群本质上应是同一地质体，即吉塘(岩)群的变质砾岩组合、绿片岩组合、云英片岩石英岩组合、片麻岩组合都不同程度的存在，但因为“嘉玉桥群”正处于怒江断裂活动带上，很难像吉塘(岩)群那样保存比较完整的地层序列，是名副其实的构造杂岩。它所包含一些古生代的构造岩片外来体是不足为奇的，但绝对要将这些外来古生代构造夹片排除在嘉玉桥(岩)群岩石地层的定义之外。

鉴于构造岩石地层目前工作程度尚难对其解体，本书建议缩小嘉玉桥(岩)群的内涵，近于恢复李璞等对该变质岩系的原定义，将嘉玉桥(岩)群限定在绿片岩和云英片岩、石英片岩的范围内。对古生代的成分(部分未变质)作为构造外来岩片排除在现定义之外。在区域对比上，相当吉塘(岩)群的绿片岩组合和云英片岩-石英岩组合。今后工作方向是要努力发现杂砾岩组合，这样嘉玉桥(岩)群就与吉塘(岩)群一样构成藏东前寒武纪基底统一的部分，全部问题就得到满意解决。

3. 阿木岗日(岩)群

阿木岗日(岩)群出露于西藏北部双湖、改则一带，是“羌塘地块”分布较广的一套变质岩系。在《西藏自治区区域地质志》(1993)中，被称为“前二叠纪阿木岗群”。吴瑞忠等(1986)在其《藏北羌塘地区地层系统》一文中做了如下划分(表 3-2)：

表 3-2　阿木岗群的时代划分(据吴瑞忠等，1986)

Table 3-2　Stratigraphical age and division of Amugang Group

地质时代	地层划分		
前泥盆纪	阿木岗群	第三亚群	硅质岩段
		或	
前志留纪		第二亚群	绿片岩段
			石英岩段
		或	
前寒武纪		第一亚群	片麻岩段

上表所列 4 个岩性段是根据戈木雪山、玛依岗雪山、阿木岗雪山实测剖面综合而成。本

① 西藏自治区地质矿产局，1993 年，1：20 万八宿幅区域地质调查报告(资料)。

② 西藏自治区地质矿产局，1994 年，1：20 万松宗幅区域地质调查报告(资料)。

书认为，吴氏等对“阿木岗群”的解体和层序的处理是正确的，基础资料是可靠的。不过，吴氏等忽略了变质砾岩的时代和对比的重要意义，所幸文中提到“在果干加山剖面上可见硅质岩与下部绿片岩之间呈微角度不整合或二者以砾岩为界”，变质砾岩在该剖面的厚度为85 m。本书恢复其剖面层序如下：

上覆地层：震旦纪—寒武纪墨绿色硅质岩夹条带状石英岩

——————— 平行不整合 ———————

阿木岗日(岩)群

4. 震旦纪早世木座组杂砾岩组合

3. 青白口纪西西组绿片岩组合

2. 中元古代李伍(岩)组云英片岩、石英岩组合

1. 早—中元古代恩达(岩)组片麻岩组合

上列阿木岗日(岩)群所反映的岩石地层特征与前述吉塘(岩)群如此惊人的相似一致，它们暗示所谓“羌塘地块”的基底与西藏东部乃至整个扬子地台西缘在元古代时期是统一的。

4. 澜沧群

澜沧群是云南省西部分布面积最广的一套浅变质岩系，紧靠临沧花岗岩西侧呈近南北向延伸，分布面积约4 400 km^2。建群剖面系根据“曼来—南勒路线剖面”，出露厚度大于5 000 m。自上而下建有5个组级单位，其层序如下：

上覆地层：侏罗纪花开佐组

~~~~~~~~~~ 不 整 合 ~~~~~~~~~~

5. 南坑河组：石英砂岩、绢云片岩

4. 惠民组：变基性火山岩、凝灰岩、硅质岩夹大理岩，含微古化石

3. 曼来组：杂色石英片岩

2. 勐井山组：浅色石英片岩

1. 南木岭组：深色石英片岩

澜沧群第1、2、4组中均含磁铁矿，以凸镜状产出，矿体围岩多见钠长绿泥片岩，钠长阳起片岩，磁铁矿凸镜体显系含铁成分较高的基性岩夹层变质分异所致。钻孔资料也证实仅上部风化淋滤层含铁成分较富。

根据以上剖面的层序，本群可以分为两个岩石地层单位。上部以惠民组为代表的绿片岩建造组合和下部南木岭组＋勐井山组＋曼来组为代表的石英片岩-石英岩建造组合。南坑河组由于不变质，云南省地质界有一种意见；应排除在澜沧群之外。本书同意这种看法。因此，上述两套组合与区内元古代地层可以对比，其地质年代应属中元古代—青白口纪。其上限可能包括存疑的震旦纪地层。

(二)冈底斯-腾冲地层区(Ⅶ$_2$)

此区的元古代地层是指沿念青唐古拉山主脊带出露的念青唐古拉(岩)群和雅鲁藏布江大转弯处内侧的南迦巴瓦(岩)群、冈底斯(岩)群以及外侧解体后的元古代地层。

1. 念青唐古拉(岩)群
~~~~~~~~~~

正层型位于当雄县境念青唐古拉山主脊西侧冷青拉一带。李璞(1955)描述的主要岩石面貌为黑云斜长片麻岩、绿帘斜长片麻岩、透辉石大理岩、花岗片麻岩、长石石英岩、板岩、千枚岩等。许荣华(1986)在片麻岩中获U-Pb锆石年龄值1 250 Ma。由于资料欠缺，构造复杂，目前无法对其解体。总体看来，在区域对比上应包含片麻岩组合和云英片岩-石英岩组合两个岩石地层单位；上述同位素年龄值可能偏晚，应属早中元古代。

念青唐古拉(岩)群除在上述地区分布外，在雅鲁藏布江大转弯外侧也有分布，详见下述。

2. 南迦巴瓦(岩)群和冈底斯(岩)群

雅鲁藏布江大转弯处“时代不明变质岩”(西藏自治区1：150万地质图,1993)，在岩石地层单位划分、对比的基础上，本书对其进行了解体。此“时代不明变质岩”在构造位置上处于印度板块和我国华南板块巨大右行走滑剪切带上，是典型的构造杂岩体，它大致包含以下几类岩石地层：①元古宙及印支—喜马拉雅期的深成侵入岩类，以中酸性花岗岩为主；②构造岩类，以广泛分布的糜棱岩为主，还包括一部分古生代和中生代含古生物的构造岩片或夹块；③原地或半原地混合岩类，受混合岩化的地层时代不清；④元古宙残留结晶基底及部分盖层。目前要解体的岩石地层单位专指最后这一类(图3-3)。

(1)通麦—墨脱西侧或雅鲁藏布江大转弯处的内侧，称南迦巴瓦(岩)群。西藏自治区地矿局① 指出前人对该(岩)群分别划归三叠系(郑锡澜等,1979)、前震旦系(张旗等,1981;尹集祥等,1982)，时代不明混合岩(西藏地质局综合普查大队,1978)。近年，西藏自治区地矿局将本(岩)群解体为下部片麻岩组和上部片岩组两个岩石地层单位，其剖面层序如下：

上覆地层：白垩系

断　层

南迦巴瓦(岩)群

上部片岩组：二云石英片岩、石英岩、黑云二长变粒岩夹斜长角闪岩、大理岩

下部片麻岩组：片麻岩、二长变粒岩、斜长角闪岩

上部片岩组中采获Rb-Sr年龄值1 054±52 Ma及749.38±37 Ma。代表片岩组Rb-Sr同位素在经受热事件后新的平衡稳定条件下的年龄值，可能反映了片岩组的上限年龄值，地质时代为早—中元古代。本书认为上述剖面层序。岩石地层单位和地质年代的划分是合适的。

(2)通麦—墨脱一线东侧或雅鲁藏布江大转弯处的外侧，是以往统称“时代不明变质岩”(西藏自治区1：150万地质图,1993)的一部分。近年，西藏自治区地矿局② 以易贡藏布-通龙深断裂为界，其北称念青唐古拉(岩)群，其南称冈底斯(岩)群。

念青唐古拉(岩)群在通麦以东的藏布曲—通德沟有实测剖面，共分16层，总厚度大于5 507 m,顶、底不全。但剖面十分清楚地分为下部片麻岩组(层1—10)，以斜长片麻岩夹角闪岩为主；上部片岩组(层11—16)，以云英片岩、石英岩为主，偶见大理岩。

冈底斯(岩)群在通麦—金珠以南共测有5条剖面，原工作者在恢复层序后得出：下部以各种片麻岩为主，夹有斜长角闪岩、变粒岩、大理岩及片岩等，而上部则以片岩为主的结论。在下部片麻岩所夹斜长角闪岩中采获Sm-Nd年龄值为2 296±63 Ma和Rb-Sr年龄值为1 868±146 Ma等。在另一处的斜长角闪岩中采获Sm-Nd年龄值为2 178±12 Ma和

① 西藏自治区地矿局，1995，1：20万通麦幅、波密幅区域地质调查报告(资料)。

② 西藏自治区地矿局，1995，1：20万通麦幅、波密幅区域地质调查报告(资料)。

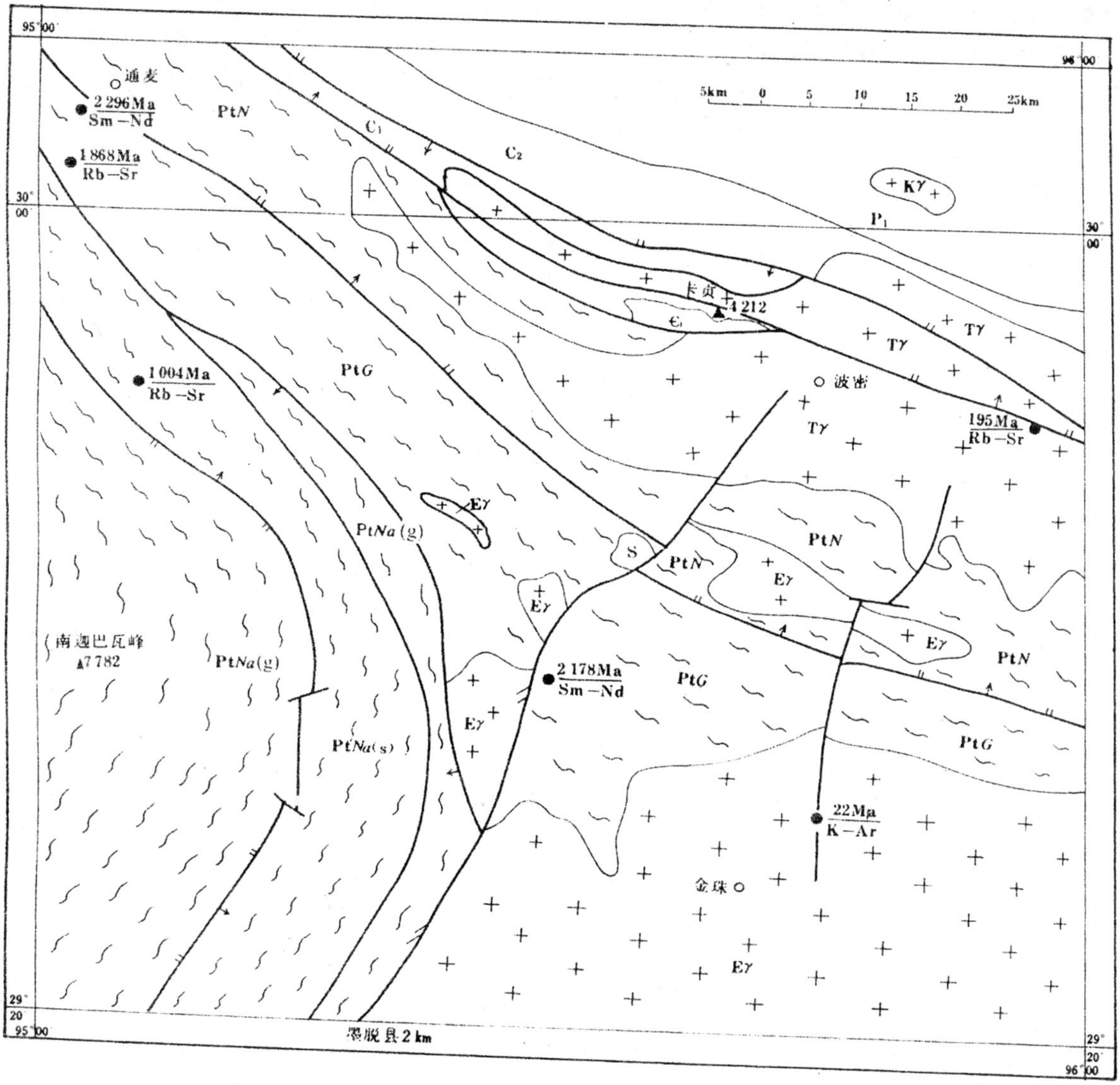

图 3-3　雅鲁藏布江大转弯地带地质构造略图(据 1：20 万波密幅简化)

Fig. 3-3　Schematic geological tectonic map of great embayment area along Yarlungzangbo River

PtNA(g)	南迦巴瓦(岩)群片麻岩	C_2	石炭系上统含砾板岩、火山岩、含䗴化石
PtNA(s)	南迦巴瓦(岩)群片岩	P_1	二叠系下统火山岩、含砾板岩
PtG	冈底斯(岩)群	Tγ	印支期花岗岩、闪长岩
PtN	念青唐古拉(岩)群	Kγ	燕山期二长花岗岩
$\in_1B$	寒武系波密群。含微古化石	Eγ	喜山期花岗岩
S	志留系石英砂岩	●	同位素年龄样 $\frac{\text{年龄值(Ma)}}{\text{方　法}}$
C_1	石炭系下统砂板岩、火山岩、大理岩	≀≀≀	韧性变质带

1 453±14 Ma。上述两组年龄值基本吻合。

我们根据西藏东部近年大量最新成果，已有可能对雅鲁藏布江大转弯处两侧“时代不明变质岩”解体为下部以片麻岩为主的结晶基底和上部以片岩为主的沉积碎屑岩两大部分的结论。

3. 西藏察隅地区的元古宙地层

根据西藏自治区地矿局① 近年的最新资料，对西藏察隅地区原划“时代不明变质岩”和“石炭纪旁多群”（西藏自治区地矿局，1993）进行了解体，新建立的剖面层序如下：

上覆地层：寒武系　砂泥岩类条带状大理岩

………………？………………

震旦纪　洞新组：粉砂岩、板岩、含砾岩屑杂砂岩、含砾砂质绢云板岩。砾石成分有脉石英，少量结晶灰岩、板岩、火山岩。

青白口纪　雅久组：粉砂岩、中酸性火山岩、凝灰质碎屑岩、岩屑砾岩

………………？………………

中元古代　翠新（岩）组：云母石英片岩、黑云石英片岩。含特征变质矿物矽线石、红柱石、石榴石等。

早—中元古代　本堆（岩）组：变粒岩、二长斜长片麻岩、斜长角闪岩等

上述剖面中的本堆（岩）组片麻岩组合采有 Sm－Nd 模式年龄测试样。其年龄数值为 2 145.96～2 264.06 Ma 和 1 574.26～1 598.61 Ma 两组数据，时代可置于早-中元古代。

翠新（岩）组与区域内绿片岩组合之下的云英片岩、石英岩不但岩性、建造相似，且具有该组合的一次普遍热变质事件标志，表现为区域性蓝晶石、矽线石、石榴石、十字石及金云母大理岩等变质特征矿物标志，将其与李伍（岩）组对比，时代属中元古代。

雅久组与洞新组，前人曾划归石炭系，其中洞新组砾石成分复杂，见有“熨斗石”和“落石构造”，同一构造带上腾冲地区高黎贡山西坡 1：5 万区域地质调查中，将具上述特征的“杂砾岩”定为冰成岩，且在含砾板岩之上的凝灰质岩中采获晚震旦世微古化石多种。本书除同意上述意见外，认为雅久组可能还包含了青白口纪绿片岩组合。因此，上列剖面中的雅久组和洞新组在地质年代上应属青白口纪—震旦纪早世。

上覆地层的年代归属是以岩性特征与滇西的公养河群及藏东波密地区的寒武系对比而定，前者含有海绵骨针及三叶虫碎片及大量疑源类化石，后者含有大量古藻化石，故将其归于早寒武纪。

综上所述，在冈底斯-腾冲地层区所列述的念青唐古拉（岩）群、南迦巴瓦（岩）群、冈底斯（岩）群以及本堆（岩）组和翠新（岩）组，它们分别相当于西南区内下部的两个岩石地层单位组合，实为本书所称的应属于雅鲁藏布江以南的统一大陆基底，与喜马拉雅地层区（$Ⅶ_3$）的聂拉木（岩）群、拉轨岗日（岩）群同属一个统一的元古宙基底。

（三）喜马拉雅地层区（$Ⅶ_3$）

元古宙地层在本区分布较广，以拉轨岗日（岩）群和聂拉木（岩）群为代表。

1. 北喜马拉雅地层分区（$Ⅶ_3^2$）的拉轨岗日（岩）群

① 西藏自治区地矿局，1994，1：20 万松冷幅、竹瓦根幅区域地质调查报告（资料）。

该(岩)群呈短轴穹状隆起出露于江孜—拉孜以南，其上界为一韧性滑面与石炭纪地层接触，未见底，其剖面层序如下：

上覆地层：石炭纪大理岩

———————韧性滑面———————

5. 二云石英片岩	130 m
4. 石榴石二云片岩	135 m
3. 角闪片岩	110 m
2. 石榴石、十字石二云片岩	20 m
1. 蓝晶石二云片岩	25 m

———————过渡渐变———————

下伏地层：二云片麻岩、片状二云花岗岩、混合岩

于下伏康马穹窿核部见花岗岩侵入(同位素测年值484～530 Ma,一般认为侵入花岗岩属加里东早期。本书将拉轨岗日(岩)群与区内的云英片岩—石英岩组合对比，地质年代置于中元古代。

2. 高喜马拉雅地层分区($Ⅶ_3^3$)的聂拉木(岩)群

聂拉木(岩)群沿高喜马拉雅主脊呈NWW－SEE向分布，主体在国境之外，长约1 800 km,宽约30～50 km。卫管一等(1989)对聂拉木、都隆、卞达、亚东、珠峰等5处为代表的剖面进行了剖面实测，各地岩石组合基本可以对比。大体上可分为各种片岩类，片麻岩、变粒岩和大理岩；局部有混合岩化现象。在含奥陶纪化石的甲村群与中深变质的聂拉木(岩)群之间，尚有一套云母片岩(肉切村组)，刘国惠(1984)曾获得锆石U－Pb年龄686 Ma的数据，因此通常把肉切村组定为晚震旦世-寒武纪。本书将这一地层单位放在第四章内叙述。

本书认为根据卫管一等所测制的5条剖面，结合聂拉木（岩）群的变形、变质特点考虑，云英片岩组合与聂拉木片麻岩组合均卷入同一次变形、变质事件之内，区域变质所提供的年代数据，大致在650 Ma左右。因此藏南以聂拉木(岩)群为代表的元古代基底岩石地层，仅包含片麻岩组合和部分云英片岩-石英岩组合两个岩石地层单位，地质年限在1 250～1 000 Ma之间。目前除聂拉木剖面之外，其他剖面当难以解体。

第二节　区域地层划分与对比

根据岩石宏观面貌、变形及变质特征，结合同位素测年资料，本区元古代岩石地层在纵向上可以四分、横向上两分的规律性十分明显(见表3－1)。表内所刊的4套岩石地层组合，基本上概括了西南地区元古代地层纵向上岩石建造组合的发展演化和序列关系。横向上大体以雅鲁藏布江为界，其南侧迄今尚未发现前述的青白口纪—早震旦世的两套岩石地层组合。

一、早—中元古代地层特征及对比

早—中元古代的片麻岩组合和云英片岩组合，属于本区元古代地层下部的两个岩石地层单位。

片麻岩组合的岩石学特征由于资料不足或存在矛盾，目前还难下结论，从总体上看，它

可能是一套杂岩，包含正、副片麻岩、花岗岩、斜长角闪岩、变粒岩以及大理岩等岩石类型，因此对比表中的片麻岩组合，将随着工作的深入，有可能会进一步解体，或划分为不同的岩石地层单位。从现有的测年资料来看其地质年限多在1 250～2 200 Ma之间，另外测年数据还反映了相当自格林威尔期—泛非期以及喜马拉雅期的多次热事件。

云英片岩、石英岩组合的岩石学特征是以云母＋石英＋矽线石(或蓝晶石、十字石、石榴石)为基本特征，构成了厚度巨大的类复理石建造。它与上部绿片岩组合之间存在变质相的不连续或构造变形样式不一致特点，相反它与其下的片麻岩组合却经历着同一个变质热事件，可表现出混合片麻岩化向上过渡并逐渐减弱；如拉轨岗日(岩)群、吉塘(岩)群、南迦巴瓦(岩)群等均有此类现象。表明元古代下部两个岩石地层组合是经历着同一变质、变形事件的。

二、晚元古代岩石地层特征及对比

晚元古代的绿片岩组合和杂砾岩组合是本区元古代地层上部的两个岩石地层单位。

绿片岩组合是以含钠长石、绿泥石、绿帘石、阳起石片岩为特色，代表晚元古代早期的一次火山事件。根据四川省北部的白依沟群砾石中岩石学资料(毛裕年等，1990)和吉塘(岩)群酉西组(雍永源等，1990)的研究，前者属于挤压造山带的拉张环境下形成；后者为大洋岛弧环境下形成。本书根据研究区东侧震旦纪早世有大量的陆相火山喷发溢流来判断，绿片岩火山事件应属于过渡型地壳的拉裂环境。它大致可与碧口群上部的细碧角斑岩建造相当。

杂砾岩组合是以复成分，大小不一的砾石为主，由火山碎屑和沉积碎屑胶结而成，并经区域变质作用形成的一套绿片岩相的岩石地层单位。对其成因机制有不同看法，有冰成说，如四川平武、青川、木里等地的木座组；西藏察偶地区的雅久组。有陆相火山碎屑沉积成因说，如川、甘交界地区的白依沟群(毛裕年等，1990)，此外还有泥石流、浊积岩、底砾岩等各种见解。为此本书采用一种描述性而非成因性术语—杂砾岩(Diamictite)或类冰成岩称之，无论何种成因说，根据砾石成分可分为近源成分(一般仅几种)和远源成分(可多达20多种)，都显示了其底面至少应为一平行不整合或不连续界面。砾石的胶结物自下而上火山物质由多变少，且以凝灰质为主体，厚度变化较大，从零到几十到几百米，反映了当时的地壳性质由非稳定性向稳定性过渡的状态。这一切都与扬子区澄江运动的特点相似，结合测年资料和上覆层微古化石资料，将杂砾岩组合置于早震旦世是较为可靠的。

上述两套岩石组合是由裂谷期的海相细碧角斑岩建造向裂谷晚期的充填性海陆交替相碎屑岩建造过渡的产物。这两套岩石建造组合，除已证实从扬子区向西扩展到“巴颜喀拉地层区”之外、向西在昌都、玉树、羌塘、察偶等地区均有发现，关于解体后的“羌塘群”和阿木岗日(岩)群，本书将作为重大地层问题于后讨论。

第三节　主要地质问题讨论

一、中国西南区震旦纪早世杂砾岩组合的成因类型及其地质意义

据“中国晚前寒武纪冰成岩初探”(陆松年等，1983)提供的资料(图3-4)。我国晚前寒武纪冰成岩的分布，其南界没有越过北纬35°线，向西没有越过东经102°。但自那时以来，新的

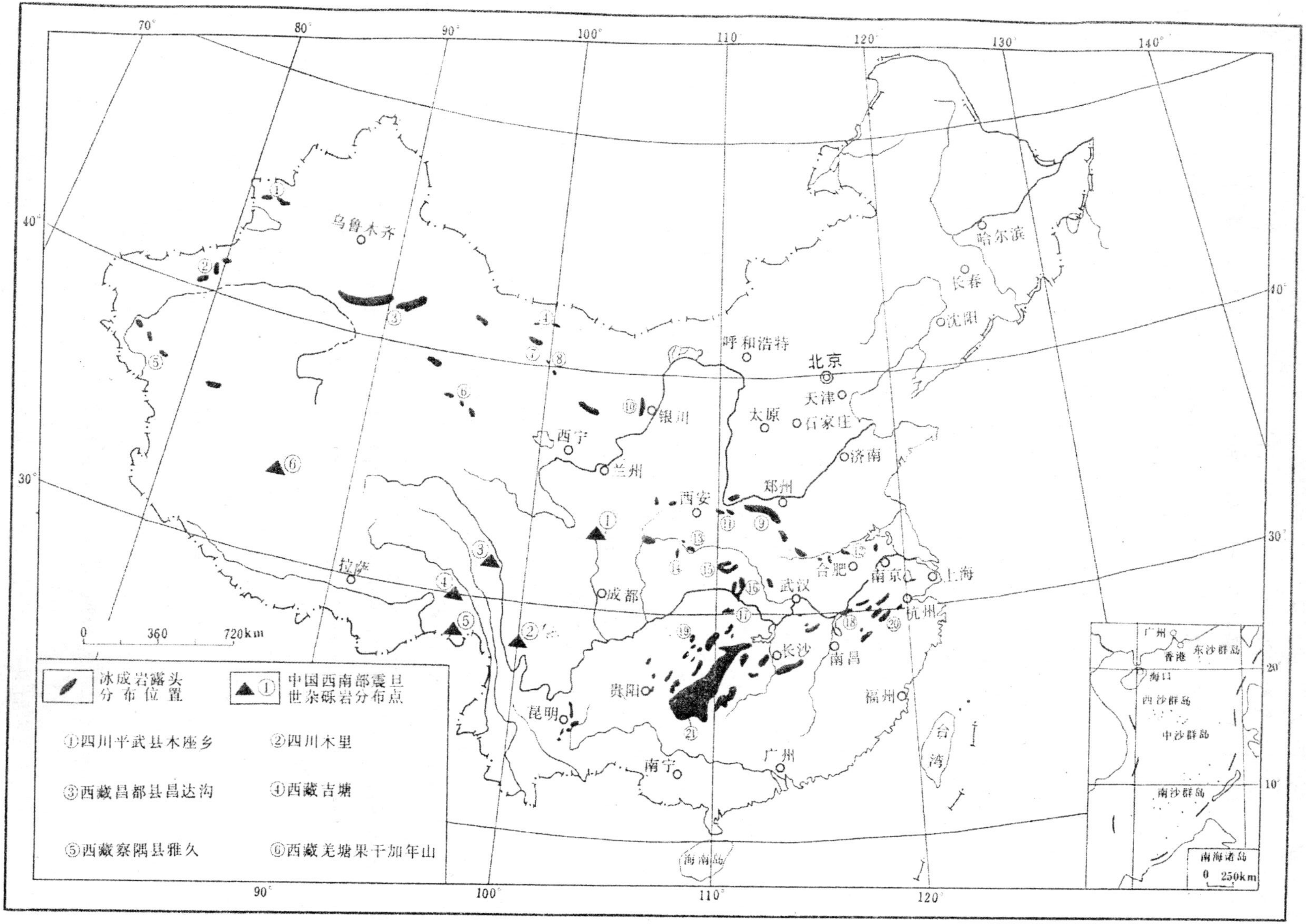

图 3-4　中国震旦纪冰成岩及西部杂砾岩分布图（据陆松年等，1983 年，改编）

Fig. 3-4　The map showing distribution of Sinian glacial rocks and the western diamictites in China

发现跟踪而来，如1989年何书成发表了《四川平武、青川地区震旦纪冰成岩》；四川地层清理组将木里地区的木座组确定为冰成岩，并追踪到丹巴、小金地区与青川、平武地区的木座组相连；西藏东部1∶20万竹瓦根幅区域地质调查中报道了察隅地区早震旦世的冰成岩，并刊出了熨头石、垮积、坠石、落石等沉积相照片；云南区调队在高黎贡山西坡也发现了早震旦世的冰成岩①，稍后一些时间、西藏区调队在昌都、玉树等地区也发现了震旦纪早世的砾石层。

本书将这些发现连同吉塘(岩)群、阿木岗日(岩)群解体后的相当变质砾岩层统称为震旦纪早世杂砾岩建造组合，不排除其有冰成岩的可能性。1990年毛裕年等在西秦岭展开专题研究时，建立了年代较可靠的早震旦世白依沟群，得出其为陆相水携火山碎屑—河湖相沉积碎屑岩成因类型。尽管有冰成说和非冰成说或更多关于杂砾岩成因机制的不同认识，但不同观点的作者，均将其地质年代置于震旦纪早世，并对砾石成分复杂，大小不均一和来自异地的蚀源区均无异议。

本书认为，在650～850 Ma这段时限内，冰期事件、火山事件、构造运动和生物演化都表现出地壳性质的重大转折，即由活动性向稳定性转化。突出的特点是这种转化的不均衡性，表现为上述事件的出现在不同地区的超前性、滞后性、迁移性和跳跃性。这已为不同学者对我国晚前寒武纪地层划分、对比所遇到的矛盾所证实。也是我国晚前寒武纪断代时限分歧的原因所在。基于以上考虑，本书认为不同时、空规模的地质事件只能与相应尺度规模的地质实体对比，首先要搞清这些地质实体的性质，才能进行地质实体之间的对比。目前已知在本区及其周边存在3种类型的建造组合。(1)冰成岩建造组合：以峡区南沱组—陡山沱组冰期—间冰期的海相、海陆交互相、陆相碎屑沉积为代表，在本区其代表是青川、平武地区的冰成岩。(2)火山-磨拉石建造组合：以四川西部的苏雄组—列古六组为代表，苏雄组主要由陆相火山溢流组成。(3)火山碎屑和沉积碎屑混合型建造组合：前述的白依沟群和昌都地区的草曲群属之，可能陆相、海相、海陆交互相兼有之。此种类型在尚未查清其成因机制前，暂用杂砾岩称之。

上述三种建造组合，前两种建造组合其成因及地质意义已经明确。对后一类称为杂砾岩的，前述毛裕年等认定是河流—湖泊环境的水携火山碎屑和陆源碎屑建造、前者有晶屑凝灰岩、沉凝灰岩、火山尘岩；后者有凝灰质复成分砾岩及变凝灰质石英粉砂岩及板岩等。由于其间发现熔结凝灰岩类，该文作者指出这种岩石的成因是一方面地壳遭受剥蚀，而另一方面由火山喷发物不断供给，二者同时在水携动力(河—湖机制)条件下以牵引流方式形成。

上述三种建造组合除冰成岩外，后两类实质上是同一大类下的两个亚类，它们都与火山物源有关，是接近同时异相的产物，因而具有可比性，其地质年代为震旦纪早世。可以把伴随澄江运动的火山事件及其杂砾岩作为中国西南区的主要建造类型。它们已由扬子地台西缘和东南缘扩大到青藏高原及云南西部地区，大致以雅鲁藏布江为界，说明元古代曾出现过一个比现今扬子区更为广阔的统一大陆。

二、中国西南区前寒武纪基底地层性质、划分及演化

本区元古代基底岩石具有纵向上四分、横向上两分的规律性。纵向上的杂砾岩组合和绿

---

① 云南省地矿局秦德厚高级工程师面告。

片岩组合(以下称上部组合)迄今没有在喜马拉雅地层区出现。大致以雅鲁藏布江为界消失在大转弯外侧通麦—金珠—布宗沿线的西侧。代表杂砾岩组合的岩石组分大量是火山碎屑和沉积碎屑物质，前者以凝灰为主由中、酸性凝灰质组成，自下而上由偏碱的钙碱系列向碱钙系列过渡，向上过渡到正常沉积岩。其中的砾石组分有近源和远源两种类型。总观，它反映了过渡性地壳向稳定性地壳转化阶段的一次重要的陆上剥蚀和火山喷发事件。其下的绿片岩组合与杂砾岩组合中的火山凝灰质组分似有同源岩浆性质，可见到典型的钠长质绿片岩在两个组合中都有出现，不同的是绿片岩组合是中—基性成分增加。碧口群上部经常有细碧-角斑岩建造出现。本书认为上述两个组合反映的是在地壳拉裂背景下陆上火山事件和剥蚀环境条件的综合产物，代表了统一的扬子地台大陆边缘过渡壳的性质。它们的时限在青白口纪—早震旦世。由于元古宙上部组合迄今只发现在雅鲁藏布江以北、以东地区，设想晚元古代时期，雅鲁藏布江两侧是在两个不同的克拉通基底上演化的。

由片麻岩和云英片岩构成的元古宙下部组合在雅鲁藏布江南、北两侧均存在。目前虽将它们在横向上进行了对比，但由于南侧以聂拉木(岩)群为代表的片麻岩原岩建造主要为陆源碎屑建造，并普遍认为它们是印度地台的一部分；而另一侧的片麻岩组合总体上属于较老的灰色片麻岩和绿岩建造，似乎不支持它们是同一基底。从测年数据上也反映聂拉木(岩)群偏晚。

第四章

寒武纪—志留纪

中国西南区早古生代地层出露不多，主要集中分布于华南地层大区（Ⅵ）东部边缘和藏滇地层大区（Ⅶ）南部的喜马拉雅地层区内（图 4－1），其它地点的零星露头，多受构造因素制约，仅见于两大地层内侧的构造块体核部，地层序列不甚完整、延伸性差、研究程度偏低。

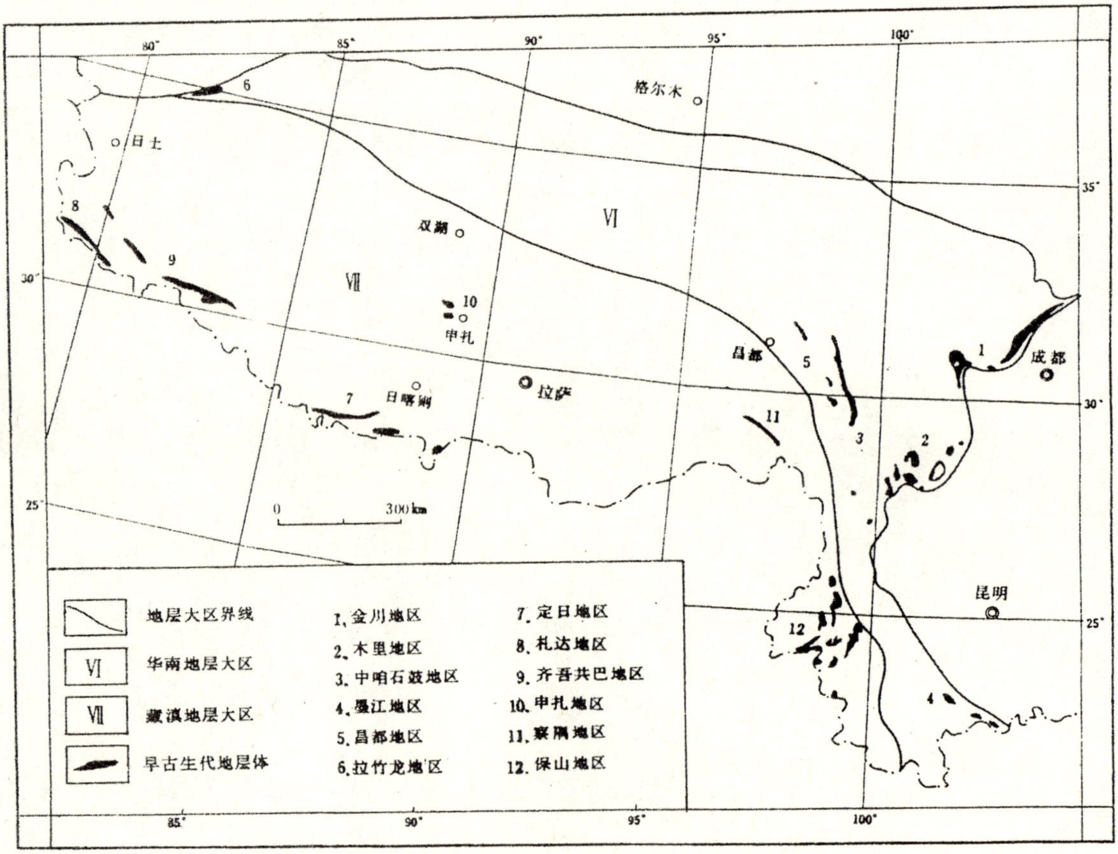

图 4－1　中国西南区早古生代岩石地层分布图

Fig. 4－1　The map showing distribution of Early Palaeozoic lithostratigraphy in Southwest China

华南地层大区寒武纪早世地层多为稳定型海相沉积，与邻近扬子地层区有较好对比关系，中、晚寒武世地层则多有缺失。奥陶纪、志留纪地层表现出较大的变化，大体可分为次稳定型和活动型两类沉积，反映了华南地层大区早古生代中晚期构造地质环境的演化特征。

藏滇地层大区早古生代地层均为稳定型海相沉积，除滇西保山地区而外，各分散的露头间，均具有良好的对比关系。

根据构造演化关系分析，造成两大地层区地层序列差异的原因，可能与“泛扬子大陆”的解体早于“冈瓦纳大陆”有关。

第一节　区域地层分述

一、华南地层大区（Ⅵ）

本区早古生代地层主要出露于扬子地台西缘的茂县、木里和金沙江构造带两侧的中咱、白玉、中甸、金江、墨江一带以及西藏昌都的盐井、芒康、江达等地，西藏西北部的拉竹龙地区也有零星分布。由于露头十分零散，其间又被后期的地层掩盖，因而各地分别建立了地层序列，其岩石地层序列见表4-1。

表4-1　华南地层大区早古生代岩石地层序列表

Table 4-1　The sequence of Early Palaeozoic lithostratigraphy in South China province

年代	巴颜喀拉地层区			羌北—昌都—思茅地层区	
	金川	木里	中咱—石鼓	墨江	唐古拉—昌都
志留纪	通化群	米黑组	雍忍组、撒则组、格扎底组（然西组）	漫波组、水箐组	恰拉卡组、普尔错群
奥陶纪	大河边组	物洛吃普组、瓦厂组、人公组	物洛吃普组、邦归组、蒙措纳卡组	?	饮水河组、青尼洞组
寒武纪	渭门组	呷里降组	颂达沟组、三家村组、银厂沟组、额顶组、小坝冲组		
震旦纪	水晶组	水晶组			

（一）巴颜喀拉地层区（$Ⅵ_1$）

1. 金川地层小区的地层序列（$Ⅵ_1^{1-2}$）

自下而上由渭门组、大河边组和通化群3个地层单位组成，仅分布于康定、茂汶、北川等地。

渭门组

本组只见于茂汶一带，茂汶以南普遍缺失，岩性组合以浅灰色酸性—偏碱性火山角砾岩、火山凝灰质砂岩与变质碎屑岩互层组成，底部有碳质千枚岩和碳硅质岩发育，未发现生物化石，典型区未见底，但东侧土门雨亭沟和汶川三尖山一带，平行不整合于水晶组之上，顶与大河边组不整合接触，厚552～1 252 m，以典型区厚度最大，侧向延伸厚度变薄，火山物质减少。

大河边组

本组出露完整，分布范围广泛，主要岩性组合：下部为石英岩、片岩夹大理岩组成；上部为白云质大理岩、结晶灰岩夹片岩、千枚岩。底部局部可见底砾岩，横向岩性变化较大，碳酸盐岩多呈凸镜状变化，层中含有海百合茎及腹足类化石，厚260～560 m。底部与涓门组或水晶组为微角度不整合接触，汶川雪隆包一带直接超覆沉积于晋宁期花岗岩之上。顶部与通化群整合接触。

通化群

广布于平武、茂汶、理县、丹巴、康定等地，是一个未建组的群级地层单位，主要岩性为碳质绢云千枚岩、石英千枚岩、细砂岩互层夹少量薄层状结晶灰岩组成，岩性单调，横向变化较大，厚2 589～3 206 m，个别地点可达4 138 m，化石稀少，仅见有少量海百合茎和植物化石印痕。底与大河边组、顶与危关组均为整合接触，在丹巴格宗一带超覆于水晶组之上。

2. 木里地层小区的地层序列（Ⅵ_1^{2-3}）

木里小区早古生代地层出露较为集中，主要分布于木里西秋、瓦厂、水洛、唐央等地。共有呷里降组、人公组、瓦厂组、物咯吃普组、米黑组等5个地层单位。

呷里降组

本组下部以碎屑岩为主，上部由结晶灰岩、白云岩夹硅质条带组成。典型区下部碎屑岩较少，以紫灰—紫红色含泥质白云岩为主，底部见角砾状白云岩及硅质白云岩，离典型区不远，下部碎屑岩大量发育，且较稳定，未发现生物化石，厚32～88.8 m，最大厚度为162.4 m，底与水晶组，顶与人公组均为平行不整合接触。

人公组、瓦厂组

主要分布于唐央、查不郎、水洛、东义等地，均为一套石英质和长石石英质碎屑岩组成，其中人公组以浅色厚层状石英砂岩、长石石英砂岩夹部分绢云千枚岩、粉砂岩组成，局部夹有凸镜状白云质灰岩，厚107～413 m。

瓦厂组是以杂色长石石英砂岩、石英砂岩与绢云千枚岩呈韵律状互层组成，局部夹有玄武岩和结晶灰岩，以黑色、紫红色交替的杂色调和中薄层状韵律层为主要宏观标志，厚300～898 m。人公组未采获化石，瓦厂组在中下部层中采有笔石、三叶虫及腹足类、腕足类化石以及双壳类、方锥石和遗迹化石——二叶石。

人公组底与呷里降组为平行不整合接触，上与瓦厂组整合接触；瓦厂组顶部与米黑组为平行不整合接触，但在木里店满、马场一带瓦厂组与物洛吃普组为整合接触。

物洛吃普组

本组主要分布于中咱地层小区，但可延伸到木里地层小区内，仅见于区内店满、瓦厂一带，其他地段未见沉积。由数百米厚的砂板岩、白云岩互层组成，含有腕足类化石。底与瓦厂组整合接触，顶与米里组平行不整合接触。

米黑组

主要由黑色硅质板岩、碳质板岩组成，夹少量石英砂岩、千枚岩及薄层状结晶灰岩，底部有砂砾岩，部分地段夹少量基性火山角砾岩及凝灰岩。岩性与岩相均较稳定，产有笔石化石，厚 190～440 m。底与瓦厂组或物洛吃普组，上与泥盆纪地层均为平行不整合接触。

3. 中咱-石鼓地层小区的地层序列（VI_1^{2-1}）

早古生代地层呈南北向条带状出露于白玉、巴塘、中咱、中甸、金江等地，北部露头较连续，层序也较完整，南部由于受构造制约因而地层出露较零星，小区内共有 12 个组级地层单位，但组成两种沉积类型的地层序列，其间有较好的对比关系。

稳定型地层序列：

小坝冲组

仅见于巴塘一带，下部为较稳定的千枚岩、碳质绢云千枚岩、碳硅质板岩，上部为基性火山岩夹少量碳酸盐岩组成。厚 1 000～2 740 m 以上。典型区未见顶，茶马贡一带可见其整合于额顶组之下，底与茶马贡群关系不明。

额顶组、颂达沟组

两组地层仅见于巴塘、中咱附近，因受断裂切割故层序出露不甚完整。额顶组以碳酸盐岩为主，下部有砂质板岩、千枚岩等碎屑岩，含腕足类化石，厚 1 406～1 588 m，典型区未见底，茶马贡一带整合于小坝冲组之上，上与颂达沟组整合接触。

颂达沟组由变质砂岩、千枚岩、板岩夹少量碳酸盐岩组成，具明显地韵律层特征，含有三叶虫及腕足类化石。厚 1 500～2 100 m，底与额顶组顶与邦归组均为连续沉积。

银厂沟组、三家村组

两者仅见于中甸金江附近，与北部额顶组相当，由于断裂切割出露不完整，对其延伸对比关系各家认识不一，本书将其对比于额顶组，作为同物异名处理。

银厂沟组以中薄层状白云岩与板岩夹砂岩呈不等厚互层产出，总体上以白云岩为主。底部产有三叶虫及腕足类化石，厚 310 m，未见底，顶与三家村组连续沉积。

三家村组为一套中层状白云岩夹少量板岩的岩石组合，尚未发现化石，厚 389～552 m。底与银厂沟组整合接触，上未见顶。

邦归组

仅见于中咱邦归地区，以浅海相碳酸盐岩为主夹少量碎屑岩组成，岩性稳定，出露范围小，含有笔石、三叶虫及腕足类化石。厚 1 477 m。与下伏颂达沟组整合接触，上与格扎底组平行不整合接触，其间有层位缺失。

格扎底组、撒则组、雍忍组

主要分布于中咱、藏巴纳一带的壳相沉积，岩性与厚度较稳定，但展布范围较局限，主要由大套白云质碳酸盐岩组成，中部夹有大量碎屑岩，据此将其划分为上述 3 个组级岩石地层单位。

格扎底组为灰色中薄层白云质结晶灰岩、泥质灰岩组成，夹有少量黑色钙质片岩，底部有角砾状灰岩和砾岩，与邦归组平行不整合接触，在区域上也见平行不整合在活动型地层——物洛吃普组之上，顶与撒则组连续沉积。含有珊瑚、腕足类、层孔虫化石，厚 88～150 m。

撒则组在层型区是以大套薄层条纹状灰岩、泥灰岩互层夹少量板岩及粉砂岩组成，中部夹有中酸性凝灰岩及凝灰质板岩。在典型区北部巴塘一带是由绢云石英岩、长石石英砂岩、千枚岩组成，夹少量白云质灰岩及火山岩，特征已逐步向然西组过渡。与格扎底组及雍忍组均为整合接触，厚 305～703 m，北部厚 815 m 以上。目前仅在以碳酸盐岩为主的地区内获得大量珊瑚、双壳类、腕足类化石以及少量三叶虫、海百合茎。

雍忍组由结晶灰岩、白云岩夹生物灰岩组成，北部藏巴纳、巴塘一带夹少量碎屑岩，含有珊瑚、腕足类化石，厚 437～660 m，典型区最大厚度可达 1 151 m，南部果都西，樟扎一带厚仅 180～276 m。下与撒则组上与格绒组均为整合接触。

活动型地层序列：

蒙措纳卡组

见于中咱南北各地及中甸金江地区，主要为一套横向变化较大的绿泥绢云片岩夹碳酸盐岩地层组成，北部藏巴纳一带碳酸盐岩夹层较多，呈不等厚互层，面貌与邦归组相近，中咱西南部多由片岩、碎屑岩夹少量大理岩组成，西部见有玄武岩夹层，反映了其沉积环境不稳定的特点，含有腕足类化石，属种极为单调，厚 1 700～1 824 m，底部多为断裂与下伏层关系不明，顶与物洛吃普组平行不整合接触。

物洛吃普组

见于中咱西南部部分地段，相似的地层也见于木里店满、马场和中甸金江北部。

本组下部由长石石英砂岩，上部由薄层状灰岩、泥灰岩组成，以层间夹紫红色疙瘩状或条带状泥灰岩为宏观特征。含有头足类、腕足类及钙藻化石。厚 150～400 m。下与蒙措纳卡组平行不整合接触，上与格扎底组平行不整合接触。

本组岩性横向变化较大，典型岩性组合的分布较局限，木里店满和中咱北部藏巴纳一带岩性已有很大变化，在次稳定型沉积区的邦归组之上，缺失该组沉积。

然西组

主要出露于巴塘白玉一带，甘孜玉隆地区也有少量出露，岩性组合为一套中薄层状含碳质结晶灰岩夹绢云石英千枚岩及基性熔岩、火山碎屑岩组成，含有少量珊瑚、腕足类化石。厚度达 2 480～3 280 m，未见底，顶与金沙江蛇绿岩岩群为断层接触。

（二）羌北-昌都-思茅地层区（VI_2）

1. 墨江地层小区的地层序列（VI_2^{1-3}）

云南墨江、绿春地区有部分早古生代晚期的地层单元，相当金沙江带南延的滕条河构造带中的活动型沉积，称水箐组和漫波组。

水箐组

水箐组在典型区为一套笔石页岩相粉砂岩、页岩夹砂岩岩性组合，常夹有紫红色长石石英砂岩和碳质页岩。见有笔石和介形类以及少量植物化石碎片，厚 469 m 以上。未见底，顶与漫波组整合接触，绿春一带岩性已变为灰黑—灰绿色砂质板岩、粉砂岩互层为特征的类复理石相沉积，厚度可达 2 485 m，具有活动型陆坡带沉积特征。

漫波组

该组由灰绿色—灰黄色粉砂岩与页岩互层为特征的岩性组合，夹有多层灰岩、泥灰岩层，部分地段见有硅质岩层，以不含紫红色砂岩和夹有碳酸盐岩与水箐组相区别，厚 1 693 m，含少量笔石化石，底与水箐组整合接触，上未见顶，与倮红组关系不明。

2. 唐古拉-昌都地层分区的地层序列（VI_2^2）

分区内早古生代地层多为零星出露的块体，受断裂构造限制，地层序列不甚完整，主要分布于昌都地区和西部拉竹龙地区，共有 4 个岩石地层单位。

青尼洞组

本组下部为黑色及紫红色砂板岩互层组成，中部由绿色砂板岩与结晶灰岩互层夹少量石英砂岩，上部为厚层石英砂岩组成，含大量笔石化石。厚度大于 1 954 m，未见顶底。在南部芒康、海通一带，本组仅出露中下部层位，由石英砂岩和紫红色板岩，夹有豹皮状灰岩组成，下未见底，顶部被海通组不整合所覆盖，厚 536 m。

恰拉卡组

仅见于盐井县多吉版一带，主要由一套深灰色页岩、砂质页岩夹薄层石英砂岩组成，顶部为薄层生物灰岩与页岩互层。厚度大于 527.2 m，含有笔石及牙形石化石，未见底，顶与海通组不整合接触。

饮水河组

分布于拉竹龙南侧饮水河上游，由石英砂岩、岩屑砂岩、粉砂岩、页岩等碎屑岩组成，以陆源碎屑砂岩十分发育为特征，含三叶虫、腕足类化石，厚度大于 1 044 m。未见底，顶与普尔错群整合接触。

普尔错群

普尔错群包含 3 个非正式岩石地层单位，下部以浅色石英岩夹粉砂岩和微晶灰岩组成，中部为灰岩、生物灰岩，上部由石英砂岩夹岩屑砂岩、粉砂岩组成。含有大量三叶虫、腕足类、头足类化石。总厚 940～1 494 m，底与饮水河组整合接触，上部未见顶。

二、藏滇地层大区（Ⅶ）

区内早古生代地层主要分布于喜马拉雅山北麓和云南保山、永德一带，其他零星露头见于申扎、察隅和雅鲁藏布江源区的齐吾贡巴等地。大部分为连续沉积的稳定型海相沉积，仅保山、永德地区的情况稍有差异，全区共有 26 个岩石地层单位，包括 3 个群、23 个组。除部分地区进行过系统的生物地层工作外，大部分地区研究程度较低，缺乏对单位延伸、变化和对比关系的论述资料。因此，对地层格架恢复工作尚有困难。区内的岩石地层序列关系见表 4－2。

表 4－2　藏滇地层大区早古生代岩石地层序列表

Table 4－2　A sequence of Early Palaeozoic lithostratigraphy in Tibet－Yunnan province

	羌南—保山地层区		冈底斯—腾冲地层区		喜马拉雅地层区		
志留纪	栗柴坝组 仁和桥组 蒲缥组	栗柴坝组 仁和桥组	东卡组	扎弄俄玛组 德悟卡下组	普鲁组 石器坡组	普鲁组 石器坡组	米里群
奥陶纪	施甸组 老尖山组	蹓西组 大矿山组	? 桑曲组	申扎组 刚木桑组 柯尔多组	红山头组 甲村群	下拉孜组 达巴劳组	米里群
寒武纪	保山组 沙河厂组 核桃坪组				肉切村组	肉切村组	
震旦纪	公养河群	公养河群			肉切村组	肉切村组	

(一)羌南-保山地层区(Ⅶ$_1$)

地层区内早古生代地层仅分布于六库、保山、施甸、潞西、镇康范围内，北部被怒江断裂带和澜沧江断裂所限，西南部延出国境与缅甸禅邦高原地区的早古生代相连。本区共有11个地层单位，包括1群10组。地层序列发育齐全，厚度巨大，化石群丰富是滇西地区早古生代最典型的地层分布区。

公养河群

主要为一套长石石英砂岩、板岩、硅质页岩夹少量灰岩组成复理石沉积。未见底，上与核桃坪组整合接触，化石稀少，仅见少量海绵骨针及微古植物，厚达6 450 m。

核桃坪组

本组分布范围局限，仅见于保山核桃坪及双麦地两处，由深灰色板岩夹白云质灰岩、泥灰岩和厚层状灰岩、鲕状灰岩夹少量泥页岩组成，含有腕足类及三叶虫化石，厚867～1 627 m。底与公养河群，上与沙河厂组均为整合接触。在横向上岩性稍有变化。

沙河厂组

本组上部与下部由碳酸盐岩组成，中部为砂岩、粉砂岩、页岩夹泥灰岩组成，横向上岩性及厚度变化均较大。含有三叶虫化石。厚509～2 200 m。下与核桃坪组、上与保山组均为整合接触。

保山组

本组分布范围甚广，从六库到镇康均有见及，主要岩性特征为粉砂质页岩及条带状泥质岩不等厚互层组成，含三叶虫及腕足类化石，厚度为500～1 200 m不等。下与沙河厂组，上与老尖山组均为整合接触。

老尖山组

本组分布于保山、凤庆、施甸、镇康等地，潞西地区未见分布。主要岩性由上部、下部两套杂色钙质页岩、粉砂岩夹细砂岩，中部为浅色砂岩夹粉砂岩、页岩组成。含有三叶虫、笔石、腕足类及海林檎等多种生物化石。下与保山组、上与施甸组均为整合接触。厚564～1 471 m，南部镇康一带厚度较小，北部保山一带厚度较大。

施甸组

分布情况与老尖山组相似，主要岩性组合为浅色泥页岩、粉砂岩夹多层泥灰岩及少数砂岩组成，以不夹紫红色杂色调的碎屑岩为主要宏观标志。厚52～400 m。南部镇康一带岩性较粗，厚度最大达469～564 m，北部泥灰岩较多，含笔石、三叶虫等化石。下与老尖山组、上与蒲缥组均为整合接触。

蒲缥组

主要岩性为一套杂色、紫红色、灰绿色相间的粉砂岩、页岩夹泥灰岩组合，韵律层发育为宏观特征，厚125～632 m。施甸南部泥灰岩层增多，但厚仅125～194 m，保山、老尖山一带主要由粉砂岩韵律层组成，厚度达305～620 m。本组富含三叶虫及头足类化石，此外尚有腕足类和藻类化石。连续沉积于施甸组之上及仁和桥组之下。

在潞西地区，相当老尖山组以下的地层大多缺失，而相当施甸组和蒲缥组的沉积，在岩性组合上有别于保山、施甸地区，故地层单位的划分不同。

大矿山组

分布范围十分局限，仅见于潞西勐旺街和大矿山几处，主要岩性组合为紫红色薄层一中层状粗粒长英质碎屑岩夹薄层泥岩、粉砂岩组成。厚128～336 m。下与公养河群平行不整合接触，上与潞西组整合接触。本组化石稀少，仅个别地区获得三叶虫、腕足类和笔石、双壳类化石。

潞西组

本组分布范围也较窄小，仅见于勐旺、潞西、和弯腰树等地，主要岩性为一套灰黑色含砂泥质白云岩、泥灰岩夹少量粉砂岩、页岩组成。厚仅84～200 m，下与大矿山组、上与仁和桥组均为整合接触。生物化石较单调，以三叶虫为主。

仁和桥组

本组沉积范围较前有所扩大，主要见于保山、泸水、凤庆、施甸、镇康等地。主要岩性组合为：砂泥质页岩与碳质笔石页岩组成，顶部偶夹泥灰岩凸镜体。岩性较稳定，仅老尖山一带出现紫红色条带状粉砂质页岩，北部泸水一带为黑色硅质页岩，厚256～315 m，施甸地区仅75～232 m。富含笔石化石。底与潞西组或蒲缥组、顶与栗柴坝组均为整合接触。

栗柴坝组

主要岩性特征：中下部为灰色致密状灰岩类条纹状泥灰岩，上部以紫红色条带状网纹状泥质灰岩夹页岩组成。保山泸水一带厚277～554 m，施甸地区厚59～200 m，含有牙形石及少量笔石及三叶虫化石。底与仁和桥组、上与向阳寺组均为整合接触。

(二)冈底斯-腾冲地层区(Ⅶ$_2$)

区内早古生代地层仅见于申扎—措勤和波密—古琴、察隅等地，多为断裂夹零星露头区，其中申扎地区的地层序列较完整，古琴、察隅的零星地层，暂按其空间位置罗列。区内共有7个组级单位，分成两个地层序列，两者对比较困难。

1. 申扎地区的地层序列(Ⅶ$_2^1$)

柯尔多组、刚木桑组、申扎组

该3个单位主要出露于申扎县永珠桥，门德俄玛和日阿觉等地，出露范围不大。

柯尔多组由紫红色—深灰色条纹状灰岩、生物碎屑灰岩、白云质灰岩组成，含有大量头足类化石，厚256 m。未见底，上为刚木桑组连续沉积。

刚木桑组由灰绿色粉砂质页岩及中薄层状瘤状灰岩、生物灰岩组成，夹有碎屑岩层，含有头足类、三叶虫及笔石化石，厚度为128 m。底与柯尔多组呈连续沉积。顶与申扎组或德悟卡下组均为整合接触。

申扎组主要为砂质页岩及泥灰岩、灰岩组成，含笔石化石，上部灰岩中含有腕足类、三叶虫等壳相生物化石，厚仅2.5～14 m。下与刚木桑组、上与德悟卡下组均为整合接触。但本组延展性较差，在层型地西部不远的吉瓦、张恩等地即消失。

德悟卡下组

主要分布于申扎永珠和文部吉瓦、张恩一带，由一套笔石页岩夹薄层泥灰岩组成的地层，横向上变化不大，厚223～316 m，但西部文部地区厚仅42 m。底与申扎组或刚木桑组整合接触，上与扎弄俄玛组连续沉积。

扎弄俄玛组

主要由一套紫红色、深灰色中厚层状灰岩、钙质页岩、白云质灰岩、泥灰岩组成，主要产牙形石化石，部分地段见有头足类，厚59～224 m。下与德悟卡下组连续沉积，上与达尔东组平行不整合接触。

2. 古琴—察隅地区的地层序列(Ⅶ$_2^3$)

桑曲组

本组仅见于古琴桑曲河两岸，主要为一套色调较暗的生物碎屑灰岩和厚层状灰岩、结晶灰岩组成，顶底均为断裂切割，出露不全，含大量腕足类和腹足类化石，厚度大于 178 m。

东卡组

本组仅出露于东卡错以东的阿日公果、爬给拉不拉、哥嘎玛朗一带，主要岩性：下部为生物灰岩、白云质灰岩和结晶灰岩互层；上部由石英岩、千枚岩、砂质板岩和薄层灰岩组成的韵律状互层组成。局部地区底部有碱性安山岩层。含有珊瑚、腕足类、海百合茎及少量层孔虫、水螅、头足类化石。厚度达 1 644～2 579 m。顶底均为断层切割。

(三)喜马拉雅地层区(Ⅶ$_3$)

主要分布于喜马拉雅山脉的北坡，亚东、定结、定日、吉隆、普兰、下拉孜和底雅以南的山体上部，呈 NW 走向带状出露，道拉吉里峰到普兰间穿过尼泊尔的北部地区，底雅以西延入印度的斯匹提地区。另外在仲巴、齐吾贡巴，札达北部地带，也有大片露头出露，基本岩性特征及地层序列均与南部体系相同，由于它是大陆仰冲阶段从地腹深处逆冲上来的构造岩片，构造地质学家常称其为“齐吾贡巴岩片”或“齐吾贡巴地体”，从地层学角度看它应属于非原地沉积系统。因而本书将其与南部地层体系对比，不采用建立地层系统的作法。

肉切村组

本组为北喜马拉雅沉积地层中最底部的一个岩石地层单位，由一套薄层条带状泥质细碎屑岩类组成，中部夹有大理岩、砂质结晶灰岩及薄层钙质砂岩，上部为板岩、千枚岩，厚 2 500～4 000 m。顶与甲村群或达巴劳组整合接触，底与聂拉木群普遍被藏南伸展断裂(TSEF)切割，常使底部出现厚百余米的高绿片岩相热—动力变质岩石。造成组的厚度或露头宽度各处不一，层型区组厚仅 70 m，普兰一带达 2 500 m，定结以东全部断失，甲村群直接与聂拉木(岩)群接触。本组仅在个别地点采到海百合茎化石，但国外曾报道于印度的多格拉板岩中采有寒武纪的三叶虫化石。

甲村群、达巴劳组、下拉孜组

甲村群分布普兰以东的吉隆、聂拉木和亚东一带，普兰以西岩性组合已有变化，被划分为达巴劳组和下拉孜组。

甲村群下部以黄色页岩和条带状泥灰岩、灰岩组成，通常称“黄带层”；中部为块状灰岩、白云质灰岩夹钙质粉砂岩、细砂岩；上部为紫红色泥质灰岩。中上部层中含有大量珊瑚、腕足类、头足类和腹足类，尚见少量三叶虫化石。厚 802 m。底与肉切村组整合接触，顶与红山头组或石器坡组整合接触。

北部雅鲁藏布江边“齐吾贡巴构造岩片”中的甲村群，是以中厚层结晶灰岩夹多层石英砂岩组成，尤其是底部，为砂岩、粉砂岩与灰岩互层组成，厚度大于 1 000 m，未见底。

达巴劳组与下拉孜组为甲村群西延相变的地层单位。前一组是整合于肉切村组之上的以厚层杂砂岩、石英砂岩夹含砾砂岩、砂质板岩及少量碳酸盐岩组成，厚 625～1 890 m。后一组是连续沉积在其上的一套长石石英砂岩、砂岩、板岩夹灰岩、泥质灰岩和生物灰岩的岩性组合。顶与石器坡组整合接触，厚 400～1 040 m。该两组生物化石十分丰富，计有珊瑚、腕足类、腹足类、头足类、三叶虫、海百合茎和棘皮类、藻类等多种门类。

达巴劳组和下拉孜组在国境内仅分布于札达南部地段、西延进入印度库蒙地区，被称为

“加布杨群”和“夏拉群”。

红山头组

本组仅见于聂拉木地区，向东西两端很快消失，属地方性岩石地层单位。岩性特征以紫红色钙泥质页岩类细砂岩组成，含有头足类化石。厚度仅70 m。与下伏甲村群和上覆石器坡组均为整合接触。

石器坡组、普鲁组

两组为沉积厚度不大、岩性较稳定、分布范围较广的地层单位。

石器坡组为笔石页岩相砂岩、钙质页岩、粉砂岩互层的碎屑岩组合，夹少量泥灰岩。含有大量笔石化石，厚仅21.3～181.3 m。西部普兰一带本组灰岩夹层增多，并出现珊瑚、海百合茎等壳相生物组合。整合于下拉孜组、甲村群或红山头组之上。普鲁组为连续沉积于石器坡组之上的以中—薄层状灰白色、黄灰色条带状泥质灰岩，砂质灰岩夹砂岩及板岩为特色的岩性组合，含有头足类、珊瑚化石，东部聂拉木一带主要为笔石化石，厚21.8～296 m。顶与凉泉组整合接触。在普兰、札达地区普鲁组岩性变粗，出现砂质板岩、泥质粉砂岩及白色石英砂岩。“齐吾贡巴构造岩片”上也见上述两组地层，岩性特征与典型区相近，下部为钙质细砂岩、粉砂岩夹千枚岩、板岩，上部为结晶灰岩、白云质大理岩组成，厚度达700 m以上。

米里群

主要分布于喜马拉雅地层区东南地段的达旺—尼乌木地区，由于喜马拉雅山的主中央断裂（MCT）和主边界断裂(MBT)逐渐靠拢，地层出露宽度变窄，岩石变质程度加深。因而米里群包含的岩性组合较为复杂。米里群底部为条带状石英岩、灰岩、板岩、粉砂岩与红色页岩韵律状互层，夹少量火山岩；下部为条带状石英岩、灰岩和火山角砾岩；中部为灰岩、白云岩夹红色页岩，顶部有玄武岩和火山角砾岩；上部为粗碎屑岩、条带状石英岩夹板岩及少量红色页岩、泥灰岩。未见顶底接触关系，总厚达3 000 m以上。

1974年jain创建地层单位时，按岩性组合将其划分为7个组级单位，但由于该区断裂构造复杂，研究程度低，组的延伸对比较困难，相比之下群的延伸对比尚能展开，故目前暂保留米里群一名，作为无组的群处理。

第二节　区域地层划分与对比

一、华南地层大区

区内早古生代地层研究程度较低，大多数地层剖面缺乏系统的生物地层工作，因而地层的多重划分对比工作，尚有待进一步解决。

(一)金川地层小区

滑门组未发现化石，底与水晶组不连续沉积，其上被含化石的奥陶纪地层平行不整合所覆盖，在横向上滑门组可与扬子地层区九顶山地层小区的邱家河组和油房组对比(图4-2)由于后两组均含有微古植物化石 *Trachsphaeridium·lavis*, *Lophosphaeridium* sp., *Laminarites antiquissimus* 等，年代大体应属早寒武世早中期。

大河边组层序发育完整，底部与滑门组或水晶组为平行不整合接触，顶部与通化群整合

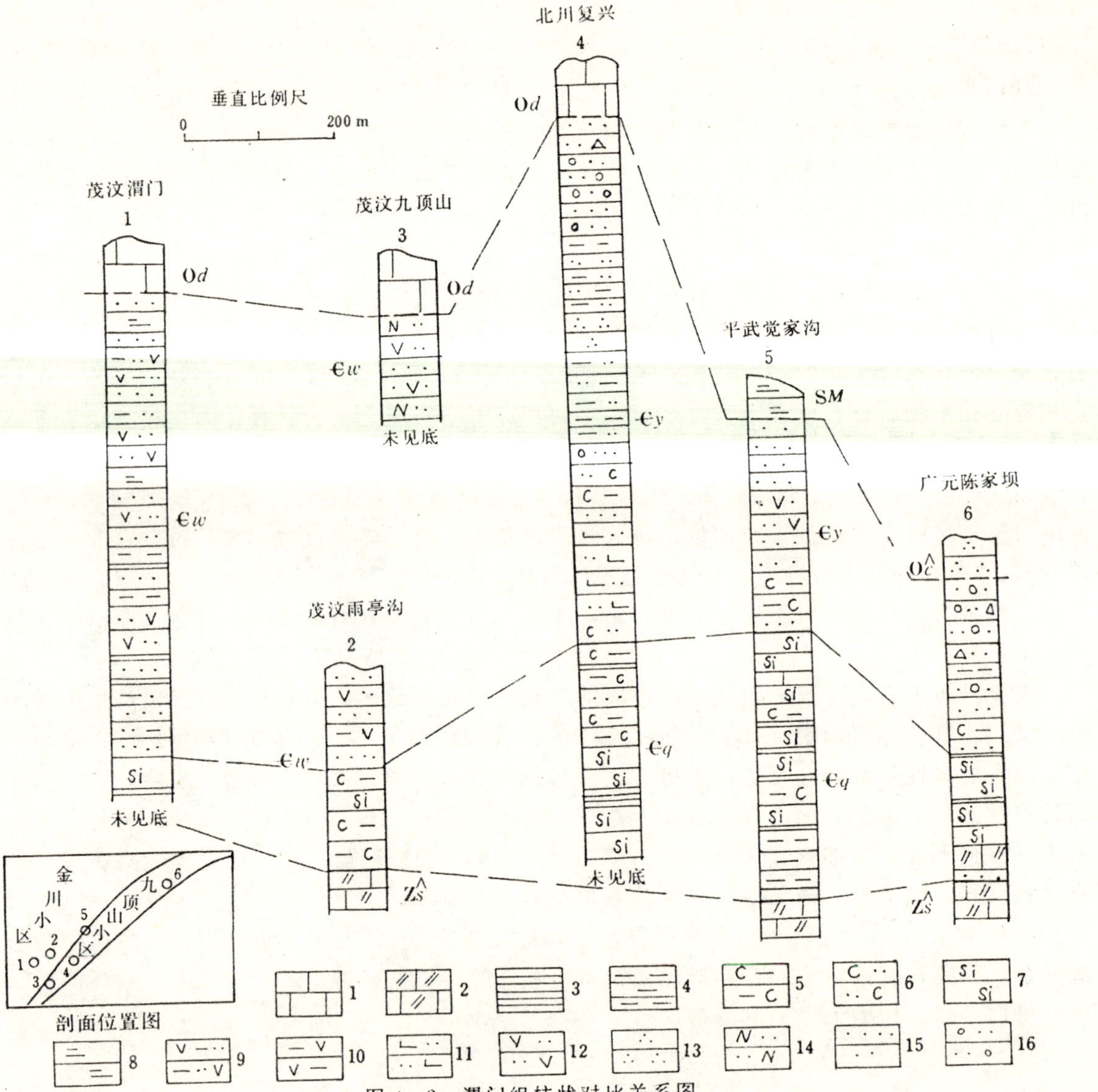

图 4－2　渭门组柱状对比关系图

Fig. 4－2　Stratigraphic correlation column of Weimen Formation

SM. 茂县群；Od. 大河边组；Oĉ. 陈家坝组；∈w. 渭门组；∈y. 油房组；∈q. 邱家河组；Zŝ. 水晶组；1. 结晶灰岩；2. 白云质灰岩；3. 板岩；4. 千枚岩；5. 碳质千枚岩；6. 碳质砂岩；7. 硅质岩；8. 绢云千枚岩；9. 凝灰质砂板岩；10. 凝灰质千枚岩；11. 流纹质凝灰岩；12. 凝灰质砂岩；13. 石英砂岩；14. 岩屑砂岩；15. 粉砂岩；16. 粗碎屑岩

接触。含有少量海百合茎和腹足类化石，年代确定较困难。在相邻的九顶山地层小区内与其相当的地层为陈家坝组，也是由碎屑岩夹碳酸盐岩的岩性组合组成的地层，在青川一带陈家坝组与油房组平行不整合接触，宝兴地区超覆不整合于盐井群之上，变化特征与大河边组相似，在陈家坝组底部产有笔石 *Didymograptus deflexus*、*D. hirundo*、和 *Asaphus* cf. *chui*，*Ptychopyge* sp. 等化石，根据上下层位关系和区域地层对比结果，大河边组应属奥陶纪。

通化群属非稳定型沉积，化石稀少，仅见有海百合茎和部分植物化石印痕。通化群底与大河边组，顶与危关组均为整合接触。在区域上与相邻九顶山地层小区的茂县群颇为接近，茂县群含有丰富的珊瑚、笔石、腕足类化石，如 *Mesofavosites angustus*，*M. gansuensis*，*Favosites unioformis*，*Squameofavosites* 和 *Streptograptus nodifer*，*Pristiograptus cyphus*，以及 *Atrypella minuta*, *Nucleospira* sp. 等。因而通化群也被视为志留纪的沉积地层。但茂县群属于扬子地层区向西过渡的次稳定型地层，与本区活动型沉积尚有差异。

(二)木里地层小区

呷里降组与上覆、下伏地层均为平行不整合接触，未发现化石，由于位于含化石的奥陶纪地层和震旦纪地层之间，推测年代为寒武纪，同时又因具有特征的紫红色陆源碎屑岩和白云岩，沉积厚度不大，与扬子地层区早寒武世地层较为接近。因而均将其视为早寒武世的沉积。

人公组岩性较粗，未获生物化石。瓦厂组主要在中下部获得多门类化石，其中笔石有 *Didymograptus* cf. *parallelus*, *Glyptopraptus* aff. *qijiangensis*；三叶虫 *Birmanites* sp., *Hammatocnemis* sp., *Yinpanolithus* sp., *Trinucles* sp., 二叶石 *Cruzina* 等，大多是扬子地层区特有的属种，其中 *Didymograptus nanus* 和 *D. murchisoni* 是我国西南地区早奥陶世晚期的标准带化石，*D. murchisoni* 和 *D. bifidus* 也是英国兰威尔阶的带化石，与我国宁国阶中晚期相当，其他一些腕足类和三叶虫等，也为该期的常见分子，故瓦厂组的年限为早奥陶世中晚期，人公组推测为早奥陶世早期。

瓦厂组下部所夹的玄武岩同位素年龄值(K-Ar)，为478Ma，年限大体归于早奥陶世早期。

物洛吃普组含有腕足类化石，与瓦厂组为整合接触，上与含化石的米黑组为平行不整合接触，时代为中晚奥陶世，详情在中咱地层小区内论述。

米黑组为一套笔石页岩地层，底与瓦厂组或物洛吃普组、顶与依吉组均为平行不整合接触。米黑组的笔石有 *Monograptus* cf. *sedgwickii*, *Pristiograptus* aff. *concinnus*, *Petalolithus minor*, *Climacograptus* sp. 以及 *Glyptograptus* cf. *persculptus* 等。其中 *M.* cf. *sedgwickii* 是扬子地层区龙马溪组顶部常见的带化石。*Glyptograptus* cf. *persculptus* 又是龙马溪组中部早志留世的生物分子。因此米黑组的年限为早志留世是无疑的。其上是否有中晚志留世的沉积尚不清楚。

(三)中咱-石鼓地层小区

小坝冲组未见底，与茶马贡群关系不明，上部与额顶组整合接触，未发现化石。小坝冲组为巨厚的中基性火山岩和碎屑岩组成，延展范围有限，除下部碳质千枚岩、碳硅质岩与四川边缘地区的邱家河组有某些相似之外，区域上尚未找到可对比的层位，由于其上额顶组含有中晚寒武世的腕足类化石，因而把小坝冲组暂置于早寒武世。

额顶组与银厂沟组和三家村组是相当的延伸层位，属同物异名地层。由于额顶组下部地层出露不完整，无法说明横向延伸变化，但该组的顶底界线层型比较清楚。银厂沟组和三家村组出露较连续，但未见顶底层位关系，故川滇两省地层清理中均保留了地方性的岩性单位名称。本书将该3个地层单位的对比关系予以明确，组名的取舍待协商后才能决定，目前暂以同物异名保留(图4-3)。

额顶组下部与银厂沟组相当，均由砂板岩、碎屑岩夹碳酸盐岩组成，额顶组未获化石，银厂沟组于底部采有三叶虫及腕足类，主要有 *Kunmingaspis qianbeiensis*, *K. longa*, *Kailiella angusta*, *Pesudoslenoparia* cf. *yankongensis*, *Wuxunaspis guizhouensis*, *Douposiella* cf. *pseudoguizhoensis* 等，其中 *Kunmingaspis* 和 *Douposiella* 属分子为滇中地区中寒武世 *Chittidilla*-*Kunmingaspis* 生物组合带的主要成员，均为华北型三叶虫生物群的常见分子。因而银厂沟组和额顶组下部为中寒武世沉积无疑。

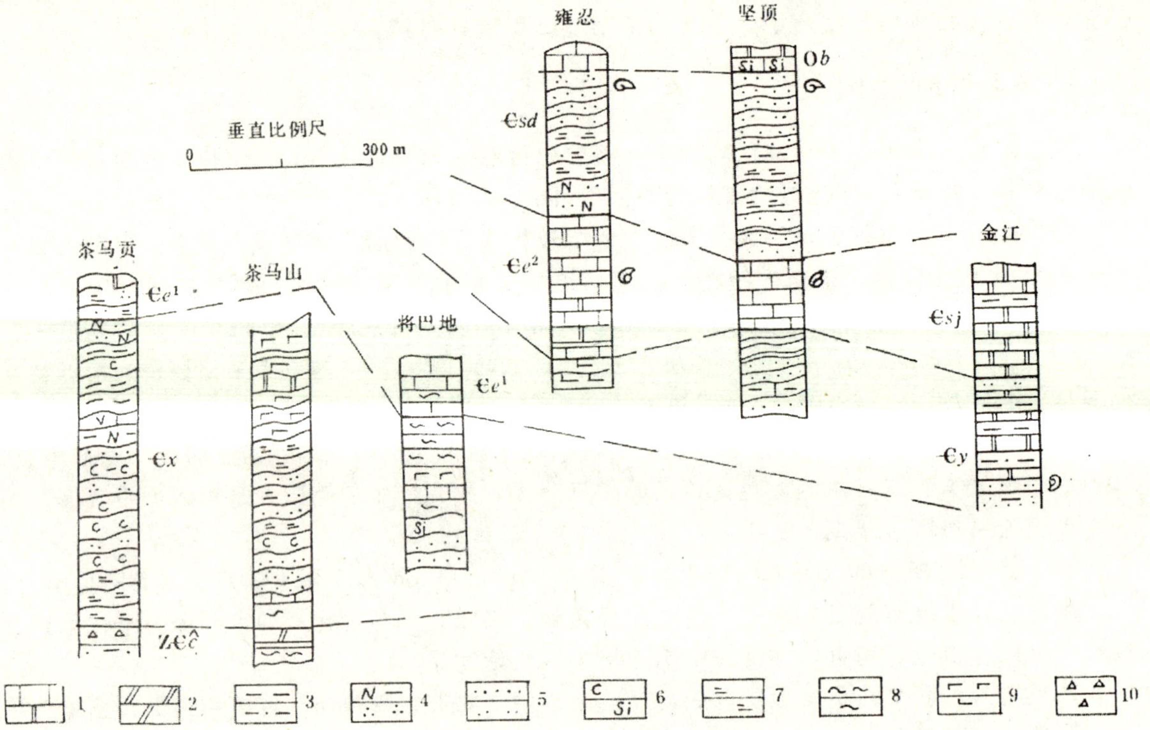

图 4－3　额顶组、三家村组、银厂沟组柱状对比图

Fig. 4－3　Stratigraphic correlation column of Eding, Sanjiacun and Yinchanggou Formations

Ob. 邦归组；€sd. 颂达沟组；€e^2. 额顶组上部；€e^1. 额顶组下部；€sj. 三家村组；€y. 银厂沟组；€x. 小坝冲组；ZЄĈ. 茶马贡群；1. 结晶灰岩、大理岩；2. 白云质大理岩；3. 千枚岩、砂质千枚岩；4. 石英砂岩、岩屑砂岩；5. 细砂岩、粉砂岩；6. 碳质千枚岩、硅质岩；7. 绢云千枚岩；8. 绿泥石片岩；9. 基性火山岩；10. 粗碎屑岩

额顶组上部与三家村组相似，均为碳酸盐岩为主的地层单位，三家村组未获化石，额顶组上部采有腕足类，主要为 *Finkelnburgia*, *Otusia*, *Apheoorthis*, *Palaeostrophia*, *Elkania* sp.，*Obolus* 等，年限当属晚寒武世。

颂达沟组整合于额顶组之上，在上部层位中产有三叶虫和腕足类化石，主要有 *Calvinella* sp.，*Haniwa* sp.，*Mictosaukia* cf. *walcatti*，*M. batangensis* 和 *Finkelnburgia* sp.。其中 *Calvinella*，*Mictosaukia* 属为中晚寒武世凤山阶最顶部的带化石，*Haniwa* 属也是常见于晚寒武世的化石分子，因而颂达沟组为晚寒武世晚期的沉积。

按本书认识，中咱—石鼓地区的寒武纪岩石地层顺序应为早寒武世小坝冲组，中寒武世银厂沟组，晚寒武世三家村组和颂达沟组，其间均为连续沉积，额顶组为一跨世的地层单位，并包括两套岩性组合，不宜归并为一个岩石地层单位。但顶底部的整合接触关系，可作为三家村组和银厂沟组的界线层型。

邦归组和蒙措纳卡组属于两类沉积环境的沉积，在横向上为相变关系，蒙措纳卡组由于海水较深的沉积环境，故化石稀少，目前仅于藏巴纳采有 *Orthis* sp. 一种化石，邦归组属稳定型浅海相沉积，化石生物种类较多，其中笔石为 *Callograptus* sp.，*C. reticulatus*，*C. paronins*；三叶虫 *Illaenus* cf. *sinensis*；腕足类有 *Aporthophylla*，*Orthambonites*，*Orthis* 和 *Finkelnburgia* 等，均为扬子型生物群面貌，为早奥陶世湄潭期的常见分子，因而年代应归早奥陶世。

物洛吃普组属非稳定型沉积，主要生物化石为钙藻 *Coelosphaeridium* sp.；头足类 *Tofangocerina*，*Orthoceras* 和腕足类 *Orthidiella* sp.，*Punctolira* sp. 及 *Dalmanella eleganthula* 等，多为中晚奥陶世庙坡期—宝塔期的生物分子。因而物洛吃普组为中晚奥陶世的地层单位。

格扎底组、撒则组和雍忍组均为稳定型壳相沉积，均含有大量珊瑚、腕足类化石以及少量层孔虫、三叶虫、双壳类化石。

格扎底组腕足类以 *Pleurodium* - *Pentamerus* - *Conchidium* 组合组成，珊瑚为 *Cysticonophyllum batangensis*，*C.* aff. *Khantaikaensi*，*Favosites* cf. *praemaximus* 组合，时代年限为早志留世。

撒则组以珊瑚最为发育，以大量床板珊瑚与三叶虫 *Coronocephalus* 共生为特色，与九顶山地区的茂县群及西秦岭南侧白龙江群舟曲组所产的 *Coronocephalus rex* - *Mesofavosites ganinensis* 组合面貌相似，时代应为中志留世。

雍忍组含有珊瑚 *Tryplasma* sp.，*Squameofavosites* cf. *bohemicus*，*Sq.* cf. *russanovi*，*Spinolasma crassimarginalis*，*Favosites terraenovae* 等，大多是晚志留世常见的化石分子，因此将雍忍组视为晚志留世的沉积。

然西组为活动型复理石相沉积，与雍忍组、撒则组和格扎底组为横向变化关系，由于沉积环境不同，所含化石较少。中下部产有珊瑚 *Mesofavosites*，*Ptychophyllum* 和 *Pleurodium*，*Conchidium* 等腕足类，上部层位有珊瑚 *Favosites*，*Pachyfavosites*，*Squameofavosites*，*Zelophyllum*，*Heliolites* 等，及 *Stromatopora* 层孔虫。年代应以志留纪为主，上部可能跨入泥盆纪早期。

（四）墨江地层小区

墨江地区的两个组均为复理石相沉积，但水箐组在典型地区为笔石页岩相沉积，在典型区内水箐组含有 *Pristiograptus regularis*，*P. concinnus*，*P. hisingeri*，*Monograptus priodon*，*M.* cf. *sedgwickii*，*Glyptograptus* sp. 等，尚见介形类 *Beyrichia* sp.，时代为早中志留世。

漫坡组仅见少量笔石类化石，计有 *Monograptus* cf. *micropoma*，*M.* cf. *flemingii*，*Plectograptus* sp.，*Cyrtograptus* sp.，*Pristiograptus meneghini*，*P.* cf *dubius*，*P. lolenicensis*，*P.* cf. *tunescens* 和 *Monoclimacis vomerina* 等，时代面貌为中晚志留世。

（五）唐古拉-昌都地层分区

昌都地区的青尼洞组见于江达青尼洞和芒康海通等地，属稳定型浅海相沉积，以 *Didymograptus* spp. 笔石种群繁盛为特色，其中 *D. hirundo*，*D. patulus*，*D. asperus* 等均为宁国阶中下部 *D. hirundo* 笔石带的主要成员。扬子区红花园中上部层位中也常有见及。青尼洞组中部壳相沉积层中，含有 *Orthis* cf. *calligramma*，*O. ellipsoides*，*O. carausii nanchangensis*，*O. serica* 等腕足类和部分头足类、三叶虫，大多是西南地区早奥陶世"大湾组""湄潭组"的常见化石分子，因而青尼洞组应为早奥陶世的沉积。

恰拉卡组为稳定型沉积，含有牙形石 *Neoprioniodus* sp.，*Hindeodella* sp.，*Plectospathodus* sp.，和笔石 *Oktavites* cf. *spiralis*，*Monograptus* sp.，*Climacograptus* sp.，*Streptograptus* sp. 等，均为志留纪的生物分子。

拉竹龙地区的两个组为连续沉积，下部的饮水河组为近岸浅海相沉积，全组上下均见腕足类和三叶虫化石，主要代表分子为 *Glyptorthis* 和 *Aegiromena* 两属，是西南地区庙坡期的生物分子，因此饮水河组的年代应为中晚奥陶世，层位应高于青尼洞组。

位于其上的普尔错群含有大量三叶虫、腕足类、头足类和珊瑚化石，其中头足类有15个属种，以 *Oonoceras* 属和 *Harrisoceras* 属最为发育，其中 *O.* cf. *acinaces*，*H.* sp.，*Geisonoceras* cf. *rivale*，*Virgoceras* sp.，*Arionoceras submoniilform* 等，均为中志留世的常见化石，腕足类共有9个属种，其中 *Striispirifer* 和 *Stricklandia* 属是广布于世界各地的早志留世的属。三叶虫以 *Encrinuroides*，*Latiproetus*，*Hammatocnemis* 等为代表的生物组合，包括 *E. meitanensis*，*L. banqiaoensis*，*L.* cf. *tongziensis*，*Scotoharpes meitanensis* 等17个属种，多为早志留世的化石群分子，但底部仍含有 *Dalmanitina mucronata* 和 *Encrinuroides yanheensis* 三叶虫，因而该群的年代应为奥陶纪晚期—早中志留世，为一跨纪的地层单位。

二、藏滇地层大区

(一)羌南-保山地层区

本区早古生代地层主要分布“泰马陆块”的西北部边缘，地层展布有限，岩性组合变化较大，早期的沉积属次稳定型，厚度大，以深水沉积为主，中期趋向稳定，但受古地形影响，地层岩性有地区性变化，到晚期全区均为稳定型浅海相沉积。全部地层序列均为整合接触，仅局部有地层缺失现象。

公养河群为浊积相复理石沉积，岩性单调，厚度巨大，未见底，仅含有少量海绵骨针及微古植物化石，计有海绵骨针 *Protospongia* 及三叶虫碎片。微古化石为 *Baltisphaeridium* sp.，*Asperatosophosphaera bavlensis*，*Lophosphaeridium* sp.，*Monotrematosphaeridium* sp. 等，年代多为早中寒武世，下部可能有晚震旦世的组分。

核桃坪组属浅海陆架相碳酸盐岩沉积，富含三叶虫化石，主要成员有 *Blackwelderia* sp.，*Cyclolorenzella* sp.，*Blackwelderioides monki*，*Bergeronites* sp.，*Wayaonia hetaopingensis* 等，以前两属最为发育，已建立 *Blackwelderia* - *Cyclolorenzella* 生物带，时代为晚寒武世，相当崮山阶底部的化石带。但生物群生态类型属江南型和华北型混合型。

沙河厂组由碳酸盐岩类细碎屑岩组成，横向上岩性组合有变化，典型区富含三叶虫化石，主要有 *Kaolishania* sp.，*Parachangshania* cf. *sidianensis*，*Chuangia damujingensis*，*Prochuangia mansuyi*，*Shirakiella laticonvexa*，*Mansuyia* cf. *orientalis* 等，已建立 *Chuangia*，*Parachangshania* 和 *Kaolishania* 3个化石带，相当晚寒武世长山期的化石带，生物类型也以华北型和江南型混合型为特点。

保山组以砂页岩夹泥灰岩沉积为主，除施甸龙陵，镇康地区有紫红色砂页岩夹层外，区内岩性组合变化较小，含三叶虫及腕足类化石。三叶虫主要为 *Saukia acamus*，*Eosaukia* sp.，*Prosaukia* spp.，*Sinosaukia* cf. *pustulosa*，*Calvinella walcotti*，*Charchaqia norini*，*Quadraticephalus yunnanensis*，*Q. linguensis*，等，目前已建立3个生物带，即 *Prosaukia* 带，*Quadraticephalus*带和*Calvinella*带，相当晚寒武世凤山期的3个三叶虫化石带。生物生态类型为华北型。

老尖山组属正常浅海相沉积，生物群丰富，多为浅水底栖生态类型生物，计有三叶虫、笔石、腕足类及海林檎等，三叶虫有 *Basiliella*，*Symphysurus*，*Virgulaconia*，*Neseuretus*，*Ampyx*，*Hammatocnemis* 等属；笔石类有 *Dictyonema flabelliformis*，*Didymograptus*，*Pseudoclimacograptus*，*Acnathograptus* 及 *Dictyograptus* 等，大多数化石未定种名，但主体的面貌为早

奥陶世色彩。

施甸组由下粗上细的海侵层序组成，含有三叶虫和笔石化石，三叶虫有 *Basiliella yunnanensis*，*Pliomerina martelli*，*Pseudobasilicus* sp.，*Hammatocnemis* sp.，*Neseureties birmanicus* 等，笔石类已划分了 4 个生物带，即：

④*Climacograptus peltifer* 带

③*Climacograptus teretiusculus* - *C. clymenesun* 带

②*Didymograptus murchisoni* 带

①*Amplexograptus confertus* 带

其中底部 *Amplexograptus* 带，主要是东南型浮游生态类型的生物，但其中仍有大量扬子型笔石分子与其共存。年代时限为早奥陶世晚期—中奥陶世中期。

浦缥组为半深水台地相的韵律层沉积，富含三叶虫和头足类化石，也见少量腕足类和藻类化石。三叶虫以 *Geragnostus sinensis*，*Nankinolithus nankinensis* 最为发育，云南区调队据此划分了两个三叶虫-头足类生物组合，下部称为：*Geragnostus sinensis* - *Sinoceras chinense* 组合，上部称为 *Nankinolithus nankinensis* 组合，时限均为中晚奥陶世宝塔期—临湘期。值得注意的是下部生物组合中 *G. sinensis* 是蒲缥组内特有的生物种群，同时还伴生有大西洋生态类型的头足类 *Michelinoceras elongatus* 等，说明本组的生物群虽以华北型生物群为主，但常有浮游型生物分子混入。

大矿山组分布局限，由于岩性较粗，化石稀少，仅于个别地点获得腕足类 *Orthis* sp. 和三叶虫 *Prosopiscus* sp. 以及笔石 *Dendrograptus* sp.。时代为早奥陶世。

潞西组分布范围有限，属滨海相沉积，仅见三叶虫，下部为 *Calymenesun tingi*，*Lonchodomas yohi*，*Neseuretus birmanicus* 等，上部为 *Nankinolithus*，*Hammatocnemis*，*Nileus* 等属，空间位置与施甸组上部和蒲缥组中下部大体相当，时限为中晚奥陶世。

仁和桥组岩性较稳定，横向变化不大，多由深水沉积的细粒碎屑岩组成，但厚度不大，主要化石为笔石，已划分了自 *Orthograptus fastigatus* var. *maxima* 带—*Oktavites spiralis* 带，共 14 个笔石带，时限为晚奥陶世—早志留世。但保山、施甸地区的仁和桥组底部，是从第 3 个化石带开始沉积的，反映了该组的底界有穿时现象。

栗柴坝组由钙泥质岩石组成，属半深水相沉积，由于处于陆缘地区，故沉积厚度变化较大。化石门类主要为牙形石，也见少量三叶虫和笔石；前者有 *Hindeodella equidentata*，*Ligonodina eleganus*，*L.* spp.，*Plectospathodus extensus*，*Ozarkodina midia* 等，笔石类为 *Monograptus flomingi*，*M.* spp.，*Pristiograptus* spp. 等，时限为中、晚志留世。

（二）冈底斯-腾冲地层区

申扎地区地层较连续（夏代祥，1983），下部柯尔多组以头足类最为丰富，计有 *Sinoceras chinense* var. *equiptatum*，*Discoceras* cf. *eurasiaticum*，*Michelinceras pararegulare*，*Eosomichelinoceras huanaense* 和 *Beloitoceras* sp. 等，大多是甲村群顶部的常见分子，其上刚木桑组也含有 *Antiplectoceras shmattawaense*，*Michelinoceras huangnigangense* 和 *Diestoceras depressa* 等头足类，同时也具有大西洋生态类型的 *Michelinoceras* 属的几个种。三叶虫以 *Lonchodomas* 和 *Paraceranurus* 两属为主。均为晚奥陶世宝塔期和临湘期的主要分子。

申扎组主要产笔石，有 *Climacograptus normalis*，*Diplograptus bohemicus*，*D.* spp.，*Orthograptus vesiculosus*，*Amplexograptus* cf. *suni*。上部灰岩中产有腕足类和三叶虫 *Kinnella* sp., *Hirnantia* sp., *Aphanomena* sp., *Paromalomena* sp. 和 *Dalmanitina*，其中 *Diplograptus bohemicus* 为五峰阶顶部的带化石，*Hirnantia* 和 *Dalmanitina* 为五峰期观音桥层的壳相动物群代表成员，因而申扎组属奥陶纪顶部的沉积。但值得注意的是笔石群中含有 *Amplexograptus* 属的多种分子，通常是代表浮游生态类型的属种，说明本区已具有过渡性生物群特点。

德悟卡下组含有大量笔石化石，其中以 *Akidograptus* cf. *ascensus* 为代表，是志留纪底部的带化石，*Spirograptus turriculatus* 是早志留世石牛栏组的代表分子，*Pterospathodus celloni* 也早志留世晚期的带化石，因而该组属早志留世的沉积。

扎弄俄玛组连续沉积在德悟卡下组之上，富含牙形石化石，下部层位主要有 *Pterospathodus amorphognathoides* 和 *Spathognathodus sagitta bohemicus*，两者均为中志留世分子，前者为中志留世底部的带化石，其他还有 *Ozarkodina edithae*，*O. media*，*Neoprioniodus multiformis* 和 *Kockellella variabilis* 等，其中后者是晚志留世的常见成员，与此共生的头足类仍为大西洋生态类型的 *Michelinoceras jucundum*；上部层位中牙形类为 *Spathognathodus juclinatus posthamatus*，*Polygnathoides siluricus*，*Ligonodina siluricus*，*Trichonodella incostans* 等，其中 *P. siluricus* 为欧洲晚志留世的带化石，*S. juclinatus posthamatus* 是仅见于奥地利晚志留世的重要成员。因此，扎弄俄玛组也是具有过渡生态性质的中晚志留世沉积地层。

察隅地区的桑曲组比较独特，顶部灰岩中含有大量常见于扬子地区的腕足类化石，计有 *Orhtis neichiensis*，*O. irravadicam*，*O. praetor*，*O. ellipsoides*，*O. calligramma* var. *intercalare*，*O. chinensis*，*Eoorthis pagoda*，*Dalmanella testudinaria*，*Dinorthis* cf. *porcata*，*Syntrophinella deltoides* 和 *Orthambonites* sp.，*Aporthophyla* sp.，*Leptellina* sp. 等，其中 *Orthis* 的大多数种属，是常见于康滇地区巧家组下部和扬子区大湾组、红石崖组的地层中，相似的生物组合也见于昌都海通地区的青尼洞组中，只有后面 3 个属和腹足类 *Maclurites myalamensis* 可见于喜山地区甲村群内。因此桑曲组应为早奥陶世的沉积。

东卡组化石门类较丰富，有珊瑚、腕足类、海百合茎及少量层孔虫、头足类及水螅化石。珊瑚类主要分子为 *Palaeofavosites felix*，*P.* cf. *legibilis*，*Propora* aff. *conferta* 等，都是滇东、黔东北地区早志留世地层中的常见分子。*Solenihalysites novegicus*，*Palaeofavosites* cf. *suurikuensis* 和 *Catenipora* aff. *gotlandicum* 是北欧地区中志留世的化石分子，*Halysites* sp.，*Syringopora plonica*，*Microplasma gotlandicum*，*Favosites* sp.，*Amplexoides* sp. 等是黔东北早志留世地层中常见成员，东卡组的头足类为 *Harrisoceras* cf. *reeves*，*Allanoceras* sp. 等，是见于喜山地区的普鲁组和拉竹龙地区的普尔错群内的重要分子，因而东卡组的时限为早中志留世。

(三)喜马拉雅地层区

肉切村组主要分布于定结以西，沿国界线附近的亚来村、希夏邦马峰北坡进入尼泊尔北部，再由普兰科加和底雅一带伸入印度斯匹提地区，国境内多未见底，普遍被藏南伸展断裂(TSEF)切割。

肉切村组厚度巨大，但岩性组合简单且稳定，其延伸范围甚广，但大部分在国境之外，尼泊尔达科拉地区的"拉永群"和布加扬地区的"布德希群"(Budhi G.)以及"马托里群"(Martoli G.)(汉姆、甘塞尔等，1939)均为肉切村组直接延伸的层位。不丹、锡金和印度境内的"沙姆齐群"、"达岭群"、"西姆拉板岩"、"多格拉板岩" 等也是断覆于结晶岩系之上的由钙泥质岩石夹不等量的砂岩、泥灰岩组成的岩石地层，它们之间的对比关系是明确的(图 4-4)。

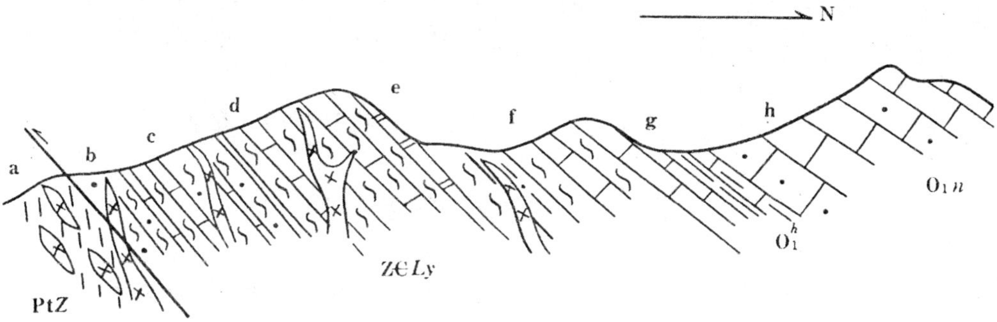

图 4－4　尼泊尔达科地区拉永群剖面图

(据波尔特，1971)

Fig. 4－4　A profile of Layong Group in Dakola area, Nepal

PtZ. 宗浦群眼球状片麻岩[相当于聂拉木(岩)群]；Z∈Ly. 拉永群，石英片岩夹板状大理岩(相当于肉切村组)；
O_1^h. 黄带层(相当于甲村群底部)；O_1n. 尼尔吉里灰岩(相当于甲村群中上部)

肉切村组仅于个别地区采有海百合茎化石，但国外曾报道于“多格拉板岩”中采有 *Redlichia* 化石，通常是以上覆地层含有奥陶纪化石，而将其视为寒武纪地层。1984 年刘国惠曾于肉切村组下部采有 U－Pb 法同位素测年样品，数值为 686Ma。尼泊尔纳瓦果德地区于结晶岩之上的白云母片岩中尚获得 728±2Ma 的数据。因而肉切村组可能为震旦纪晚期—寒武纪，暂定为跨纪的地层单位。

甲村群底部由黄色页岩和泥灰岩组成，通常称为“黄带层”，是区域上的一个对比标志层，但不含化石，甲村群中上部为块状灰岩夹砂质灰岩、碎屑岩等，含有大量生物化石，以头足类和腕足类最为发育，也见有三叶虫。头足类有 17 个属种，下部以 *Ordosoceras－Manchuroceras* 组合为主，为早奥陶世特马道克中晚期的生物分子，中部有 *Ormoceras－Wutinoceras* 组合和 *Dideroceras－Paradnatoceras* 组合，为牯牛潭期的产物，上部有 *Sinoceras chinense*，*S. densum* 等，可能相当宝塔期的生物分子，甲村群底部灰岩中产有 *Niobella* 三叶虫，是常见于两河口期的重要分子。甲村群顶部在甲村一带出现紫红色钙泥岩夹砂岩层，称为红山头组，是甲村群顶部层位的相变层位，含有头足类 *Michelinoceras* sp.，时代仍为奥陶纪，但生态类型属于大西洋生物区系，达巴劳组和下拉孜组为甲村群的相变层位，化石面貌相似，但生态组合上有差别，以珊瑚类大量发育为特色，也见有腕足类、双壳类和部分三叶虫及头足类，达巴劳组腕足类化石以 *Aporthophyla perelegans*，*Cypricardinia trigona* 为主，三叶虫为 *Megalaspidella*，*Niobella*，*Eoisotelus* 等属组成，时代与甲村群中下部相当。下拉孜组珊瑚化石有 *Kenophyllum* cf. *rubcylindricum*，*Plasmoporella kiaser*，*Heltooites* sp. 等，腕足类有 *Rafinesquina aramea*，*Fascifera*，*Mimella sulcata* 等，其中珊瑚多为北欧晚奥陶世的常见成员，在我国也见于陕西、浙江、贵州等地的晚奥陶世上部地层中，大体相当五峰期的沉积。

石器坡组主要为笔石页岩相沉积，但西部普兰一带灰岩夹层增多，出现大量珊瑚、海百合茎，石器坡组的笔石类较丰富，有 *Oktavites circularis*，*O. involutus*，*O. rostratus*，*Streptograptus lobiferus*，*S. runcinatus*，*Pristiograptus incommodus*，*P. argutus* 和 *Glyptograptus* sp.，*Climacograptus* spp. 及 *Monograptus* spp. 等，均为早志留世的生物群。

普鲁组在东部为浅海壳相沉积，西部岩性较粗。主要化石为珊瑚和头足类，前者有 *Covilasma* sp.，*Amplexoides* sp.，*Heliolites* sp.，*Cladopora* sp. 和 *Kodonophyllum* sp.，后者为

Kopaninoceras jucundum，*K. capax*，*Michelinoceras mechelini*，*M. transiens* 等，多为大西洋生态类型生物。在甲村一带尚见部分笔石化石 *Monoclimacis vomerina subgracilis* 和 *Pristigraptus dubius* 等，时代以中晚志留世为主。

米里群未获化石，年代多依据对比关系而定，本书将其暂归于早古生代。

第三节　沉积环境分析

中国西南区早古生代地层研究程度偏低，尤其缺少沉积相和盆地分析方面的研究资料，目前仅能根据剖面的描述，进行概略地沉积环境分析。下面按各地层区所叙述的地层序列为单元，分别进行讨论。

(一)金川地层小区

区内早古生代滑门组、大河边组、通化群 3 个地层单位，均由低绿片岩相区域变质岩石组成，均属非稳定型沉积岩单位，其活动性自下而上有明显的差别。

滑门组分布十分局限，茂汶以南缺失沉积，顶部与大河边组平行不整合接触，并有层位缺失。滑门组由火山质含砾碎屑岩组成，底部有碳质千枚岩及薄层硅质岩，火山质以酸性流纹质为主，上部出现粗面岩成分，典型区内火山岩、火山碎屑岩最为发育，向两侧火山碎屑成分迅速减少，沉积岩层逐步增多，在东部挂思岭一带，仅见少量凝灰质砂岩夹层。东部扬子地层区过渡带的邱家河组、油房组与滑门组很相似，邱家河组为整合于水晶组之上的碳硅质岩、千枚岩沉积，油房组为夹少量火山凝灰质的粗碎屑岩组合，两者为扬子地层区西部过渡型次稳定性沉积，滑门组位于其西侧，火山碎屑岩较东部更发育，说明本区的沉积环境应更靠近西部裂谷活动区。

大河边组为陆缘斜坡带上部的砂泥质夹碳酸盐岩建造。岩性组合横向变化较大，化石稀少，大理岩多呈凸镜状延伸，经常被砂泥质板岩所替代。宝兴永兴一带尚夹有多层基性玄武岩层。大河边组分布范围比滑门组广泛，在茂汶以南常超覆沉积于晋宁—澄江期花岗岩或震旦纪水晶组之上，说明大河边组沉积时，已进入西部裂谷盆地强烈坳陷环境，其活动性较滑门组增强。与扬子地层区九顶山地层小区的陈家坝组尚可进行对比。仅岩性组合有一定的差异。

通化群属半深海相砂泥质沉积建造，以岩性单调、厚度巨大、化石稀少、横向变化较大为特色，而较大河边组更趋近活动型沉积特征，在丹巴、康定一带通化群直接超覆在震旦纪水晶组之上，缺失大河边组沉积，说明通化群沉积时，金川地区早古生代晚期凹陷强度增大。与九顶山地层小区的茂县群对比较困难，差异性较明显。

金川地区早古生代地层序列，从总体上反映了由下向上，其沉积环境的活动性逐步增强的演化过程，由于大河边组底部存在超覆不整合界面，滑门组上部存在层位缺失现象，说明滑门组是在早古生代“泛扬子大陆”裂谷隆升期的构造沉积环境下形成，大河边组和通化群是在裂谷盆地扩张发展期的构造沉积环境下形成的。同时也提示了“泛扬子大陆”的解体是在大河边组沉积之前出现的。

(二)木里地层小区

木里地层小区的地层序列与金川地层小区相似，其下部也存在一构造界面，位于界面之下的呷里降组为稳定型浅海—滨海相沉积，其沉积特征与相邻的扬子区的稳定型沉积较为接近，均为地层层序发育不全，具有独特的紫红色陆源碎屑岩和白云岩、沉积厚度较薄、化石稀少、顶底均以平行不整合为特征。所不同的是呷里降组横向变化较大，离典型区不远，底部即出现大量碎屑岩，并且厚度明显增厚。反映呷里降组已具有陆缘过渡性沉积特征。

人公组和瓦厂组仍以滨海潮坪相石英质和长英质碎屑岩夹千枚岩沉积建造组成。下部以厚层状碎屑岩为主，夹有凸镜状白云岩，上部以碎屑岩与千枚岩互层组成，以中薄层韵律层和杂色调交替出现为特色，局部见有玄武岩夹层。从整体上分析人公组与瓦厂组应属稳定—次稳定型沉积，但延伸范围极窄，仅限于木里地区，向两侧延伸即过渡为复理石相沉积。

物洛吃普组是中咱地区延伸过来的地层单位，木里地区仅见于店满地区，东部缺失沉积，属活动性钙泥质岩沉积。

米黑组属笔石页岩相沉积，硅质岩较发育，可能沉积环境较深，部分地段尚见少量基性火山角砾岩及凝灰岩沉积，总体上岩性、岩相均较稳定，与邻近扬子地层区的大坪子组很相近，仅后者灰岩夹层较多。

总体上，木里地区早古生代地层序列，与邻近的扬子地层区相当的单位在岩性组合上十分接近，所含生物化石均属扬子型特有的生物群分子。但地层序列结构上差异较大，多有构造界面分割，同时木里地区的地层序列，仅限于小区范围内延伸，向两侧延伸即为活动型沉积所代替。通常把这一地层序列视为木里陆块上单独发育的一套地层序列，在生物区系和沉积特征上与扬子地层区亲缘关系较密切。

（三）中咱-石鼓地层小区

该区地层序列发育完整，包括两种沉积类型的地层，相互间关系变化清楚，可直接判断构造沉积环境的变化。

小坝冲组属次稳定型—非稳定型沉积，由厚度巨大的基性火山岩和碳硅质碎屑岩建造组成。该组的变质火山岩多为碱质基性玄武岩组成，普遍有杏仁状构造，火山岩中夹多层中薄层状大理岩，横向上较为稳定，为浅海沉积环境。

该组呈条带状出露于中咱、巴塘一带，延伸范围较窄，除下部碳硅质千枚岩、页岩与滑门组有相似处外，区域上尚未找到可对比的地层。

额顶组、颂达沟组均为次稳定型浅海相沉积，其岩性与厚度横向变化均较大。额顶组由碳酸盐岩夹碎屑岩建造组成，在典型地区下部碎屑岩出露较少，向南到坚顶一带，碳酸盐岩层变薄，泥灰岩和砂岩层显著增多。颂达沟组是由浅海相碎屑岩夹少量碳酸盐岩组成，与额顶组的变化相似，由典型区向北碎屑岩逐步减少，碳酸盐岩或钙质层逐步增多，显示了浅海相高能相位已逐步向北迁移。颂达沟组沉积厚度较大，岩层结构中已显示有浊积韵律层特征，说明沉积环境正在逐步加深。

银厂沟组和三家村组仅见于金江地区，是两个连续而不见顶底的地层单位。两者均为浅海—滨海相碳酸盐岩沉积建造组成，为次稳定型沉积。仅前一组砂板岩夹层较多，呈不等厚互层状，后一组碎屑岩较少，以白云岩韵律层为特点，可把两组视为一个连续地由粗变细的白云岩韵律层。按岩性特征和化石关系，应该与中咱地区的额顶组相当。

邦归组是以浅海相碳酸盐岩夹少量碎屑岩组成，岩性稳定，化石门类丰富，沉积厚度较大，属次稳定型沉积，但出露范围很小，延展性很差，在北部藏巴纳一带，岩性已接近蒙措纳卡组特征，过渡带很窄难以划分。

蒙措纳卡组为半深水活动型沉积，由绿泥绢云片岩夹碳酸盐岩组成，西部地区见有玄武岩夹层，化石门类较简单，仅有腕足类生存，与邦归组形成鲜明的差异。

邦归组下与颂达沟组连续沉积，上与格札底组为平行不整合接触，在东部其间缺失物洛吃普组层位，三者均为次稳定型沉积地层。蒙措纳卡组仅见于西部，未见底，上与物洛吃普组连续沉积，两者均为非稳定型地层单位，从两套地层序列的展布上，可清楚地反映“中咱陆块”基底构造对沉积环境的制约情况。

物洛吃普组除下部为碎屑岩外，上部仍以薄层条纹状灰岩、泥灰岩组成，其间常夹有紫红色疙瘩状泥灰岩，主要生物化石为头足类和钙藻，显示了次深水沉积环境的特征。

物洛吃普组除见于“中咱陆块”西南侧外，也见于“木里陆块”的西侧，岩性特征与中咱地区相似，也属活动型沉积。次稳定型沉积区缺失该组的沉积。

格札底组、撒则组和雍忍组是展布于“中咱陆块”上的次稳定型壳相地层，岩性和厚度均较稳定，化石类群较丰富，仅展布范围局限。岩性类型以白云质碳酸盐岩为主，中部夹有大量碎屑岩，据此才分割为上述3个地层单位。其中撒则组是以大套薄层条纹状灰岩、泥灰岩夹板岩、粉砂岩组成，中部夹有中酸性火山凝灰岩及凝灰质板岩，向北延伸于巴塘一带已变为绢云石英岩、长英质砂岩和千枚岩，夹有少量白云质灰岩及火山岩。化石丰度较低，显示有非稳定性沉积环境的特征。但其上覆连续沉积的雍忍组，仍以稳定型浅海相碳酸盐岩沉积组成。这种活动型地层序列中夹有稳定型地层序列，而且展布范围异常狭小等现象，或许可以说明“中咱陆块”本身就是夹在活动性较强的构造沉积环境中。

然西组是分布于中咱西部的一套厚度巨大的中薄层状碳质结晶灰岩夹千枚岩及基性熔岩和火山碎屑岩组成的地层单位，属深水碳酸盐岩复理石建造，按岩性类型、生物群面貌和岩组韵律特点，可与格札底组、撒则组及雍忍组对比，但岩石类型属活动型沉积。

(四)墨江地层小区

本区早古生代地层仅有水箐组和漫波组两个单位。水箐组在典型区为一套笔石页岩相沉积，并有陆源物质带入，为近岸浅水型沉积，但在绿春、金平一带，水箐组为厚度巨大的类复理石相沉积，浊积相鲍马序列比较清楚，显示了深水陆坡带活动型沉积特点。

漫波组主要是由砂泥质互层组成的类复理石沉积，夹有多层灰岩，含有碳质及硅质，偶见槽模构造，鲍马序列A段较发育，仍属活动型陆坡带沉积环境。

(五)唐古拉-昌都地层分区

分区早古生代地层出露零星，昌都地区仅有两个不连续的地层单位——青尼洞组和恰拉卡组。拉竹龙地区也仅出露饮水河组和普尔错群两个连续沉积的地层单位。

青尼洞组是由浅海相碎屑岩夹大套碳酸盐岩组成，含有丰富的生物化石，属稳定型浅海相沉积。恰拉卡组由页岩、砂质页岩夹薄层石英岩组成，顶部有薄层状生物灰岩发育，仍为稳定型浅海相沉积。

饮水河组和普尔错群均由碎屑岩组成，仅后者中部夹有灰岩和生物灰岩等碳酸盐岩类，两者均含有多门类海相化石，属浅海相—滨海相稳定型沉积，该两个单位以陆源碎屑较发育为特点，其中普尔错群由典型区向北延伸，岩性变粗，碎屑岩组分增多，厚度增大，可能指示北侧为物源区方向。

（六）羌南-保山地层区

区内早古生代地层发育齐全，厚度巨大，但出露范围仅限于六库、保山、施甸、镇康等地，东南方向缺失沉积，南延与缅甸禅邦高原的地层序列相连。

公养河群主要由砂板岩、硅质页岩夹少量灰岩组成的复理石相沉积，生物化石稀少，横向变化较大，由典型区向西北方向岩性变细，如龙陵绕朗街一带板岩与硅质板岩十分发育，砂岩层减少，但向东南方向碎屑岩大量发育，如曼海一带出现中粗粒陆源碎屑岩。再向东部延伸大多缺失沉积。说明公养河群的物源方向是来自东南侧澜沧、耿马地区，浊积盆地应位于沉积区的西北侧。施甸、镇康一带应属浊积盆地的边缘地带。

核桃坪组整合于公养河群之上，由深灰色板岩夹碳酸盐岩组成，为浅海陆架相沉积，横向上岩性组合稍有变化，北部碳酸盐岩较发育，沉积厚度较大，向南碎屑岩增多，沉积厚度较小。其横向变化特征与公养河群相似，反映了东南方向为物源区，向西北沉积深度增大。

沙河厂组由碳酸盐岩夹碎屑岩组成，岩性组合和厚度变化较大。北部六库一带，多为泥质灰岩夹板岩组，化石稀少，厚度较大，反映了深水沉积特征。保山一带为碳酸盐岩与碎屑岩互层组成，而龙陵潞西地区，除上部为灰岩外，中下部均由砂岩组成，化石较丰富，总体上仍保持东南粗、西北细的变化趋势。

保山组由砂泥质页岩组成，横向变化较小，属浅海相次稳定型沉积，但在施甸、龙陵一带岩性由页岩与泥质灰岩互层组成，并且红色砂质页岩夹层增多，最南部的镇康地区主要由紫红色和黄绿色钙泥质粉砂岩、页岩和白云质灰岩互层组成，仍反映了沉积区处于盆地边缘的特征。

公养河群、核桃坪组、沙河厂组和保山组为一套连续的沉积单位，总体上下部以深水复理石相沉积组成，向上逐渐过渡为浅海陆架相次深水沉积，形成一个总体向上变浅的海退沉积序列，均反映了向西北方向岩性变细，沉积环境加深，向东南方向岩性变粗，沉积环境变浅的特征。基本岩性组合是稳定的，因此本区应为次稳定型沉积区，本身不应归属活动性槽型沉积，特别是缺乏火山岩类组分。该生物类群区系和区域构造性质对比，本区应为“泰马陆块”的北部边缘沉积区，与澳大利亚板块和扬子板块亲缘关系密切，而与以拉萨陆块为主体的冈底斯带没有任何关联。

老尖山组仅见于东部保山、镇康、凤庆地区，由杂色砂页岩夹浅色砂页岩组成，生物群丰富，多为底栖生态类型。紫红色砂页岩中常见有水平层理、波状层理及交错层理，为正常浅海相高能带沉积。但该组在潞西地区缺失。

施甸组为本区早古生代中晚期第二个海侵旋回底部的退积副层序，总体上为下粗（多为砂质碎屑）上细（多为页岩、泥灰岩夹层）的岩性组合。南部镇康一带岩性粗为近岸带沉积，为海泛面分布区，北部为缺乏陆源碎屑供应的“饥饿”沉积区，岩性较细，大多数泥灰岩多由细粒骨屑泥晶灰岩组成，骨屑含量达56%，说明生物生成量是较大的。

蒲缥组主要由紫红色、灰绿色相间的砂泥岩夹泥灰岩组成，韵律层发育为本组的特色，但岩性组合变化较大，施甸以南泥灰岩夹层十分发育，局部几乎全由泥灰岩组成，但厚度较薄。保山老尖山一带，为粉砂岩为主的岩性组合，未见泥灰岩夹层，沉积厚度较大。从岩性横向变化规律上看，蒲缥组应归于水动力较弱的半深水台地相沉积，伴生的生物组合也反映了这种生态环境。

潞西地区与施甸组、蒲缥组下部年代相当的地层，其沉积相和岩性组合差异较大，因而单独划分了两个地方性地层单位，即大矿山组、潞西组。

大矿山组分布局限，由紫红色粗碎屑岩夹薄层砂泥岩组成，以平行不整合关系覆盖于公养河群之上。该组顶部的泥岩层中，夹有滩相的生物碎屑组成的骨屑层，局部见有高能环境的冲洗层理、波状层理和斜层理，具有滨海高能相环境的沉积特征。

潞西组仅分布于潞西一带，由一套灰黑色含砂泥质的白云岩、泥灰岩夹少量碎屑岩组成，北部大矿山一带变为石英砂岩夹页岩，与大矿山组整合接触，属滨外浅海相沉积。

潞西地区两个地方性地层单位，其沉积特征与保山、施甸地区差异显著，从相环境关系分析，潞西地区在公养河群沉积后，是处在逐步隆升的构造地质环境，造成周围为半深水沉积环境中的局部凸起，并使部分地层缺失沉积。保山、施甸地区早古生代早期的相对海平面下降过程，可能与该区构造上升因素相关。

仁和桥组和栗柴坝组分布范围较前扩大，已覆盖保山、潞西、镇康各地。仁和桥组由一套暗色砂泥质页岩和碳质笔石页岩组成，岩性较细，仅顶部夹有泥灰岩凸镜体，横向变化不大，属稳定型浅海相沉积。但北部泸水一带，多为黑色硅质页岩，当为深水沉积环境，而镇康一带粉砂岩较多，页岩减少，仍反映西北方向为盆地分布区，仅沉积深度较前增大。

栗柴坝组中下部由条纹状泥灰岩和致密状灰岩组成，上部为紫红色泥质灰岩夹泥页岩组成，岩性组合较稳定，横向变化不大，为正常浅海相稳定性沉积。

本区从早古生代早期以来，一直是处于构造缓慢上升，相对海平面下降的沉积过程，受构造因素制约，各地层组合横向变化较大，大多属次稳定型次深水相沉积。当老尖山组沉积之后，全区又开始转入沉降过程，初期受原古地形影响岩相、岩性尚有一定差异，但海平面下降的地层层序是清楚的，在仁和桥组沉积时，全区的沉积环境已达到统一，均为次深水浅海相沉积，因此早古生代晚期的地层应为稳定性地台型沉积范畴。

（七）冈底斯-腾冲地层区

区内地层序列出露不全，多为早古生代晚期的地层单位，出露较零星，分布较局限。

申扎地区的柯尔多组、刚木桑组和申扎组为连续沉积的碳酸盐岩夹少量碎屑岩，生物灰岩和白云岩。沉积厚度都不大，为浅海相稳定型沉积，仅申扎组延伸性较差。值得注意的是申扎组内含有生态类型为浮游型的笔石属种，刚木桑组内见有中薄层状瘤状灰岩，至少可以说明该沉积区与广海性深水环境比较接近。

德悟卡下组为一套笔石页岩夹薄层泥灰岩地层，沉积性质较稳定，仅厚度变化较大。其上的扎弄俄玛组，由一套紫红色、深灰色厚层灰岩夹钙质页岩、白云质灰岩、泥灰岩组成，同样沉积厚度变化也较大。在所含化石中，常有大西洋生态类型的头足类出现，也反映了此处浅海相碳酸盐岩和浅海相页岩沉积与广海深水环境十分接近的特点。

桑曲组仅见于古琴桑曲河一带，顶底出露不全，由一套色调较暗的厚层状碳酸盐岩沉积组成，为稳定型浅海相沉积。

东卡组仅见于东卡错以东地区，断续出露，未见顶底，主要由碳酸盐岩和碎屑岩与薄层碳酸盐岩互层组成，局部见有碱性安山岩层，厚度较大，为浅海相稳定沉积。

（八）喜马拉雅地层区

区内早古生代地层序列较完整，均为连续沉积，但沿走向上岩性组合变化较大，反映了沉积相或沉积环境的变化。

肉切村组为一套厚度较大的薄层状泥质碎屑岩夹碳酸盐岩组成的钙泥质碎屑岩建造。在横向上，除动力变质因素造成变质程度各地有差异之外，其基本的岩性组合变化不大，肉切村组下部层位页岩及砂质页岩和粉砂岩层较多，中部出现大理岩、含砂质结晶灰岩、钙质砂岩并见变质磁铁矿层，上部千枚岩中钙质普遍较高，反映了沉积特征是逐渐变浅的过程。

肉切村组存在的重要问题是与下伏聂拉木(岩)群的接触关系，虽然各种见解较多，但均不能很好的解释存在的主要地质现象。直到1984年伯格等人和伯奇费尔、刘宇平等(1994)在藏南地区发现了由上地壳引张作用所引发的折离正断裂即藏南伸展断裂(TSEF)，根据变质矿物的 $P-t$ 轨迹测定，证明喜马拉雅沉积地层与结晶岩之间存在一个不连续的断失现象，造成以角闪岩相矽线石带为主的深变质岩直接与绿片岩相黑云母带、绿泥石带的沉积层直接接触，因此肉切村组的底部大多为断层关系。只有巴基斯坦白沙瓦西南8 km处，可见到相当肉切村组的底砾岩，以角度不整合覆于结晶片麻岩之上(科瓦尔德，1982)，由此可判明肉切村组应属冈瓦纳大陆固结后的第一套地台型稳定性浅海相沉积。

甲村群仅分布于吉隆以东聂拉木和亚东等地，普兰以西的达巴劳组和下拉孜组为其相变层位，甲村群为本区早古生代第一套碳酸盐岩建造，主要由灰岩、白云质灰岩夹钙质粉砂岩、细砂岩等组成，含有大量生物化石，并以底栖—游泳生态类型的生物为主，为浅海相碳酸盐岩台地相沉积环境。甲村群底部为黄色页岩和泥灰岩组成的“黄带层”，化石含量稀少，为肉切村组与甲村群的过渡层。总体上可说明从肉切村组到甲村群其沉积环境由深变浅、由较深的浅海相向碳酸盐台地相逐渐演化的过程。

红山头组是整合于甲村群和石器坡组之间的地方性地层单位，仅见于甲村一带，属甲村群顶部层位相变而成，为浅海相紫红色砂泥质碎屑岩沉积。

达巴劳组与下拉孜组以厚层杂砂岩、含砾砂岩、砂板岩夹少量碳酸盐岩组成的碎屑岩夹碳酸盐岩建造组成，连续沉积于肉切村组之上。达巴劳组和下拉孜组岩性较粗，多见含砾砂岩，印度库蒙地区尚见凸镜状砾岩层，但海相化石十分丰富，门类多，生物分异度也高，岩层中常见波痕、交错层、泥裂和钙质结核等浅水沉积构造，沉积环境为滨海潮坪相砂泥坪和砂坪相沉积，与甲村群碳酸盐台地相相比，说明西部更靠近物源区(图4-5)。

石器坡组由笔石页岩相碎屑岩组成，夹少量泥灰岩，厚度较薄。西部普兰一带灰岩层增多并出现大量壳相生物化石，反映东西部沉积环境是有差异的，总体上石器坡组应为浅海相稳定型沉积，仅西部为开阔海强水动力沉积条件较明显。

普鲁组由薄层条带状泥质灰岩和砂质灰岩夹砂岩、板岩互层组成，厚度不大，为稳定的浅海—滨海相沉积。通常东部聂拉木以东地区主要为壳相沉积，西部普兰一带泥质含量较多，出现大量陆源碎屑。在相邻的尼泊尔达科拉地区相当的地层出现厚度较大的砾状白云岩，说明向西南方向可能更靠近物源区。

“齐吾贡巴构造岩片”上，上述两组地层分别由下部钙质细砂岩、粉砂岩夹千枚岩、板岩，上部由结晶灰岩、含砂白云质灰岩组成，厚度显著增厚，为浅海相沉积。

米里群位于低喜马拉雅地层分区内。岩性组合较复杂，属浅海相砂泥岩夹碳酸盐岩沉积，夹有基性火山岩及火山碎屑岩。总体上，下部为海进层序，上部为海退层序。前人曾怀疑米里群的条带状砂泥质韵律层，可能为深水复理石相沉积。但根据岩石中石英砂岩成熟度甚高，并且具有波痕等浅水沉积标志和频繁出现的红色页岩、白云岩、粗碎屑岩等，大体应归属为浅海—滨海相沉积。

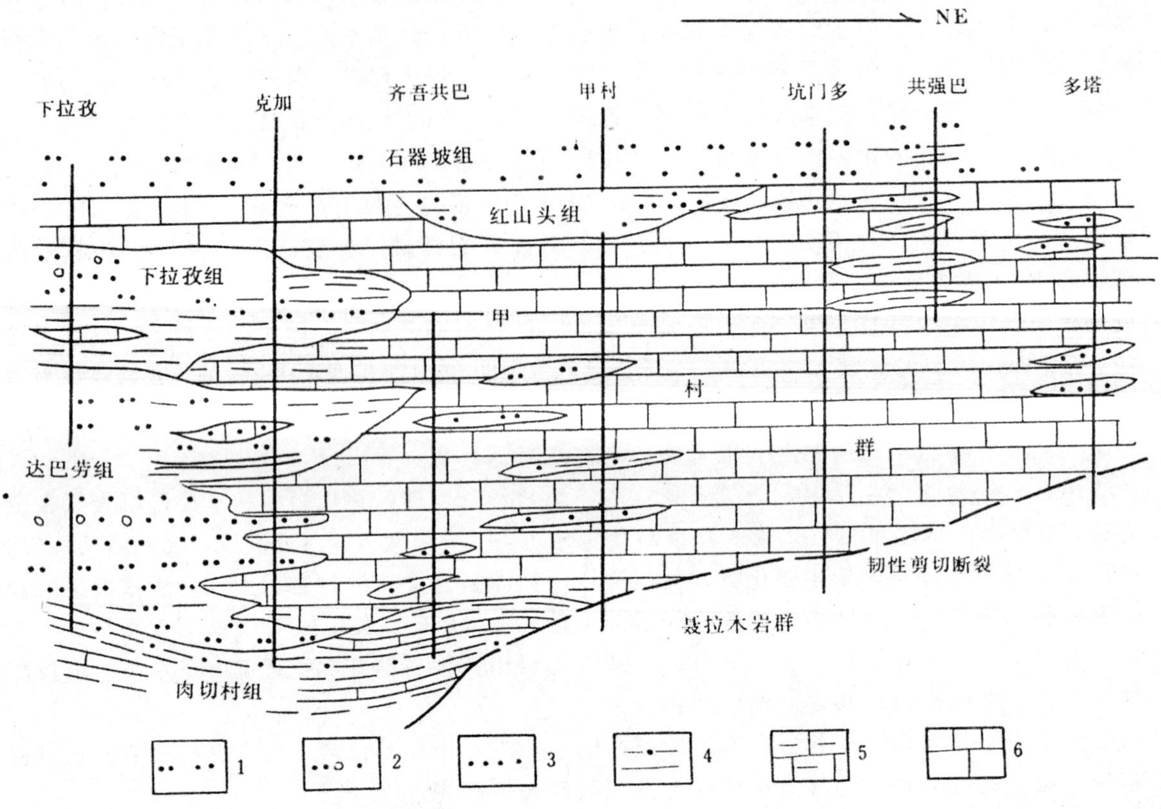

图 4－5　甲村群、达巴劳组、下拉孜组横向关系图

Fig. 4－5　A map showing lateral relationship among Jiacun Group, Dabalao and Xialazi Formations

1. 粉砂岩；2. 含砾砂岩；3. 砂岩；4. 页岩、砂质页岩；5. 泥灰岩；6. 灰岩

第四节　主要地质问题讨论

中国西南区早古生代地层分布范围较广泛，但出露较为零散，且不甚完整。目前仅有华南地层大区的金川地层小区，中咱-石鼓地层小区和藏滇地层大区的喜马拉雅地层区及保山地层分区的地层序列较为完整；但层序结构、岩组性质和所含的生物组合面貌均存在很大的差异，查其原因多与制约地层沉积环境的基础构造—“冈瓦纳大陆”和“泛扬子大陆”的发展演化特征及延展范围息息相关。

“泛扬子大陆”是指由晚震旦世以前褶皱固结的结晶基底和仅以早古生代早期的沉积盖层所组成的古大陆沉积区。从区内发育的早古生代地层情况，可判明“泛扬子大陆”在寒武纪早—中世以前，均以稳定型沉积地层组成，代表古大陆形成后的台地型沉积建造，因而相当这一时期的地层沉积以及生物组合面貌，在“泛扬子大陆”范围内，均十分相似，甚至可以直接延伸或对比。但从中晚寒武世以后，“泛扬子大陆”内各地的沉积序列和岩性组合，逐渐出现差异，开始从稳定型沉积逐步向活动型或次稳定沉积演化，志留纪时，区内基本上由活动型沉积广泛发育为主，与东邻的扬子地层区的地层面貌完全不同。

由此可以判明，“泛扬子大陆”至少是在中晚寒武世开始步入裂谷扩张阶段，奥陶纪以后

“泛扬子大陆”已逐步完成大陆裂解的演化过程，除东部保留有块体较大、稳定性较好的“扬子陆块”之外，大量碎裂的小陆块均漂移在西南侧的“原特提斯大洋”中，如“中咱-石鼓陆块”、“木里陆块”和保山地区的“泰马陆块”以及昌都地区的一些未定名的小陆块。

“冈瓦纳大陆”是指由“泛非期”形成的中上元古代结晶基底和以整个古生代为盖层主体的大陆沉积范围，从本区的地层发育情况可知，“冈瓦纳大陆”内从震旦纪到古生代整个时期，全部由连续沉积的稳定型浅海相地层组成，层序间从未出现过任何构造性地层断代界面，这种现象往往是判明“冈瓦纳相沉积区”的重要标志之一。据资料反映，“冈瓦纳大陆”的裂解作用，是从晚石炭世开始的，以印度旁遮普地区的“潘贾尔暗色岩”大量溢出为标志，大约在中三叠世之后，裂解过程才全部完成。

显然，上述两个泛大陆的地质演化过程和时间顺序上是不相同的，“泛扬子大陆”的解体明显要早于“冈瓦纳大陆”。因而我们可以通过各陆块上的地层序列发育情况，将夹杂在活动性沉积区内的各陆块，查明其各自的亲缘关系。通过前述资料的论述，我们认为除申扎地区的早古生代陆块，有可能归于“冈瓦纳型沉积区”外，其他如木里、中咱-石鼓、保山的“泰马陆块”，昌都、察隅和拉竹龙等地的地层体，均应是“泛扬子大陆沉积区”的范围。

目前的地层区划界线是以“古特提斯大洋”的闭合位置确定的，较多的考虑了晚古生代和中生代早期的地质特征，因而把一些与“泛扬子大陆”有亲缘关系的地层体，划归于藏滇地层大区内，造成文字和图面上的一些矛盾。构造区划和地层区划有时是可以一致的，有时不可能一致，其主要原因是地质演化过程中的“时间段”是有差异的，因此在通过区域地层对比进行构造格局的分析时，必须建立四度空间的思维概念。

第五章

泥盆纪—二叠纪

中国西南区晚古生代泥盆纪—二叠纪地层分布广泛，层序完整，类型复杂。地层、古生物反映出沉积相型可分暖温型(特提斯相型)、冷温型(冈瓦纳相型)、冷-暖交替型三种，尤以中晚石炭世—早二叠世表现最为清楚。地层类型也可分稳定型(碳酸盐岩型)、次稳定型(砂泥-碳酸盐岩复合型)和活动型(火山-砂泥复理石型)三种，且在不同地层区、不同断代都可以找到典型的代表。地层展布和沉积势态表现出“隆”、“槽”相间的格局。

第一节　区域地层分述

一、华南地层大区(Ⅵ)

根据沉积相型的差异，本大区可以分出巴颜喀拉地层区和羌北-昌都-思茅地层区。

(一)巴颜喀拉地层区($Ⅵ_1$)

泥盆纪—二叠纪地层都属于暖温型。主要出露于扬子地台西缘及四川白玉至云南中甸一带的金沙江东岸。但地层类型则具有稳定型、次稳定型和活动型的不同特征。

泥盆纪稳定型地层出露于金沙江东岸，南北延伸约400 km，平均宽均40 km，主要是一套灰色碳酸盐岩，自下而上可分出格绒组、穷错组、苍纳组、塔利波组，总厚621～904 m。

格绒组为灰色结晶灰岩、白云质灰岩、白云岩夹石英砂岩、粉砂岩，底部为紫红色，中上部富含白云质，厚133～257 m。富含珊瑚 *Tryplasma hadstroema*，*T. devoniana*，*Pseudamplexus ligeriensis*，*Favosites* cf. *ciarus*，*Lyrielasma sp.*；鱼类 Antiarchi；竹节石 *Nowakia acuaria*，*N.* cf. *barrandei*，*Viriatellina* sp.；笔石 *Monograptus* sp. 以及层孔虫和腕足类。时代为早泥盆世。中甸冉家湾一带相变为碎屑岩，厚314 m，含双壳类及腕足类 *Acrospirifer* sp.，*Euryspirifer* sp. 等。

穷错组为深灰色结晶灰岩，含有很多燧石结核或团块为特征，厚126～250 m。富含珊瑚和层孔虫。珊瑚22属、16种中，以 *Pachyfavosites bystrovi*，*P.* cf. *vilveaensis*，*Favosites goldfussi*，*F. goldfussi eifelesis*，*Oculipora angulata*，*Cliapora* cf. *elegans*，*Thamnopora* cf. *siavis*，*Tryplasam* cf. *altaica* 最为重要，层孔虫8属、8种，以 *Paramphipora blokhini*，*Stromatopora adleri* 最丰富。时代为中泥盆世早期。

苍纳组为浅灰色结晶灰岩，厚212～425 m。显著特征是富含枝状、疙瘩状层孔虫礁层，层孔虫以 *Amphipora ramosa*，*Paramphipora dibticilis*，*P. dicucida*，*P. humilis*，*Stromatopora cartiri* 为主。结合腕足类 *Stringocephalus* sp.；珊瑚 *Stringophyllum* sp.，*Neostringophyllum* sp.，*Temnophyllum* sp.，*Keriophyllus* sp. 等综合分析，其时代为中泥盆世晚期。

塔利波组为灰白色块状灰岩，藻白云质灰岩、含藻灰岩，厚150～188 m。富含藻类 *Girvanella* 是其特色，且定向顺层密集分布构成区别于上、下地层单位的标志。但它位于含有早石炭世珊瑚 *Keyserlingophyllum* 化石层之下，其时代当属晚泥盆世。

次稳定型地层呈北东方向展布于四川龙门山后山，出露长约650 km，平均宽约40 km，以危关组最为典型。这是一套厚达1 196～3 129 m以上、由变质砂岩、千枚岩为主夹许多薄层灰岩或凸镜体的浅变质岩系，连续在志留系通化群之上，与上覆石炭系或二叠系平行不整合接触。按岩性分上、下两段，下段为灰色、灰黑色绢云石英千枚岩、碳质千枚岩、石英岩状砂岩、含铁绢云千枚岩、硬绿泥石千枚岩等的韵律层，常夹薄层灰岩或凸镜体，厚860～2450 m。下部产笔石 *Neomonograptus falcarius*；珊瑚 *Favosites panctum*，*F. xinjinensis*，*F. hidensis*，*F. sacialis leata*，*Pachyfavosites kozlowskii*，中上部产珊瑚 *Pachyfavosites markovskyi*，*Hexagonaria simplex*，*Heliolites insolens*；牙形石 *Polygnathus costatus* 等。上段主要是灰色薄层石英岩状砂岩、砂质千枚岩、碳硅质板岩夹薄层砂质灰岩的不等厚互层，厚336～678 m。化石稀少，仅砂质灰岩产牙形石 *Palmatolepis delicatulacraki*，*P. delicatala delicatala* 等。从生物化石判断，下段以珊瑚为特色的属于早—中泥盆世，上段的牙形石指示属于晚泥盆世。这套砂泥-碳酸盐岩复合型沉积，显然不同于龙门山前山"象州型"泥盆系(侯鸿飞等，1988)，并且消失在丹巴、康定附近。贡嘎山以南至李伍、长枪穹状体一带，那里的石炭系超覆在志留系黑色硅质页岩之上，缺失泥盆系。

活动型地层仅见于四川木里水洛河下游依吉村至三江口一带，顺金沙江大拐弯处可能延至哈巴雪山及石鼓虎跳峡附近。这是一套厚度巨大而变质的火山-砂泥复理石沉积，夹有很厚的变质玄武岩、中酸性火山岩，总厚1 947～4 865 m。自下而上分为依吉组、蚕多组、崖子沟组。

依吉组按岩性分三段，下段为灰色绢云石英片岩，含四套富钛铁矿的变质玄武岩，占地层厚39%；中段为灰绿色钠长片岩、绿帘片岩、绿泥绿帘透长片岩，颜色普遍显绿、且夹许多薄层大理岩及凸镜体组成韵律为特征，钠长片岩可能是中酸性火山岩的变质产物。大理岩含牙形石 *Polygnathus gronbergi*，*Neoprioniodus bicurvatus*，*Hindeodella priscilla*，*Spathognathodus optimus*，*Ozarkodina denckmanni*，*Panderodus striatus* 等；上段为灰色白云母石英片岩。共厚849～2 492 m。时代为早泥盆世。

蚕多组是一套灰色、黄色、灰绿色、紫红色等杂色的变质石英砂岩、绢云石英片岩组合，变质一般只达低绿片岩相，岩性稳定，厚837～1 248 m。但没有发现化石。

崖子沟组的岩性及厚度变化显著，宏观特征是在灰绿色绢云片岩中，夹许多白色的硅质岩、黄色薄层灰岩、紫红色千枚岩、绿色变质基性岩。在木里老灰里，下部薄层灰岩含珊瑚 *Squameofavosites* sp.，*Pachyfavosites* sp.，*Favosites* sp.，*Crassialveolitella dushanensis*；海百合茎 *Pentagonocyclicus panxiensis*，时代为中泥盆世。其上部可能包括上泥盆统的一部分，与上覆石炭系平行不整合接触。活动型的3个地层单位，表现出细-粗-细的沉积旋回。

从泥盆纪三种不同地层类型的特征看，稳定型代表局限碳酸盐台地环境，次稳定型及活动型代表了海西早期扬子地台西缘微型裂陷槽(microaulacogen)环境。

石炭纪地层出露较广，在四川康定、九龙、金矿一带超覆平行不整合在志留纪沉积之上，与上覆二叠纪地层则连续过渡。地层类型可分稳定型和次稳定型两类。

稳定型地层出露于金沙江东岸，由一套碳酸盐岩所组成。以往生物地层工作曾划分出巴乡岭组、许池卡组、札普组、顶坡组。但各组的岩性区分标志不显著，目前已将合并统称顶坡组（四川省地矿局,1997）。

顶坡组以浅灰色块状鲕粒灰岩的出现与下伏塔利波组藻灰岩相区别。全组灰岩均富含鲕粒，经常密集成为2～3 cm厚的条带，特征非常突出，共厚717～1 722 m，沿巴塘、中甸一带，南厚、北薄。就岩性及生物可分上、下两段，下段厚171～738 m，为浅灰色块状灰岩、含鲕粒灰岩，顶、底为紫红色和肉红色生物碎屑灰岩，富含珊瑚 *Keyserlingophyllum* sp.，*Kueichouphyllum* sp.，*Thysanophyllum* cf. *longiseptum*，*Arachnolasma sinensis* 等12个属种；腕足类 *Gigantoproductus* sp.，*Striatifera* sp.，*Gondolina* 等，时代为早石炭世。上段主要是浅色块状鲕粒灰岩，厚546～984 m，岩性稳定，产极丰富的䗴类，包括中国南方同期地层的 *Profusulinella-Pseudostaffella* 带、*Fusulinella-Fusulina* 带、*Triticites* 带、*Zellia-Pseudoschwagerina* 带的许多属种。珊瑚也比较丰富，重要的有 *Kionophyllum* sp.，*Nephelophyllum* sp.，*Caninia* sp. 等12个属种。腕足类以 *Choristites* 为特色。时代为中、晚石炭世。并表现为开阔台地鲕粒滩相的沉积。

次稳定型地层出露于扬子地台西缘，不论剖面结构、岩石性质、变质特征都有别于扬子地台的同期地层，表现为富含砂泥质的薄层碳酸盐岩、泥质岩、硅质岩及其它碎屑岩组合。厚度变化极大，介于10.5～481 m之间。在龙门山后山，可分出下部雪宝顶组和上部西沟组，前者是薄层含砂质条带的泥质灰岩、泥灰岩与绢云千枚岩互层，厚9.0～374 m，含珊瑚 *Yuanophyllum* sp.，*Arachnolasma* sp.。后者为薄层含白云质条带、生物屑条带、硅质条带或团块的结晶灰岩，厚1.5～107 m，含䗴类 *Pseudostaffella* sp.，*Profusulinella* sp.，*Fusulinella* sp.，*Fusulina* sp. 及较多的 *Triticites* 等。两个组延向西北，厚度逐步减薄，直至尖灭。从化石看，与稳定型地层近似，下部以珊瑚为主，上部以䗴类为主，但岩性组合却完全不同。在木里水洛河两侧，次稳定型石炭纪地层发育较好，新建邛依组（四川省地矿局,1997），由一套灰色薄层灰岩、绢云板岩、硅质绢云板岩相互复杂交替的组合所构成，其中黑色薄层硅质岩和硅泥质条带都很发育，灰色和黑色的不同岩性共同构成"斑马纹"构造最为醒目，总厚80～530 m，南厚、北薄。下部灰岩含菊石 *Neoglyphioceras* sp.，*Praedarelites* sp.；牙形石 *Gnathodus bilineatus*，*G. commutatus*，时代为早石炭世。中上部含很多硅质岩、硅质板岩，没有发现化石，其时代可能是中、晚石炭世。总的反映出自早至晚海水逐步加深的台沟环境的特点。

巴颜喀拉地层区的二叠纪地层比较复杂，不仅早期的沉积和晚期的沉积有所不同，而且不同地区条、块分割的差别更加显著。

早二叠世地层可分稳定型和次稳定型两类，稳定型地层出露在金沙江东岸，以冰峰组为代表，主要是浅灰色厚层块状、质地较纯的细粒灰岩，厚279～679 m。含单一的䗴类化石，下部以 *Misellina claudiae*，*M. ovalis*，*M. sphaerica*，*Brevaxina* sp. 等为主，上部以 *Neoschwagerina* cf. *kueichowensis*，*N. haideni*，*N.* cf. *craticulefera*，*Schwagerina* cf. *margheritii*，*Verbeekina* cf. *grabaui* 等为主。次稳定型地层出露于扬子地台西缘，以三道桥组为代表，这是一套由大小不一的灰岩角砾堆砌而成的角砾状灰岩，砾径0.2～5.0 cm的居多，杂乱无序，厚11.0～462 m，呈NE—SW方向狭长带状分布达600 km以上。厚度变化很大，总趋势是东厚、西薄，南厚、北薄，松潘扎尕山厚不足2.0 m。平距4 km的松潘黄龙寺厚度即增大到451.0 m。灰

岩角砾含䗴类 *Parafusulina* sp.，*Neoschwagerina* sp.，*Misellina* sp.，*Verbeekina* sp.，等，但也含有再沉积的、石炭纪的䗴类 *Triticites* 及有孔虫。这些角砾状灰岩的成因，多数人认为是大陆斜坡"滑塌重力流"沉积(陈智梁,1985)，也有认为是沿断裂带地震活动引起的"震积岩"(梁定益等,1991)，或者是"深水碳酸盐沉积作用"所引起的(朱同兴等,1994)。

晚二叠世地层分布很广，且普遍平行不整合在早二叠世地层之上，岩相变化十分复杂，火山岩相当发育。就地层类型其稳定型、次稳定型、活动型都有代表，但带状展布的活动型地层最为发育是这里晚二叠世地层的基本特征。

稳定型的仅出露于金沙江东岸，以赤丹潭组为代表，是一套灰色含藻灰岩、含鲕粒灰岩、含燧石结核灰岩交替出现为主，时夹不稳定的泥灰岩、含砾岩屑砂岩、薄层砾岩等，以底部10～20 cm 扁豆状玄武岩与下伏质纯的冰峰组灰岩相区别。厚 144～538 m，下部产䗴类 *Reichelina* cf. *cribroseptata*，*R.* cf. *changhsingensis*；珊瑚 *Liangshanophyllum* sp.；上部含䗴类 *Codonofusiella* sp. 及苔藓虫。没有发现相当长兴阶的成分，与上覆下三叠统平行不整合接触。

次稳定型的分布局限，仅见于甘孜-理塘断裂带以西的木里通坝、拿么山及贡岭穹状体周围，以卡翁沟组为代表，其岩性可分三段，下段为灰色薄层灰岩、条带状硅质岩与长石石英砂岩、粉砂质板岩互层，产腕足类，厚 260 m。中段为粉砂质板岩、粉砂岩、长石石英细砂岩互层，厚 541.7 m。上段为灰色厚层灰岩夹少量砂质板岩，厚 566.9 m，富含腕足类。这种富含腕足类少含䗴类的性质具有这里的独特性，岩性、岩相变化极大，硅质岩含量多而不含火山岩又是它的另一特征。就其中腕足类 *Enteletes kayseri*，*Martinia orbicularis*，*M. transversalis*，*M. squamularioides*，*Squamularia waagenii*，*Hemipytchia* cf. *nana* 及共生的䗴类 *Gallowaiinella meitienensis* 来看，其时代属晚二叠世。

活动型的分布颇广，但沿一些深大断裂带出露为最，例如甘孜-理塘断裂带、柯罗洞-乡城断裂带、龙门山-锦屏山断裂带、炉霍-道孚断裂带等，正是这些纵横交错的断裂，构成这里活动型沉积的复杂图景。为了便于叙述，我们以大石包组和冈达概组为代表，前者出露于扬子地台西缘，后者展布于白玉、乡城、丽江一带，显著特征是发育很厚的各种玄武岩，这些玄武岩具枕状构造和杏仁状构造的相互交替，枕径 30 cm，枕长 100 cm，厚度从 20～3 605 m 之间，变化极大。从其中所夹多层变质砂泥岩、凝灰角砾岩、碳酸盐岩凸镜体，显示为多中心、多旋回特色的海相火山喷发的性质，大致以四川康定阿东梁子、九龙子杠坪，云南中甸托扒三处为中心，构成三个"Y"型火山岩展布格式。在冈达概组玄武岩上部，沉积有 180 m 灰岩、白云质灰岩，产䗴类 *Nankinella compacta*；珊瑚 *Liangshanophyllum* sp.，*Waagenophyllum* cf. *simplex*；腕足类 *Leptodus* sp.，*Oldhamina* sp.，*Waagenites* sp. 等，时代为晚二叠世早期。

综上所述，巴颜喀拉地层区晚古生代的沉积完全属于特提斯相型，地层类型以次稳定型和活动型为主，稳定型的仅仅分布于金沙江东岸 40 km 宽的狭窄条带内，从地层分布，产出状态和岩石性质、沉积厚度分析，展现出中咱隆起、乡城槽地、贡岭隆起、扬子地台西缘槽地的"隆、槽相间"的基本格架。火山活动的高潮是晚二叠世早期。

(二)羌北-昌都-思茅地层区(Ⅵ$_2$)

本区介于金沙江-哀牢山断裂与龙木错-澜沧江断裂之间，泥盆纪—二叠纪地层也以暖温型为主，基本框架明显属于"两槽夹一隆"的格局，"两槽"是指金沙江-藤条河带(简称东带)和澜沧江带(简称西带)，地层类型以活动型的为主。"一隆"是指昌都、兰坪、思茅三个大型盆地（简称中带），地层类型则以稳定型的为主。

本区泥盆纪地层出露零星，主要集中于东带及中带的昌都盆地，西带的地层仅在景洪附近有所分布。

东带以绿春附近的发育较好，自下而上可分倮红组、大中寨组、龙别组和南边山组，总厚2 106 m。

倮红组为灰黑色页岩、泥灰岩，厚213 m，含笔石 *Neomonograptus hercynicus*, *Monogroptus* sp.；竹节石 *Paranowakia* sp.。

大中寨组是一套砂岩、粉砂岩、泥岩的沉积韵律，具类复理石特征，砂岩成熟度低，具底模构造，泥岩含薄层黄铁矿，水平层理发育，鲍玛序列明显，厚561 m。含笔石 *Monograptus yukonensis fangensis*, *M. prachercynicus*, *Neomonograptus* sp.；竹节石 *Paranowakia intermedia*, *Nowakia acuaria*, *Tentaculites* spp. 及植物碎片。

龙别组下部为深灰色薄层泥灰岩、黑色硅藻岩，上部为黑色泥岩和粉砂岩，总厚100 m。含竹节石 *Nowakia* cf. *zlichovensis* 等。

以上3个组共厚874 m，时代为早泥盆世。

南边山组厚度大于1 232 m，是一套具复理石特征的砂泥岩夹灰岩、硅质岩组合，自下而上由粗变细的海进层序，其韵律可分砂岩-泥岩-灰岩，砂岩-粉砂岩-泥岩，砂岩-泥岩，泥岩-灰岩-硅质岩四种类型，每个韵律层厚20～150 cm不等。上部含植物 *Leptophloeum rhombicum*, *Hamatophyton verticillatum*, *Knorria* sp. 等，含化石层之下还有900 m厚的地层中尚未发现化石，其时代暂置中、晚泥盆世。

顺藤条河北上到德钦奔子栏、捕前村、巴美利农，直抵西藏江达冬拉山、增果、色默一带，泥盆纪地层多有变质，火山岩发育，化石稀少，厚度猛增到6 258 m。下泥盆统为灰色钠长石英片岩、钠长片岩、石英片岩夹大理岩，厚3 428 m。中泥盆统下部为灰绿色中基性凝灰岩、蚀变玄武岩、斜长片岩、石英片岩、石英千枚岩夹大理岩，上部为中基性凝灰岩夹凸镜状火山角砾岩、砂板岩及薄层结晶灰岩，共厚778～830 m，含珊瑚 *Scoliopora denticulata*, *S.* cf. *oblianeformis*, *S.* cf. *gansuensis*, *Temnophyllum* cf. *poshiense*, *T.* cf. *waltheri*, *Maccgeea bathycalyx yunnanensis*, *Alveolites* cf. *tenussimus*, *Thecostegites* cf. *tewoensis* 等，以及腕足类、水母、牙形石和海百合茎。上泥盆统主要由中酸性火山岩及黑色千枚岩、变质粉砂岩组成，厚约2 000 m，火山岩占34%，下部含腕足类 *Cyrtospirifer* aff. *spicatus*, *C.* aff. *novnellensis*, *Atrypa* sp.；*Sinospirifer* sp. 以及双壳类，海百合茎和大量植物碎片。上部是一套凝灰角砾岩、安山凝灰岩和流纹岩的韵律层，每一韵律厚0.3～3.0 m，尚未发现化石，不整合在含化石的石炭纪地层之下。这一套含火山岩的泥盆纪地层，最北可以追索到青海玉树以南的桑知阿考—汹压陇一带，出露面积仅9 km²。青海省地质科学研究所、中国科学院南古所(1990)、青海省地矿局《青海省岩石地层》(1997)，称为桑知阿考组和汹钦组，共厚692～979 m。前者不整合在含笔石 *Didymograptus* sp. 的碎屑岩之上，由变质砾岩、安山质火山角砾岩、凝灰熔岩、安山岩等组成，厚521～594 m，未发现化石。后者由变质细粒石英砂岩逐步过渡为瘤状泥晶灰岩和生物碎屑灰岩组成，厚171～385 m，其中含珊瑚8属、5种。腕足类8属、12种，几乎每层都有，且以无洞贝类最多，占腕足类的74%，其中又以 *Atrypa*(*A.*)*richthofenia* 最为发育，占这类化石的60%。牙形石5属、6种，最重要的是 *Icriodus expansus* 动物群。层孔虫非常丰富，计10属、35种。时代为中、晚泥盆世。底与早古生代地层，顶与上覆石炭纪地层均为不整合接触。这套地层出露范围不大，但延伸广可穿越几个地层小区，或许这种现象是活动型地层区地层展布的一种特色。

西带的泥盆纪地层不太发育，仅见于景洪澜沧江南岸，以帕当组和南光组为代表，总厚3 067 m。帕当组厚度大于771 m，中下部由黄绿色火山质粗粒岩屑砂岩夹砾岩及复成分砾岩组成，未发现化石，上部181 m是黄色不等粒长石砂岩、泥岩、凝灰质粉砂岩的互层，富含腕足类 *Glyptospirifer* sp.，*Indospirifer* sp.，*Productella* sp. 及双壳类、海百合茎等，时代为早泥盆世。南光组厚2 296 m，含有变基性岩、中酸性火山角砾岩、安山玢岩、凝灰岩等火山物质砂泥岩、火山碎屑岩、砂页岩、砾岩组成十分复杂的韵律，其组合可多达15种以上。中上部产植物 *Leptophloeum rhombicum*，*Lepidodendropsis* sp.，*Knorria* sp. 等，时代为中、晚泥盆世。就其特征与东带的南边山组完全可以对比，沉积环境基本相同。但是，除景洪而外，沿整个澜沧江构造带，泥盆纪地层的分布情况和岩石性质，目前所知甚少。

中带的泥盆系属于稳定型沉积，西藏昌都盆地比较发育，自下而上以海通组、丁宗隆组、卓戈洞组为代表，岩石性质展现了以碳酸盐岩为主，未变质，不含火山岩，化石特别丰富，厚度显著减薄只有325～1 122 m，不及东带和西带的三分之一。

海通组厚20～140 m，不整合在含笔石 *Didymograptus* spp. 的碎屑岩之上，按岩性分下部为紫红、灰紫红色砾岩、含砾粗砂岩和砂泥岩，具红色陆源沉积特征，未发现化石；上部为灰色含砾砂岩、介壳石英砂岩、灰黑色板岩、千枚岩夹生物泥灰岩。产竹节石 *Nowakia barrandei*；腕足类 *Acrospirifer increbscens*，*Indospirifer chui*，*Glyptospirifer chui*；珊瑚及介形类。时代为早泥盆世。相似的地层可延伸到青海玉树附近，但与四川巴塘、得荣金沙江东岸的同期沉积有明显的差异。

丁宗隆组厚160～412 m，以灰色灰岩、泥灰岩为主，夹层孔虫礁白云岩及砂页岩，各地岩性变化较小，而且化石门类众多，数量丰富，计有腕足类、珊瑚、双壳类、腹足类、层孔虫、苔藓虫、介形类、牙形石和藻类等。腕足类18属、14种，以 *Emanuella takwanensis*，*Stringocephalus dorsalis*，*Schizophoria kuetsingensis*，*S. striatula* 和数量较多的 *Atrypa*(*A.*) *richthofenia* 相对集中为特色；珊瑚10属、8种；层孔虫8属、12种，以 *Gerronostroma grossum*，*G. uralense*，*Parallelopora typicalis* 较多，*Amphipora* sp. 往往成为礁层，牙形石主要是 *Polygnathus uarcus*，*P. xylusensensis*。时代属于中泥盆世。

卓戈洞组厚65～570 m，以灰色中厚层泥灰岩、生物碎屑灰岩为主，仅下部白云岩、白云质灰岩较多，其底以黄色条带状页岩与下伏丁宗隆组分界。含有丰富的腕足类、珊瑚、层孔虫，以腕足类最多为特色，自底到顶 *Cyrtospirifer* sp.，*Camarotoechia* sp. 层层皆有，上部伴生 *Yunnanellina* sp.。其时代为晚泥盆世。

类似昌都盆地的泥盆纪地层也见于西藏西北部邦达错、拉竹龙南山至月牙湖一带，西藏自治区地矿局(1997)，称拉竹龙组，主要是浅灰、灰白色石灰岩为主的稳定型沉积，厚130～670 m，也含有丰富的腕足类、珊瑚、层孔虫、苔藓虫化石，其面貌与昌都盆地中、上泥盆统的基本相同。本书将其视为同物异名，现均归并于丁宗隆组和卓戈洞组内。

本区石炭纪地层出露较广，其火山岩十分发育，不仅东带普遍存在，而且西带也很显著，使石炭纪地层以活动型的为主体成为本地层区的一大特色。

东带南段，以云南镇源老王寨群为代表，这是一套被哀牢山断裂和藤条河断裂所夹的"浅变质岩系"(Pz^2)，以巨厚的板岩、千枚岩、石英杂砂岩、放射虫硅质岩为主夹熔结角砾岩、粒玄岩、多斑玄武岩、层凝灰岩、极薄层的大理岩化灰岩及石灰岩凸镜体复杂的复理石组合，厚 3 000～5 000 m。下部产早石炭世牙形石 *Siphonodella isosticha*，*Pseudopolygnathus triangula*，*Scaliognathus anchoralis*，*Gnathodus homopunctatus*；䗴 *Eostaffella* cf. *mosquensis* 及珊瑚、苔藓虫、有孔虫等。上部为火山岩与镁质超基性岩体、辉长辉绿岩墙、斜长花岗岩分异体及硅质岩层，构成蛇绿岩或蛇绿混杂岩。火山岩 Rb－Sr 年龄值为 341.8 Ma(唐尚鹑，1989)、345.6 Ma(莫宣学等，1993)、314.8 Ma(罗君烈等，1990)，辉长岩$^{40}Ar/^{39}Ar$ 全岩年龄为339 Ma(张旗等，1991)，可证明这套"浅变质岩系"是石炭纪的产物。

云南省滇西北部，德钦申洛拱、吉义独，维西响姑的老君山—塔城—奔子栏联线以西，鲁甸花岗岩带以东的狭窄条带内，石炭纪地层可分下部申洛拱组、上部响姑组。申洛拱组是以超基性岩、基性岩、基性—酸性熔岩和粉砂质泥岩、板岩、岩屑砂岩、安山玄武质岩屑砂砾岩、薄层燧石条带灰岩夹沉凝灰岩、变基性火山岩、硅质岩的韵律组合组成。厚 1 000～1 959 m，下部含有早石炭世珊瑚 *Kueichouphyllum heishihkuanense*，*Thysanophyllum shaoyangensis*，*Diphyphyllum platiforme*；䗴类 *Eostaffella mosquensis* 等。响姑组下部为碎屑岩，上部为浅灰色厚层燧石条带灰岩、粉晶灰岩、白云质灰岩和灰白色硅质岩，共厚约 2 000 m。灰岩富含牙形石 *Gnathodus bilineatus*，*G. nodosus*，*G. commutatus*，*Streptognathodus elongatus*，*S. gracilis*。响姑以南 30 km 的芭果湾、大羊场的相同岩性中产牙形石 *Neognathodus bassleri*，*Idiognathodus delicatus*，*I. corrugata*，*Polygnathodella ouachitensis*，*Streptognathodus* cf. *parvus*；䗴 *Profusulinella parva*，*Pseudostaffella* sp.，*Fusulinella* sp.，*Schubertella obscura* 及 *Rugosofusulina* sp.，时代为中晚石炭世。

类似性质的石炭系向北尚可追索到西藏江达县古齿和青海玉树附近。形成一条窄长的带状沉积带，都具有相似的洋脊—准洋脊型火山—沉积岩地层组合，而且都与下伏泥盆系呈不整合接触，(这种情况在西藏、青海地区较清楚，云南地区大多未见底部出露)。据此可以判明：这一沉积带应该是石炭纪时期"泛扬子大陆"内部裂谷带发生进一步裂解，所形成的"古特提斯大洋"初始洋壳的所在地。目前仅能以上述几个岩石地层单位来代表地史时期的地质事件。

西带的石炭系以兰坪石登群为代表，该群沿澜沧江两侧断续出露，按岩性可分 3 部分，下部为紫色凝灰片岩、安山质火山角砾岩、灰绿色杏仁状变安山岩、中酸性角砾熔岩，厚度大于 252 m。中部为灰色厚层燧石条带灰岩、生物屑灰岩及灰紫色凝灰片岩，厚 276 m，灰岩产珊瑚 *Kueichouphyllum* sp.，*Arachnolasma* cf. *simplex*，*Palaeosmilia fraterna*，*P. sororia*，*P.* cf. *multiplex* 等属种，时代为早石炭世。上部以紫色、紫红色、灰紫色为特征的杏仁状安山岩、角砾凝灰安山岩、安山岩、凝灰岩等组成三个喷发旋回，厚566 m。与上覆下二叠统整合接触。

依照颜色、岩性、厚度及化石，石登群中下部称曼丙组，上部称龙洞河组。在景洪曼丙，曼丙组含有早石炭世特有腕足类 *Syringothyris* 及冷水习性珊瑚 *Cyathaxonia* 等。在景谷龙洞河，龙洞河组中酸性火山岩、火山碎屑岩中夹有含放射虫硅质岩及粉晶灰岩，产䗴类 *Fusulina*－*Fusulinella*，*Triticites*，*Quasifusulina* 等组合。两组分别代表早石炭世和中晚石炭世沉积。

这种"两红夹一灰"的结构，是澜沧江带石炭系的显著特色。这一特色在西藏察雅卡贡、昌都吉塘、类乌齐赛神卡北，直抵青海囊谦吉曲哎保那、觉拉弄以西都可以看到。但在火山岩形成环境方面，沿澜沧江的不同地段尚存在一些差别。

中带的石炭纪地层分布较广，发育良好，序次清楚，化石丰富，形变简单，变质轻微，以稳定型碳酸盐岩地层为主，局部地点和层段夹有碎屑岩及煤层。

本世纪50年代，已证明中带的石炭纪地层以昌都盆地发育最好，西藏昌都妥坝乌青纳、类乌齐马查拉、左贡加卡、芒康鹜曲，以及青海囊谦乃色扫至尕翁一带的剖面都很典型，研究也比较深入。(四川区调队、中科院南古所，1982；中科院青藏高原综合科学考察队，1984；范影年，1988；地矿部成都地矿所，四川区调队，1992等)。中带的石炭系自下而上分为乌青纳组、加卡组、珊瑚河组、东风岭组、鹜曲组和里查组6个单位，前4个组属下石炭统，共厚1 618～3 519 m，所含化石以腕足类、珊瑚为主，后两个组属中、上石炭统，共厚420～800 m，以䗴类最为丰富，伴生腕足类和珊瑚。各统的岩石性质及化石组合面貌基本上与中国南方的相类似。地层划分及化石序列综合列于表5-1。

表5-1 昌都、兰坪-思茅盆地石炭纪地层划分对比简表

Table 5-1 subdivison and correlation of the carboniferous strata, in Qamdo, Lanping-Simao Basin

年代地层	岩石地层	主要岩性	厚度	代表性化石
中上石炭统	里查组	浅灰色块状灰岩	360～700 m	*Robustoschwagerina*、*Rugosofusulina* *Pseudoschwagerina* *Triticites*
	鹜曲组	米黄色燧石条带灰岩	60～100 m	*Fusulina*、*Fusulinella* *Profusulinella* *Pseudostaffella*
下石炭统	东风岭组	灰色含白云质灰岩夹硬石膏	487～724 m	*Yuanophyllum* *Eomarginifera xizangensis* *Kueichouphyllum*
	珊瑚河组	灰色砂页岩，夹砂质灰岩及煤层	340～1 664 m	*Gigantoproductus*、*Antiquatonia* *Sphenophyllum*、*Lepidodendron*
	加卡组	粉红、肉红杂色不纯灰岩	214～341 m	*Eochoristites*
	乌青纳组	灰色生物灰岩	577～790 m	*Zaphrentites*-*Cystophrentis* *Tenticospirifer*、*Eochoristites*

但是，这里的石炭系总厚度达2 038～4 319 m，是金沙江东岸稳定型石炭系总厚度(717～1 722 m)的3～4倍。类似以上层位，在青海南部囊谦、杂多一带也有广泛分布，向西北方向可以追索到开心岭附近。兰坪-思茅盆地的石炭系出露于阿墨江以西的普洱、勐腊一带，以中上石炭统最为常见，按岩性有碳酸盐岩型和碎屑岩型两类，前者所含䗴类与鹜曲组、里查组完全相同，后者由灰黑色石英砂岩、粉砂岩、碳质页岩、泥岩及泥灰岩组成，含䗴类、腹足类、双壳类和植物。而下石炭统含有冷温型腕足类 *Eomarginifera xizangensis*；珊瑚 *Cyathaxonia* sp. 等。

二叠纪地层与石炭纪地层相伴出露，发育良好，沉积型式仍可分东、中、西三带。但早二叠世沉积其岩性、岩相变化十分复杂，火山岩分布相当广泛，岩石类型具有多样性为特色。

东带南段，以绿春高井朝组、墨江坝溜组和羊八寨组为代表。

高井朝组是碎屑岩、碳酸盐岩、中基性-中酸性火山岩的多韵律复杂组合，厚2 851 m。其中火山岩共厚670 m，占地层总厚度的23.3%，主要是玄武岩、安山玄武岩、安山岩、流纹质英安岩、火山角砾岩与沉积岩构成8个沉积旋回。产䗴类 *Misellina* sp.，*Parafusulina* sp.，*Schwagerina* sp.，属早二叠世早期。坝溜组主要是深色碎屑岩夹中酸性凝灰岩、硅质岩、生物灰岩，小韵律相当复杂，为硅质—碎屑—碳酸盐的频繁交错组合，厚1 187 m，含珊瑚 *Ipciphyllum* sp.；䗴类 *Neoschwagerina* sp.，*Schwagerina* sp.，属早二叠世晚期。

羊八寨组分布很广，但变化很大，有含煤与不含煤、含火山岩与不含火山岩以及是否以火山岩为主的不同变化，表明该地层单位的研究程度很低，确切定义尚未肯定，本书暂采用之。在墨江羊八寨，本组由一套海陆交互相含煤层的砂泥岩夹中基性火山岩组成，厚1 140 m。靠近哀牢山断裂带，厚度猛增到3 890 m，而接近思茅盆地，厚度则锐减到只有400～700 m。下部含菊石 *Leptogyrouceras* sp.，*Retiogastrioceras* sp.，䗴类 *Codonofusiella* sp.，及双壳类、腕足类和苔藓虫。上部产植物 *Gigantopteris* sp.，*Pecopteris* sp.，*Lepidodendron* sp.，等，时代为晚二叠世早期。其中是否包含有晚二叠世晚期的成分，目前还不能肯定。

东带中段，以德钦喀大崩组和奔子栏组为代表，前者是一套枕状玄武岩和具有复理石特征的硅质岩、碳酸盐岩、碎屑岩组合，厚达6 089 m，其中玄武岩为3 649 m，占地层总厚59.9%，灰岩含䗴类 *Parafusulina* sp.，*Misellina* sp.，*Climacammina* sp.，*Neoschwagerina* sp.，*Schwagerina* sp.，*Verbeekina* sp. 等及苔藓虫和海百合茎，时代为早二叠世无疑。后者由一套具复理石特征的砂板岩及中基性火山岩组成，厚4 178 m，其中火山岩主要是安山岩、英安岩及火山角砾岩，共厚579 m，占地层厚度的13.8%，未见化石。因整合于含化石的喀大崩组之上，暂将其归于早二叠世晚期。

向北在西渠河-羊拉断裂以东的四川得荣嘎金雪山、巴塘额阿钦一带，二叠系岩石类型更为复杂，厚度巨大、变质较深、化石稀少，统称额阿钦组(四川省地矿局，1997)，总厚大于5 305 m。按岩性自下而上粗略地分成四段：①火山岩-灰岩段，厚1 437 m，含䗴类 *Nankinella* cf. *orbicularia*.；②细碎屑岩—灰岩段，厚1 304 m；③粗碎屑岩段，厚2 063 m；④火山岩段，厚大于500 m。但是，各段的岩性、厚度、变质程度在不同地点有较大变化。在嘎金雪山一带，在下部岩性段中夹有形态各异的含有志留纪—二叠纪珊瑚的“外来岩块”，在里甫、嘎拉卡附近，被含有早三叠世双壳类化石的黑色板岩平行不整合覆盖。四川白玉以北，青海玉树至风火山口一带，石炭—二叠系的外来岩块甚多，均镶嵌在带状出露的二叠系火山-砂泥复理石之中。最近，张以茀等(1994)在可可西里区考察中，从多格错仁强错—西金乌兰湖一线南北两侧，石炭—二叠纪的枕状玄武岩—硅质岩、堆晶岩—杂砂岩剖面，厚大于2 600～3 700 m，其中玄武岩厚200～1 950 m不等，灰岩夹层产早二叠世菊石 *Stacheoceras* cf. *mirificum*，硅质岩含极丰富的C—P_1放射虫化石，表明本区东带的石炭—二叠系一直可以连接到西金乌兰湖以西①。

西带的二叠系远不及中东带的发育，南段的下二叠统称大新山组，沿景洪曼秀河、思茅大新山、澜沧芒汇河、景谷江边岔河等地呈南北向带状出露，这是一套浅变质的板岩、千枚岩、岩屑砂岩和砂质灰岩的复理石，夹多层基性—中酸性火山岩，总厚大于4 064 m。岩性、厚度及变质程度变化很大为其特色。上部含有䗴类 *Parafusulina* sp.，*Neoschwagerina* sp.，*Schwagerina* sp.，*Yabeina* sp.，*Verbeekina* sp.；珊瑚 *Waagenophyllum* sp. 等，年限为早二叠世晚期。但下部还有近3 000 m厚的火山-砂泥复理石未发现化石，组的时代可能包含早二叠世早期。在景谷江边岔河、澜沧谦六汇河曾采集到冷—凉水型双壳类 *Atomodesma* sp.（林敏基，1983)。

西带中段的二叠系展布于德钦以西澜沧江两岸狭窄的条带内，南延维西朴弄、坪子，北延西藏芒康盐井，以德钦吉东龙组和沙木组为代表，两者连续过渡。吉东龙组厚605～2 313 m，岩性可分上、下两段：下段为火山-砂泥复理石夹多层灰绿色玄武岩及灰岩凸镜体，构成十几个复理石韵律，灰岩产䗴类 *Parafusulina* sp.，*Misellina* sp.，*Schwagerina* sp.，

① 党周，1990，古地中海北界研究有进展，黄汲清所作推断已被证实。1990年9月17日《人民日报》。

Yangchienia sp. 及腕足类、苔藓虫和藻类；上段一般不含火山岩，以砂砾岩、岩屑砂岩、碳酸盐岩组成，但相变明显，含有与下段相同的䗴类 *Neomisellina* sp.，*Yabeina* sp.，*Verbeekina* sp.，*Neoschwagerina* sp.；珊瑚 *Waagenophyllum* sp. 及腕足类、双壳类、苔藓虫、有孔虫等。因此，吉东龙组时代属早二叠世。沙木组厚 320～941 m，主要是火山-砂泥复理石，火山岩以英安岩、安山岩、安山粗面岩等中酸性为特征，占地层厚 38.0%，它与细砾岩、杂砂岩构成复杂的杂色复理石韵律，产大量腕足类 *Leptodus* sp.，*Dictyoclostus* sp.，*Derbyia* sp.，*Notothyris* sp.，*Oldhamina* sp. 等许多属种及丰富的植物碎屑，时代为晚二叠世。并被上三叠统红色磨拉石不整合覆盖。西带这种活动型的二叠系，当前只表明消失在西藏察雅、左贡间的澜沧江沿岸。至于顺他念他翁山北麓的北澜沧江段，是否也有活动型二叠系的延伸，我们目前还不太清楚。

中带的二叠系属于稳定型沉积，发育于昌都盆地及兰坪-思茅盆地，宏观上自下而上都可分出四个组(表 5-2)，但沉积性质完全不同于东带和西带的同期地层。就其微观分析，三个地区仍有一些差别。

表 5-2　中带二叠系划分对比表

Table 5-2　Subdivision and Correlation of the Permian, in Middle zone

年代地层		兰坪-思茅盆地	昌都盆地	青南地区	代表性化石
二叠系	上二叠统	那箐组	卡香达组	乌丽群	*Palaeofusulina* - *Gallowaiinella*
		羊八寨组	妥坝组		*Spinomarginifera*-*Tyloplectal*-*Codonofusiella* *Gigantopteris* - *Lobatannularia*
	下二叠统	拉竹河组	交嘎组	开心岭群	*Neomisellina* *Yabeina*、*Ipciphyllum*、*Iranophyllum* *Cancellina*
		仙人洞组	莽错组		*Nankinella* - *Parafusulinal*-*Tachylasma* *Miselina* - *Pseudofusulina*

莽错组和仙人洞组都是以灰色中厚层灰岩为主，厚度稳定在 300～390 m。富含䗴类、有孔虫、苔藓虫及珊瑚。在盆地边缘，下部灰岩常夹较多砂页岩。时代为早二叠世早期。

交嘎组和拉竹河组共同特征是五颜六色的杂色碎屑岩、灰色层状灰岩、凸镜状灰岩的交互层，厚 300～476 m，一般下部灰岩较多，中部具砂砾岩，上部以碎屑岩为主，产䗴类、珊瑚和菊石类等。三个盆地从边缘向中心都可以分出两种相带，边缘相带常夹中酸性火山岩及火山碎屑岩，中心相带则不含火山物质。时代为早二叠世晚期。

妥坝组和羊八寨组都是以灰黑色细碎屑岩为主，不含火山岩、少含灰岩，但含有煤层的海陆交互相沉积，厚 1 300～1 600 m，下部产植物，上部产腕足类和䗴类，特征明显，时代为晚二叠世早期。

卡香达组和那箐组仅出露于三个盆地的中部，以不含煤层的碎屑岩、砂质及泥质灰岩组成，厚 700～800 m，主产䗴类，少量珊瑚、腕足类、双壳类和腹足类，时代为晚二叠世晚期。与上覆三叠系不整合接触。

昌都西北的囊谦、杂多至青藏公路的开心岭、乌丽一带，二叠系分布广泛，发育较好，岩性四分结构以及含䗴类、腕足类、植物等生物地层序次与昌都盆地的有极好的相似性和可比性(中英青藏高原综合地质考察队，1990；张以茀等，1994)，青海省称其为开心岭群和乌丽群。

综上所述，羌北-昌都-思茅地层区的上古生界活动型沉积占有相当大的比重，特别是从中石炭纪开始，东带已具有古特提斯初始洋壳的地质记录，中晚石炭世到早二叠世，火山喷溢活动达到高潮。同时，石炭二叠纪时期在区内尚广泛发育着一套冷—凉水动物群(张正贵等，1991)。晚二叠世沉积环境趋于平静，广泛发育着含煤岩系，火山岩活动转弱，且以中酸性岩石系列为主。从剖面结构、岩石性质、古生物组合特征、沉积厚度、火山活动规模等许多方面，均显示出本地层区上古生界较之巴颜喀拉地层区的有所不同。

二、藏滇地层大区(Ⅶ)

本地层大区可分出羌南-保山地层区、冈底斯-腾冲地层区和喜马拉雅地层区。

(一)羌南-保山地层区($Ⅶ_1$)

本区介于龙木错-澜沧江断裂与班公湖-怒江断裂之间，泥盆纪—二叠纪地层基本上是被动陆缘浅海相沉积，虽有裂谷火山岩存在，但远不及羌北-昌都-思茅地层区的发育。地层类型以稳定型和次稳定型为主，C_2—P_1 普遍存在“杂砾岩”及相应的冷—凉水动物群，形成以冷温型为主，且有暖温型介入相互交替为特色。这一特色，对于联结华南地层大区与藏滇地层大区同期地层之间的对比具有特别重要的意义。

稳定型的泥盆纪地层以云南保山、施甸、永德、镇康一带的发育最全，在西藏左贡、双湖等地也有零星分布。属浅海陆架紫红色含砂泥质碳酸盐沉积，总厚介于 596～1 631 m，自下而上分为向阳寺组、王家村组、沙坝脚组、何元寨组、大寨门组(表 5－3)，彼此均为整合接触。保山地区的泥盆系不论岩石特征及古生物化石序列，与国内、外同期地层有着极好的可比性。

表 5－3 云南保山地区泥盆系划分简表

Table 5－3 Subdivision of Devonian, in Baoshan region, Yunnan

年代地层		岩石地层	主要岩性	代表性化石	
				竹节石、珊瑚、腕足类	牙形石、笔石、三叶虫
泥盆系	上统	大寨门组	灰色薄层泥质灰岩	珊瑚、腕足类很丰富	*Palmatolepis rhomboidea* *Ancyrognathus triangularis* *Polygnathus asymmetaricus*
	中统	何元寨组	灰、黄、红杂色泥灰岩	珊瑚、腕足类极丰富	*Polygnathus costatus costatus* *Polygnathus costatus partitus*
	下统	沙坝脚组	紫红色厚层砂质灰岩	*Styliolina minuta* *Nowakia zlichovensis*	*Polygnathus gronbergi*
		王家村组	上部紫红色疙瘩灰岩 下部灰黄色粉砂岩	*Guerichina strangulata* *Viriodellina galinae* *Nowakia acuaria*	*Eognathodus sulcatus* *Monograptus yukonensis*
		向阳寺组	紫红色、厚层泥质、砂质、生物屑灰岩	*Paranowakia intermedia* *Paranowakia bohemica*	*Reedops baoshanensis* *Caudicriodus woschmidti*

这套稳定型沉积，沿怒江东部向北一直可以追踪到碧江、福贡附近，甚至在西藏左贡然物、荣中及双湖查桑一带也有发育，从当前的研究程度看，那里出露的主要是中、上泥盆统，统称然物群。也是一套杂色灰岩、生物碎屑灰岩夹杂色粉砂岩的沉积，厚度大于 804～1 178 m。含有中、晚泥盆世的珊瑚、腕足类、菊石类、三叶虫、苔藓虫、层孔虫等化石。但在双湖查桑剖面的下部灰岩，鉴定到原始松卷菊石和角石，这类化石一般见于早泥盆世(饶靖

国等,1988)。因此，不排除然物群存在下泥盆统的可能。

次稳定型的沉积出露于云南柯街-南定河断裂与昌宁-孟连断裂之间的南北向条带内，由于地质构造复杂，岩石普遍变质，古生物化石稀少，很难觅得完整剖面。

早泥盆世地层称温泉组，剖面有顶无底，厚度介于 530～1 200 m 之间，是一套灰黑色页岩、粉砂质页岩与细砂岩、粉砂岩紧密互层组成的砂-泥复理石，自下而上沉积物逐渐变细，小沉积韵律也逐渐更加清楚。富含竹节石 *Nowakia acuaria.* ,*Guerichina strangulata*;笔石 *Monograptus yukonensis*, *Neomonograptus himalayaensis* 等。

中、晚泥盆世地层称曼信组，剖面有底无顶，厚度大于 652 m，主要由灰黑色薄层硅质岩、硅质页岩及长石石英砂岩夹页岩组成。牙形石特别丰富，多达 22 属、62 种，重要的有 *Polygnathus asymmetricus*, *Palmatolepis triangularis*, *P. rugosa*, *P. minuta*, *Ozarkodina hemoarcuata*, *O. immersa*, *Hindeodella subtilis*, *H. germana*, *Hibbardella alternata* 等。

从总体上看，昌宁、孟连一带的泥盆系沉积，是由浅海相为主的碳酸盐岩建造逐步向深海相砂页岩硅质岩建造演进的沉积系列。

石炭纪和二叠纪地层在本地层区占有重要位置，尤其是 C_2—P_1 时期“杂砾岩”及冷—凉水动物群的发现，成为连接暖温型与冷温型沉积的纽带。由于沉积情况的不同，可分为保山地层分区和双湖地层分区。

1. 保山地层分区(Ⅶ$_1^4$)

保山地层分区以柯街-南定河断裂及昌宁-孟连断裂为界，分成西、中、东三部分。石炭纪—二叠纪地层划分对比列于表 5-4。

表 5-4 保山地层分区石炭系—二叠系划分对比简表

Table 5-4 Subdivision and Correlation of the Carboniferous to Permian, in Baoshan subprovince, Yunnan

年代地层		东 部	中 部	西 部
		活动型	次稳定型	稳定型
二叠系	上统	拉巴组	石佛洞组 124～325 m	?
			南皮河组 241～435 m	
	下统	1 249～1 377 m	大名山组 700～887 m	沙子坡组 800～1 000 m
				丙麻组 14～135 m
石炭系	中、上统	南段组大于 5 843 m	鱼塘寨组 360～935 m	卧牛寺组 335～768 m
				丁家寨组 100～292 m
	下统		平掌组 400～800 m	铺门前组 97～227 m
				香山组 181～624 m

柯街-南定河断裂以西，自下而上共 6 个地层单位。

香山组厚 181～624 m，由泥质灰岩、泥灰岩夹钙质页岩和白云质灰岩组成，从下到上富含燧石结核及燧石条带为组的特征，岩性稳定，出露很广，化石极其丰富，底部含牙形石 *Polygnathus inornatus*, *Siphonodella obsoeta*, *Gnathodus typicus* 等；珊瑚有 14 属、23 种，构成 *Cystophrentis* - *Pseudouralinia* - *Siphonophyllia* - *Humboldtia* 组合；腕足类为 *Schuchertella* - *Syringothyris* 组合；时代为早石炭世早期。

铺门前组厚 97～227 m，由单一的灰色鲕状灰岩夹生物碎屑灰岩组成。珊瑚、腕足类都很丰富，常形成珊瑚礁相灰岩或介壳相灰岩，中下部珊瑚 *Kueichouphyllum sinense*，腕足类 *Gi-*

gantoproductus 特别富集，上部以珊瑚 *Yuanophyllum*，䗴类 *Eostaffella* 较多，时代为早石炭世晚期。与上覆丁家寨组平行不整合接触。

丁家寨组，是保山地层分区较为特殊的层位，厚度介于 100～292 m，最厚达 397 m，由灰色砾岩、砂岩、粉砂岩、页岩、含砾泥灰岩夹薄层生物屑灰岩组成较完整的海进体系沉积，超覆在下石炭统、下泥盆统不同层位之上。砾石成分以灰岩、石英、燧石为主，砾径 1～15 cm，磨圆度及分选性都差，愈往西砾石成分愈复杂。中部页岩富含苔藓虫，多富集成层。上部生物屑灰岩夹层，产䗴类 *Triticites* sp.，*Pseudofusulina* sp.，*Schwagerina* sp.，中下部碎屑岩中产有双壳类 *Eurydesma* sp.，*Eoschizodus*（耿马小新寨），腕足类 *Setpanoviella* sp.，*Trigonotreta* sp.，*Neospirifer* sp.，*Marginifera* sp. 等为中、晚石炭世冷—凉水环境的典型生物。冷暖两类生物群均有产出是丁家寨组的特点。

卧牛寺组连续在丁家寨组之上，厚 335～768 m，由紫色、灰紫色、灰绿色中基性海相火山喷发岩，包括熔岩玄武岩、安山玄武岩及玄武凝灰岩组成几个喷发旋回，具有弱—强—弱—强阶段性喷发特点，属于稳定区内部大陆溢流型的产物（莫宣学等，1993）。施甸丁家寨和保山金鸡剖面中，玄武岩中灰岩凸镜体产䗴类 *Triticites phesus*、*T. parvulus*、*T.* cf. *liuchowensis*，*Schwagerina* cf. *minima* 及苔藓虫 *Fenestella* sp.，*Fistulipora* sp.。时代为晚石炭世。与上覆丙麻组平行不整合接触。

丙麻组厚 14～135 m，由紫红色、灰黄色含火山碎屑成分的砂页岩、铁铝质页岩夹赤铁矿层组成，底部含玄武岩砾石，局部夹煤线。含双壳类 *Aviculopecten* cf. *oecidentalis*；三叶虫 *Pseudophillipsia* sp. 及腕足类、苔藓虫等。时代为早二叠世早期。

沙子坡组厚达 800～1 000 m，连续沉积在丙麻组之上，是一套厚层块状碳酸盐岩，化石极其丰富，多达 8 个门类、70 属、83 种。下部深色灰岩含泥质及燧石结核，主产䗴类 *Nankinella orbicularia*，伴生腕足类 *Stenoscisma* sp.，*Waagenites* sp.，珊瑚 *Timorphyllum* sp.，*Leonardophyllum* sp.，*Lophophyllidium* sp. 等；上部浅色灰岩，富含鲕粒及生物碎屑，盛产䗴类 *Parafusulina* sp.，*Pseudofusulina* sp.，*Schwagerina* sp.，珊瑚 *Iranophyllum* sp.，*Ipciphyllum* sp.，*Waagenophyllum* sp. 及苔藓虫等。时代为早二叠世。上二叠统是否存在，当前没有更多证据，相反出现一些冷—凉水的腕足类和珊瑚，显示这里早二叠世仍具有冷—暖水沉积过渡的色彩。

柯街-南定河断裂与昌宁-孟连断裂之间地区，自下而上共 5 个地层单位。

平掌组厚 400～800 m，由一套中基性海相火山喷发岩，包括玄武岩、安山玄武岩、火山角砾岩、凝灰岩、火山碎屑岩夹砂页岩及灰岩凸镜体组成，构筑成五个喷发旋回，自下而上熔岩减少，火山角砾岩及火山碎屑岩逐渐增多，喷发强度逐步减弱为特征。底与泥盆纪曼信组关系不明。厚度总趋势是南厚、北薄，上部灰岩夹层产珊瑚 *Kueichouphyllum* sp.，*Siphonophyllum* sp.，*Caninia* sp.，*Lithostrotion irregulare*；䗴类 *Eostaffella* sp. 以及腕足类和牙形石，时代为早石炭世。

鱼塘寨组厚 360～935 m，连续沉积在平掌组玄武岩之上，除底部是凝灰质砂页岩外，最醒目的是由一大套灰色厚层块状灰岩组成，全层富含化石，计有 6 个门类、25 属、53 种，其中以䗴类为最，有 12 属、33 种，构成中部的 *Pseudostaffella-Fusulinella-Fusulina* 组合，上部的 *Triticites-Pamirina-Pseudoschwagerina* 组合，伴生珊瑚、腕足类、海百合茎、有孔虫和牙形石，化石带序次清楚，数量丰富，时代为中、晚石炭世。与上覆二叠系连续过渡。

保山地层分区的二叠系发育较全，共有 3 个岩石地层单位，即大名山组、南皮河组和石佛洞组。

大名山组厚700～887 m，是一套浅灰色厚层块状灰岩，普遍富含鲕粒及生物碎屑，以不含冷一凉生物分子而区别于沙子坡组。下部含化石6个门类、45个属种，主要是䗴类*Misellina* sp.，*Staffella* sp.，*Nankinella* sp.，*Pseudofusulina* sp.，*Cancellina* sp. 的许多种。上部含化石3个门类、42个属种，以䗴类*Neoschwagerina* sp.，*Neomisellina* sp.，*Verbeekina* sp.；珊瑚*Iranophyllum* sp.，*Wentzelella* sp.，*Waagenophyllum* sp. 最丰富。时代为早二叠世。

南皮河组厚241～435 m，是一套滨海沼泽至潮坪环境的深色砂泥岩夹煤层的沉积，含植物化石*Lobatannularia* sp.，时代为晚二叠世早期。

石佛洞组厚124～325 m，连续沉积在南皮河组之上，为一套浅海相灰岩夹薄层硅质岩。富含䗴类*Palaeofusulina* sp.，*Reichelina* sp. 及有孔虫、苔藓虫、海百合茎和钙藻。

昌宁-孟连断裂带以东地区，石炭纪-二叠纪地层非常复杂，由一套厚度巨大的海相砂-泥复理石组成，岩石普遍受到浅变质作用及片理化影响，与前述两地区相比，差异性特别显著。根据岩性、化石及沉积特征，这套复理石沉积分为两组，称为南段组和拉巴组。

南段组主要是厚薄不均的、不等粒的石英砂岩、长石石英砂岩、岩屑杂砂岩夹页岩的韵律层组成，厚度大于5 843 m。其中鲍马序列发育，常见沟模、槽模，产菊石类*Acrocanites* sp.，*Epicanites* sp.，*Kazakhoceras* sp. 时代为石炭纪。在德钦梅里雪山至莫得的怒江和澜沧江之间地段内和左贡荣中一带，均可见到该组地层分布。在上述地区于本组的下部含石炭纪牙形石*Declinognathodus* spp.，*Palaeoryphostyllus variospina*，*Spathognathodus* cf. *cristulis*，*Gnathodus commutatus* 等。中部为夹片理化基性火山岩，上部复理石夹多层变质含砾砂岩、变质砾岩、石英细砾岩，砾石中等磨圆、大小不一，分选性差。

拉巴组覆盖在南段组灰白色厚层石英砂岩之上，主要是一套杂色的细碎屑岩，厚度大于1 249～1 377 m，砂岩、板岩、硅质岩往往呈有规律的递变，构成很多小韵律，水平层理也很发育，这种以杂色板岩、硅质岩为主的岩性特征可与下伏地层以砂岩为主的岩性特征相区别。拉巴组因含有D_1、D_2、C_{2-3}、P_1、P_2不同时代化石的灰岩块体，80年代以来有关它的层位问题争论颇多，我们根据板岩中含双壳类*Aviculopecten* cf. *duponesi*，*Pernopecten* sp.，牙形石*Neogondolella idhoensis*，*Gondolella bisselli*，*G.* cf. *ssicilianus*，*Lonchodina* cf. *festtva*，硅质岩中的放射虫*Parodiscus* sp.，*Ellipsidium* sp.，*Staurloncha* sp.，*Trochodiscus* sp. 等分子，具有二叠纪的面貌。当不同时代的化石在同一地点、同一层位相互共存时，除了区分块体和基质而外，显然应以最新时代的化石作为确定载体地层沉积时代的依据。因此，我们将拉巴组的时代暂作二叠纪。

综上所述，保山地层分区的晚古生代地层具有条块分割的特征，石炭纪—二叠纪地层自西而东就具有六分、五分、二分以至无法划分的性质，地层发育完整程度、岩石性质和沉积特点都存在显著差别，反映其沉积环境的时、空变革。但昌宁-孟连沉积带上的复理石，较之金沙江-藤条河断裂带和澜沧江断裂带上同期沉积的复理石，是当前所知规模最小的一条复理石带。

2. 双湖地层分区($Ⅶ_1$)

双湖地层分区的石炭纪—二叠纪地层出露较为广泛，但由于自然条件十分恶劣，交通不便，区内地质研究程较低。按目前已知的地质资料，可以根据改则县日湾茶卡剖面(范影年，1988)和日土县班公湖至龙木错沿新(疆)-藏公路几处研究较详的地层剖面为基础(郭铁鹰等，1991；梁定益等，1983)，将本分区的石炭纪—二叠纪地层，自下而上分为日湾茶卡组、擦蒙组、展金组、曲地组、吞龙共巴组、龙格组和吉普日阿组，共7个地层单位。

日湾茶卡组出露于改则日湾茶卡、冈玛错、托和平错一线以北及双湖西江额赛一带，超覆不整合在阿木岗日(岩)群变质岩之上(图5-1)。其岩性由厚层砾岩、杂色砂页岩与灰岩互层的三套岩石组合所构成。共厚1 009.7 m，富含珊瑚和腕足类。其中珊瑚25属、26种，以*Yuanophyllum*，*Kueichouphyllum*，*Thysanophylloides*，*Arachnolasma*，*Diphyphyllum*等属最为特色；腕足类26属、19种，以*Gigantoproductus*，*Productus*，*Striatifera*，*Punctospirifer*等属比较特征。时代为早石炭世。

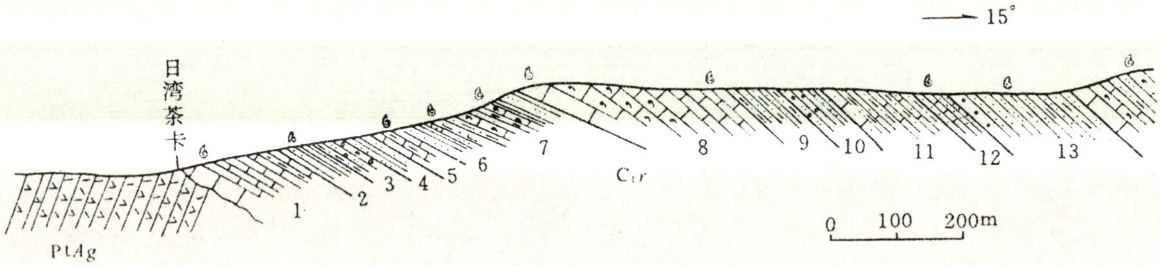

图5-1 西藏改则县日湾茶卡石炭纪地层剖面（据西藏自治区地矿局，1986，修改）
Fig. 5-1 The cross section of Carboniferous System in Riwanzhaka. Gerze county, Xizang
Pt*Ag*. 阿木岗日(岩)群；C_1r. 日湾茶卡组

中晚石炭世至二叠纪地层出露极广，覆盖了双湖地层分区的大部分地区，总厚度在4 000 m以上，沉积物以粗粒-细粒碎屑岩为主，完全不同于华南同期地层的性质。从生物群性质来看，分区内表现为“下冷、上热，南冷、北热”的现象。擦蒙组以上的6个地层单位主要特征列于表5-5。

擦蒙组由灰褐色含砾粉砂岩、砂岩、含砾板岩、板岩等组成，在改则日湾茶卡连续沉积在日湾茶卡组之上，厚约500 m。砾石成分复杂，有花岗岩、火山岩、石英岩、片岩、灰岩和大理岩，大小悬殊，直径一般在1～3 cm，最大达60 cm，均呈次棱角状，部分砾石表面具擦痕和压坑。含砾岩石在剖面上有4～8层，累计厚度占地层的40%～60%。迄今尚未发现化石。

展金组由石英砂岩、杂砂岩、板岩为主，夹多层流纹质火山碎屑岩、玄武岩、安山岩和英安岩，共厚2 271～3 254 m，砂板岩普遍含砾，且具有浊流复理石特征，含有冷温型双壳类*Eurydesma*动物群，包括*E. perversum*，*E. playfordi*，*E. mytiloides*，*E. subovalum*，*E.* cf. *globosum*；尚有小型单体珊瑚*Cyathaxonia-Amplexocarinia*组合及腕足类*Ambikella-Anidanthus fusiformis*组合，构成著名的冈瓦纳相冷水动物群。

曲地组由石英砂岩、含砾粗砂岩、砾岩、砂质板岩、含砾砂质灰岩组成，厚1 214～1 342 m。砂岩中发育大型斜层理和交错层理，潜穴型遗迹化石富集且保存较好，下部含双壳类*Oriocrassatella-Schizodus-Phestia*组合，上部含腕足类*Subansiria*，*Neospirifer fasciger*组合，多数成员是海相冈瓦纳动物群的代表分子。从曲地向北至龙木错、霍尔巴错一带，曲地组下部含砾板岩很少，但上部灰岩增多，含䗴类*Triticites*，*Rugosofusulina*，*Pamirina*，*Pseudofusulina*等属的许多种，表明曲地组具有晚石炭世—早二叠世的过渡性质，自南而北具有冈瓦纳相与特提斯相纵、横相变关系。

表 5-5 双湖地层分区石炭-二叠系特征简表

Table 5-5 Characteristics of the Corboniferous to Permian in shuanghu subprovince, Xizang

时代	地层单位	柱状示意图*	主要特征		相型
P_2	吉普日阿组 1 150 m		*Palaeofusulina*（上热） *Codonotusielfan*	*Giantonoclea*	暖温型（特提斯型）
P_1^2	龙格组 >420 m		*Neoschwagerina-Yabeina* *Iranophyllum-Tibetophyllum*		
P_1^1	吞龙共巴组 171～721 m		*Lytvolasma-Paracaninia* *Monodiexodina* （南冷） *stenoscisma* *Monodiexodina*	*Paradeybyia-jipuproductus* *Parafusulina-Schwagerina* *Costiferina-juresania*	冷—暖过渡型
	曲地组 1 342 m		*Subansiria-* *Neospirifer fasciger* *Oriocrassatella-* *Schizodus-phestia*	（北热） *Pseudofusulina* *Rugosofusulina* *Triticites*	
C_{2-3}	展金组 2 271～3 254 m		*Eurydesma* 动物群 *Ambikella-Anidanthus fusiformis* *Amplexocarinia-Cyathoxonia*		冷温型（冈瓦纳型）
	擦蒙组 500 m		杂砾岩，未发现化石（下冷）		

* 岩性说明见正文。

吞龙共巴组下部为灰黑色生物碎屑灰岩和含䗴灰岩，上部为黑色板岩、粉砂岩、砂砾岩、夹灰岩，厚 171～721 m。富含腕足类、珊瑚和䗴类。腕足类以长身贝类的最多为特点，珊瑚则既有暖温型 *Wentzellophyllum-Polythecalis-Chusenophyllum* 群体珊瑚组合，也有冷温型 *Lytrolasma-Paracaninia* 单体珊瑚组合，䗴类以 *Monodiexodina-Parafusulina* 组合。但冷温型成分南部明显多于北部。因此，吞龙共巴组古生物群指示属于冈瓦纳相与特提斯相的混合类型，自下而上、自南而北逐步被特提斯相所代替。从珊瑚和䗴类来判断，本组的时代可肯定属于早二叠世早期。

龙格组主要是一套浅色厚层块状灰岩，厚度大于 420 m。富含珊瑚 *Iranophyllum-Tibetophyllum* 组合及䗴类 *Neoschwagerina-Verbeekina-Yabeina* 组合，是典型的特提斯相特征，其时代属于早二叠世晚期。与我国南方同期地层能很好地对比。

但是，沿北纬 33°20′上下，东起双湖查桑、绒马，西至改则鲁谷、茶布一带，在含有䗴类 *Neoschwagerina* sp.，*Verbeekina* sp. 等化石之下的灰岩中，夹有三套由枕状、气孔状、杏仁状玄武岩、玄武安山岩，少量辉绿岩和粗玄岩组成的火山岩带，熔岩总厚 500～2 000 m 不等，东厚、西薄。现代形态表现为一条向北逆冲呈叠瓦式的冲断带。它是否代表了晚古生代陆间裂谷带(王承善等,1987)或是特提斯板块缝合带(李才,1987)，目前仍有不同的认识。

吉普日阿组以角度不整合覆盖在龙格组或吞龙共巴组之上,目前仅见于日土吉普日阿、热合盘和双湖热觉茶卡3个地点零星出露，以吉普日阿发育的最好。下部为砾岩、砂砾岩、钙质砂岩、砂质灰岩的互层，含腕足类及海百合茎碎片，厚650 m。上部为白云质灰岩，含燧石条带灰岩，含珊瑚 *Waagenophyllum* sp.，*Hauyanophyllum minor*，厚500 m。但是，同期沉积岩性的横向变化却十分显著(图5-2)，在热合盘全部变成块状灰岩，厚度大于876 m，只是下部灰黑色,上部灰紫色、暗紫色的差别,含珊瑚 *Waagenophyllum* sp.，䗴类 *Codonofusiella* sp.，*Palaeofusulina* sp.，而热觉茶卡总厚度减薄到569 m，下部是砂岩、杂色页岩夹灰岩或互层，厚397.3 m，含腕足类及䗴类 *Palaeofusulina* sp.，上部主要是砂页岩夹2～6层煤，厚171.6 m，含有丰富的以 *Gigantonoclea guizhouensis* 为代表的、典型的华南型植物化石组合，时代为晚二叠世。然后以大套紫红色碎屑岩的出现，逐步过渡到中生界。

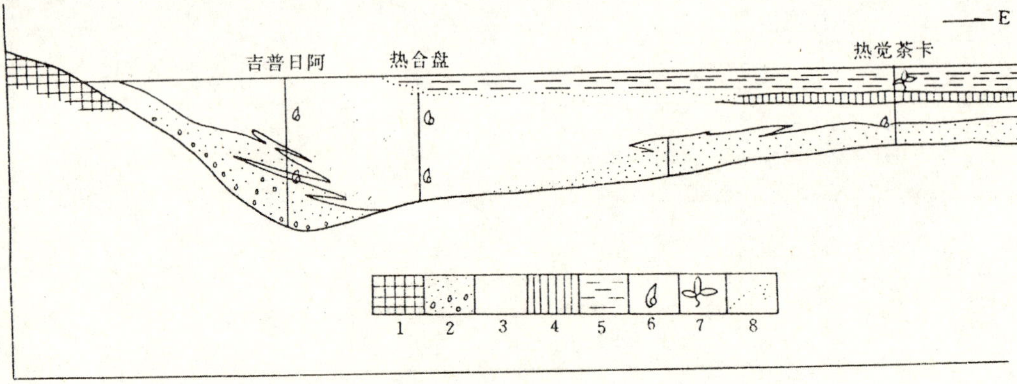

图5-2　双湖地层分区吉普日阿组相变示意图

Fig. 5-2　The schematic profile showing sedimentary facies change of Jipuria Formation in Shuanghu subprovince, Xizang

1. 喀拉昆仑陆地；2. 砂岩、砂砾岩；3. 碳酸盐岩；4. 杂色页岩；5. 煤系；6. 动物化石；7. 植物化石；8. 可能分布范围

很明显,羌南-保山地层区与羌北-昌都-思茅地层区的上古生界,尤其是 C_2—P_1 期间都程度不同地受到冈瓦纳相与特提斯相的相互作用和影响，自南而北、由西向东受影响的层位是相互交替为特征的，仅是羌南-保山地层区属于亲冈瓦纳相，而羌北-昌都-思茅区属于亲特提斯相的差别，两区之间的地层、古生物很难划出一条相对固定的界线。如果从上古生界地层类型的分析及火山活动性质与规模来判断，则显现出金沙江-滕条河构造带较之龙木错-澜沧江构造带、昌宁-孟连构造带更加重要，从地层角度来看是不会有疑议的。

(二)冈底斯-腾冲地层区(Ⅶ$_2$)

本区介于班公湖-怒江断裂与雅鲁藏布江断裂之间，上古生界集中在藏北湖区(西起错呐错、东至纳木错)两侧，拉萨附近及波密-察隅一带和腾冲、盈江等地。属于以海相为主含冈瓦纳相地层的稳定型沉积。

区内泥盆纪地层较志留纪的出露要广，其露头则完全限制在改则拉秦、文部、申扎、当雄、波密至察隅一线以北、怒江断裂带以南这个区域。主要由厚层块状石灰岩、白云质灰岩和白云岩组成。厚度具有北厚、南薄，东厚、西薄的规律，富含竹节石和牙形石。

早泥盆世地层称达尔东组，以申扎附近的为代表(图 5-3)，厚 359～506 m。基本岩性组合综合列于表 5-6。

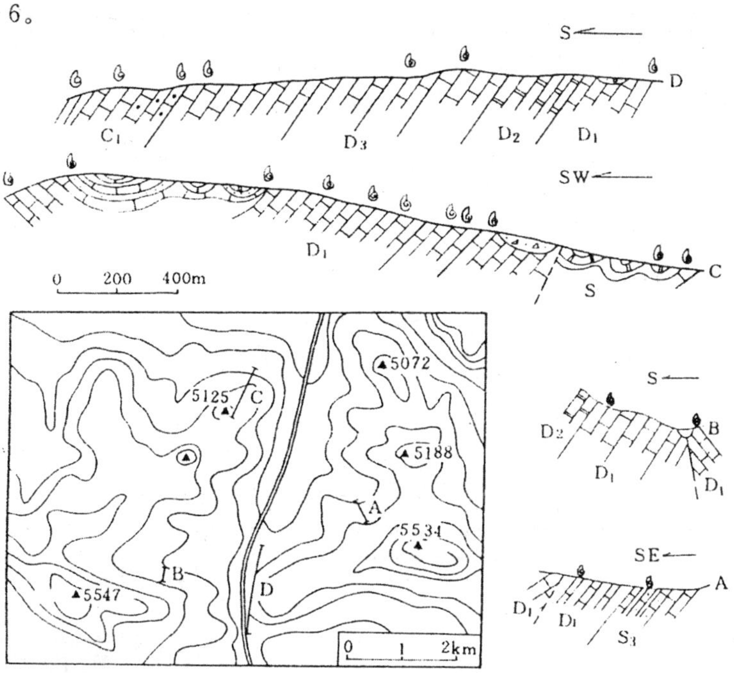

图 5-3 西藏申扎县达尔东、郎玛沟、德日昂玛泥盆系剖面（据饶靖国等，1988）

Fig. 5-3 The Section of Devonian near Daerdong, Langmagou, Deriangma in Xainza county, Xizang

从申扎向西，达尔东组泥砂质成分明显增多，厚度减薄到 300 m 左右，除竹节石外，缺乏珊瑚、腕足类等底栖生物。从申扎向东至察隅一带，几乎全部是碳酸盐岩，厚度增大到 704 m，岩石三分性及所含牙形石与达尔东组相似。

在云南腾冲、盈江等地，早泥盆世地层分上、下两部，下部称狮子山组，由含砾杂砂岩、石英细砂岩、粉砂岩组成，厚 63 m，含腕足类、鱼类、介形类和轮藻。上部称关上组，是深灰色板岩、碳质板岩与灰色薄层砂质灰岩、白云岩不等厚互层，厚 331 m，含竹节石 *Nowakia acuaria*, *N. barrandei*, *Styliolina minuta*. *S. tissurella* 等。从西到东，岩石性质虽有差异，但其时代可肯定是早泥盆世的。

表 5-6 西藏申扎县达尔东组岩性组合表

Table 5-6 The lithologic association of Daerdong Formation in Xainza county, Xizang

组	主 要 岩 性	代 表 性 化 石
达尔东组	上部：灰色厚层砂质及泥质灰岩。	含大量壳类，竹节石类 *Styliolina* spp.，以 *S. minuta* 为主。牙形石 *Polygnathus gronbergi*, *P. dehiscens*.
	中部：浅灰色与深灰色相间的厚层块状灰岩、夹生物碎屑灰岩及钙质粉砂岩。	浅色灰岩，含珊瑚 *Favosites* sp., *Neosomphopora* sp., *Gurievskiella* sp.、牙形石 *Eognathodus* cf. *trilinearis* 深色灰岩含竹节石 *Nowakia acuaria*. *Viriodellina himalayensis*、*Guerichina strangulata*、*G. Xizangensis*
	下部：灰色薄层泥质灰岩，夹薄层状及凸镜状砂岩。	竹节石 *Nowakia acuaria*, *Paranowakia* sp.

必须指出，在班戈县东巧至东卡(恰)错之间有一小块泥盆系露头，主要岩性为灰黑色结晶灰岩及砂岩，含珊瑚 *Favosites* sp. 及层孔虫 *Hermatostroma* sp. 等早泥盆世化石。在它日错一色林错杀磨拉地区也有一层含珊瑚 *Pseudomicroplasma* sp.，*Hexagonaria* sp.，*Thamnopora* sp. 等化石的浅灰色大理岩，厚达 2 300 m，它是否为洛隆县新荣区怒江沿岸“嘉玉桥(岩)群”上部巨厚层大岩向西的延伸层位，目前尚未肯定。

中、晚泥盆世地层仅见于西藏境内。云南腾冲、盈江等地可能缺失。申扎一带称查果罗玛组，最厚 884.4 m。察隅一带称松宗组，最厚 1 831.6 m。都是一大套碳酸盐岩，仅下部主要是厚层白云岩夹薄层灰岩，厚 160～1 202.6 m，含腕足类、海百合茎、牙形石及介形类。上部为灰岩，但普遍夹紫红色及竹叶状、豆状构造为特征，厚 629～725 m，含珊瑚、腕足类、层孔虫及牙形石 *Bispathodus costatus*，*Palmatolepis gracilis* 等，时代为中、晚泥盆世。

石炭纪和二叠纪地层是本地层区出露最广的地层之一，除冈底斯山脉主脊带外，几乎遍及到整个区域。为了便于讨论，暂以念青唐古拉山为界分成东部和西部，各自的地层系统列于表 5-7。

表 5-7 石炭系—二叠系划分对比简表

Table 5-7 Subdivision and correlation of Carboniferous - Permian system

时代	东部	西部
P_2	列龙沟组	
P_1	洛巴堆组	下拉组
C_3-P_1	昂杰组	昂杰组
C_{2-3}	来姑组	拉嘎组
C_1	诺错组	永珠组

下石炭统永珠组和诺错组，主要以灰色砂岩、绿色页岩夹紫红色泥质灰岩薄层或凸镜体为特征，厚度分别为 889.4 m 和 684.6 m，比较稳定。但永珠组灰色砂岩较多，而且较粗，时有含砾粗砂岩夹层，富含珊瑚、腕足类，少量菊石类、双壳类和海百合茎。诺错组则深灰色板岩居多，构成板岩-砂岩紧密的韵律层，岩石多有变质，化石以腕足类最丰富。珊瑚共有 13 属、16 种，以一群无鳞板的小型单体为特色，腕足类共有 22 属、15 种，构成下部 *Fusella tornacensis* 及上部 *Concrinella* 两个延限带。从岩性、岩相及化石性质，不同于班公湖-怒江断裂带以东的同期地层。

中、上石炭统拉嘎组和来姑组，即俗称“杂砾岩”的层位，主要岩性是含砾砂质板岩、含砾粉砂岩、含砾砂岩夹粉砂岩、泥岩及砾岩凸镜体，也有许多薄层的泥质灰岩，厚度分别为 1 651 m 和 3 793 m。就岩石的组合特点，可以分出下、中、上三部分，“杂砾岩”主要出现于中、上部，占剖面厚度的三分之二左右。砾石一般呈不规则的云团状堆积，缺少成层性，其成分相当复杂，大小悬殊，分选很差，形态各异，下部砾石小、含量少，上部砾石大、含量多，可见到压坑、擦光面及 2～3 组擦纹，泥质灰岩夹层产珊瑚和腕足类。珊瑚以 *Cyathaxonia* 属占优势，伴生 *Bradyphyllum*，*Barrandeophyllum*，*Lophophyllidium*，*Stereolasma* 等属种。腕足类特别繁盛，多达 31 属、17 种，以 *Stepanoviella*，*Trigonotreta*，*Stenoscisma*，*Linoproductus*，*Dictyoclostus* 等属种为特色，此外伴生一些菊石类和方锥石。在来姑组中部含有 400 m 的安山玄武岩、钠质玄武岩。据古地磁分析，古纬度测算为南纬 30.63°，与云南保山地层分区石炭系卧牛寺组安山玄武岩古纬度为南纬 31.4°非常接近，也与西藏双湖地层分区同期地层展金组的玄武岩、安山岩层大致相当，都属于稳定区边缘裂谷作用大陆溢流的产物。

上述厚度巨大的石炭系碎屑沉积及其所包含丰富的动物群，可以一直追踪到云南腾冲、梁河附近（王义昭，1983；段新华，1983①），即勐洪群和空树河组。它们的发现，清楚地展现出这些群、组自身的性质，也是本世纪 80 年代以来中国地质工作者对地球科学的重大贡献。

上石炭统至下二叠统过渡层称昂杰组，出露于那曲—林周一线以西，位于拉嘎组之上，厚 72.0～118.6 m，主要岩性为黑色页岩、石英细砂岩夹薄层石灰岩，下部局部地点含砾。产腕足类 *Stepanoviella*，*Stenoscisma*，*Neospirifer*，*Martinia*；珊瑚 *Lophophyllidium*，*Wannerophyllum* 等属种。从申扎昂杰向西，在改则夏江坚（江）一带近似层位为黑色含煤碎屑岩，下部产双壳类 *Eurydesma* sp.（张正贵等，1988），上部碎屑岩含煤线，产植物 *Phyllotheca*（cf. *P. australis*），*Schizoneura gondwanaensis*，*Neoggerathiopsis hislopii*，*Pecopteris* aff. *arcuata*，*Sphenopteris xiaganjiangensis*，? *Plagiozamites oblongifolius* 等。与上覆下二叠统厚层灰岩整合接触。

下二叠统下拉组和洛巴堆组（图 5-4），也是本地层区广布的地层之一，发育良好，化石丰富，几乎全部由厚层碳酸盐岩组成，厚度介于 587～1 020 m，西厚、东薄。

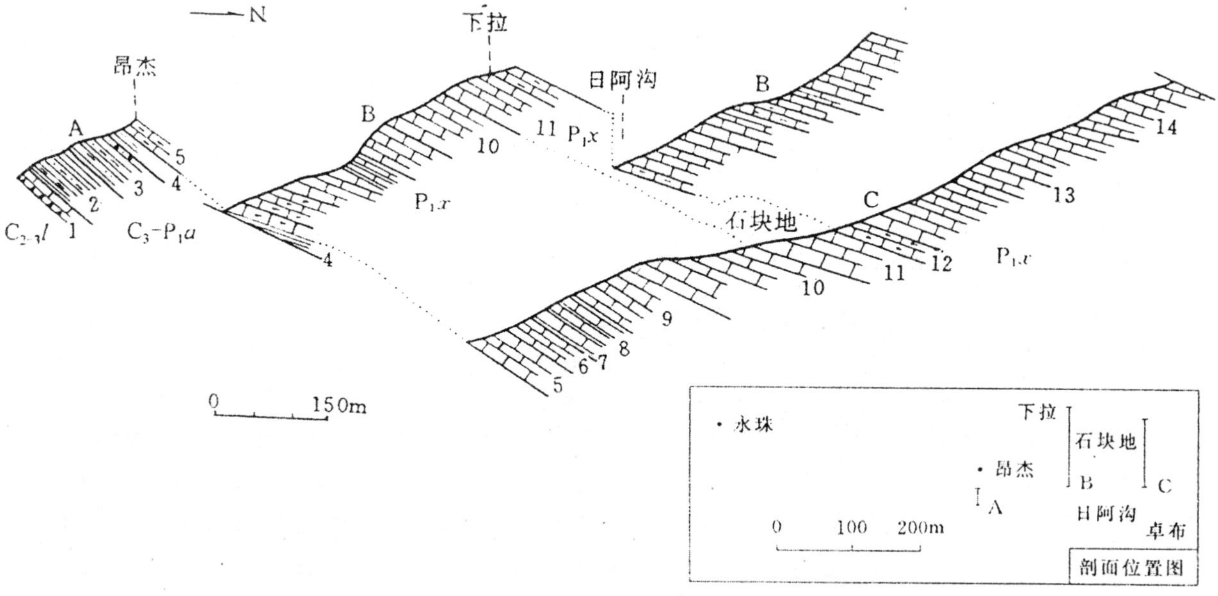

图 5-4 西藏申扎县永珠下拉下二叠统剖面（据张正贵等，1988，修改）

Fig. 5-4 The cross section showing the Lower Permian in Xiala，Yongzhu，Xainza county，Xizang

$C_{2-3}l$. 中、上石炭统拉嘎组；C_3—P_1a. 上石炭至下二叠统昂杰组；P_1x. 下二叠统下拉组

下拉组按岩性及化石可分两部分，下部是以红色、肉红色为特征的碳酸盐岩，厚 250～

① 段新华等．1983．云南西部下冈瓦纳相地层及古生物（未刊）

340 m，富含珊瑚 *Wannerophyllun*，*Lytvolasma*，*Trachylasma*，*Cyathocrinia*，*Lophophyllidium*；腕足类 *Stenoscisma*，*Martinia*，*Dielasma*，*Costiferina*，*Spiriferella* 等属种及丰富的苔藓虫。上部是以灰色为特征的碳酸盐岩，厚 337～680 m，富含䗴类 *Parafusulina*，*Pseudofusulina*，*Nankinella*，*Schwagerina*，*Neoschwagerina*，*Chusenella*；珊瑚 *Iranophyllum*，*Wentzelloides*，*Waagenophyllum* 等属种以及腕足类、双壳类、苔藓虫和海百合茎。

洛巴堆组的岩性及化石特征与下拉组的非常近似，也可分上、下两部，但厚度显著减薄，古生物数量、种类不及下拉组丰富和广泛。

近似特征的层位，向东一直可以伸展到波密、八宿、察隅，直至云南腾冲、盈江一带，被称为大东厂组和大坝组。从大坝组所产腕足类 *Waagenites* cf. *sureshanensis*，*Neospirifer* cf. *kubeiensis*，*Chonetinella* cf. *lissarensis*，*Multispinula* cf. *minuta* 来看，腾冲附近可能没有相当下拉组上部的层位。因此，早二叠世沉积环境这种“下冷、上热”的现象，是本地层区同期沉积的共同特征。

上二叠统列龙沟组仅见于拉萨以北的列龙沟(图 5－5)，剖面有顶无底，出露厚度大于 180.8 m，由浅灰色及灰白色中厚层砂岩组成，顶部 2.2 m 是深灰、灰褐色绢云板岩夹几层 0.5～10.0 cm 厚的凝灰岩和安山岩凸镜体，与上覆下三叠统灰岩整合接触。上部砂岩产双壳类 *Guizhoupecten* cf. *regularis*；腕足类 *Spinomarginifera* sp.，*Transennatia* aff. *gratiosus*，*Crenispirifer* cf. *dzhulfensis*，*Streptorhynchus* sp. 时代为晚二叠世(孙东立，1981)。

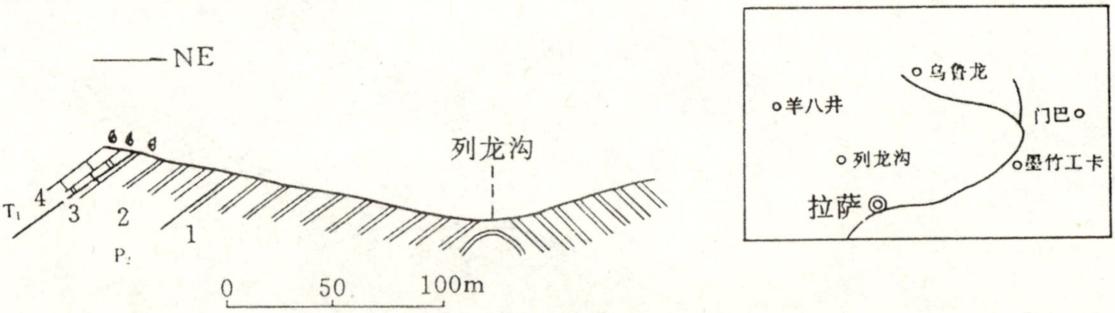

图 5－5　拉萨地区二叠系剖面(据张正贵等，1988)

Fig. 5－5　The cross section showing the Permian in Lhasa area

但是，本地层区若干地点过去曾有“上二叠统”的报道，例如墨竹工卡年娘拉—门巴一带的“蒙拉组”，是一套厚达 6 000 m 以上的石英岩、石英片岩、砂质板岩组成的绿片岩相变质岩系，现已被 Sm－Nd 年龄 1 516 Ma 证明是念青唐古拉(岩)群的一部分。在狮泉河以东约 20 km 的左左，有一套厚约 891 m 厚层白云岩、同生角砾岩，也被认为是上二叠统“左左组”，但没有化石证据，从它与下伏下拉组燧石条带灰岩之间仅是岩性稍有差别。同生角砾岩的存在，表明可能是下二叠统的一部分。环顾四周，有证据的上二叠统其分布是十分局限的。

(三)喜马拉雅地层区(Ⅶ$_3$)

本区晚古生代的许多地层名称都创自中(国)-尼(泊尔)公路沿线的两侧。自本世纪 50 年代起，是中国的地质科学工作者付诸不懈地努力，建立了古生界完整的地层系统。尹集祥等(1976)首次证实珠穆朗玛峰北坡冈瓦纳相地层的存在。饶荣标等(1985a，1985b)，喻洪津等(1985)，饶靖国、张正贵等(1988)都发现有化石证据的上二叠统及二叠—三叠系过渡层及其动物群，从而填补了这些地层在本区的空白。至今，情况已基本查清。

泥盆纪地层出露于喜马拉雅山脉主脊带北坡及雅鲁藏布江南侧仲巴—霍尔—香孜一带，呈东西方向狭窄的条带状展布，向西延入尼泊尔托克拉(Thak Khola)地区及印度克什米尔(Kashmir)地区，向东可能进入不丹境内。

下泥盆统凉泉组，厚27.4～158.2 m。基本岩性特征综合列于表5-8。指出该组以泥质灰岩为主，中部粉砂岩较多，富含竹节石和牙形石，而且都是中国西南区及邻区同期地层的典型代表，与它处可比性较强。但是向西在普兰、札达一带可相变为以厚层条带状灰岩、生物礁灰岩，富含珊瑚及层孔虫小礁体，厚度也明显增大到320～550 m(郭铁鹰等,1991)。

表5-8 下泥盆统凉泉组岩性特征

Table 5-8 The lithologic features of Liangchuan Formation (Lower Devonian Series) in Nyalam county, Xizang

组	主要岩性	代表性化石
凉泉组	上部：灰色薄层泥质灰岩与白云质灰岩	含大量光壳类、竹节石类 *Styliolina* spp. 以 *S. minuta* 为主、竹节石类以 *Nowakia barrandei* 较多。牙形石 *Polygnathus gronbergi*；菊石 *Anetoceras* (*E.*) cf. *advolvens*
	中部：灰色钙质粉砂岩与砂质灰岩不等厚互层	含大量竹节石类，以 *Guerichina xizangensis*、*viriatellina himalayensis*、*Nowakia acuaria*；笔石 *Neomonograptus himalayensis*、*Monograptus yukonensis*、*M. yaliensis*、*M.* spp.
	下部：泥质灰岩夹粉砂岩	竹节石 *Nowakia acuaria*、*Paranowakia bohemica*；牙形石 *Caudicriodus woschmidti*.

中上泥盆统波曲组，厚161.4～277.8 m，由一套以长石石英砂岩为主夹页岩、粉砂质页岩组成。底部砂岩具大型交错层理，时而可见含砾砂岩凸镜体，中上部则水平层理发育，化石稀少，仅最顶部页岩中采得双壳类 *Paracyclos* cf. *dubia*；珊瑚 *Metriophyllum* sp.，(中科院青藏高原综合科学考察队,1984)，高联达(1983)分析出孢子25属、40种，构成 *Retispora lepidophyta-Vallatisporites pusillite* 组合，与之共生的还有海生疑源类和虫牙。在札达曲门夏拉，也是一套以石英砂岩为主的地层，但灰岩夹层明显增多，含有珊瑚 *Xystriphyllum-Endophyllum* 组合。因此，波曲组的时代是中晚泥盆世。从共生化石判断，证明波曲组并非陆相，而是滨海环境的产物。这一带泥盆系东西方向的变化如图5-6。

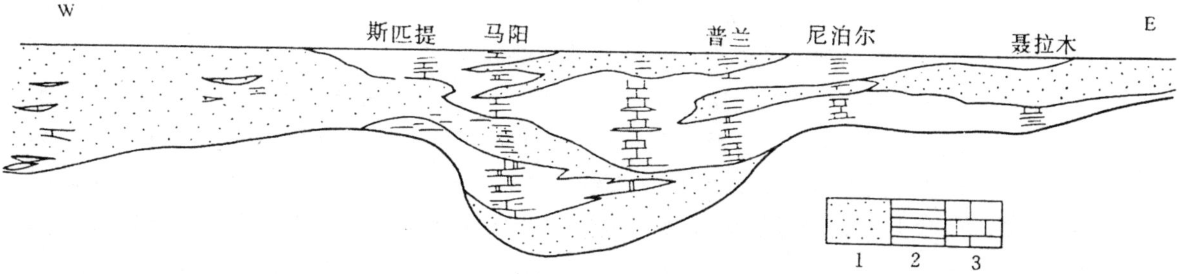

图5-6 泥盆系东西方向变化示意图

Fig.5-6 A sketch map showing E-W change of Devonian System

1. 砂岩；2. 页岩；3. 灰岩

但是，沿雅鲁藏布江南侧仲巴—霍尔—香孜一带，泥盆系虽然也可以分为上、下两个地层单位，但灰岩的含量明显增多，总厚度增大到 2 000 m 以上，除产浮游的竹节石外，珊瑚、腕足类、腹足类、海百合茎也比较丰富，表明南北方向相带的不同，这一带更接近陆缘浅海环境。至于拉轨岗日一带，含化石的石炭系之下是一套变质的石英片岩和混合岩，其中是否包含有泥盆系成分，目前尚未肯定。

石炭纪和二叠纪地层在本分区出露很广，东西向延伸达 1 000 km 以上，突出的特点是以海相碎屑岩类为主，碳酸盐岩只是其中的一些夹层。由于岩性特征比较单一，缺乏比较明显的划分标志，因而不同作者在不同地点或同一作者在不同的历史阶段对这里石炭—二叠系往往出现不同的分类和认识。尽管这里地层连续、露头也好，但对整个区域地层、古生物、沉积相等的综合研究程度还是不高的。

我们依据目前已知材料，将这里石炭纪—二叠纪地层分为北喜马拉雅带、康马-隆子带、仲巴-霍尔带（简称南带、中带、北带）分别加以叙述和讨论。

南带的石炭纪地层自下而上分为亚里组、纳兴组和基龙组。

亚里组，与下伏泥盆系波曲组最顶部灰黑色页岩整合接触。我们是指亚里附近仅限于以灰岩为主夹页岩的这段岩性，总厚 61.6 m。下部是灰黑色薄层状灰岩、浅灰色砂质灰岩、白云质灰岩，厚 9.1 m，产菊石 *Gattendorfia yaliense*，*Imitoceras* spp.；腕足类 *Tylothyris pseudopostera*，*Pseudosyrinx keokuk*，*Girtyella nyalamensis*；牙形石多达 10 属、27 种，以 *Siphonodella sulcata*，*S. cooperi*，*Pseudopolygnathus dentilineatus*，*Polygnathus purus*，*P. communis*，*Pinacognathus profunda*，*Bispathodus aculeatus*，*Neoprioniodus prona* 为特征，上部为灰色中厚层状灰岩夹页岩与粉砂岩，厚 52.5 m，含珊瑚 *Rhopalolasma* sp.，*Plerophyllum* sp.。这一以灰岩为主的层位，与下伏及上覆巨厚层浅色石英砂岩分界清晰、极易识别。类似岩石在定日帕卓、亚东阿嘎拉山口和札达底雅等地都可以见到，厚度增大到 100～820 m，时代为早石炭世早期。

纳兴组位于亚里组之上，是一大套以浅灰色石英砂岩和页岩，夹多层细砾岩，总厚 1 888 m。按岩性及古生物可分三部分；下部是中粗粒石英砂岩、灰绿色及黑色页岩夹多层较厚的复成分砾岩，厚 684 m，含腕足类、双壳类、腹足类及方锥石。中部沉积较下部为细，从灰色细砾岩开始，石英砂岩减少，页岩逐步增多并出现砂质灰岩的夹层，厚 582 m，含腕足类、双壳类和腹足类。上部为灰色砂岩与页岩成段的互层，砂岩粒度较中部的为粗，页岩往往也有很薄的砂质灰岩夹层，厚 622 m，盛产双壳类化石。从下部腕足类 *Fusella-Ovatia* 组合、中部腕足类 *Syringothyris-Marginirugus* 组合、上部双壳类 *Sanguinolites omalianus-Streblopteria hemisphaerica* 组合来看，其时代相当于早石炭世晚期。

纳兴组的岩性在南带是比较稳定的，札达底雅一带也是由石英砂岩、页岩（板岩、千枚岩）夹薄层灰岩组成，层间含细砾岩及含砾砂岩等，厚 1 170 m。需要强调的是纳兴组的细砾岩其成分大多为砂岩、红色页岩、粘土岩及黑色页岩，砾径 2～5 cm，扁平状，分选性及磨圆度均较好，呈薄层状夹于砂岩之中，而砂岩成熟度较高，交错层理也很发育，属于近海环境流体搬运的沉积。

基龙组是南带最富特色的岩石地层单位，也是这里目前所知以海相为主含冈瓦纳相的地层之一。在定日帕卓扎达日-基龙棍巴和亚东阿嘎拉山口连续沉积在纳兴组之上。下部是“杂砾岩”段，层理模糊，主要由含砾板岩、含砾砂岩、含砾薄层灰岩组成，砾石成分复杂，有石英岩、砂岩、板岩、燧石、灰岩、片麻岩、花岗岩等，砾径大的 7～10 cm，小的 1～3 cm，棱角状及次棱角状，无分选性，部分砾石表面有压坑、擦痕和擦面现象，定日、亚东一带厚

30～300 m，札达一带厚达 1 069 m。上部是粉砂岩及石英砂岩段，由灰色中薄层石英砂岩夹石英粉砂岩、砂质页岩组成，厚 360～700 m。顶部普遍有一层 50～80 m 乳白色中粒厚层—巨厚层石英岩状砂岩具有区域对比意义，也是与上覆二叠系分界的岩石标志。本段所有砂岩颗粒的分选性及磨圆度都较好，粉砂岩含腕足类 *Stepanoviella gracilis*，*Trigonotreta* cf. *narsahensis*，*Lissochonetes* cf. *geinitzianus*；珊瑚、双壳类和三叶虫（中科院青藏高原综合科学考察队，1984；尹集祥等，1976）。在札达、马阳一带，除腕足类 *Stepanoviella* sp. 外，伴生双壳类 *Eurydesma aequale*，*Chaenmya nuraensis* 等。因此，我们将基龙组的时代暂置于中晚石炭世。地质、古生物及沉积特征与前述的擦蒙组、展金组，拉嘎组、来姑组都是非常近似的。与云南腾冲、保山地区的勐洪群上部和空树河组、丁家寨组大体上亦可以对比。

中带和北带的石炭系研究程度很低，岩石受到不同程度的变质，化石稀少。就康马德聋—斯丁棍巴、当果—少岗，仲巴城北巨日拉剖面的观察，下石炭统下部为大理岩，厚 4～60 m，中部为斑点状板岩、片岩夹泥质灰岩，厚 200～300 m，上部是厚层大理岩、砂质大理岩夹片岩及板岩，厚 30～80 m。中上石炭统下部为含砾板岩或含砾砂岩，砾石成分以石英砂岩为主，次为花岗岩、大理岩、片麻岩及伟晶岩，砾径大小不一，棱角状及次棱角状，杂乱无章，厚 15～30 m。上部是块状石英砂岩，产腕足类 *Stepanoviella* 动物群，厚 25～80 m。因此，其层序及宏观特征与南带基本相同，只是总厚度显著减薄，只有 274～550 m。

二叠纪地层也可分为南、中、北三带。

南带的可分下部曲布组、上部曲布日嘎组。

曲布组厚 20～88 m，与下伏基龙组顶部乳白色块状石英岩状砂岩整合接触。由灰色薄层石英砂岩、粉砂岩和黑色砂质页岩组成，页岩以富含植物化石为特征，主要有 *Glossopteris communis*，*G. indica*，*G. angustifolia*，*Raniganhia qubuensis*，*Dizeugotheca qubuensis*，*Dichotomopteris qubuensis*，*Sphenophyllum speciosum*，*Sphenopteris* cf. *hughesii* 等。除定日曲布、曲宗沃鲁洛、定结库间村发现上述植物化石外，80 年代以后，相继在聂拉木色龙西山二叠系底部找到其中的 *Raniganhia* sp.，*Dizeugotheca* sp.，使该植物层在地层柱上的位置得到确定。正是西藏唯一产有典型冈瓦纳相舌羊齿植物群的几个产地，故倍受国内、外地质界所关注。

曲布日嘎组位于曲布组之上，厚 350～375 m，含丰富的海相化石。按岩性普遍可分三段，下段以石英细砂岩、粉砂岩、粉砂质页岩的交互层，顶部夹紫灰色薄层泥质灰岩、生物碎屑灰岩；中段岩性与下段近似，但含砾石的石英砂岩、铁质细砂岩较多，顶部为薄层泥灰岩；上段则以深灰色砂质页岩为主，含粘土质结核，结核中含生物碎屑．向上薄层灰岩逐渐增多，最顶部是黑色页岩夹极薄层泥灰岩，然后逐步过渡到中生界。

很明显，除了上段最顶部 8.0～18.6 m 黑色页岩而外，三个岩性段展现了三个下粗、上细的沉积韵律，各段的厚度也大致相等。三个岩性段均以腕足类最为丰富，迄今已记述 30 属、48 种，下、中段分属三个组合，自下而上是 *Taeniothaerus* 组合、*Calliomarginatia* 组合，*Chonetella* 组合，伴生菊石类 *Uraloceras*；双壳类 *Atomodesma* 等许多种为特征。上段以腕足类 *Spiriferella rajah* 的极大富集为特征，伴生珊瑚 *Lytvolasma*，*Tachylasma*，*Lophophyllidium*，*Wannerophyllum*；双壳类 *Phestia* 以及苔藓虫的许多种相区别。与喜马拉雅地区同期地层相比较，其时代为早二叠世（中科院，青藏高原综合科学考察队，1984）。

但是，曲布日嘎组与上覆下三叠统呈连续过渡是无疑的，它是否包含有晚二叠世的层位一直是人们所关注的问题。自本世纪 80 年代起，饶荣标等（1985，1987）、喻洪津等（1985）、饶靖国等（1988）在西藏自治区地矿局大力支持下，曾多次前往聂拉木、定日、定结一带研究曲布日嘎组，重点放在该组最顶部 8.0～18.6 m 黑色页岩夹极薄层泥灰岩的那部分，页岩产节肢动物(卢衍豪和杨遵仪鉴定)、双壳类(殷鸿福鉴定)、小型腕足类及丰富的孢粉、海生疑源类和虫牙。泥灰岩产丰富的牙形石 *Neogondolella subcarinata*，*N. changxingensis*，*N. deflecta*，*N. carinata*，*N. paraelongata*，*Xaniognathus elongatus*，*X. carvatus*，*Enahtiognathus ziegler*，*Hibbadella* sp.，*Hindeodella* sp.，*Neopriondella* sp.，*Hibbardelloides* sp. 等。三叠系最底部泥质白云岩则含牙形石 *Anchignathodus parvus*，*A. typica*，*Isarcicella isarcica* 等，紧挨着的白云质灰岩含有菊石类 *Ophiceras* cf. *demissum*，但也含有少量通常属于二叠纪的腕足类，更有意思的是采自聂拉木色龙西山的 *Otoceras* 和定日帕卓的 *Ophiceras* 的印模中，分析出牙形石 *Neogondolella subcarinata changxingensis*，*N. carinaata*，*N. zhenanensis*，*Anchignathodus parvus*，*Isarcicella isarcica* 等许多属种。不仅证明此处有上二叠统的存在，而且查明了二叠--三叠系过渡层及其动物群，过渡层的下界即三叠系底界的认识。

中带的二叠系不同于南带，它由两部分岩石组成，下部称康马组，由灰色含黄铁矿晶粒的板岩，夹钙质板岩及石灰岩，厚约 200 m，连续沉积在基龙组之上，含少量腕足类。上部称白定浦组，主要是块状结晶灰岩和大理岩，厚约 200～250 m，往往由苔藓虫化石组成黑白相间层纹构造特征，富含腕足类 *Stenoscisma purdoni*，*S. gigantea*，*Calliomarginatia himalayensis*，*Chonetella nasula*；珊瑚 *Lytvolasma cainvodon*，*Tachylasma magnum*，*Lophophyllidium* sp.，*Lophycarinophyllum* sp. 等化石，其主要分子与曲布日嘎组比较接近，时代为早二叠世。但是，白定浦组灰岩之上还有很厚的黑色千枚岩、板岩，未发现化石，过去笼统地归入三叠系，从区域构造岩相带的分析，这些黑色千枚岩，至少有一部分可能是二叠系的。

北带因地质构造复杂，二叠系完整的剖面很少，就仲巴巨日拉一约曲、邦马昌翁，札达曲嘎、嘎尔松布达若等地的路线观察，二叠纪地层称曲嘎组，下部是浅肉红色厚层灰岩，含不规则的硅质团块，厚 487 m，盛产腕足类 *Stenosicsma purdoni*，*Marginifera himalayensis*，*Spiriferella sinica*，*S. rajah*，*S. salteri*，*Costiferina alata*，*Neospirifer kubeiensis*，*N.* cf. *ravana*；伴生䗴类 *Parafusulina* sp.，*P. laudoni*，*P.* cf. *alaskensis*，底部与被认为是“石炭系”的灰色板岩夹砂岩整合接触。上部是千枚状板岩、钙质板岩、粉砂质板岩夹生物碎屑灰岩及泥灰岩凸镜体，厚 637 m，也富含腕足类，成分与下部的基本相同，但出现珊瑚 *Lytvolasma* sp.，*Tachylasma* sp.，双壳类、腹足类和海百合茎，与上覆含化石的下三叠统整合接触。

从中带和北带二叠系剖面结构及所含化石判断，两者完全可以对比，只是工作程度较低，相同层位过去被置于不同时代，遗留问题待后日研究。从北带曲嘎组伴生䗴类来看，其下伏“石炭系”至少有一部分很可能也是二叠系的。故曲嘎组底界关系并不明确。

仲巴以东雅鲁藏布江南侧，二叠系都以大小不一、形态各异的“岩块”形式镶嵌于三叠系或侏罗一白垩系岩系中，构成那里著名的“混杂岩带”。自上世纪末、本世纪初(Diener，1897、1908)在札达奇底宗(Chitichun)灰岩中发现含暖温型动物群的二叠系起，本世纪 70 年代以后，中国的地质科学工作者又在仲巴拉赛拉、热堆、冈久、帕尔勒、巴噶等多处外来灰岩块体中发现相似相型的二叠纪生物化石，其中腕足类(14 属、14 种)、䗴类(10 属、20 种)、珊瑚(4 属、4 种)以及苔藓虫和钙藻。主要的生物相是早二叠世晚期暖温型的，即所谓“西藏相”动物群。然而，这些外来岩块的根部和原始层位，直到本世纪 80 年代末才得到初步确定(郭铁鹰等，1991；西藏地矿局①，1987)；即札达地区的西兰塔组和姜叶玛组(图 5－7)该两组均以灰

① 西藏地质矿产局，1987，1：100 万噶大克幅区域地质调查报告。

岩为特征，总厚大于1 399 m，层1～25称西兰塔组为灰白色含海百合茎灰岩、含䗴灰岩、生物碎屑灰岩、珊瑚礁灰岩、非䗴有孔虫灰岩及角砾状灰岩，夹四层共厚210.5 m气孔状玄武岩。灰岩产珊瑚 *Ipciphyllum* sp.，*Wentzelellites* sp.，*Waagenophyllum* sp.，*Thomasiphyllum* sp.，*Prowentzelellites* sp.，*Sinopora* sp.；䗴类 *Neoschwagerina* sp.，*N. douvillei*，*Verbeekina* sp.，*V.* cf. *verbeeki*，*Yangchienia* sp.，*Y. haydeni*，*Schwagerina* sp.，*Chusenella* sp. 等，时代为早二叠世晚期。层26称姜叶玛组与层25连续沉积，是一套肉红色中层状碎屑灰岩夹珊瑚礁灰岩，厚26.3 m，产珊瑚 *Waagenophyllum* spp.，*W. indicum crassiseptatum*，*W. giganteum*；䗴类 *Nankinella rariroluta*，*N. minima*，*Codonofusiella schbertelloides*，*C.* aff. *japonica*，*Reichelina simplex*，*R. media*，*R*，*puacha*，*R. cribrosptata*，*R. changsingensis*；非䗴有孔虫极其丰富，计有26属、97种，可称 *Colaniella-Robuloides* 组合，优势种是 *Colaniella parva*，*C. lepida*，*C. palchera* 等，与上覆下三叠统连续过渡。

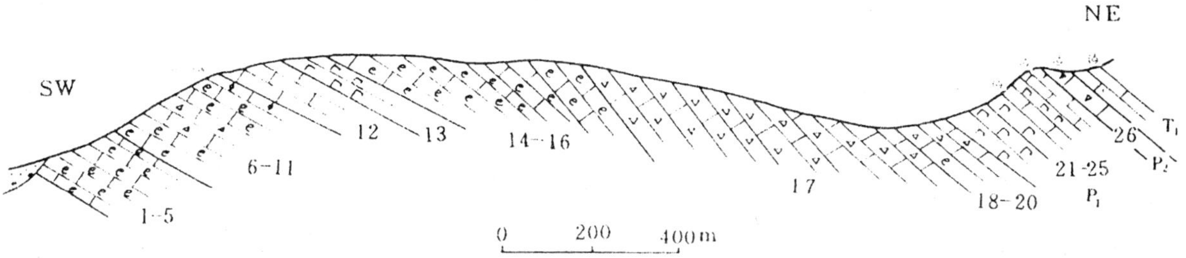

图5-7 西藏札达县姜叶玛二叠系剖面(据西藏自治区地矿局,1987)

Fig. 5-7 The section showing Permian System of Gyanyima in Zanda county, Xizang

因此，西藏札达地区存在晚二叠世地层也是可以肯定的，只是沉积相型不同于中带和南带。它的发现，对于建立冈瓦纳相型(冷温型)与特提斯相型(暖温型)在二叠纪期间动物群区系的演替及区系之间地层及动物群的确切对比关系是至关重要的，也是十分有意义的。

第二节 区域地层划分与对比

中国西南区泥盆纪—二叠纪地层，根据地层类型、岩石性质、古生物化石特征、火山活动时代及规模等方面，可归纳为两个地层大区、五个地层区(图5-8)。本书建议采纳的岩石地层单位共105个，其中泥盆纪32个、石炭纪35个、二叠纪38个，五个地层区的地层序列及初步对比列于表5-9。划分对比的主要依据，我们在第一节中已做了论述。

很明显，华南地层大区一般仿效我国广西、贵州的划分方案，进行划分对比。藏滇地层大区一般参考巴基斯坦、印度、尼泊尔、锡金的划分方案进行划分对比，尤其是石炭—二叠系。

从中国西南区晚古生代地层当前的实际情况，可以分出三个大的自然发展阶段，第一阶段为泥盆纪，第二阶段为石炭纪至早二叠世，第三阶段为晚二叠世。地层变化最快，性质最为复杂的当属第二阶段，许多地质事件也都发生于这一阶段。

尽管这里的地层研究程度很低，地层类型复杂多变，古生物发育很不平衡，但我们力求将岩石地层，主要古生物化石、事件地层统一于地质年代格架之内，尽量反映岩石类型、岩相分异及其古地理格局特征，使区域地层研究与沉积环境分析紧密结合，是编制图5-8，表5-9的基本出发点，以区别以往在本区域地层研究中的传统思路，并作为中国西南区晚古生

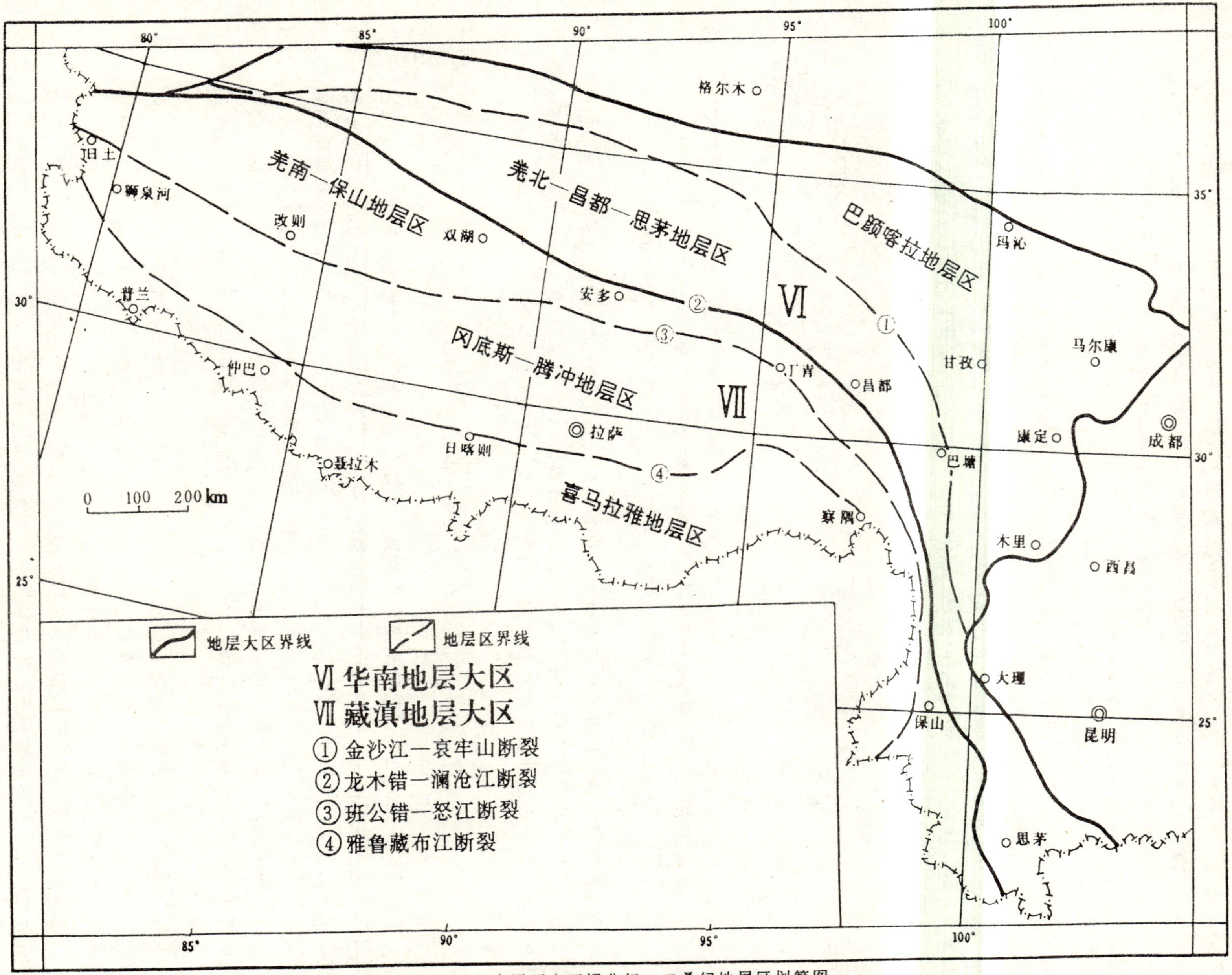

图 5-8 中国西南区泥盆纪—二叠纪地层区划简图

Fig. 5-8 Stratigraphical Regionalization of Devonian-Permian in Southwest area, China

表 5－9　中国西南区泥盆纪—二叠纪岩石地层单位划分、对比表

Table 5－9　Division and correlation of lithostratigraphic units of the Devonian to Permian in the south-west area, China

地质年代				岩石地层																		
				华南地层大区									藏滇地层大区									
				巴颜喀拉地层区			羌北-昌都-思茅地层区						羌南-保山地层区				冈底斯-腾冲地层区			喜马拉雅地层区		
纪	世	期	Ma																			
二叠纪 P	晚二叠世 P_2	长兴期	250		卡翁沟组 / 冈达概组		沙木组		卡香达组	那簪组	羊八寨组		吉日普阿组	沙子坡组	石佛洞组	拉巴组		列龙沟组		曲布日嘎组	白定浦组	姜叶玛组
		龙潭期		赤丹潭组		大石包组			妥坝组	羊八寨组					南皮河组							
	早二叠世 P_1	茅口期		冰峰组	?	三道桥组	吉东龙组	大新山组	交嘎组	拉竹河组	奔子栏组	坝溜组	龙格组		大名山组		大坝组	洛巴堆组	下拉组			曲嘎组
		栖霞期							莽错组	仙人洞组	喀大崩组	蒿井潮组	吞龙共巴组				大厂东组				康马组	
		未名											曲地组	丙麻组				昂杰组		曲布组		
石炭纪 C	壶天世 C_{2-3}	马平期	290	顶坡组		西沟组	石登群	龙洞河组	里查组		老王寨群	响姑组	展金组	卧牛寺组	鱼塘寨组	南段组	空树河组			基龙组	基龙组	
		达拉期			邛依组				鳌曲组					丁家寨组				来姑组	拉嘎组			
		滑石板期											擦蒙组									
	丰宁世 C_1	德坞期				雪宝顶组		曼丙组	东风岭组			中洛拱组	日湾茶卡组	铺门前组	平掌组		勐洪群	诺错组	永珠组	纳兴组		
		大塘期							珊瑚河组													
		岩关期							加卡组					香山组						亚里组		
		未名							乌青纳组													
泥盆纪 D	晚泥盆世 D_3	锡矿山期	362	塔利波组		危关组	南光组		卓戈洞组		南边山组		然物群	大寨门组	曼信组		?	松宗组	查果罗玛组	波曲组		
		佘田桥期			崖子沟组																	
	中泥盆世 D_2	东岗岭期		苍纳组					丁宗隆组					何元寨组								
		应堂期		穷错组	蚕多组																	
	早泥盆世 D_1	四排期		格绒组			帕当组		海通组		龙别组			沙坝脚组	温泉组		关上组	?	连尔东组	凉泉组		
		郁江期			依吉组																	
		那高岭期									大中寨组			王家村组			狮子山组					
		莲花山期	409								倮红组			向阳寺组								

代地层的初步总结。

第三节　事件地层分析

事件地层是指由于灾变或突发事件在地层上留下的烙印，用来划分对比地层。中国西南区已知晚古生代有海水进退事件、冰川事件、火山活动事件和构造变动事件。在时间上集中于石炭纪至二叠纪，除冰川事件发生在藏滇地层大区外，其余事件主要发生于华南地层大区。

一、海水进退事件

1. 早石炭世海进

经泥盆纪末期短暂的海退之后，早石炭世又发生大规模海进，不仅表现为邛依组、雪宝顶组、香山组与下伏上泥盆统平行不整合接触，而且表现为雪宝顶组、日湾茶卡组、平掌组分别超覆在前石炭系不同层位之上，地层分布范围扩大，碳酸盐岩成分有所增加，浮游生物得到发展。

2. 早二叠世海进

这是一次规模最大的海进，也是石炭纪海进的进一步发展，遍及全区以碳酸盐岩地层为主，典型古生物的分布达到全区基本统一。是划分对比地层很重要的一个时期。

3. 晚二叠世海退

表现为本世地层很不发育，特别是巴颜喀拉地层区除火山岩外，在50万km^2范围内几乎缺乏同期的沉积地层。其他地点的沉积也很薄，相变很快，妥坝组、南皮河组、羊八寨组都是以富含植物化石的含煤砂页岩，吉普日阿组及其相当层位成为砾岩、砂页岩与薄层碳酸盐岩的交互，列龙沟组主要是砂岩沉积，直至喜马拉雅地层区的曲布日嘎组顶部是一套薄薄的黑色页岩。与早二叠世巨厚的碳酸盐岩形成鲜明的对照。

二、冰川事件

这一事件发生于藏滇地层大区中晚石炭世至早二叠世早期这一阶段，与基龙组、拉嘎组、来姑组、空树河组、丁家寨组、擦蒙组、展金组、曲地组、昂杰组、曲布组等十余个地层单位有关，以普遍含有与冰川、冰缘有联系的“杂砾岩”及冷水动物群为特征，形成著名的以海相为主含冈瓦纳相地层的石炭—二叠系。根据地层特征，在中国境内自南而北存在差异，喜马拉雅地层区是以海相为主含冈瓦纳相地层的石炭—二叠系，冈底斯-腾冲地层区和羌南-保山地层区是以海相为主，包含“杂砾岩”在内的砂泥类复理石的石炭—二叠系，羌北-昌都-思茅地层区以海相碳酸盐岩为主，可能受到它处冰水洋流的影响，含有一些冷水型动物，部分岩石低Sr、高Mn，腕足动物壳稳定同位素特征显示冷温型碳酸盐岩色彩，估算水温12～13℃。金沙江-哀牢山断裂带以东，冰川事件完全消失，代表同期地层的是热带碳酸盐岩。

三、火山活动事件

中国西南区晚古生代火山活动事件极为普遍，持续时间很长，从泥盆纪、石炭纪至二叠纪都有代表，只是强度、规模和性质有所差异。主要活动地区集中在班公湖-怒江断裂带以北，尤以龙木错-澜沧江断裂带与金沙江-哀牢山断裂带之间最为发达。目前已发现有化石证据及同位素年龄证据的层位共有六个，各层位所代表的岩石地层列于表 5－10。

表 5－10　中国西南区泥盆纪—二叠纪火山活动事件层位表

Table 5－10　Sequence Volcanicity events of the Devonian to Permian in the south west area, China

地质时代		金沙江以西			金沙江以东
P	P_2				大石包组、冈达概组
	P_1	高井朝组、坝溜组、喀大崩组、奔子栏组、大新山组、吉东龙组			
C	C_{2-3}	石登群	老王寨群	龙洞河组、卧牛寺组、展金组、来姑组	
	C_1			申洛拱组、平掌组	
D	D_{2-3}	南边山组、南光组、然物群			
	D_1				依吉组

1. 早泥盆世火山活动

本世火山活动比较局限，目前仅见于四川水洛河下游至三江口一带及德钦、维西附近，依吉组下段含有四层变玄武岩、钠长片岩，共厚 648 m，占地层厚 39%。

2. 中晚泥盆世火山活动

本阶段火山活动比较广泛，主要分布于金沙江两岸及澜沧江南段。

金沙江两岸的以南边山组为代表，北起青海玉树桑知阿考的安山岩、安山质火角砾岩、凝灰熔岩，占地层厚 29%，向南到西藏江达冬拉山、增果、色默一带至四川白玉朝阳及云南德钦奔子栏、捕前村、巴美利农等地，长达 1 000 km，普遍出现蚀变玄武岩、中基性凝灰岩、火山角砾岩、安山凝灰岩、流纹岩等，火山岩占地层厚 34%～54%。除基性的之外，主要是变安山岩、变英安岩、变流纹岩及其火山碎屑岩等。

澜沧江沿线同期火山岩不甚发育，仅南段的南光组有变基性岩、中酸性火山角砾岩、安山玢岩、凝灰岩等，占地层厚 20%。

因此，泥盆纪火山活动是以中酸性为主，金沙江两岸较澜沧江沿线的发育，代表中国西南区晚古生代火山活动的序幕。

3. 早石炭世火山活动

本期火山活动可分基性超基性、基性和中酸性三种性质。基性超基性的发生于金沙江-哀牢山断裂带，这就是老王寨群和申洛拱组的镁质超基性岩、辉长辉绿岩墙、基性熔岩和硅质岩组合。基性的分布于云南柯街-南定河断裂以东，这就是平掌组及其相当层位的玄武岩、安山玄武岩、火山角砾岩等，在青海囊谦、杂多一带也有同层位的类似岩石。中酸性的见于澜沧江断裂带，以石登群为代表，下部为杏仁状变安山岩、中酸性角砾熔岩、安山质火山角砾岩，上部为杏仁状安山岩、安山岩、凝灰岩等。

4. 中晚石炭世火山活动

主要分布于羌南-保山地层区，包括展金组、来姑组、卧牛寺组及澜沧江沿线的龙洞河组，主要岩石是玄武岩、安山玄武岩、安山岩、英安岩、玄武凝灰岩、流纹质火山碎屑岩。断续延伸长达 3 000 km。

5. 早二叠世火山活动

本期火山活动限制在金沙江-哀牢山断裂带以西，继承了石炭纪火山活动的基础，而且活动规模比石炭纪的要大得多，金沙江沿线玉树以西一直延伸到多格错仁强错一西金乌兰湖或更远，分布面广、厚度巨大、在地层中所占比重显著，一般的占20%～30%，突出的达50%～60%。岩石地层包括喀大崩组、高井潮组、坝溜组、奔子栏组、吉东龙组和大新山组六个单位，火山岩与沉积岩共同构成多个火山-沉积旋回。火山岩具有基性和中酸性两种性质，基性的是单一的玄武岩组合，枕状构造发育，以喀大崩组为代表。中酸性的岩石类型复杂，岩石性质多变，主要是安山玄武岩、安山岩、英安岩、流纹质英安岩、中酸性凝灰岩组合，高井潮组等五个单位基本都属于这一组合。

因此，早石炭世至早二叠世是中国西南区晚古生代火山活动的高潮时期，金沙江-哀牢山构造带、澜沧江构造带、昌宁-孟连构造带、查桑-茶布构造带、囊谦-杂多构造带等都存在广泛的火山活动。但金沙江-哀牢山构造带的老王寨群、申洛拱组、喀大崩组所包含火山岩性质，完全有别于其它构造带同期火山岩性质。

6. 晚二叠世火山活动

本期火山活动限制在金沙江-哀牢山断裂带以东的巴颜喀拉地层区内，重要时期是晚二叠世早期，以大石包组和冈达概组为代表，岩石性质以基性为主，包括块状(枕状)玄武岩、辉石玄武岩、杏仁状玄武岩、安山玄武岩、基性凝灰角砾岩、凝灰岩组合。层位清楚、性质明确，厚度差异很大，沿一些断裂带具有多中心、多旋回的海相火山喷发特点。

四、构造变动事件

地层序列、火山活动序列及其性质证明，中国西南区晚古生代构造变动的基本模式是"一开、一合"，以"开"为主，即地壳以裂解和离散作用为主。构造变动随时间具有从点到线、扩展到面的构造迁移。以金沙江-哀牢山构造带为中轴，两侧形成规模宏大的裂谷系(表5-11)。

表5-11 中国西南区构造带演化表

Table 5-11 Evolution structural belt of the south west area, China

构造带名称	地质时代及构造带演化					
	D_1	D_{2-3}	C_1	C_{2-3}	P_1	P_2
1. 秀沟-玛沁构造带						
2. 炉霍-道孚构造带						
3. 甘孜-理塘构造带						
4. 金沙江-哀牢山构造带						
5. 澜沧江构造带						
6. 昌宁-孟连构造带						
7. 杂多-囊谦构造带						
8. 查桑-茶布构造带						
9. 波密-察隅构造带						

……裂陷槽　——裂谷　大洋

第四节　沉积-构造模式讨论

中国西南区晚古生代的沉积地质研究十分薄弱。我们目前也不可能过多地去描述这里不同时期古地理单元的具体细节，因为这里沉积盆地的多样性和复杂性不论是板块构造背景和地球动力学背景的沉积盆地分类方案都会面临许多具体问题。

但是，根据当前中国西南区晚古生代地层对比研究结果和事件地层的分析，这里晚古生代存在一个明显特征是地壳的拉张和开裂，因而地层的沉积类型、沉积组合和古生物区系及其所代表的古地理意义，反映出沉积-构造格架可分出稳定地块和活动带两种性质。我们将稳定地块的古地理大类称为台盆，活动带的古地理大类称为槽盆。槽盆都是从点到线，扩展到面的，而且泥盆纪、石炭纪、二叠纪的点、线、面所处的构造部位也都基本相同，形成规模宏大的裂谷系，成为这里晚古生代沉积-构造的基本框架。

依照这个裂谷系现代地表的几何形态，可以清楚地看出多槽围台式、台槽并列式、多相台盆式三种沉积-构造模式。三种模式依次指金沙江-哀牢山构造带以东，金沙江-哀牢山构造带与龙木错-澜沧江构造带之间，和龙木错-澜沧江构造带以南三个区域。地层类型、沉积组合和古生物特征三种模式的三个区域差别的反映得都十分清楚。并且证明古特提斯只有一个大洋，石炭—二叠纪的金沙江-滕条河大洋，它所指的地层是老王寨群、申洛拱组、喀大崩组和奔子栏组及其所包含的镁质、超镁质蛇绿岩。

第六章

三叠纪

中国西南区的三叠纪地层是最富于特色的一个地层层位，它出露极广，约占本区总面积的五分之二，被认为是现今世界上三叠纪地层出露规模最广的地区。由于它的层序完整、化石丰富、地质界线明确、地层类型多样、岩相变化复杂，成为特提斯-喜马拉雅构造域研究三叠系最理想的地区之一。在地质发展历史上，这里三叠系具有由海洋逐步向陆地转化的性质。在地理位置上，也具有联结阿尔卑斯、西亚、中亚和东南亚的三叠系极其关键的地位。分析研究这里的三叠系类型、性质和沉积规律，对于认识中国西南区三叠纪沉积盆地的形成与演化及地质构造的性质具有重要意义。三叠纪时期的地层区划与晚古生代的基本相同。

第一节 区域地层分述

一、华南地层大区(Ⅵ)

华南地层大区包括巴颜喀拉地层区及羌北-昌都-思茅地层区两部分。

(一)巴颜喀拉地层区($Ⅵ_1$)

三叠纪地层广泛展布于著名的雪山草地及雅砻江流域。向西北可越过巴颜喀拉山脉和可可西里山脉，终结在西昆仑山东部。地层出露面积约 500 000 km²，主要由浅变质的碎屑岩组成，含少量碳酸盐岩及火山岩，最大沉积厚度接近 10 km，构成巨型的砂-泥复理石及火山-砂泥复理石。地层褶皱强烈、形变复杂，现代轮廓是一个不具线形几何学、而成为倒“三角形”的奇特的造山带。

根据本世纪 70 年代以来的研究结果，这里的三叠系分别被秀沟-玛沁构造带和甘孜-理塘构造带切割成为两个沉积区，构成两种不同的地层类型及各自的地层组合和古生物化石组合。

1. 玛多-马尔康地层分区($Ⅵ_1^1$)

是指甘孜-理塘构造带以东的区域。三叠系是一套以灰黑色砂岩、板岩组成的砂-泥复理石，沉积韵律频繁、象形印模发育、古生物化石单调、几乎不含火山岩为特征，已知最大厚度 10 982 m，可以分出 7 个组级岩石地层单位(表 6－1)。

早三叠世菠茨沟组，主要出露于扬子地台西缘，按岩性它有两种类型，一是板岩、砂岩夹灰岩型，分布于宝兴、小金、黑水一带，厚 42.0～237 m；二是灰岩夹板岩型，分布于炉霍

表 6-1 玛多-马尔康地层分区三叠系划分表

Table 6-1 Subdivison Triassic stytem of Madoi to Markam subprovince

年代地层			岩石地层		代表性化石
三叠系	上统	瑞替阶	西康群		
		诺利阶		雅江组	*Pergamidia eumenea* *Halobia dilatata*
				两河口组	*H. superbescens* *H. fallas*
		卡尼阶		新都桥组	*H. superba* *H. rugosa*
				侏倭组	*H. austriaca* *H. yunnanensis*
				杂谷脑组	
	中统	拉丁阶		扎尕山组	*Daonella lommeli* *Neogondolella excelsa*
		安尼阶			
	下统	奥伦尼阶		菠茨沟组	*Neospathodus timorensis* *N. waageni*
		印度阶			*Anchignathodus parvus*, *A. typicalis*, *Isarcicella*, *Claraia* cf. *wangi*, *Cl. griesbachi*

至康定一线以南，厚 50.0～539 m。但两者都可以分出上、下两部，下部通常是板岩较多，富含双壳类 *Claraia* spp.，*Cl.* cf. *wangi*，*Cl. griesbachi* 等 1 属、11 种以及牙形石 *Anchignathodus parvus*，*A. typicalis*，*Isarcicella* sp. 等多种，上部通常是灰岩较多，盛产单一的牙形石 *Neospathodus waageni*，*N. collinsoni*，*N. timorensis*，*Neogondolella jubata* 等 12 属、14 种。因此，菠茨沟组代表了早三叠世完整的沉积旋回与下伏大石包组平行不整合接触。从本组所夹的藻灰岩、钙芒硝层、细石子岩、斜层理、鱼骨状层理等特征来判断，反映其相环境为滨海的特点，厚度自南而北、自东而西逐步减薄，在松潘牟尼沟、大龙沟附近尖灭，西部巴颜喀拉山和可可西里山脉，本组可能缺失沉积。

中三叠世扎尕山组，按岩性可分三部分，下部主要是黄灰色薄板状泥质灰岩与紫红色板岩呈频繁的韵律层，板岩含铁锰质或铁锰矿层，厚 35.4 m，在松潘卓尼、牟尼沟、大龙沟、纳赛塘等地超覆平行不整合在下二叠统三道桥组之上。中部为灰色中厚层致密灰岩，时见角砾状构造，富含海百合茎 *Traumatocrinus* sp.，*T. hsui*，往往密集成为礁体，厚 299 m。上部为灰色钙质石英砂岩、板岩与凸镜状结晶灰岩组成复杂的韵律层，厚 702 m。与上覆杂谷脑组平行不整合接触。

在区域上，下部富含铁锰质是显著特征之一，层位比较稳定，中上部相变明显，大致以阿坝至黑水连线为界，北部是灰岩-碎屑岩型，厚 435～1 350 m，富含双壳类 *Daonella* sp，*D. lommeli*，*D. bulogensis bifurcata*，*Halobia* sp.；腕足类 *Spiriferina tsinghaiensis*，*Septaliphoria* cf. *sinensis*，*Neoretzia fuchsi*，*Rhyuchonella* cf. *rimkinensis*，*Mentzelia* sp.；海百合茎 *Traumatocrinus hsui*，*T. rueichouensis*，*Cyclocyclicus rotiformis*；牙形石 *Neogondolella excelsa*，*N. polygnathiformis* 等。南部为碎屑岩夹灰岩型，厚 365～2 760 m，化石较少，所产海百合茎、牙形石与北部的相同。综合化石面貌，其时代属于中三叠世。

晚三叠世自下而上为杂谷脑组、侏倭组、新都桥组、两河口组、雅江组 5 个地层单位，分布极广，发育良好，累计最大厚度在 10 000 m 以上。

杂谷脑组主要由灰色厚层块状细粒长石石英砂岩或细粒钙质石英砂岩组成，不含灰岩，但其底部有一层或几层似层状或凸镜状砾岩层，砾石成分以灰岩为主及少量板岩，砾径0.5～2.0 cm，钙泥质胶结，这一以砂岩为主的巨厚层位，在区域上是一套比较特征的岩石，性质稳定，易于识别，厚186～693 m，具有东薄、西厚，北薄、南厚的变化。

侏倭组连续在杂谷脑组之上，分布很广，是一套浅灰色至灰色中至厚层细粒长石石英砂岩与灰黑色碳质、粉砂质板岩不等厚的间互层所组成，富含双壳类 *Halobia* sp.，*H. yunnanensis*，*H. pluriradiata*，*H. austriaca*，*H. convexa*，*H.* cf. *styriaca*，*H.* cf. *charlyana*；海百合茎 *Traumatocrinus hsui*，*T. kueichouensis* 等。厚515～1 700 m之间，以砂岩、板岩不等厚紧密间互层，明显区别于下伏杂谷脑组单一的砂岩层。同时，砂板岩中又以黑、白相间的“斑马纹”条带状构造极为发育，十分醒目，条带宽0.2～0.5 cm。这个特征野外易于识别。时代为晚三叠世卡尼期。

新都桥组与侏倭组形影相伴，最显著特征是黑色、灰黑色碳质板岩、千枚岩大量出现，普遍含有黄铁矿晶粒及菱铁质结核，岩石特征相当稳定，是这里上三叠统另一个良好的标志组，很容易对上、下层位加以区分，总厚670～2 399 m。所含化石主要是双壳类 *Halobia rugosa*，*H. superba*，*H. yunnanensis*，*H. pluriradiata*，*H. austriaca* 等1属、16种，也含少量海百合茎 *Traumatocrinus hsui*；菊石 *Trachyceras* sp. 等。时代属于晚三叠世卡尼期。

两河口组主要出露于炉霍-道孚构造带以南，分布范围明显缩小。按岩性可分三部分，下部是砂岩、板岩往往构成成段的不等厚互层，每段厚度由50～60 m至70～80 m不等，底部含有砂质细砾岩和含砾砂岩，产双壳类及植物化石碎片。中部以板岩为主，但砂岩也不少，也形成砂岩、板岩的间互层，不过每一岩性段的厚度比下部的小，一般10～20 m的居多，板岩中双壳类化石极其丰富。上部为板岩，砂岩很少，岩石面貌非常酷似新都桥组，但其中含有较多的团块状砂岩、凸镜状砂岩及小个体的灰岩凸镜体加以区别。总厚达2 000～4 500 m。岩性单调、厚度巨大、构造复杂是两河口组的基本特征。就中部所含双壳类 *Halobia* spp. 1属、24种来看，有3种是卡尼期的种类，有6种是卡尼期至诺利期都有记录的种类，但有15种是限于诺利期的。依据化石发生的序次，其中双壳类 *Halobia fallax*，*H. superbescens*，*H. disperseinsecta*，*H. cinerata*，*H. lineata*，*H. distincta*，*H. wiereri*，*H. verbeeki* 等15种在下伏的各组中都未发现。因此，两河口组的时代主要是晚三叠世诺利期。

雅江组以四川雅江县城附近发育最好，也是本分区海相三叠系最高的一个层位，总厚大于3 365 m。按岩性分两段，下段以深灰色砂岩与板岩不等厚的间互层为特点，其中砂岩约占三分之二，但厚大的单层砂岩很少，其间夹有许多厚10～20 cm的板岩组成小韵律的砂岩段为特色，大致相隔30～40 m板岩段，再出一个砂岩段。砂岩粒粗，岩屑及长石成分较多，层面常见大型波痕及象形印模，厚719～922 m，接近甘孜-理塘构造带，厚度加大到2 106 m，含双壳类 *Halobia* cf. *superbescens*，*H.* cf. *dilatata*，*H. plicosa*，*Pergamidia* sp. 及植物化石碎片。上段以深灰色及黑色板岩为主，只夹有少量细粒长石石英砂岩，厚2 640 m。底部时而可见磨圆度较好、成分单一的板岩砾石，砾径2～4 cm，扁平状，聚集杂乱，含量约2%～3%，砂岩层面的波痕及象形印模也很发育，板岩含植物化石碎片特多，产双壳类 *Pergamidia* sp.，*P.* cf. *attalea*，*P. eumenea hogingensis*，*P. irregularis singularis*，*P. yunnanensis*，*Halobia* sp. 等。因此，雅江组上、下两段不论岩石组合、岩性特征及生物化石都能清楚地加以区分，下段出露较广，上段只在雅江县城附近有分布。就双壳类 *Halobia* 以及 *Pergamidia* 在雅江组的发现，其时代归于晚三叠世诺利期中时颇为肯定。至于诺利晚期和瑞替期的层位，在本分区内迄今还尚未发现。

2. 玉树-中甸地层分区（VI_1^2）

是指甘孜-理塘构造带以西的区域。三叠系十分复杂，是一套以砂岩、板岩、火山岩、碳酸盐岩组成多韵律、多旋回、火山-砂泥质复理石沉积，平行不整合在上二叠统之上。下、中三叠统连续过渡，上三叠统以不整合或平行不整合关系超覆在下、中三叠统及古生界不同层位之上。火山岩相当发育，分布很广，且表现为以基性玄武岩类开始，中酸性安山岩类至流纹岩类结束的特征，所含化石以门类多、属种多、数量多为特点，三叠系已知最大厚度达19 655 m，可分为7个组级岩石地层单位，根据沉积性质的差异，还可进一步划分出近南北走向的三条沉积相带，简称西带、中带和东带，各带的地层序列列于表6－2。

表6－2 玉树-中甸地层分区三叠系划分表

Table 6－2 Subdivision Triassic stytem of Yushu-Zhongdian subprovince

年代地层			岩石地层		
			东带（理塘—稻城）	中带（白玉—乡城）	西带（巴塘—中甸）
三叠系	上统	瑞替阶			英珠娘阿组
		诺利阶		喇嘛垭组	喇嘛垭组
			图姆沟组	勉戈组	图姆沟组
		卡尼阶	曲嘎寺组	根隆组	曲嘎寺组
	中统	拉丁阶	洁地组	列衣组	马索山组
		安尼阶			三珠山组
	下统	奥伦尼阶	布伦组	党恩组	领麦沟组
		印度阶			

早三叠世领麦沟组、党恩组、布伦组

领麦沟组出露于理塘、稻城及贡岭大穹窿的周围，构成一个“南灰、北红”的早三叠世沉积带，南部厚570～674 m，北部厚87～320 m。

布伦组出露于巴塘、得荣及中甸附近，构成一个“南红、北黑”的早三叠世沉积条带，南部厚650～1 000 m，北部厚200～250 m。就剖面结构而论，两者都可以分出两段，下段为紫红色、杂色泥岩、页岩、粉砂岩夹薄层石灰岩组成，韵律频繁、条带状构造发育，普遍含双壳类 *Claraia* sp，*Cl. wangi*，*Cl. griesbachi*，*Cl. concentrica*，*Cl. clarai desquamata*，*Oxytoma scythicum*；上段为灰色砂岩、页岩与砾状灰岩、鲕状灰岩及薄层灰岩的间互层，时夹一些粉砂岩凸镜体，化石比较丰富，计有双壳类 *Eumorphotis* cf. *multiformis*，*Eu. inaequicostata*，*Eu.* cf. *telleri*，*Unionites fassaensis*，*U.* cf. *canalensis*；菊石 *Pseudosageceras multilobatum*，*Prohungarites belicatus*，*Hungarites yatesi*，*Albanites triadicus*；牙形石 *Neospathodus timorensis*，*Parachirognathus* sp.，*Pachycladina* sp. 及腹足类、腕足类等。下段代表印度阶，上段代表奥伦尼阶。

党恩组出露于白玉、乡城一带，岩石具低绿片岩相变质作用，未发现化石，厚达2 640 m。下部为板岩、千枚岩夹砂岩和泥灰岩；中部为变质砂岩夹千枚岩；上部以千枚岩为主夹变质砂岩。这一少含化石的陆源碎屑复理石，从岩性、韵律、剖面结构、粒度分析等方面的研究结果，可能属于深海浊积扇成因（唐茂蛟，1989）。三个组构成这里“两垒夹一堑”的沉积模式。

中三叠世三珠山组、马索山组、列衣组、洁地组。三珠山组和马索山组是东带的代表，由两个从砂板岩开始、厚层块状灰岩结束的沉积旋回所构成，共厚1 531.3 m。三珠山组含有双

壳类 *Myophoria* (*Costatoria*) *goldfussi mansuyi*, *My* (*c.*) *multiformis*; 腕足类 *Mentzelia mentzeli*。厚 913.9 m。马索山组含大量双壳类 *Daonella* spp., *D. indica*, *Halobia rugosoides*, *Posidonia elliptica*, 厚 617.4 m。两个组的时代分别属于中三叠世安尼期和拉丁期颇为肯定。

洁地组是西带的代表，下部为杂色泥岩夹薄层泥质灰岩，厚 201.0 m，含双壳类 *Myophoria* (*Costatoria*) *goldfussi*, *Eumorphotis* (*Asoella*) *illyrica*，上部是石灰岩和白云质灰岩，厚 1 311.0 m，含菊石 *Protrachyceras* sp.；腕足类 *Mentzelia* aff. *subspherica*。共厚 1 512.0 m。

列衣组沿西带的东部边缘与党恩组相伴出露，延伸长达 200 km 以上，岩石受到变质的影响，未发现化石。主要由变质砂岩，夹许多厚度不大的板岩、千枚岩组成的复理石，总厚 2 184.7 m。在白玉贡纳，下部砂板岩类有多层灰绿色蚀变安山岩，中上部由砂岩、板岩、灰岩组成两个大的韵律，厚度减薄为 1 330 m。在稻城东义、日瓦等地，列衣组厚层变质砂岩，板岩和千枚岩的夹层显著减少，厚 1 000 m 左右。据研究，列衣组属于深海浊积扇裙的沉积(罗建宁等，1992)。因此，这里中三叠世四个组的展布型式，也属于"两垒夹一堑"的沉积模式。

中带的党恩组、列衣组均未找到化石，时代归属尚有争议，考虑到它们位于含化石的晚二叠世地层之上，不整合在含化石的曲嘎寺组之下，将这两个组归于早、中三叠世，看来不致发生很大的谬误。

晚三叠世地层自下而上分为曲嘎寺组、图姆沟组、喇嘛垭组、英珠娘阿组 4 个组及其与曲嘎寺组和图姆沟组相变有关的根隆组和勉戈组，共 6 个岩石地层单位。累计最大厚度在 14 000 m以上。各组、段的主要特征列于表 6－3。

表 6－3 玉树-中甸地层分区晚三叠世岩石地层单位特征简表

Table 6－3 Characteristics of Late Triassic Lithostratigraphic unit in Yushu-Zhongdian subprovince

<table>
<tr><th colspan="2">年代地层</th><th colspan="2">岩石地层</th><th rowspan="2">主要岩石组合</th><th rowspan="2">厚度(m)</th><th rowspan="2">接触关系</th><th rowspan="2">主要化石特征</th><th rowspan="2">沉积相</th><th rowspan="2" colspan="2">代表剖面</th></tr>
<tr><th>统</th><th>阶</th><th>组</th><th>段</th></tr>
<tr><td rowspan="11">上三叠统</td><td>瑞替阶</td><td>英珠娘阿组</td><td></td><td>砾岩、砂岩、板岩</td><td>472</td><td rowspan="5">整合</td><td>1. 半咸水性双壳类绝迹
2. 植物化石丰富，以 Ptilozamites chinensis 组合为特征</td><td>陆相</td><td>新龙县</td><td>雄龙西</td></tr>
<tr><td rowspan="8">诺利阶</td><td rowspan="5">喇嘛垭组</td><td>五</td><td>砂岩夹板岩</td><td>900～2 980</td><td rowspan="10">1. 纯海相各门类化石生物化石绝迹
2. 含半咸水性质双壳类 Myophoriopis－Unionites 组合
3. 植物 Lepidopteris ottonis-Selaginellites yunnanensis 组合发育
——— Halobia 属绝迹界线 ———
1. 双壳类 Burmesia lirata 与 Yunnanophorus boulei 组合
2. 海相、半咸水相、陆相生物十分发育，交替共存
3. 诺利期 Halobia 种群繁盛
——— 卡尼期 Halobia 种群绝迹线 ———
1. 海相化石门类众多，数量丰富，计有菊石、双壳类、腕足类、腹足类、珊瑚、苔藓虫、层孔虫、藻类及水螅等。
2. 卡尼期与诺利期 Halobia 种群共生，以图姆沟组最为突出
3. 双壳类 Halobia pluriradiata － Halobia yunnanensis-Pergamidia 组合</td><td rowspan="5">海陆交互相</td><td rowspan="5">乡城县小雪山</td><td rowspan="5">稻城县傍河</td></tr>
<tr><td>四</td><td>板岩夹砂岩</td><td>923～1 450</td></tr>
<tr><td>三</td><td>砂岩夹板岩</td><td>664～1 800</td></tr>
<tr><td>二</td><td>板岩、砂岩夹灰岩</td><td>770～1 660</td></tr>
<tr><td>一</td><td>砂岩夹板岩</td><td>770～977</td><td rowspan="3">整合</td></tr>
<tr><td rowspan="3">图姆沟组</td><td>上</td><td>板岩夹砂岩</td><td>766～2 190</td><td rowspan="5">海相</td><td rowspan="3" colspan="2">乡城县东均</td></tr>
<tr><td>中</td><td>砂岩、板岩、灰岩、安山岩、流纹岩
(相变为勉戈组)</td><td>972～2 000</td></tr>
<tr><td>下</td><td>砾岩、砂岩、板岩</td><td>200～1 350</td><td rowspan="2">整合</td><td rowspan="2">白玉县贡纳</td><td rowspan="2">义敦县曲嘎寺</td></tr>
<tr><td rowspan="2">卡尼阶</td><td rowspan="2">曲嘎寺组</td><td>上</td><td>灰岩、砂岩、板岩、玄武岩
(相变为根隆组)</td><td>756～3 127</td></tr>
<tr><td>下</td><td>砂岩、板岩夹砂砾岩</td><td>685～1 292</td><td>不整合</td></tr>
</table>

晚三叠世也可以划出东、中、西三条南北向相带，但三带性质有别，各带南段、北段亦有所不同，以中带的沉积厚度最大，岩石组合最复杂，火山岩最为发育，岩相交替变化最剧

烈。东、西两带一般不含或少含火山岩，东带地层发育最全，西带则缺乏喇嘛垭组及英珠娘阿组。从早到晚、自西而东，沉积中心是逐步向东转移的，最终结束在甘孜至稻城一线。

曲嘎寺组广泛超覆不整合或平行不整合在中、下三叠统之上(图 6－1、6－2、6－3、6－4)，这个界面与玛多-马尔康地层分区杂谷脑组的底面基本上是等时的，这已被地质、古生物最新资料所证明(饶荣标等，1987)。

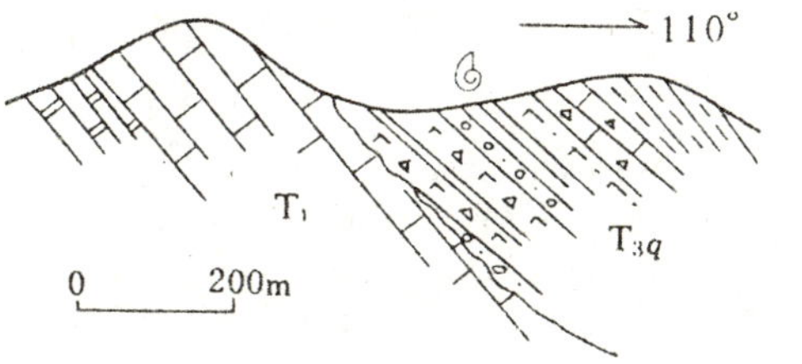

图 6－1　木里县水洛邛依上三叠统超覆在下三叠统之上

Fig. 6－1　The Upper Triassic strata overlapped on Lower Triassic strata, Shuiluoqiongyi, Muli county

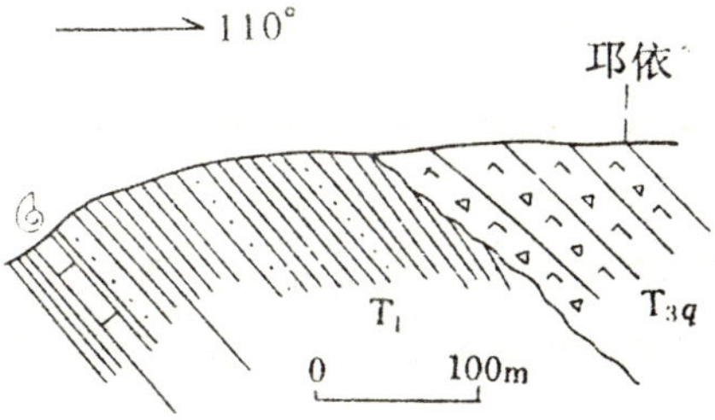

图 6－2　木里县越尔扎上三叠统超覆在下三叠统之上

Fig. 6－2　The Upper Triassic strata overlapped on Lower Triassic strata, Yueerza, Muli county

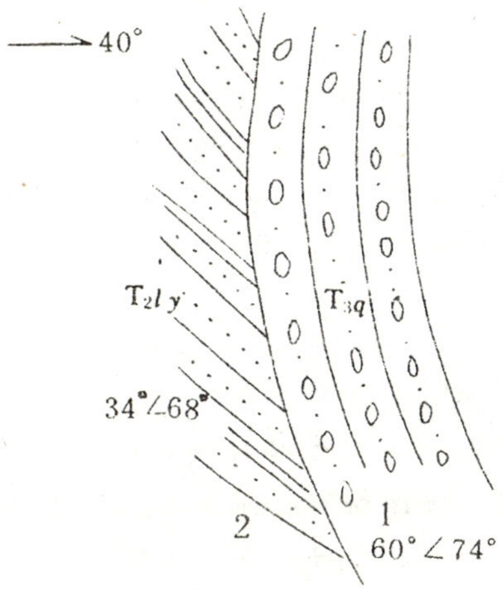

图 6－3　白玉县贡纳曲嘎寺组不整合在列衣组之上

Fig. 6－3　T_2ly unconformably overlain by T_3q, Gongna, Baiyu county

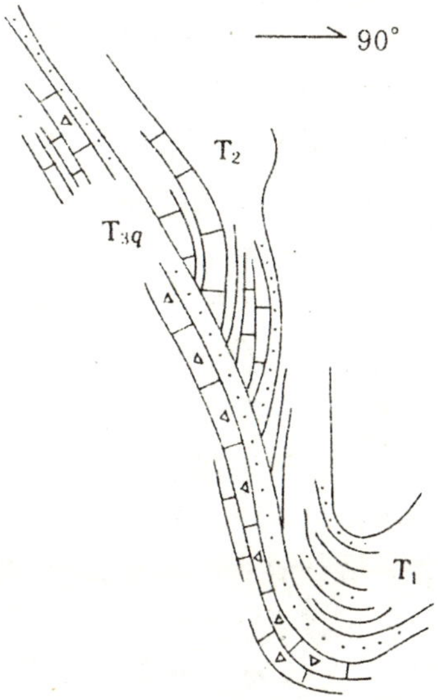

图 6－4　木里县桐翁曲嘎寺组超覆不整合在下中三叠统之上

Fig. 6－4　T_3q unconformably overlapped on T_1 or T_2, Tongweng, Muli county

曲嘎寺组厚 835.0～1 441.7 m，下部为灰色厚层石灰岩，含燧石条带及生物碎屑，夹不稳定的暗绿色杏仁状玄武岩。中部为灰色中厚层长石石英砂岩夹板岩。上部为灰色厚层致密石灰岩及灰色千枚岩夹岩屑砂岩。与上覆图姆沟组底部石英质砾岩整合接触。这种“两套灰岩夹一套碎屑岩”是曲嘎寺组岩石组合基本特征，下部和上部石灰岩富含腕足类、双壳类、菊石、腹足类、珊瑚、水螅、海绵和藻类，其地质时代主要是晚三叠世卡尼期。

中带的相当层位特别复杂，称根隆组、勉戈组（侯立玮等，1991），沿德格、白玉、乡城、中甸一带形成一系列串珠状的火山-沉积盆地，自北而南有俄支-三岔口盆地、赠科盆地、昌台盆地、赤群盆地、乡城盆地和尼汝盆地（图 6-5）。每个盆地的岩性及厚度变化极大，从盆地边缘至盆地中心，各类岩石经常是犬牙交错的复杂变化，以致目前对该组含义的理解和划分对比还存在不少分歧。各盆地的总厚度介于 2 243～4 419 m，南厚、北薄。

根隆组大体上可以分成三部分，下部为灰色厚层块状砾岩、砂板岩夹少量灰岩、玄武岩、安山岩、含锰硅质岩、流纹质凝灰岩，化石稀少，厚 779～1 292 m。中部为结晶灰岩与板岩不等厚互层，含大量绿色玄武岩、安山玄武岩、安山岩、安山玢岩、玄武玢岩及砾岩、砂岩、硅质岩，产多门类的古生物化石，厚 706～2 057 m。上部主要是砂板岩夹结晶灰岩，偶见中基性火山岩，厚 758～1 070 m。化石大量集中在中部，是各个盆地的共同特征，也是区别下部和上部层位的要点。

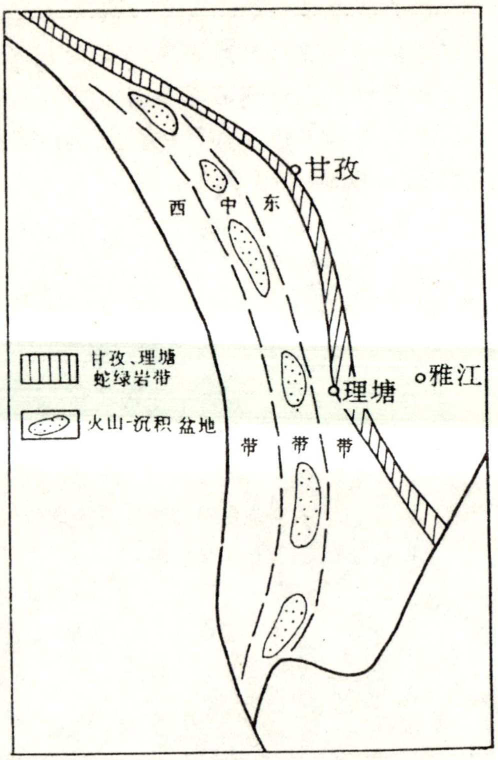

图 6-5　玉树-中甸地层分区上三叠统分带及火山-沉积盆地分布示意图

Fig. 6-5　The schematic profile of upper Triassic division zone and volcanic-sedimentary basin in Yushu-Zhongdian subprovince

图姆沟组与曲嘎寺组相伴产出，厚度介于 1 336～5 540 m 之间，东薄、西厚，南薄、北厚，与曲嘎寺组总厚度成为消长关系，按岩性可分三段，但中、下段岩性、岩相十分复杂，韵律相当频繁，往往也构成不同规模的犬牙交错相变关系。上段以砂板岩为主，相对比较稳定。

西带下段以薄层石灰岩、砂板岩组成，常含多层不稳定的砾岩，成分以石英为主，砂板岩次之，砾径 0.3～3.0 cm，滚圆，时而可见火山角砾及凝灰质砾石和花岗岩砾石；中段主要是灰色长石石英砂岩与黑色板岩互层，但夹许多石灰岩、安山玢岩、流纹岩；上段主要是砂板岩、灰岩、生物碎屑灰岩组合。在中段富含双壳类、菊石和珊瑚，各门类化石显示出晚三叠世卡尼期及诺利期的共生性质，但在属种及数量上以诺利期的占优势。总厚 1 938～5 540 m。

东带下、中段主要是泥质石灰岩与砂板岩间互层组合，在砂板岩中含许多泥质灰岩凸镜体，不含砾岩层，也不含火山岩为特征，化石只有双壳类和腕足类。上段是岩性单一的粉砂质板岩。指向木里河沿岸，图姆沟组全部被砂板岩夹灰岩凸镜体所代替。总厚 1 336～2 125.9 m。

中带的相当层位性质特殊，称勉戈组（侯立玮等，1991），下、中段主要是灰褐色安山岩、灰白色流纹岩，夹一些板岩、灰岩为特征，共厚 1 700～2 450 m，其中流纹岩分布最广，北起马尼干戈，南至乡城、得荣呈南北向条带状出露，厚度也最大，占地层总厚 80% 以上。上段是一套灰色、灰黑色砂板岩组合，夹少量灰岩和泥灰岩，厚 540～588 m。下段含丰富的双壳类 *Halobia* 的许多种，上段有丰富的双壳类 *Pergamidia* 的许多种，从化石产出的层序来看，地质时代主要是晚三叠世诺利期，与前述两河口组及图姆沟组属于同期不同相的沉积。

喇嘛垭组只出露于本分区的中带和东带，以东带的最为发达，不仅最大厚度达 8 630 m，而且是巴颜喀拉地层区唯一含有煤层的单位。按岩性差异自下而上分为五段，第一、二段是以海相为主的海—陆交互相，相当以往文献所称的“拉纳山组”，第三、四、五段是以陆相为主的滨海—沼泽相，相当于习惯所称的“喇嘛垭组”。为了便于中国南方同期地层的大区域对比与制图，本书采用四川省地矿局(1997)岩石地层清理组的划分意见，将原划分的一段至五段，均归并到喇嘛垭组中去。

现将喇嘛垭组各段岩性特征罗列于后：

一段：以灰色、深灰色中厚层石英细砂岩、长石石英细砂岩夹黑色板岩不等厚的韵律层，但以砂岩为主，乡城沙则一带含煤线。板岩产双壳类 *Burmesia latouchi* 等，厚 770～977 m。

二段：以灰黑色碳质及粉砂质板岩为主，夹薄层长石石英砂岩、煤线及薄层无烟煤。其上、下部均含有深灰色薄层灰岩凸镜体，板岩中化石十分丰富，计有双壳类 *Burmesia lirata*，*Myophoria* (*Costatoria*) *napengensis*，*Pergamidia* spp.，*P. attalea*，*P. eumenea*，*P. timorensis*，*P. yunnanensis*，*P. nakuensis*，*Halobia* spp.，*H. fallax*，*H. norica*，*H. plicosa*；菊石类 *Placites* sp.；腕足类 *Aulacothyropsis eminens*，*Oxycolpella kunensis*，*Septaliphoria* cf. *multicosta*，*Adygella circinata*；植物 *Clathropteris meniscioides*，*Cladophlebis raciborskii*，*Todites shensiensis* 等，厚 770～1 660 m。

三段和五段是砂岩夹少量板岩，都含煤线及凸镜状煤层，四段是板岩夹少量砂岩，构成一个粗—细—粗的沉积旋回，共厚 2 487～5 750 m。砂岩成熟度低，颗粒较粗，板岩含砂质较多，残留厚度变化很大，一般是西薄、东厚，北薄、南厚，在乡城小雪山及稻城傍河保存较全，分别厚达 5 093 m 及 5 123 m，反映乡城至稻城之间是它的沉积中心。三个段的板岩中保存大量的、完整的植物化石及少量半咸水性质的双壳类化石，植物以 *Lepidopteris ottonis*，*Selaginellites yunnanensis*，*Dictyophyllum nathorsti*，*Clathropteris meniscioides* 为代表的 29 属、48 种之多；双壳类以 *Yunnanophorus boulei*，*Y. gracilis*，*Trigonodus costatus* 为代表的 4 属、12 种，完全缺少正常海相的菊石类、腕足类、珊瑚、海百合茎等门类的成分。广泛分布的海相双壳类 *Halobia* 属也业已绝迹，代之而起的是厚壳的双壳类。这些特征，与我国南方晚三叠世诺利晚期含有煤层的同期地层都是相似的。

英珠娘阿组仅见于本分区的东带，四川新龙县雄龙西一带发育最好，出露厚度 472 m，主要岩石也是以杂砂岩为主的砂板岩组合，局部地点其底部含细砾岩和含砾砂岩，主要化石是植物。据陈晔等(1985)研究，英珠娘阿组与喇嘛垭组虽有上、下之分，但岩性则无本质区别，植物组合绝大多数是相同的，两个组的植物属于一个植物群。考虑到本组一直未发现半咸水性质的双壳类化石及植物 *Ptilozamites chinensis* 的出现，代表了巴颜喀拉地层区三叠系的最高一个层位。该层划分出来，对于研究这里世界规模最大的印支褶皱系的褶皱期还是十分有意义的。

(二)羌北-昌都-思茅地层区(Ⅵ$_2$)

由于本区所处特定构造位置和环境，是中国西南区三叠纪地层变化最快、沉积情况最复杂、超覆缺失现象最明显、构造变动最频繁、条块相间排列格局最清楚的一个地层区。三叠系形成许多很不相同的型相，特别是上三叠统诺利阶以下的层位，变化尤其显著，虽经多年的考察研究，三叠纪地层问题迄今还未完全得到解决。

从金沙江-哀牢山构造带向西到澜沧江构造带，这里三叠纪地层性质，展现出“两堑夹一垒”的构造体制。依照这一思路，本区三叠系至少存在六种型相，本书划分、对比意见列于表 6 - 4。清楚地指出三叠纪地层发育较完整的仅仅只有江达型，其他相型、地层发育程度很差，因而从青海南部、西藏东部直至云南西部三叠系的区域性对比工作尚有待进一步研究。

表 6 - 4　羌北-昌都-思茅地层区三叠系划分对比表

Table 6 - 4　Subdivision and Correlation of Triassic stytem in the North Qiangtang - Qamdo - Simao Region

年代地层			澜沧江带（云县型）	思茅型	兰坪、墨江型	昌都型	绿春型	金沙江带（江达型）
上覆地层			J_2	J_2	J_{1-2}	J_{1-2}	K_1	R
三叠系	上统	瑞替阶			麦初箐组	巴贡组 上段、下段	高山寨组	巴贡组 上段、下段
		诺利阶		大平掌组	麦初箐组	波里拉组、甲丕拉组	高山寨组	波里拉组、洞卡组
		卡尼阶		桃子树组、威远江组	三合洞组、歪古村组			公也弄组、东独组
	中统	拉丁阶	小定西组	臭水组				丛拉组；崔依比组
		安尼阶	忙怀组 上段、下段	大水井山组、下坡头组				瓦拉寺组；攀天阁组、上兰组
	下统	奥伦尼阶						马拉松多组、普水桥组
		印度阶						马拉松多组、普水桥组
下伏地层			P_1	$C_3—P_1$	Pz	Pz	Pz	$\gamma\delta_4$

早三叠世马拉松多组、普水桥组　出露于西藏东部，两组之间被贡觉第三纪红色盆地分隔成东、西两条出露宽度约 20～30 km 的 NNW 向的狭窄地带内，都不整合在古生界不同层位或华力西期花岗闪长岩之上。按岩性特征均可分为三段，但岩性组合两者各不相同。

马拉松多组下段为灰黑色砂页岩夹薄层灰岩及泥灰岩，厚 1 500 m；中段为灰白色流纹岩、绿灰色英安流纹岩夹砂页岩、凝灰岩，厚 600 m；上段为黑色页岩、石英砂岩、灰白色厚层流纹岩、凝灰岩、凝灰质角砾岩，厚 419 m，页岩产双壳类 *Claraia* sp.，*Gervillia* cf. *pannonica*，*Posidonia* sp. 等。总厚 2 519 m。

普水桥组下段（紫红色段）为紫红色块状凝灰质砾岩、紫红色厚层粉砂岩、含砾砂岩凸镜体，砾石成分因地而异，砾径下大、上小逐步过渡为含细砾砂岩，厚 100.8 m；中段（灰绿色段）为灰绿色块状英安质凝灰熔岩、凝灰质角砾岩、凝灰岩、泥质粉砂岩夹砂质灰岩、砾状灰岩及紫红色英安质凝灰角砾岩，厚 489 m；含双壳类 *Eumorphotis multiformis*，*Myophoria* (*Neoschizodus*) *laevigata*，*My.* (*N.*) *laevigata elongata*，等；上段（灰色石灰岩段）为灰色厚层石灰岩及浅肉红色鲕状灰岩，厚 291 m，产菊石类 *Owenites* sp.，*O. egrediens*，*Prosphingites* cf. *involutus*，*Procarnites kokeni*，*P. latumbilicatus*，*Prohungarites belicatus*，*Eophyllites* cf. *crassus*，*Paranannites* sp.、牙形石 *Neospathodus homeri* 等。总厚 881 m。

在青海玉树以南，过去曾有双壳类 *Claraia wangi* 的报道，但具体地质情况不明，在云南洱源弥沙井，中三叠统上兰组超覆不整合在下二叠统之上，缺失下三叠统。可见上述两个组主要分布于藏东及青南一带。从两个组、各三个段的情况判断，自下而上海水是逐步加深的，普水桥组沉积环境表现为从山麓冲、洪积扇—河流冲积平原—滨海、浅海碳酸盐向台地的过渡(罗建宁等,1992)。两个组的中酸性火山岩构造环境具有活动陆缘弧—碰撞型火山岩的性质(莫宣学等,1993)。

中三叠统出露较广，呈条带状延展于金沙江-滕条河构造带、澜沧江构造带和思茅、勐腊等地。前两者属于活动型沉积，后者属于稳定型沉积。

金沙江-滕条河构造带以德钦至奔子栏一线分南、北两段，北段称为瓦拉寺组、丛拉组，南段称为上兰组、攀天阁组和崔依比组。

瓦拉寺组平行不整合在普水桥组之上，总厚 2 316 m。按岩性分两段，下段下部是灰黑色砂岩、粉砂岩、板岩，夹多层厚层砾岩，上部为深灰色条带状粉砂岩、灰黑色板岩夹多层安山岩、安山质火山角砾岩、凝灰岩及黑色薄层硅质灰岩，共厚 1 547 m。板岩产菊石类 *Paracrochordiceras* sp.，双壳类 *Plagiostoma beyrichi* 等，火山岩与沉积岩互相交替，形成五个喷发-沉积韵律。在江达米古一带，上部火山岩显著增多，且逐步被火山岩所代替。上段主要是砾岩、砂岩、板岩及薄层灰岩组成的砂-泥复理石，大量砾岩出现于中、下部，砾石成分复杂。上部砾岩减少、砾径变小，成分渐被石英质砾岩所代替，逐步过渡到以灰色细粒石英砂岩、粉砂岩及板岩的沉积，共厚 769 m。板岩产菊石类 *Japonites magnus*，*Balatonites* sp.，*Hollandites* sp.，*Cuccoceras* sp.，*Paracrochordiceras* sp.；双壳类 *Posidonia pannonica* 等。

丛拉组连续在瓦拉寺组之上，是一套灰色、灰黑色砾岩、砂岩和板岩的复理石沉积，韵律交替频繁，每一韵律厚 2～20 m 不等，总厚 333.4 m。在下部板岩中，产菊石类 *Balatonites* sp.，*Paracrochordiceras* sp.，*Gymnites* sp.，中部板岩产菊石类 *Protrachyceras* sp.，其上还有143 m砾岩、砂板岩未发现化石，与上覆上三叠统东独组紫红色砾岩不整合接触。

因此，西藏江达附近瓦拉寺组上、下段和丛拉组构成三个沉积旋回，化石成分证明瓦拉寺组属中三叠世安尼期，而丛拉组中上部接近晚安尼期至拉丁期。

青海省玉树、治多、结隆一带，中三叠世地层称结隆群(青海省地矿局,1997)，厚1 990 m，角度不整合在奥陶系之上，下部是灰紫色、灰褐色、紫红色的杂色砂岩、板岩，夹不厚的灰岩和泥灰岩，含菊石类 *Balatonites* sp.，*Hollandites* sp.，*Cuccoceras* sp.，*Paraceratites* sp.，*Acrochordiceras* sp.，其时代为中三叠世安尼期。上部主要是灰白色厚层灰岩和白云质灰岩，未发现化石。这套厚 570 m 灰岩，是否属于晚安尼期向拉丁期的过渡层，目前还未肯定。由于结隆群基本上与瓦拉寺组及丛拉组相当，故综合序列表上仅以组级地层单位表示。

从西藏茫康盐井，延续到云南剑川上兰、元阳牛上、金平老猛、红河摸底村 NW 向的狭窄条带内，断断续续都有中三叠统出露，相当瓦拉寺组的层位称上兰组，在洱源弥沙井至河石邑可见到其超覆不整合在早二叠世地层之上。

上兰组最大厚度大于 2 873.8 m，韵律性很强，具复理石建造特征。按岩性分两段，下段下部为灰绿色粉砂岩、细砂岩、页岩不等厚互层，上部黑色页岩增多过渡为粉砂岩、页岩的间互，近顶部是紫色、黄色砂岩。上段为灰绿色泥质粉砂岩、页岩夹薄层石灰岩逐步过渡为以深灰色泥质条带灰岩、块状石灰岩为主夹砂页岩序列。自下到上，化石以双壳类为主，菊石次之，计有双壳类 *Myophoria*(*Costatoria*)*goldfussi mansuyi*，*My.*(*C.*).*goldfussi*，*Plagiostoma beyrichi*，*Hoernesia crispissima*，*H.* cf. *socialis*，*H.* cf. *aouta*，*Entolium liscaviensis*，

Pleuronectites difformis；菊石类 *Balatonites* sp.，*Judicarites* sp.，*Hungarites* sp. 等。其时代属于中三叠世安尼期。

攀天阁组连续沉积在上兰组之上，它主要是一套流纹岩，厚 1 270 m。崔依比组主要是安山质熔岩、安山玄武岩，间夹有放射虫硅质岩及碎屑岩，厚 2 600 m，下部采到海百合茎 *Cyclocyclicus* sp.，放射虫和一些植物碎片。在子果底、俄底、多果洛等地，鉴定到可疑的菊石类 *Judicarites*? sp.，*Bulogites*? sp.，*Trachyceras* sp. 及双壳类和叶肢介，其上分别被晚三叠世歪古村组不整合覆盖。

由于攀天阁组和崔依比组是一大套中、酸性火山岩，化石稀少，它们在地层柱的位置一直难以确定，说法不一。我们考虑到这两个组东部和西部分别被鲁甸花岗岩和白茫雪山花岗岩所侵入，岩枝中保留着受过烘烤的暗绿色不规则状玄武岩的捕虏体，鲁甸花岗岩 Rb－Sr 同位素年龄值为 234.3 Ma，白茫雪山花岗岩 Rb－Sr 同位素年龄值为 231.1 Ma、220.0 Ma，这两套火山-沉积复理石的地质时代大致限于中三叠世。火山岩岩石化学及地球化学特征，似乎属于活动陆缘俯冲或碰撞造山条件下地壳深熔作用的产物。

云南元阳牛上、金平老猛一带，中三叠统有轻微变质，由灰绿色、黄绿色绢云板岩与灰黑色薄至中层状灰岩互层夹少量长石石英砂岩及粉砂岩组成，厚度大于 1 871 m，未见底界，其上被上三叠统红色砾岩不整合覆盖。含有双壳类 *Myophoria*(*Costatoria*)*goldfussi mansuyi*，*My.* (*C.*)*goldfussi*，*My.* (*C.*)*inaequicostata*，*Entolium liscaviensis*。就化石面貌与上兰组的一部分相当。

综上所述，金沙江-滕条河构造带早、中三叠世地层平均分布宽度限制在 30～40 km，而断续延伸则长达 2 000 km 以上，基本上都属于活动型沉积，复理石特征明显，岩相变化复杂，火山岩及火山碎屑岩夹层较多，最大厚度达到 9 263 m，这些特征在中国西南区的下、中三叠统乃是独一无二的。

澜沧江构造带未发现下三叠统。中三叠世地层单位称忙怀组和小定西组。是澜沧江构造带的火山-砂泥复理石建造。

忙怀组沿滇西红色盆地西缘至无量山以南都有分布，下未见底，上被中侏罗统超覆不整合覆盖。在云县忙怀，出露厚度为 4 340 m，按岩性分两段，下段与上兰组一样，是一套含有中三叠世双壳类 *Myophoria*(*Costatoria*)*goldfussi mansuyi*，*My.* (*C.*)*goldfussi*；腕足类 *Spiriferina* sp. 及植物碎片的砂泥质及泥灰质复理石，厚度大于 1 600 m。上段与下段连续沉积，主要是一套富钾流纹岩、流纹质凝灰岩，凝灰质粉砂岩、流纹质沉凝灰岩组成 5 个旋回，厚约 2 740 m，其下部含保存不好的双壳类及植物化石碎片。类似剖面在无量山以南的临沧邦东一带和景洪一带都有分布。从无量山顺澜沧江向北至碧江碧罗雪山、兰坪—德钦之间的澜沧江两岸，也有一套厚达 5 000 m 的火山-砂泥复理石，下部为碎屑岩、硅质岩、结晶灰岩组合，产菊石类 *Bulogites* sp.，*Nevadites* sp.；牙形石 *Neospathodus germanicus*，*N.* cf. *kockeli*，*Neohindeodella* spp. 等，厚 3 300 m。上部是一套灰白色流纹岩，全岩 Rb－Sr 同位素年龄值为 238.9 Ma，厚 1 700 m。从德钦向北，这套灰白色流纹岩一直可以追踪到西藏茫康盐井、竹卡，直到类乌齐。顺澜沧江两侧 15～20 km 宽度、南北延伸在 1 000 km 以上。少数年龄值可证明是属于中三叠世形成的。这些具有多旋回的爆发相、溢流相、爆发沉积相的火山岩，反映出喷发时阶段性特点。火山岩岩石化学及地球化学特征，表明属于活动大陆边缘陆—陆碰撞作用的产物(莫宣学等，1993)。

小定西组出露于滇西澜沧江两岸，是一个岩石类型十分复杂的地质体，在它出露的若干地点，展现了东、西不同，南、北各异，厚、薄悬殊，地层柱位置说法不一的特征。经过近几年研究，大体上可分上、下两段，下段为亚碱性玄武岩、钾玄岩、安粗岩及其火山碎屑岩组合为主，下部夹有许多砂砾岩、页岩等碎屑岩，产双壳类 *Posidonia* sp.；苔藓虫 *Fenestella* sp.；植物 *Sphenopteris* sp.，*Equisetites* sp. 及叶肢介。澜沧江东部的兰铁、黄果园一带，与其相当层位的夹层中，采到菊石类 *Acrochordiceras* sp.，海百合茎 *Cyclocyclicus* sp. 等。上部夹英安质玻屑凝灰岩、熔结凝灰岩、晶屑凝灰岩。上段主要是亚碱性玄武岩、钾质粗面玄武岩、中长玄武岩与高钾流纹岩、流纹质熔结凝灰岩组合为主，夹多层砾岩、砂岩和泥岩，含介形类、叶肢介、鱼类和植物碎片，总厚约 3 600 m。它的西侧被临沧混合花岗岩所复杂化，上部普遍被中侏罗统红色砂泥岩不整合覆盖。

这一复杂的地质体已知的双壳类、苔藓虫、叶肢介、介形类、鱼类和植物碎片都不足以确定其地质时代，其中菊石类、海百合茎则是中三叠世常见分子。巨大的临沧花岗岩质岩石，虽然是一个多旋回复杂化的混合杂岩带，近年在不同地点、不同岩性测得 Rb－Sr 同位素年龄值为 236 Ma、235 Ma、221 Ma、220 Ma，U－Pb 同位素年龄值为 238 Ma、223 Ma，说明中三叠世末澜沧江构造带曾发生过同构造期酸性岩浆活动。近邻的小定西组所包含的中—基性火山岩系列及“双峰”式火山岩系列，很可能是中三叠世末靠近大陆一侧板内拉张环境下的产物。

因此，本地层区攀天阁组、崔依比组、忙怀组上段和小定西组，它们大体上都是中三叠世形成的。主印支褶皱幕这里发生在中三叠世末与晚三叠世卡尼期之间，它完全不同于川西白玉-义敦带上三叠统根隆组和勉戈组的性质，主印支褶皱期这里较川西要早 27 Ma。这就是我们所理解的三江褶皱系与松潘、甘孜褶皱系印支期地层—构造—岩浆岩带的基本区别。

昌都-兰坪-思茅盆地缺失下三叠统。中三叠统仅在思茅臭水一带发育较好的稳定型沉积。熊家镛等(1983)自下而上分出下坡头组、大水井山组和臭水组，总厚只有 1 966.3 m，尚不及金沙江带和澜沧江带同期地层厚度的四分之一。

下坡头组是一套滨海—浅海相碎屑岩、碳酸盐岩沉积，底部以复成分砾岩与下伏古生界不整合接触，其上为灰紫色岩屑砂岩、灰绿色粉砂岩与灰色粉晶灰岩、泥灰岩组成两个韵律，厚 375.9 m，产双壳类 *Myophoria*(*Costatoria*)*goldfussi*，*M.* (*C.*)*goldfussi mansuyi*，*Plagiostoma beyrichi*，*Hoernesia* cf. *socialis*；腕足类、腹足类、珊瑚和海百合茎。

大水井山组是一套很厚的海相碳酸盐岩，与下坡头组连续过渡，下部为浅灰色粉晶灰岩、含燧石结核及条带。中部为灰白色块状粉晶灰岩。上部为浅灰色含白云质团块灰岩夹少量钙质泥岩，共厚 892.8 m，含菊石类 *Anolcites* sp.；双壳类 *Eumorphotis*(*Asoella*) cf. *illyrica*，*Daonella boeckhi*，*D. reticulata*，*Posidonia* cf. *ussurica* 及腕足类和珊瑚等。上述两个组的地质时代为中三叠世安尼期。

臭水组整合在大水井山组之上，下部是灰色钙质泥岩、粉砂质泥岩与灰色薄层灰岩、泥质灰岩互层，上部为钙质泥岩夹泥灰岩。共厚 697.6 m。所含化石十分丰富，有菊石类 *Protrachyceras* sp.，*Frankites* sp.，*Celtites* cf. *epolensis*.；双壳类 *Daonella lommeli*，*D. indica*，*D.* aff *reliiculata*，*Posidonia wengensis* 等。臭水组北起景谷和平乡，经思茅臭水、橄榄坝，直至勐腊一带都有出露，岩性及厚度均较稳定，含有丰富的菊石类、双壳类、海百合茎等。其地质时代归入中三叠世拉丁期颇为肯定。

兰坪盆地和昌都盆地是否存在中三叠世沉积值得注意。早年，在昌都妥坝附近曾采到双壳类 *Myophoria*(*Costatoria*)*goldfussi mansuyi*(中国科学院青藏高原综合科学考察队,1984)。

后来，在昌都拉多区玉曲乡夏日多、山穹弄一带也采到双壳类 *Myophoria*（*Costatoria*）*galdfussi mansuyi*，*Eumorphotis*（*Asoella*）*illyrica*；腕足类和海百合茎等许多属种。在类乌齐桑多、左贡扎玉和美玉等地同样采得双壳类 *Hoernesia crispissima* 等（饶荣标等，1987）。由于产化石的地层层位不明，含化石的岩石又被不同作者归于不同的地层层位，致使一些剖面与相邻地点剖面无法对比。如化石鉴定无误，我们相信至少昌都盆地应是存在中三叠世地层。

上三叠统在地层区内出露极广，沉积类型多种多样，以一套厚层具有磨拉石特色的紫红色复成分砾岩和区域性大面积地不整合覆盖在下、中三叠统及古生界不同地层之上为最明显的标志。除金沙江-滕条河构造带还存在一些造山期后的酸性火山活动而外，大部分地方基本上都是稳定型沉积。

但是，由于主印支褶皱后产生了极其复杂的造山带结构，海水进、退规程先后不一，覆盖在该褶皱系之上的上三叠统就具有同样复杂的沉积性质，因而从青海南部到西藏东部直至云南西部，有关上三叠统层序及组、段划分都形成了所在地区的各自系统，划分、对比问题迄今还未完全得到统一认识。本书采用的术语及地层序列见表 6-4。有关各地层单位的岩性组合特征，可参见《怒江-澜沧江-金沙江区域地层》一书（地矿部成都地矿所，四川省地矿局区调队，1992）此处笔者仅从剖面的层序结构、岩石组合、接触关系、生物化石等方面概述江达型、昌都型、兰坪-墨江型、思茅型、绿春型地层序列的基本特征及对比。

1. 江达型

这一类型沿金沙江构造带呈狭长带状出露，剖面有底无顶，显著标志是含有很厚的酸性火山岩，而火山岩又沿一些断裂带上比较集中，自下而上可分出 5 个地层单位，是这里最多层位的类型。

东独组，红色砂砾岩。砾石成分复杂，大小不一，砂岩普遍含凝灰质及长石质，未发现化石，南部厚 370～470 m，北部厚 1 800～2 100 m，角度不整合在中三叠统之上。

公也弄组，灰色石灰岩。致密厚层，具竹叶状构造，产丰富的菊石类 *Protrachyceras* sp.，*Paratrachyceras* sp.，*Trachyceras* sp.，*T.* aff. *sinense*，*Hoplotropites* sp.，*Parakellnerites* sp.；双壳类 *Lilangina nobilis*，*Halobia austrica*，*H. convexa*，*H. pluriradiata*，*H. styriaca*，*Daonella indica*，*Posidonia* cf. *wengensis* 及腕足类、腹足类、海百合茎和六射珊瑚。南部厚 300～500 m，北部厚 2 000 m。

洞卡组，火山岩为海陆交替相—陆相喷发，紫红色、灰绿色、角砾状和杏仁状非常醒目，共 7 个喷发-沉积旋回，岩石类型复杂，一般下部以安山玄武岩为主，中部以安山岩、英安岩为主，上部以流纹岩为主。每一旋回含许多火山碎屑岩及细小、滚圆、石英质砾石。化石很少，厚 1 900～2 390 m。

波里拉组，灰白色石灰岩。含泥质及生物碎屑，厚度不大，但分布稳定，地貌常呈鱼脊状，产菊石类 *Arcestes andersoni*，*Placites* cf. *oxypyllas*，；双壳类 *Pergamidia* sp.，*Halobia* cf. *plicosa*，*H. superbescens*，*H.* cf. *fallax*，*Krumbeckia* sp. 及腕足类、腹足类和珊瑚。厚 60～190 m。

巴贡组，黑色砂页岩。含有以双壳类 *Burmesia* 为主的动物群及零星的植物化石或碎片。厚度大于 600 m。没有见到上覆侏罗纪地层。

2. 昌都型

主要出露于昌都至青海南部中生代盆地的周围，向南延伸到云南德钦、维西附近。剖面有底、有顶，比较完整，自下而上分三套地层。

甲丕拉组，红色、灰绿色砂砾岩。不整合在中三叠统或上二叠统之上，下部砾岩和砂砾岩厚度很大，中上部是灰绿色长石石英砂岩及紫红色页岩，各种交错层理、斜层理、条带状构造比较发育，厚1 000～2 100 m。在维西附近，张景华(1984)采得双壳类 *Myophoria*(*Costatoria*)*napengensis*，*My.* (*C.*)*mansuyi*，*My.* (*C.*)*nuitoensis*，*My.* (*C.*)*gigantea*. *My*(*C.*)*elongatay*，*My.* (*C.*)*pterygia*，*Nuculana yunnanensis* 及六射珊瑚、腕足类和植物。

波里拉组，灰白色石灰岩。分布稳定，厚度不大，地貌标志清楚，产丰富的菊石类 *Placites postsymmetricus*，*P. oldhami*，*Stenarcestes* cf. *leiostracus*，*Arcestes* sp.；双壳类 *Myophoria* (*Costatoria*)*napengensis*，*My.* (*C.*)*mansuyi*，*Halobia superbescens*，*H.* cf. *partschi*，；腕足类相当丰富，局部几乎成为介壳层，厚200～500 m。

巴贡组，黑色含煤碎屑岩。下段是正常的海相沉积，含有以双壳类 *Burmesia* 为主的动物群，上段海相化石绝迹，含有可采煤层及丰富的 *Dictyophyllum*－*Clathropteris* 植物群早期组合分子。与上覆下中侏罗统整合接触。厚500～1 750 m。

3. 兰坪-墨江型

云南剑川石钟山、巍山歪古村、景东柳树田、墨江—碗水等地的上三叠统都属于这一类型。共有三个岩石地层单位。

歪古村组，红色砂砾岩及泥岩。不整合或平行不整合在古生界之上，下部紫红色砾岩成分复杂，墨江一带有超基性岩的砾石。上部是紫红色、灰绿色砂岩及泥岩，夹多层泥灰岩，产双壳类 *Pteria frechii*，*Halobia* cf. *yunnanensis*，*H. ganziensis*、珊瑚、叶肢介及植物碎片。厚500～900 m。

三合洞组，灰色石灰岩及黑色页岩。下部石灰岩产双壳类 *Halobia pluriradiata*，*H.* cf. *yunnanensis* 及腕足类、腹足类和珊瑚。上部是黑色页岩，产菊石类 *Protrachyceras* sp.，*Trachyceras* sp.，*Indoclionites* sp.，*Paratibetites clakei*，*P. yunnanensis*；双壳类 *Halobia rugosa*，*H. superba*，*H. pluriradiata*，*H. yunnanensis*，*H. substyriaca*，*H. charlyana* 及少量腕足类及珊瑚等。厚200～500 m。

麦初箐组，灰色含煤碎屑岩。但是，沿乾江、西鼠街、西窑一线东、西两侧有所不同，西侧为砂页岩的间互层，夹煤线，砂岩的比重大，化石稀少，韵律性明显。东侧为砂泥岩的间互层，也夹煤线，但泥岩比重大，化石丰富，下部出现较多泥灰岩(有食村灰岩——非正式地层单位)，巍山上湾子有两层，共厚368.0 m，景东阿鼻伍有一层，厚120.0 m，含双壳类 *Burmesia lirata*－*Myophoria*(*Costatoria*)*napengensis* 组合和 *Yunnanophorus boulai* 组合。厚度介于766.5～1 554.2 m，与上覆中侏罗统平行不整合接触。因此，兰坪盆地也有两套灰岩的特征，三合洞组灰岩属卡尼阶，麦初箐组的“有食村灰岩”则属诺利阶。

4. 绿春型

绿春型总称高山寨组，仅见于哀牢山西南麓的绿春高山寨、红河咱倮、元江三板桥、金平老猛等地，不整合在中三叠统砂-泥复理石之上，也超覆不整合在古生界不同层位之上。其岩石组合自下而上都呈现红色、褐黄色，由巨大的砾岩、粗砂岩、泥岩、页岩组成许多个沉积韵律，夹多层很厚的流纹斑岩、英安斑岩，显示出山前磨拉石色彩。缺少正常海相化石，只有半咸水性质的双壳类 *Yunnanophorus* sp.，*Unionites* cf. *mannuensis* 及介形类和叶肢介。厚度达3 145 m。沿走向岩性变化很大，从高山寨向西北，主要是紫红色页岩、砂岩夹灰岩凸镜体，火山岩夹层不多，向东南则以灰绿色砂页岩为主，火山岩增多，到金平老猛附近，中酸性火山岩则占主要成分，厚1 700 m。至国境线附近，又是紫红色碎屑岩夹流纹斑岩。因此，高山寨组对研究滇西南晚三叠世古地理特征是有重要意义的。

5. 思茅型

分布范围很小，仅在思茅—勐腊一线以西出露，向南延出国外。以角度不整合覆于中三叠世臭水组之上，平行不整合伏于中侏罗统之下。自下而上有三套地层单位。

威远江组，底部只有9.3 m灰白色复成分砾岩，其上是灰色泥岩、粉砂岩和泥质灰岩的韵律层，厚593.5～653.3 m，富含菊石类 *Protrachyceras* sp.，*Trachyceras* sp.，*Paratrachyceras* sp.，*Arpardites* sp.，*Longobardites* cf. *breguzzanus*，*Anolcites* cf. *doleriticum*；双壳类 *Halobia jagelskyi*，*H. miesenbachensis*，*H.* cf. *bakoviensis* 及腕足类、腹足类、有孔虫、介形类和植物等。

桃子树组，下部为灰绿、黄绿色长石岩屑砂岩、含砾砂岩夹细砾岩及黑色泥岩。上部为长石岩屑砂岩及泥灰岩，厚264.6～290.2 m。产菊石类 *Paratrachyceras* cf. *hofmanni*，*Trachyceras* cf. *fascigerum*，*Protrachyceras* sp.；双壳类 *Halobia superba*，*H. convexa*，*Posidonia wengensis* 及腕足类、腹足类等。

大平掌组，是一套褐红色泥岩、粉砂岩夹紫红色岩屑砂岩的杂色层，厚度只保留7.9～21.3 m，含有菊石类 *Choristoceras* sp.，*Thisbites* sp.；双壳类 *Halobia* cf. *plicasa*，未见含煤的碎屑岩层位。

上述5种沉积类型的地层序列特征，可初步概括为以下几点：

(1)江达型有两套红层、两套灰岩、一套煤系，下红层、下灰岩为卡尼阶，上红层、上灰岩为诺利阶，代表金沙江带边缘浅海陆架沉积。

(2)昌都型与兰坪-墨江型虽然都是三套地层，但不能红层对红层、灰岩对灰岩，因为前者红层和灰岩为诺利阶，后者红层和灰岩为卡尼阶。但诺利阶与卡尼阶交接位置在兰坪乾江、剑川月亮坪新村与旧村一带。

(3)绿春型代表滕条河带的山前磨拉石。思茅型则代表澜沧江带边缘的浅海陆架沉积。其他类型代表潮坪与陆架之间的交替与过渡。

(4)三江褶皱系晚三叠世海侵是多方向性的，表现为沉积情况极为复杂，但主要海侵方向是自南而北，使上三叠统海相层位相应的逐步升高。

(5)三江褶皱系的三叠纪沉积盆地类型划分及盆地演化分析，对研究古特提斯洋盆关闭、板块俯冲同步型、碰撞型、碰撞滞后型火山活动在时间和空间的迁移是至关重要的，地层问题就是其中的关键之一。

二、藏滇地层大区(Ⅶ)

藏滇地层大区包括羌南-保山地层区、冈底斯-腾冲地层区和喜马拉雅地层区三部分，基本上代表了中国西南区三叠纪地层的稳定型沉积。

(一)羌南-保山地层区($Ⅶ_1$)

本区介于龙木错-澜沧江构造带与班公湖-怒江构造带之间，三叠系虽然分布很广，但发育情况却参差不齐，岩性变化也相当显著。为了便于叙述，我们将本区切成西、中、南三段，分别以双湖型、左贡型、保山型为代表加以讨论，划分对比意见列于表6-5。

表 6-5 羌南-保山地层区三叠系划分、对比表

Table 6-5 Subdivision and correlation of Triassic stytem in South Qiangnang - Baoshan Region

年代地层 \ 型带			双湖型（双湖—安多段）		左贡型（安多—碧江段）	保山型（碧江—镇康段）
上覆地层			J_1			
三叠系	上统	瑞替阶	日干配错群	上组		
		诺利阶		中组	巴贡组	弯甸坝组 / 三岔河组
					波里拉组	南梳坝组
					甲丕拉组	
		卡尼阶		下组	东达村组	大水塘组 / 牛喝塘组
	中统	拉丁阶	康南组			河湾街组
		安尼阶				
	下统	奥伦尼阶	硬水泉组			明朗组
		印度阶	康鲁组			帕拍组
下伏地层			P_2		Pz	P_1

早三叠世帕拍组与明朗组和康鲁组与硬水泉组

帕拍组出露于云南沧源县糯良乡帕拍。明朗组出露于永德县明朗乡巴尾、镇康县木厂乡南片河、大河边、小水井等地，是1985—1986年先后被发现的（肖萨文，1987；云南地矿局第三地质大队，1989）。在这之前，保山地区一直没有下三叠统的记录，它的发现，不仅证明早三叠世海水曾经到达过这里，而且对于分析研究滇西地质构造历史也有重要意义。

帕拍组平行不整合在下二叠统之上，厚154.3 m。下部以黄绿色页岩为主夹薄层岩屑砂岩、粉砂岩，上部为灰白色、浅黄色页岩夹黑色含放射虫硅质岩及灰白色玻屑凝灰岩。产菊石类 *Lytophiceras* sp.，*Hypophiceras* sp.；双壳类 *Claraia griesbachi*，*Cl.* cf. *stachei*，*Promyalina* cf. *putiatiensis* 等。对其沉积环境在文献中有四种解释：①“局部沉陷或残留洼地”，②“浅海至次半深海沉积”（罗建宁等，1992），③“深海陆坡沉积”（冯庆来，1992），④“一套很有特色的远海型沉积组合”、“典型的远洋环境”（方念乔，1993）。上述问题，待今后研究解决。

明朗组是永德、镇康一带依据牙形石从原“河湾街组”下部新划出来的一个地层单位，下部主要是浅灰色、灰白色钙质白云岩，上部为灰色薄层状泥晶灰岩，厚252.1 m。含丰富的牙形石 *Parachirognathus delicatulus*，*P. geiseri*，*Pachycladina symmetrica*，*P. inclinata*，*P. obliqua*，*Neohindeodella nevadensis*，*N. triasica*，*Hadrodontina* cf. *adunca*，*Diplododella bidcutata*，*Prioniodus muguidontata* 等。其中 *Parachirognathus* 曾被斯威特（W C Sweet，1971）作为早三叠世奥伦尼期最早时的带化石。它的许多属种，在巴颜喀拉地层区菠茨沟组上段也有所发现（饶荣标等，1987）。但是，明朗组之下还有较厚的钙质白云岩没有发现化石，它是否有一部分属于印度阶，留以后再行研究解决。

明朗组与帕拍组岩性不同、岩相各异，也许代表了保山地区南定河断裂两侧下三叠统沉积环境由浅水逐步向较深水的过渡。

康鲁组与硬水泉组系一连续剖面，出露于西藏双湖附近热觉茶卡至康鲁茶卡一带，组成康木如山向斜构造的翼部。

康鲁组以紫红色、灰紫色、暗紫色含砾粗的和细的碎屑岩相当发育最为醒目，共厚

636.2 m，化石相当丰富，保存完好，以双壳类为主，构成下部 *Claraia stachei* 组合和上部 *Eumorphotis multiformis* 组合。与下伏灰黑色砂岩、页岩夹煤层、含有植物化石 *Gigantonoclea nicotianelia* 等。与上二叠统连续过渡。

硬水泉组以不含紫色层为特征，含石灰岩的比例大为增多，且富含砾屑和鲕粒，共厚 1 010 m。下段全层富含双壳类 *Pteria* cf. *murchisoni*，*Entolium discites microtis*，*Eumorphotis venetiana*，*Eu. rugosa*，*Eu. inaequicostata*，*Unionites canalensis*，*U. fassaensis*，上段灰岩则富含菊石类 *Tirolites* sp.，*T.* cf. *cassianus*，*Kashmirites* sp.，*Anakashmirites* sp.，*Proptychites* sp.，*Preflorianites* sp.，*Pseudoceltites* sp.，*Xenoceltites* sp.，*Columbites* sp. 等。因此，不论颜色、岩性及化石，康鲁组和硬水泉组是容易区分的，从化石及岩性段序列来看，前者属于早三叠世印度期，后者属于早三叠世奥伦尼期。与我国南方同期地层可比性很强。

中三叠世河湾街组及康南组

河湾街组是云南保山地区出露较广的地层之一，在怒江断裂与南定河断裂之间呈南北向展布。在保山河湾街，它平行不整合在上二叠统之上，以一套稳定的白云岩为特征，但岩石极其破碎，俗称"破灰岩"，厚 698.9 m，产双壳类 *Myophoria*（*Costatoria*）cf. *goldfussi*，*Plagiostoma* cf. *begrichi*，*Posidonia* cf. *boseoniaca* 及腕足类和有孔虫。其他地点许多剖面的岩石特征及化石与标准地点的基本相同，地质时代主要是中三叠世安尼期，南部、东部较薄，厚度介于 320～340 m，西部、北部较厚，厚度介于 500～700 m。但是，沿蒲缥、由旺、施甸至镇康南朋河一线，河湾街组顶部通常有一套厚薄不一的纯灰岩、粉晶灰岩，产牙形石 *Neogondolella excelsa*，*N. mombergensis*，*Neogondolella constricta*，*Gladigondolella* cf. *tethydis*，*Diplododella magnidentata*，*D. acrofrme*，*D. bidentata*，*Prioniodina libita*，*Neospathodus microdus* 等等。第 1、2 两种曾被一些学者作为中三叠世拉丁期的带化石（W C Sweet，*et al.*，1971；田传荣，1982）。因此，保山地区河湾街组顶部灰岩，有可能包括拉丁阶层位。共生的牙形石 *Gladigondolella tethydis* 是一种窄盐和窄温的指相化石，指示本区是一个较为温暖的正常海，与中下部大套白云岩的沉积环境也有所不同。所以，广义的"河湾街组"的解体，值得今后进一步工作时注意。

康南组是西藏双湖地区出露较广的地层之一，连续沉积在硬水泉组之上，以一套灰绿色和灰色、杂色砂页岩与许多极薄层泥质灰岩的交互层组成。普遍夹有粗砂岩和细砾岩与硬水泉组灰色灰岩相区别，界线十分清楚，总厚 220～321 m，钙质砂岩夹层中，含 20～30 cm 厚的菊石层，部分地段实际上是生物堆积层，计有菊石类 *Ptychites rugifer*，*P. arcestoides*，*P.* cf. *sehadve*，*Procladiscites crassus*，*Balatonites* cf. *xizangensis*，*Cuccoceras* cf. *yoga*，*Longobardites* sp.，*Acrochordiceras* sp.，双壳类 *Entolium sichuanensis*，*Myophoria* sp.，*Plagiostoma* sp. 等，地质时代归入中三叠世安尼期。

王文彬（1958）早年在藏北旁则错曾采到双壳类 *Daonella lommeli*，并被赵东旭（1963）所引用。近年，西藏地矿局（1987）在改则托和平错西也鉴定到双壳类 *Daonella bulongensis bifurcata*。这两种化石，都是中三叠世拉丁期的特征分子。因此，藏北和滇西一样，拉丁阶的地层问题，也是今后需要多加注意的。

此外，在西藏日土县至龙木错之间，还有一套未分开的三叠系、岩石性质不同于藏北它处的，郭铁鹰、梁定益（1991）称为欧拉组，总厚大于 670 m。现将剖面罗列如下：

4. 黑灰色中—厚层状白云岩（未见顶） >500 m

3. 上部基性火山岩(粗玄岩)夹放射虫硅质岩，中下部为灰紫色—紫红色薄层条带状泥灰岩夹放射虫硅质岩、粗玄岩 约 100 m

2. 深灰色中厚层状白云质灰岩及泥灰岩。含双壳类 *Schafhaeutlia liscaviensis*，*Bakevellia*，*Chlamys*，*Leviconcha* 及腹足类、海百合茎等 约 50 m

1. 灰黄色泥质灰岩夹白云质灰岩。在欧拉产双壳类 *Claraia* sp.，*Cl. concentrica*，*Cl. hubeiensis*，*Bakevellia* (*Neobakevellia*) *costata*，*Eumorphotis inaequicostata*，*Pleuronectites* 等 20 m

——————— 整　合 ———————

下伏地层：上二叠统吉普日阿组

从化石判断，层 1 属下三叠统，层 2 属中三叠统似乎可以确定，共厚只有 70 m。层 3 含有粗玄岩及层 4 的厚层白云岩的归宿尚难肯定，但在同一构造带上的西藏双湖肖茶卡和云南永德牛喝塘的中、上三叠统之间也含有类似粗玄岩的岩石。因此，欧拉组层 3 和层 4 是否有归入上三叠统的可能，留他日再行研究。本书暂将欧拉组作非正式单位处理。

上三叠统是本地层区出露最广泛的地层之一，以海相沉积为主，多不整合或超覆不整合在中三叠统或古生界不同层位之上。地层类型多种多样，岩性、岩相纵横变化相当复杂，地层序列及其相互对比存在的问题较多，也许它代表了主印支褶皱后沿班公错-怒江构造带以北复杂的古地理景象。

就区域地层岩性组合特征，可以分出保山型、左贡型、双湖型三类。上三叠统初步划分、对比见表 6-5。

1. 保山型

自下而上有牛喝塘组、大水塘组、南梳坝组、弯甸坝组四个基本单位。三岔河组可能是弯甸坝组同期异相的产物。

牛喝塘组出露于镇康-永德大背斜的两翼，是一套陆相喷发的火山岩系，总厚 75.8～1 337.1 m。纵向岩性分三段，即安山岩段，玄武岩—流纹岩段，玄武岩段，以玄武岩段分布最广。横向岩性分三带，由东向西从单一的火山熔岩过渡为火山岩与沉积岩相间产出，直至西带沉积岩占 50%以上。喷发旋回各地不一，最多达 25 个。厚度东厚(900～1 338 m)、西薄(75.8～141.8 m)，南厚、北薄。可能是沿南定河断裂呈中心式喷发的火山群。就其高钛、低铝、低镁的特征，属于板内拉张环境火山岩系。

大水塘组分布较广，主要是一套浅海相石灰岩。柯街断裂以西，超覆在河湾街组之上，灰岩含燧石结核、泥质条带和生物碎屑，厚度 300～400 m，表现为东薄、西厚，南薄、北厚，其变化与牛喝塘组互为消长。化石较少，但位于南梳坝组之下，其时代暂置于晚三叠世卡尼期。

南梳坝组伴随大水塘组出露，两者整合接触。由一大套黄色页岩、灰色页岩组成，近上部为灰色块状灰岩，厚度为 987.4 m(镇康马场)。下部是黄色页岩，夹多层 3～5 m 泥灰岩，页岩产双壳类 *Halobia rugosa*，*H. superba*，*H.* cf. *pluriradiata*，*H.* cf. *yunnanensis*，*H. convexa*，*H. omeishanensis*，泥灰岩产菊石类 *Tropites* cf. *payeri*，*Paratibeitites clarkei*，*Protrachyceras* sp.，*Indoceltites* sp.，等，其时代可肯定是卡尼期。中部是灰色砂质页岩，但也夹有许多黄色细砂岩构成韵律，所产化石以双壳类为主，薄壳、厚壳兼有，以厚壳的较多，重要的有 *Halobia* cf. *plicosa*，*H.* cf. *paraplicosa*，*Cardium* cf. *neguam*，*Palaeocardita* cf. *singularia*，*Unionites ellitica*，*Palaeoneilo* cf. *elliptica*，*Palaeonucula* sp. 等等。上部是灰色灰岩，块状、性脆、不含燧石结核和泥质条带，厚 104.5～248.6 m。产珊瑚 *Thamnasteria rectilamellosa*，

Procyclolites cf. *elegans*, *Montlivaltia* sp., *Thecosmilia* sp.；牙形石 *Epigondolella postera*, *E. abneptis spatulatus*, *E. bidentata* 以及有孔虫、层孔虫、苔藓虫和腕足类。因此，中部和上部的页岩和灰岩其时代可肯定是诺利期。但中部与下部都是页岩，除颜色略有差别外，岩性不易具体划分，所以南梳坝组是一个跨时的单位。暂作诺利期处理。

弯甸坝组与三岔河组仅出露于柯街断裂以东，共同特征是以灰色、灰白色厚层石英质细砾岩、含砾粗砂岩组成。与南梳坝组整合接触。但三岔河组可超覆在中三叠统及古生界之上。

弯甸坝组分两段，下段是杂色砾岩—含砾砂岩—砂岩—泥岩构成几个由粗到细的沉积韵律。上段是灰色砂岩—泥岩的韵律，共厚 706 m，含双壳类 *Burmesia lirata*, *Indopecten clignetti*, *Palaeocardita singularis*, *P. buruca*, *Plagiostoma nuitoensis*, *Nuculana yunnanensis* 及菊石类、植物等，时代为晚三叠世诺利期。在昌宁、双江一带，本组岩性明显变粗，上段夹多层紫红色层，相变过渡为三岔河组，并超覆在古生界之上，化石较少，厚度减薄为 662 m，杂色层更加明显，表示三岔河组更接近沉积盆地的边缘。

2. 左贡型

出露于怒江与北澜沧江之间的他念他翁山脉。自下而上分为东达村组、甲丕拉组、波里拉组、巴贡组四个地层单位。它对于认识藏东与滇西同期地层层位关系意义极大。

东达村组，由陈炳蔚等(1983)发现，邹成敬(1985)命名，贾宝江等(1990)做详细测量和研究。证明广泛分布于左贡、察雅、类乌齐一带，不整合在吉塘(岩)群变质岩之上。底部为厚 1～7 m 灰白色砾岩，下部为灰色块状结晶灰岩、生物灰岩及灰褐色钙质砂页岩、薄层泥灰岩，厚 374 m。上部为灰色泥质粉砂岩、页岩与泥灰岩、砂质灰岩的韵律层，厚 266 m。产珊瑚 *Mararosmillia confluens*, *Margarophyllia* cf. *crenata*, *Volzeia chagyabensis*, *Thecosmilia clathrata*, *Conophyllia* sp., *Distichophyllia* sp.；双壳类 *Schafhaeutlia* cf. *manjavinii*, *Neomegalodon* sp., *Carnucardia*? sp.；水母 *Conulariopsis* sp. 等。关键分子的地质时代，最高层位都未超过晚三叠世卡尼期。显然，这一以灰色碳酸盐岩层位的发现，沟通了与保山型大水塘组之间的关系。

甲丕拉组、波里拉组、巴贡组的基本特征与昌都型、江达型所描述的大体相同。仅巴贡组不含煤线，紫红色、灰绿色长石质砂岩明显增多，表示这一海、陆交替变迁的层位，到怒江沿岸已接近沉积盆地的边缘。

3. 双湖型

出露于西藏北部双湖县以西，以戈木日-玛依岗日-阿木岗日大穹窿的南、北两翼分布较广。称日干配错群。特点是厚度特大，达 6 026 m，全部是海相沉积，与下伏中三叠统平行不整合接触，与上覆海相侏罗系连续过渡。这一特色，是保山型和左贡型所没有的。

但是，由于构造破坏和第四系掩盖，迄今尚未觅得完整地层剖面，从已知 12 条不完整剖面的岩石组合、接触关系、生物化石等，可将该群分成下、中、上三个部分。

下部有两个岩性段，下段仅仅出露于肖茶卡至双湖之间，主要是灰绿色玄武质火山角砾岩、角砾熔岩、块状安山岩，气孔状、杏仁状构造发育，未见底，厚度大于 132～326 m；上段为灰岩夹砂页岩，出露较广，在肖茶卡其底有 2.0 m 砾岩，鲤鱼山附近超覆在阿木岗日(岩)群变质岩之上，灰岩含泥质，产腕足类特别丰富，少量双壳类、珊瑚和水螅，厚度变化极大，东部、北部只有 150～315 m，南部、西部则猛增到 1 000～2 000 m 以上。就层位看，与保山型牛喝塘组、大水塘组，左贡型东达村组都非常接近。

中部主要是碎屑岩，出露极广，由黑、灰、绿、黄等杂色砂岩、页岩夹少量泥灰岩凸镜体组成，化石以双壳类最多，也有零星的腕足类、腹足类、珊瑚、孢粉及植物碎片，厚1 163～1 357 m。就其岩性及化石，都与保山型南梳坝组、弯甸坝组比较接近。

上部主要是灰岩及钙质粉砂岩、页岩。这部分是双湖型所独有，也是中国西南区上三叠统所独有。目前仅发现于班戈县其香错北、曲色索不查温泉及安多一带，与上覆含有菊石类Schlotheimmidae，Arietitidae，*Ptycharietites* sp. 等下侏罗统黄色泥岩、泥质粉砂岩和泥灰岩接触关系不明。

（二）冈底斯-腾冲地层区（VII_2）

本区介于班公错-怒江构造带与雅鲁藏布江构造带之间。三叠纪地层保存很少，虽然从本世纪50年代以来陆续有一些三叠纪化石的报道，但地质情况一直模糊不清。因而，地层系统的建立，还是80年代以后的事情。

综观全区，三叠系主要分布于西藏丁青—洛隆地区、拉萨地区以及云南腾冲地区。

丁青—洛隆地区的三叠系，过去称为“沙丁板岩系”（李璞等，1959），是一套厚度巨大、岩性单调、褶皱复杂、断层众多、化石稀少的海相砂-泥复理石。饶荣标等(1987)分成上、下两群，下部统称希湖群，上部统称确哈拉群。

希湖群，厚5 223 m，下部是灰色、灰黑色板岩夹少量砂岩及暗绿色火山岩。厚4 223 m，与下伏含有古生代珊瑚的厚层大理岩接触关系不明。上部是砂质板岩，厚1 000 m，在丁青桑多附近，含丰富的、多种形态的菌孢化石（汪品先鉴定）。刘茂修等(1983)在丁青尺牍拉日卡附近，采得菊石类 *Judicarites* sp.；双壳类 *Myophoria* sp. 等。巨厚的希湖群由三个海退-海进旋回构成，具有多种指相意义的层理特征和指示沉积环境的层面构造，大致自南向北是由陆缘—滨海的潮坪砂泥岩相和泥质岩相向半深海—深海的浊积岩相和硅质岩相过渡（邹定邦等，1984）。

确哈拉群，厚2 661 m，由灰色长石石英砂岩、粉砂岩、板岩与硅质条带灰岩组成三个沉积旋回，每一旋回都是下粗、上细。下部旋回厚289.2 m，底部有50～80 m复成分砾岩，砾石以石英为主，石灰岩、板岩次之，扁平状、椭圆形，与希湖群平行不整合接触。这层砾岩在丁青县确哈拉、娃拉、贡吹弄、那花日啊、三岔河都可以见到，中部旋回厚1 245 m，灰岩相对较多、较厚，产有珊瑚 *Thamnasteria rectilamellosa*，*Styiosmilia tibetanus*，*Isastraea* sp.。上部旋回厚1 125.8 m，黄褐色砂岩和板岩逐渐增多，在尺牍以西金珠日卡采到珊瑚和腹足类。

类似确哈拉群的层位，四川区调队早年(1966—1971)在西藏洛隆瓦合、杂中、腊久一带和近年(1994)在八宿同卡然多一带先后采得双壳类 *Neomegalodon*(*Rossiodus*)*qinghaiensis*，*Bakevellia praecursor*，*Nuculana perlonga*，*Modiolus* cf. *orubatensis*；菊石类 *Juvavites* sp. 和海百合茎 *Traumatocrinus* sp.。西藏地矿局第五地质队(1980)在那曲以西达如错学曲南山、江错阿多—白拉一带，也发现一套厚度大于1 400 m的三叠纪复理石沉积，平行不整合在含有䗴类、珊瑚化石的下二叠统之上，复理石上部砂质板岩中，产双壳类 *Schafhaeutlia* cf. *subastartiformis*，*Myophoria*(*Elegantinia*)sp. 等。从这些零星材料，看到确哈拉群的分布还是比较广泛的。

拉萨地区的三叠系，岩石性质完全不同于丁青—洛隆地区，但也只能分上、下两部分，即早、中三叠世查曲浦群晚三叠世麦隆岗群。

查曲浦群，出露于堆龙德庆县却桑温泉东山等地，虽经多次反复工作，但对岩性描述及地层划分、命名、时代、厚度、接触关系的认识不够统一。过去，分成上、下两部，下部以石灰岩为主，夹灰绿色块状安山岩、凝灰岩和凝灰质砂岩，厚 315 m，含有丰富的菊石类、双壳类、腕足类和牙形石，与下伏晚二叠世列龙沟组整合接触；上部为灰色含砾凝灰岩、安山质角砾熔岩、辉石安山岩、夹凝灰质砂岩、粉砂岩，厚 881 m，与上覆中上侏罗统多底沟组不整合接触(饶荣标等,1987)。近年，尹集祥等(1990)再次做了系统观察，将东山剖面分为四层，层 1—3 相当于前述的下部，称查曲浦群，共厚 299 m，时代包含较广(T_1、T_2^1、T_2^2)。层 4 相当于上部，称“叶巴组”，厚 333 m，归入 T_3。层 1—2 所含化石与早先顾庆阁(1980)、孙东立(1981)报道过的菊石类、腕足类、牙形石基本相同，但也有新的发现。层 3 除先前已有的而外，新发现双壳类 *Myophoriopsis* aff. *lineata*，*Myophoria*(*Costatoria*)*curvirostris*，? *Leptochondria* cf. *michaeli*，? *Pseudocorbula* sp.，*Modiolus* sp.，*Entolium* sp. 等，其中第一种被认为“相似于欧洲拉丁阶(T_2^2)常见的原种”(尹集祥等,1990)，因而层 3 的时代属于拉丁期。层 4 是一套火山岩及火山碎屑岩，底部含有赤铁矿凸镜体及铁质砂岩，与层 3 平行不整合接触，过去和现在都没有找到化石，厚度及时代各人说法不一(881 m、333 m，T_2、T_3、J_2 等)。

本书采用的查曲浦群与尹集祥等(1990)的定义相同。至于上部火山岩部分(相当层 4)，据最新区域地质调查结果①已归入中侏罗世叶巴组。

麦隆岗群分布于西藏林周麦隆岗、牛马沟、洛巴堆北及墨竹工卡拉东一带(图 6-6)。

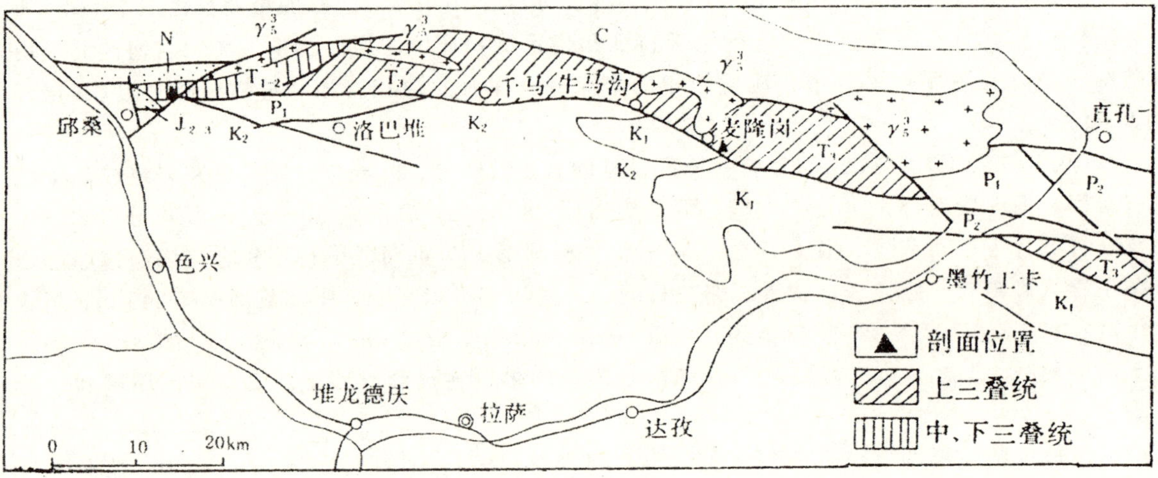

图 6-6 西藏拉萨北部地质略图(据饶荣标等,1987)

Fig. 6-6 The Geological sketch of northern Lasa, Xizang

东、西向延长在 100 km 以上，是拉萨附近上三叠统唯有化石证据的几个地点，主要岩性是砂页岩、泥岩与灰岩的互层，但以灰岩为主，上部夹角砾状灰岩，未见顶、底，总厚度大于2 183 m。经过夏金宝等(1986)、毛力等(1987)等进一步研究，情况已基本清楚。剖面自下而上产丰富的珊瑚、双壳类，少量腕足类、腹足类、水螅、层孔虫和刺毛虫，顶部灰岩含许多牙形石及

① 西藏地质矿产局，1991，1：20万《拉萨幅》区域地质调查报告(资料)。

介形类。从原环珊瑚科(Procyclolitidae)13 属、19 种，双壳类 15 属、18 种，牙形石 8 属、20 种来看，麦隆岗群的时代属于晚三叠世可以肯定，更接近于卡尼期至诺利期。顶部灰岩的牙形石自下而上可分出 5 个带，它和国际、国内同期地层牙形石带的对比列于表 6－6。可以认为，这 5 个带化石不仅是西藏、也是中国南方上三叠统诺利阶迄今所知牙形石动物群序列最完整、内容最丰富的一个产地。

表 6－6　西藏林周县麦隆岗群顶部牙形石带与北美和邻区牙形石带对比表

Table 6－6　Correlation of conodont zone from the uppermost Mailonggang Group in Linzhong near Region，Xizang and North America

年代地层 \ 牙形石带及分布			北美、加拿大 *Orchard*、1983	云南保山地区 王志浩、董致中，1985	西藏聂拉木土隆剖面 田传荣、1982	西藏林周麦隆岗 毛力等、1987
上三叠统	诺利阶	上	*E. bidentata*	*E. bidentata*		*E. bidentata*
		中	*E. n.* sp. *d* *E. postera* *E. n.* sp. *c* *E. multidentata*	*E. postera* *E. multidentata*	*E. multidentata*	*E. postera* *E.* sp. *c* *E. multidentata*
		下	*E. abneptis spatulatus* *E. abneptis abneptis* *E. primitia*		*E. abneptis*	*E. abneptis*

云南腾冲地区的三叠系仅出露于腾冲龙川江以西的固东、瑞滇一带，均未见顶、底。就固东先锋营及大洋火塘剖面来看，主要岩性是碳酸盐岩，下部因受到后期花岗岩烘烤退色而成为白色大理岩，逐步过渡为灰色生物碎屑灰岩及薄层灰岩。上部灰岩多含泥质，夹两套浅黄色钙质泥岩。共厚大于 731.5 m。从岩石性质及其中所含主要化石，酷似保山地区晚三叠世大水塘组和南梳坝组的一部分。这里是否存在中、下三叠统，目前还没有更多的确切证据。

但是，在冈底斯—念青唐古拉如此巨大的山系中，仅仅在查曲浦、麦隆岗一带千余平方公里范围内，保存着厚达 2 500 m 稳定型的三叠系，是否存在一个庞大的“唐古拉陆”(关士聪等，1984)或“冈底斯低地”(王鸿祯等，1985)，这是需要地层、古生物、沉积、古地理等学家共同努力加以认识的。

(三)喜马拉雅地层区(Ⅶ$_3$)

本区是指雅鲁藏布江构造带以南、中国境内的广大区域，是中国南方海相三叠系发育最完整的地区之一，追踪阿尔卑斯经典地点及西亚和东南亚的三叠系，这里也是整个特提斯-喜马拉雅构造域的三叠系发育最好的地区之一。

从本区三叠系的分布和性质来看，自南而北有稳定型、过渡型、活动型三种沉积类型。稳定型与过渡型沉积主要分布在北喜马拉雅地层分区内，活动型沉积仅见于雅鲁藏布江地层分区。

1. 北喜马拉雅地层分区(南部)(Ⅶ$_3^2$)

这里的三叠系属于稳定型，大致西起札达马阳，经普兰、定日、定结、岗巴至康马嘎拉一线以南都属于这一类型。下巴拉向西，可与尼泊尔约姆索姆(Jomsom)、印度斯匹提(Spiti)一带的三叠系相衔接，从亚东县帕里向东，可能与锡金拉契(Lachi)山的三叠系相连。

本区从 60 年代发现并研究三叠系起(顾庆阁，1965；尹集祥等，1974；王义刚，1980)，后经西藏自治区地质局[①] (1983)、饶荣标等(1987)做了详细测量和分析，情况业已基本清楚。为了便于阅读有关这一地区的大量资料，将本分区三叠系划分沿革列于表 6-7。现以西藏聂拉木县土隆村实测剖面为基础，加以叙述和讨论(图 6-7)。

表 6-7　北喜马拉雅地层分区三叠系划分沿革表

Table 6-7　Evolution and subdivision of the Triassic system in North Himalaya subprovince

<table>
<tr><th>系</th><th>统</th><th>阶</th><th>顾庆阁
1965</th><th colspan="2">尹集祥等
1974</th><th colspan="3">王义刚
1980、1984</th><th>夏代祥
1984</th><th colspan="2">饶荣标等
1987</th><th>徐国张
1988</th><th>郭铁鹰等
1991</th><th colspan="3">本书</th></tr>
<tr><td colspan="3">上覆地层</td><td>J</td><td colspan="2">J_1</td><td colspan="3">J_1</td><td>J_1</td><td colspan="2">J_1</td><td>J_{1-2}</td><td>J</td><td colspan="3">J_1</td></tr>
<tr><td rowspan="9">三叠系</td><td rowspan="5">上统</td><td>瑞替阶</td><td rowspan="4">曲龙共巴组</td><td colspan="2" rowspan="2">德日荣组</td><td colspan="3" rowspan="2">德日荣组</td><td rowspan="2">德日荣组</td><td colspan="2">扎木热组</td><td rowspan="2">奇玛拉组</td><td rowspan="4">共足拉组</td><td colspan="3" rowspan="2">德日荣组</td></tr>
<tr><td rowspan="3">诺利阶</td><td colspan="2">德日荣组</td></tr>
<tr><td colspan="2">曲龙共巴组</td><td colspan="3">曲龙共巴组</td><td>曲龙共巴组</td><td colspan="2">曲龙共巴组</td><td>江隆马组</td><td colspan="3">曲龙共巴组</td></tr>
<tr><td rowspan="6">土隆群</td><td rowspan="2">上组</td><td rowspan="6">土隆群</td><td colspan="2">达沙隆组</td><td rowspan="2">土隆群上组</td><td colspan="2">亚智组</td><td rowspan="2">罗布日组</td><td rowspan="6">土隆群</td><td colspan="2">达沙隆组</td></tr>
<tr><td>卡尼阶</td><td rowspan="2">长岗柱组</td><td colspan="2">扎木热组</td><td colspan="2">康沙热组</td><td>忙鱼香组</td><td colspan="2">扎木热组</td></tr>
<tr><td rowspan="2">中统</td><td>拉丁阶</td><td rowspan="2">中组</td><td rowspan="2">赖布西组</td><td>上段</td><td rowspan="2">土隆群中组</td><td rowspan="2">曲登共巴组</td><td>上段</td><td rowspan="2">果列组</td><td>扎日哪亚组</td><td rowspan="2">赖布西组</td><td>上段</td></tr>
<tr><td>安尼阶</td><td rowspan="3">马香曲群</td><td>下段</td><td>下段</td><td>邓公卡组</td><td>下段</td></tr>
<tr><td rowspan="2">下统</td><td>奥伦尼阶</td><td rowspan="2">下组</td><td rowspan="2">康沙热组</td><td>上段</td><td rowspan="2">土隆群下组</td><td rowspan="2">土隆组</td><td>上段</td><td rowspan="2">多浪组</td><td rowspan="2">当贡拉组</td><td rowspan="2">康沙热组</td><td>上段</td></tr>
<tr><td>印度阶</td><td>下段</td><td>下段</td><td>下段</td></tr>
<tr><td colspan="3">下伏地层</td><td>……?……
P_2</td><td colspan="2">P_1</td><td colspan="3">P_1</td><td>P_1</td><td colspan="2">P_2</td><td>P_1</td><td>P_1</td><td colspan="3">P_2</td></tr>
</table>

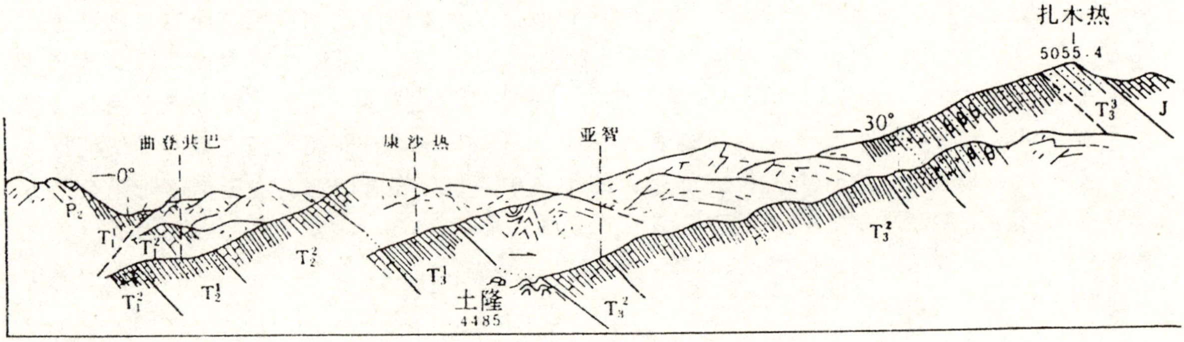

图 6-7　西藏聂拉木县土隆村三叠系剖面图(据饶荣标等，1987)

Fig. 6-7　The Sketch map showing a Triassic section in Tulong village, Nyalam county, Xizang

土隆村的三叠系连续完整，总厚度只有 1 441.2 m，露头良好、层次整齐、界线清楚、岩石组合简单、相标志明显、岩石未经变质、构造形变微弱，古生物化石不论门类、属种、数量都是我国南方海相三叠系它处剖面所不及的。

由于地层较薄，特别是康沙热组、赖布西组、扎木热组、达沙隆组 4 个单位的厚度只有 464.4 m，仅占这里三叠系总厚度(1 441.2 m)的 32.2%。西藏自治区(1996)岩石地层研究中，将这 4 个组归并统称为土隆群。本书从三叠纪地层的研究程度、地层多重划分对比以及研究与它处同期地层的相互关系考虑，仍采纳王义刚(1980)和中国科学院青藏高原综合科学考察

① 西藏自治区地质局．1983．1∶100 万《日喀则幅》、《亚东幅》．区域地质调查报告(资料)。

队(1984)所划分的地层序列，并充实饶荣标等(1987)丰富的实际资料一并加以讨论。

康沙热组

按岩性分两段，下段下部是土黄色泥质白云岩、白云质灰岩、薄层石灰岩和生物碎屑灰岩，与下伏上二叠统整合接触(饶荣标、张正贵,1985)。上部主要是紫红色页岩夹灰绿色及杂色页岩，含砂质小凸镜体及褐铁矿结核。上段为灰色、紫红色中层状石灰岩，靠顶部多紫红色并含泥质。共厚 110.3 m。含有丰富的菊石类、双壳类、牙形石、有孔虫、介形类、孢粉、海生疑源类、角石和腕足类等。

在区域上，本组岩性稍有变化，在色龙西山和定日一带，主要是碳酸盐岩，底部亦有白云岩和白云质灰岩。札达马阳、吉隆、定结一带，主要是灰岩夹页岩。普兰地区则砂、页岩较多，与灰岩呈不等厚互层。各地点均含较丰富的古生物化石，面貌与土隆村的基本相同。

康沙热组的菊石类可分 5 个层、带，双壳类分 3 个组合，牙形石分 8 个化石带，其对比关系列于表 6-8。各门类化石的层、带、组合均具有很强的时限性，清楚地表明本组时代属于早三叠世。上、下两段分别代表印度期和奥伦尼期的沉积。

表 6-8 康沙热组化石层、带、组合对比表

Table 6-8 Correlation fossil beds, assemblages and zones of the Kangshare Formation

时代及岩组 \ 门类				菊石类	双壳类	牙形石
早三叠世	奥伦尼期	康沙热组	上段	*Procarnites - Anasibirites*	*Claraia decidens - Claraia himaica*	*Neospathodus timorensis*
						Neogondolella jubata
				Owenites		*Neogondolella milleri*
						Neospathodus waageni
	印度期		下段	*Gyronites psilogyrus*	*Promyalina intermedia - Claraia hubeiensis*	*Neospathodus cristagalli*
						Neospathodus kummeli
				Ophiceras (Lytophiceras) sakuntala	*Claraia concentrica dingjieensis - Claraia griesbachi*	*Isarcicella isarcica*
				Otoceras latilobatum		*Anchignathodus parvus*

需要特别指出，在定日县曲宗乡沃鲁洛所产旋齿鲨 *Sinohelicoprion qomolangma*(张弥曼，1976)与菊石 *Ophiceras(Lytophiceras)sakuntala* 共生，不仅是现今世界上海拔最高(4 880 m)的水生爬行动物化石的产地，也是我国迄今所知中生代水生爬行动物出现层位最低、保存最完整的一个地点。

赖布西组

按岩性亦分两段，下段是灰色、黄绿色砂质页岩夹一些板状石灰岩及形态各异的砂质灰岩凸镜体。上段为灰色、深灰色灰岩、暗绿色砂页岩夹薄层棕黄色砂质灰岩。共厚 192.1 m。产丰富的腕足类、菊石类、双壳类、牙形石、介形类、非䗴有孔虫、角虫、孢粉、海生疑源类、海百合茎和放射虫等。与上、下地层均为整合接触。

在区域上本组岩性也有变化，色龙西山及吉隆地区为灰岩、泥灰岩与砂页岩不等厚互层。

普兰、札达一带为灰岩、泥灰岩夹页岩，下部为瘤状灰岩。定日地区为灰岩夹砂页岩。而定结萨尔库间一带以页岩为主夹砂岩。各地厚度介于 30～225 m 之间，均含有丰富的化石。

根据化石产出的层位关系，本组菊石类可分 4 个层、带，双壳类分 3 个组合，牙形石分 3 个带，腕足类虽很丰富，但只能分出 2 个组合。其对比关系列于表 6－9。

表 6－9　赖布西组化石层、带、组合对比表

Table 6－9　Correlation fossil beds, assemblages and zones of the Laibuxi Formation

<table>
<tr><th colspan="4">门类 / 时代及岩组</th><th>菊石类</th><th>双壳类</th><th>牙形石</th><th>腕足类</th></tr>
<tr><td rowspan="4">中三叠世</td><td>拉丁期</td><td rowspan="4">赖布西组</td><td>上段</td><td>Protrachyceras－Joannites</td><td>Daonella lommeli－Daonella indica</td><td>Neogondolella excelsa</td><td>Volirhynchia multicostata－Volirhynchia himaica</td></tr>
<tr><td rowspan="3">安尼期</td><td rowspan="3">下段</td><td>Ptychites rugifer</td><td rowspan="2">Posidonia ussurica－P. bosniaca</td><td rowspan="2">Neogondolella constricta</td><td rowspan="3">Nudirostralina griesbachi－Tulungospirifer stracheyi</td></tr>
<tr><td>Anacrochordiceras nodosus</td></tr>
<tr><td>Japonites magnus</td><td>Plagiostoma beyrichii－Pleuronectites laevigatus</td><td>Neogondolella regale</td></tr>
</table>

本组显著特征是腕足动物得到了发展，它是古生代末腕足动物的许多超科绝灭之后，进入中生代第一个腕足动物群的繁荣时期。一般安尼期以石燕贝类和小嘴贝类得到大量的繁盛，拉丁期主要是小咀贝类。另一特征是介形类、双壳类也非常丰富，安尼期以匈牙利介(*Hungarella*)占绝对优势，但均系新种，这在西藏三叠纪地层中尚属首次发现。拉丁期双壳类密集成层，单层厚达 15.9 m，可称鱼鳞蛤(*Daonella*)层。这种以腕足类、介形类、双壳类的数量高度集中，而属种又过于单调的“介壳层”特征，是中国西南区它处同期地层未见过的。中三叠统与上三叠统整合过渡，地质、古生物、沉积相都可以证明拉丁期末主印支褶皱运动在北喜马拉雅地区未受到什么影响。

上三叠统

本区上三叠统发育良好，厚度占三叠纪地层总厚的 70%，化石极为丰富，自下而上可分出扎木热组、达沙隆组、曲龙共巴组、德日荣组 4 个地层单位。

扎木热组，底部以一层 0.35 m 厚的桔黄色薄层板状泥质灰岩与下伏赖布西组灰色灰岩分界，顶部以富含菊石类 *Hoplotropites* spp.，腕足类 *Oxycolpella oxycolpos* 的薄层瘤状灰岩与上覆达沙隆组砂页岩分界，地层厚 95.4 m。中下部由灰色及棕灰色砂质页岩夹薄层泥质灰岩组成，砂质条带、结核、微细水平层理、斜层理、交错层理、波状层理都比较发育，含双壳类 *Lilangina* cf. *nobilis* 及腕足类、有孔虫。上部为生物碎屑灰岩，豆状、瘤状及疙瘩状构造相当发育，富含菊石类、双壳类、腕足类、牙形石、介形类、有孔虫、苔藓虫和角石。在札达、普兰、定日、定结、亚东等地所见，与土隆的大体相似，区域分布比较稳定。

就生物化石而论，不管是门类、属种及数量都是相当丰富的，腕足类全层皆有，下部和顶部几乎密集成层，保存极好，腹足类、有孔虫主要产于底部和下部，苔藓虫、海百合茎分布于中部，菊石类、牙形石、介形类集中出现在上部，双壳类也全层皆有，但关键性分子出现于下部和顶部。生物特征随岩性及环境变迁为转移的规律性极强。就菊石类、双壳类、腕足类、牙形石来看，札木热组归入晚三叠世卡尼期是肯定的。

达沙隆组，最底部以灰色页岩含有双壳类 *Halobia* cf. *sirii*，*Krumbeckiella* sp. 等与扎木热组分界。全组岩性以深灰色页岩为主，由页岩与薄层生物碎屑灰岩的频繁韵律所构成，两者岩比约 7∶3，夹一些厚 3～5 cm 石英粉砂岩或凸镜层，普遍有微细斜层理和交错层理，灰岩含生物屑很多，成分复杂，大小不等，杂乱无章。识别标志明显，地层厚 66.6 m。产菊石类、双壳类、腕足类、腹足类、鹦鹉螺、珊瑚、海百合茎、介形类、有孔虫、牙形石和孢粉等。

显然，达沙隆组不仅是细碎屑的比重大为增加，各种浅水的沉积特征比较突出，而且其中菊石类是转菊石科(Tropitidae)成分业已绝迹，代之而起的是西藏菊石科(Tibetitdae)和侏瓦菊石科(Juvavitidae)比较原始的类型。双壳类的大多数以 *Burmesia*，*Indopecten*，*Pergamidia* 三属出现最多。腕足类以穿孔贝类得到了发展。牙形石开始衰退，属种和数量都急剧减少。岩性及化石都进入了一个新阶段，表明达沙隆组属于晚三叠世诺利期早时。

曲龙共巴组，是我国著名的喜马拉雅鱼龙(*Himalayasaurus tibetensis*)产出的层位。地层厚 571.3 m，总特征是以暗绿色、深灰色砂质页岩、粉砂质页岩为主，占该组 80%，间夹频繁的生物碎屑灰岩薄层及大小不一的灰岩凸镜体。下部以页岩夹生物碎屑灰岩为主，中部为页岩夹薄层石英砂岩、泥质灰岩为主，上部为泥页岩与石英砂岩互层相区别。中下部的菊石类、双壳类密集的顺层产出，保存完好。菊石类以侏瓦菊石科成员得到繁荣。双壳类特别发育，分异度很高，地方特色很浓。腕足类是石燕贝类、小嘴贝类、穿孔贝类共同发展。但是，从中部开始，腕足类完全绝迹，菊石类、双壳类的属种和数量开始减少、个体变小，显示退化特征，其他门类化石在中部也开始逐步消亡，但出现躯体很大、善游、猛食的喜马拉雅鱼龙。上部菊石类绝迹，双壳类等门类也大大减少，并出现许多植物化石碎片，最后以大量灰白色板状石英砂岩的出现而进入德日荣组。

可以看到，曲龙共巴组下、中、上三部分的沉积序列、沉积特征、古生物演替，指示着由较深水的水域逐步演变为浅水平底陆架，直至滨海沼泽的过程。其地质时代归入晚三叠世诺利期中时。

德日荣组，主要是灰白色板状石英细砂岩及粉砂岩为特色，下细、上粗，完全缺少菊石类、腕足类、腹足类、牙形石等等门类的化石，双壳类也十分零星，个体很小。岩石及古生物都易于识别，下与曲龙共巴组、上与侏罗纪灰岩均为整合接触。德日荣组下部产双壳类 *Indopecten* sp.，*Unionites* sp.，*Palaeocardita* sp.，*Myophoricardium* sp.，*Pinna* sp.，上部产孢粉 *Punctatosporites* sp.，*Chasmatosporites* sp.，*Classopollis* sp.，证明其地质时代为晚三叠世诺利期晚时至瑞替期。

现将扎木热组、达沙隆组、曲龙共巴组的化石层、带、组合的对比列于表 6-10。

综上所述，北喜马拉雅分区的三叠系相当完整、露头连续、层次整齐、化石十分丰富，不仅在中国南方其他地区的三叠系所没有，就在特提斯-喜马拉雅构造域也是少见的。在分析、研究三叠纪地层的地质特征、界线层型、生物演化、多门类生物彼此间相互关系及层、带、组合的划分和地质时代的确定，无疑这里是我国乃至欧、亚都是比较典型的地区。

2. 北喜马拉雅地层分区(北部)($Ⅶ_3^2$)

区内三叠系属于过渡型沉积，出露于拉轨岗日(岩)群组成的一系列穹窿构造的周围，岩性单调，总厚度达 4 720 m，夹有火山凝灰角砾岩和硅质岩，且受到明显的区域变质作用。西藏自治区地质局① (1983)依据康马县涅如剖面，命名早、中三叠世吕村群，晚三叠世涅如群。

① 西藏自治区地质局，1983，1∶100 万《日喀则幅》、《亚东幅》区域地质调查报告(资料)。

表 6-10 北喜马拉雅地层分区上三叠统化石层、带、组合对比表

Table 6-10 Correlation fossil beds, assemblages and zones of the Upper Triassic in North Himalaya subporvince

时代及岩组				菊石类	双壳类	牙形石	腕足类
晚三叠世	诺利期中期	曲龙共巴组		*Himavatites columbianus*	*Monotis salinaria*	*Epigondolella multidentata*	
				Cyrtopleurites socius			
				Indojuvavites angulatus			
	诺利期早期	达沙隆组		*Griesbachites - Goniootites*	*Indopecten - Burmesia lirata - Pergamidia*		*Himalairhynchia media - Eoseptaphoria tulungensis*
				Nodotibetites nodosus			
	卡尼期	扎木热组	上部	*Parahauerites acutus*	*Halobia superba*		*Neoretzia tibetensis Oxycolpella oxycolpos*
				Hoplotropites		*Epigondolella diebeli*	
				Indonesites dieneri		*Neogondolella polygnathiformis*	
			下部		*Lilangina nobilis*		

吕村群，平行不整合于下二叠统之上，由钢灰色板岩、深灰色千枚岩、石英砂岩及泥质砂岩组成，厚 260～650 m。下部产菊石类 *Sibirites* sp.，上部产双壳类 *Halobia* cf. *rugosoides*，*Daonella* cf. *guizhouensis*，时代为早、中三叠世。

涅如群，与吕村群连续过渡，岩性可分上、下两部，下部以深灰色页岩为主，含砂质结核，产菊石类 *Trachysagenites* sp.，*Distichites* sp.，*Arpadites* sp.，厚 320 m。上部以钙质砂岩、长石石英砂岩为主，富含菱铁质及砂质结核和黄铁矿晶粒，厚度大于 3 750 m。产双壳类 *Indopecten* sp.，*Cassianella gryphaeata*、*Myophoria*(*Costatoria*)*mansuyi*、*Monotis*(*Monotis*) cf. *salinaria*，*Palaeonucula* sp.，*Unionites* sp. 等，时代为晚三叠世。

类似岩性也见于定结多不榨、浪卡子多久特拉、洞加—乌玉拉，隆子日当—扎西康，错那觉拉—青已拉等地，产菊石类 *Griesbachites* cf. *kastneri*、*Cladiscites tonatus*；双壳类 *Halobia superbescens*、*Palaeonucula tulongensis*、*Monotis*(*Monotis*)*salinaria* 等。从化石判断，主要是晚三叠世。

3. 雅鲁藏布江地层分区（$Ⅶ_3^1$）

本分区三叠系属于活动型沉积。是一套总厚度超过 6 000 m 的砂-泥复理石和火山-砂泥复理石，尤以上三叠统表现最为明显。

由于这里受到多期次的构造变动，这些复理石往往逆掩于侏罗—白垩系之上，构成较新时代的“混杂堆积”，形成一条呈 E-W 向延展的沉积条带。正因为这里许多不同时代的地层相互重叠和混杂，致使这一地层分区三叠纪地层的层序和沉积规律长期面目不清。通过 80 年代以来的地质制图和初步研究，指出区内三叠系以仲巴穷果、拉孜修康一带的发育较好，可作为本分区的典型代表。西藏自治区地质局(1983)命名早、中三叠世穷果群，晚三叠世修康群。

穷果群，在穷果可分两段，下段以灰色薄层结晶灰岩为主，夹一些千枚岩，厚 173 m，产菊石类 *Lytophiceras* sp.，*Sibirites* sp.，*Xenoceltites* sp.，*Xenodiscoides* sp.。上段以灰色板岩为主，夹粉砂岩及板状结晶灰岩，厚约 800 m，仲巴则朗扎昌淌产菊石类 *Owenites* sp. 等 8 个

属种。与下伏二叠系平行不整合接触。在拉孜修康，也具有与穷果剖面近似的岩性和剖面结构，但未见底。西藏自治区地质局(1983)、饶荣标等(1987)、尹集祥等(1988)都做过剖面测量及化石采集，综合各家成果，下段计有菊石类11属、5种，双壳类以 *Claraia* cf. *griesbachi*，*Eumorphotis* cf. *multiformis* 2属、5种。此外还有牙形石 *Neospathodus timorensis*；软骨硬鳞鱼 Ptycholepeidae 以及介形类、有孔虫、海生疑源类等。上段页岩显灰绿色，夹放射虫硅质页岩和泥质灰岩，复理石特征明显，含密集呈层，但成分单一的双壳类鱼鳞蛤(*Daonella*)化石，可称鱼鳞蛤页岩，密集程度和堆积状态与北喜马拉雅分区中三叠世赖布西组下段的鱼鳞蛤层非常相像。因此，可以确定穷果群归入早、中三叠世。这里地质、古生物特征，反映出更邻近外陆架的古地理背景。

修康群，雅鲁藏布江以南，上三叠统出露极广，东西向延伸很远，构造形变及断层切割相当复杂，连续而完整的剖面至今所知甚少，因而地层正常层序、岩性变化及地层划分对比都还存在许多问题。不同工作者在不同地段或同一工作者在不同地段及同一地段的不同历史时期所得到的认识都不尽相同，大量地层名称的创立就反映了这一点。

本书采用的修康群，是以三叠系(T_{1-2}—T_3)连续实测剖面为依据的。在拉孜修康，修康群连续沉积在穷果群顶部富含鱼鳞蛤黄绿色页岩之上，以深灰色薄至中层状石灰岩的出现作为两者的分界，但这里仅出露87.4 m。根据岩石组合及古生物化石，可以分出两部分，下部是灰色薄至中层状石灰岩与深灰色、暗绿色页岩不等厚互层，厚74.6 m，页岩中含许多黑色放射虫硅质岩，产双壳类 *Halobia* spp.，*H*. cf. *pluriradiata*，*H*. *yunnanensis*，*H*. cf. *fascigera*，*H*. cf. *obruchevi*，*H*. cf. *xizangensis*，*H*. cf. *cordillerana*；放射虫 *Dictyomitra* sp.，*Sphaerozoum* sp.，*Hemicryptocapsa* sp.，*Rhopalastrum* sp.；疑源类 *Micrhystridium* sp. 和大量有孔虫及少量珊瑚、腕足类碎片。其时代为晚三叠世卡尼期。上部是灰白色、棕褐色、土黄色砾岩、砂砾岩、杂色岩屑砂岩、长石砂岩夹黑色碳质页岩及疙瘩状薄层灰岩，出露厚仅12.8 m。页岩产双壳类 *Halobia* sp. 及介形类、疑源类、孢粉。其时代可能是晚三叠世诺利期。

诺利期及瑞替期层位，出露于修康南、色哇东一带，顺走向延至拉孜县城以西，下部是灰色页岩夹泥质灰岩的韵律层，含放射虫硅质岩条带，产双壳类 *Halobia superbescens*，*Monotis* (*M.*) *salinaria*、*M.* (*M.*) cf. *salinaria rotunda*，厚度大于1 000 m。上部在热沙一带以石英砂岩为主，夹有很多较厚的黑色页岩、硅质岩，并夹有许多二叠纪灰岩的“外来岩块”。页岩含大量孢粉 *Punctatosporites* sp.，*Classopollis* sp. 及球形、短刺的海生疑源类 *Acritarchs* sp.，估计总厚度在4 000 m以上。

修康以东的白朗、仁布、贡嘎、曲松、加查一带，修康群分布很广，主要是砂板岩夹灰岩、硅质岩的复理石，褶曲构造非常发育，剖面均无底、无顶，估计厚3 000～5 000 m，依照岩性及化石，总层序是“北部老、南部新”。

修康以西的萨噶、仲巴、札达一带，修康群极为复杂，虽然也是砂板岩、泥灰岩、硅质岩的复理石，但灰绿色凝灰岩、火山集块岩、安山岩、玄武岩明显增多，大化石稀少。郭铁鹰等(1991)在它的顶部采得放射虫 *Rikivatella* sp.，*Paronaella* sp.，*Gorgansium* sp.，*Dictyomitra* sp.，*Sethhocapsa* sp.，*Pseudoheliodiscus* sp. 1、sp. 2，*Hemicryptocapsa* sp. 等。依照放射虫判断，顶部的这些灰绿色、紫红色、杂色碎屑岩归入侏罗纪早期。如是，修康群厚度只有2 100～2 500 m。

事实上，沿雅鲁藏布江的上三叠统都受到强烈挤压和剪切变形，层理多有揉错，杂乱无章，岩石破碎厉害，层序和系统的建立还有许多细致工作要做，加上从东到西存在着极为广泛的混杂体，三叠系中存在二叠系的“外来岩块”，而三叠系又参加侏罗、白垩系的混杂，成为侏罗、白垩系的“外来岩块”，而侏罗、白垩系的不同层位作为推覆体冲盖于三叠系不同层位之上，再叠加强烈褶皱、错断、挤压、剪切和滑塌，给这一地带详细地层工作带来极大困难，它需要多学科联合攻关方可。

第二节　区域地层划分与对比

通过第一节区域地层分述看到，中国西南区的三叠系，是特提斯-喜马拉雅构造域最发育的地层之一。其中的巴颜喀拉地层区和喜马拉雅地层区，是研究中国南方海相三叠系关键性的地层区。尤其是喜马拉雅地层区，不仅是中国南方三叠纪海相沉积地层多重划分对比的标准地层区，也是整个特提斯-喜马拉雅构造域三叠纪地层分类及地层多重研究的标准地层区。这一方面，已被中国地质科学工作者近十多年来的深入而详细的研究结果所证明。

通过本次地层研究，中国西南区三叠纪地层共采纳岩石地层单位 72 个。其中，下、中三叠统 33 个，上三叠统 39 个，五个地层区的地层序列及初步对比归纳于表 6－11。清楚地展示了这里三叠纪地层具有两个大的自然发展阶段，第一阶段是早、中三叠世，第二阶段是晚三叠世，它们之间是被一个区域性不整合所分隔的，特别是班公错-怒江构造带以北，表现尤为显著。各地层单位在地层柱上位置所应有的依据，我们在第一节地层分述中已做了阐述。

现就表 6－11 中的对比问题做一讨论。

1．金沙江构造带及其两侧下、中三叠统的对比

在川西、藏东，义敦至茫康或德格柯罗洞至昌都青尼洞之间，直距不过只有 90～100 km，但下、中三叠统就存在 5 条近南北向延伸、且紧挨着的沉积带，分别代表 5 种地层类型，自西而东是：①马拉松多组酸性火山岩型；②普水桥组、瓦拉寺组、丛拉组砂砾岩-碳酸盐岩型；③金沙江构造带黑色板岩-硅质岩型（金沙江蛇绿岩群）；④布伦组、洁地组鲕粒碳酸盐岩型；⑤党恩组、列衣组砂-泥复理石型。它们都被上三叠统不整合所覆盖。展现了在这狭窄范围内金沙江构造带东侧和西侧下、中三叠统的重大差异，近几年沉积地质和火山作用的研究结果（饶荣标等，1987；罗建宁等，1992；莫宣学等，1993；唐茂蛟，1989），也表明金沙江构造带两侧早、中三叠世沉积环境的显著不同。对金沙江构造带的理解，从具体物质特征出发，地层古生物、沉积地质、火山岩地质它们之间的对应关系是互为一致的。

2．攀天阁组、崔依比组、忙怀组上段和小定西组是中三叠统的，而不是上三叠统的

这 4 个组、段，主要岩性是火山岩，厚度很大，攀天阁组和忙怀组上段以流纹岩为主，崔依比组和小定西组以安山质熔岩、安山玄武岩为主，其中碎屑岩、碳酸盐岩的夹层中采得中三叠世双壳类和菊石类，其上分别被上三叠统或中侏罗统不整合覆盖。从地层特征、火山岩序列、古生物化石、与下伏及上覆地层接触关系都可证明它们是中三叠世的产物，更接近于晚安尼期—拉丁期。分别代表金沙江构造带和澜沧江构造带同期地壳运动的结果。

3．帕拍组和明朗组的确立，是滇西下三叠统研究的重大突破

本世纪 80 年代以前，滇西一直没有下三叠统的报道，给沉积地质、构造地质、地质演化分析造成众多人为的推断，尽管目前对它的沉积环境认识还有分歧。但双壳类、菊石类、牙形石的化石证据，证明这两个组是早三叠世的产物。岩石组合特征与上覆河湾街组也有所不同。使人相信，以往广义的河湾街组经过详细的工作，定会有下三叠统的发现。

表 6－11 中国西南区三叠纪岩石地层单位划分、对比表

Table 6－11 Division and correlation of lithostratigraphic units of the Triassic in the southwest area, China

纪	世	期	Ma	华南地层大区 巴颜喀拉地层区				华南地层大区 羌北-昌都-思茅地层区				藏滇地层大区 羌南-保山地层区			藏滇地层大区 冈底斯-腾冲地层区		藏滇地层大区 喜马拉雅地层区		
三叠纪	晚三叠世	瑞替期	208–209.5	雅江组（下部）	英珠娘阿组			巴贡组	高山寨组			巴贡组	? 三岔河组 湾甸坝组	日干配错群	确哈拉群	麦隆岗群	修康群	涅如群	德日荣组
		诺利期	209.5–223.4	雅江组；两河口组	喇嘛垭组；图姆沟组	喇嘛垭组；勉戈组	图姆沟组	波里拉组；洞卡组、甲丕拉组	高山寨组	麦初箐组	大平掌组	波里拉组；甲丕拉组	南梳坝组	日干配错群	确哈拉群	麦隆岗群	修康群	涅如群	曲龙共巴组；达沙隆组
		卡尼期	223.4–235.0	新都桥组；侏倭组；杂谷脑组	曲嘎寺组	根隆组	曲嘎寺组	公弄也组；东独组		三合洞组；歪古村组	桃子树组；威远江组	东达村组	大水塘组；牛喝塘组	日干配错群	确哈拉群	麦隆岗群	修康群	涅如群	扎木热组
	中三叠世	拉丁期	235.0–239.5	扎尕山组	马索山组	列衣组	洁地组	丛拉组；崔依比组；攀天阁组			臭水组；小定西组		河湾街组	康南组	希湖群	查曲浦群	穷果群	吕村群	土隆群：赖布西组 上段
		安尼期	239.5–241.1	扎尕山组	三珠山组	列衣组	洁地组	瓦拉寺组；上兰组			大水井组；下坡头组；忙怀组 上段、下段		河湾街组	康南组	希湖群	查曲浦群	穷果群	吕村群	土隆群：赖布西组 下段
	早三叠世	奥伦尼期	241.1–	菠茨沟组	领麦沟组	党恩组	布伦组	普水桥组；马拉松多组					明朗组	硬水泉组	希湖群	查曲浦群	穷果群	吕村群	土隆群：康沙热组 上段
		印度期	–250	菠茨沟组	领麦沟组	党恩组	布伦组	普水桥组；马拉松多组					帕拍组	康鲁组	希湖群	查曲浦群	穷果群	吕村群	土隆群：康沙热组 下段

4. 希湖群应归于下、中三叠统，而不是侏罗系

希湖群出露于怒江上游丁青至洛隆一带，是一套黑色板岩、千枚岩夹少量石英砂岩及火山岩的海相砂-泥复理石，岩性单调、化石稀少、褶皱复杂、断层众多、遭受变质。李璞等(1955，1959)早年称“沙丁板岩系”，时代定为下部中生代(Mz)。本世纪70年代，曾归入晚侏罗世拉贡塘组①。80年代，被归入三叠系(饶荣标等，1987)，1994年又归入下、中侏罗统②，仍称希湖群。并被成都环境资源研究所藏北石油研究工作所采用，置于上三叠统确哈拉群之上。希湖群在地层柱上的这些不同位置，给这一带地质找矿、基础地质分析带来了一定困难。

我们认为，希湖群位于含有古生代珊瑚及腹足类化石的厚层大理岩之上，晚三叠世确哈拉群之下是可以肯定的，其理由是：

(1)希湖群与确哈拉群其产状呈上、下关系，前者在下，后者在上，被观察的确哈拉、拉庆拉、娃拉、贡吹弄、那花日啊、三岔河6个点，近百公里长的范围内都可以看到。

(2)确哈拉群含有晚三叠世海相化石，其底部有50～80 m厚的暗色沉积砾岩，砾石成分复杂，扁平状、椭圆形、大小近似、厚度稳定，它不是断层角砾岩，没有发现因断层引起的各种痕迹。

(3)希湖群与确哈拉群都共同受到区域浅变质作用的影响，形成低绿片岩相的浅变质岩系，而丁青、洛隆一带的侏罗系未见到这种作用。

(4)希湖群与确哈拉群构造样式十分复杂，褶曲、断层龙飞凤舞。丁青、洛隆一带侏罗系构造样式则很简单，只有宽缓的背斜和向斜。

(5)希湖群与确哈拉群化石稀少，很难寻找，电镜扫描才发现一些菌孢化石。而丁青、洛隆一带的侏罗系，其中菊石类、双壳类、介形类、孢粉等大、小化石均极易发现，而且保存均好。

(6)就区域地层而论，变质程度达到绿片岩相的侏罗系，环顾整个昌都地区至今尚无确切证据的报导。

因此，希湖群、确哈拉群与侏罗系分别代表两种性质很不相同的地层-构造层位，本书将希湖群置于含化石的确哈拉群之下，归于下、中三叠统。它代表了古特提斯逐步消亡，怒江上游中特提斯生成之前的拗拉槽环境的沉积。

5. 昌都盆地上三叠统甲丕拉组、波里拉组不等于兰坪-思茅盆地上三叠统歪古村组、三合洞组或“一碗水组”及“石钟山组”

在昌都、兰坪、思茅3个中生代盆地的上三叠统剖面上，给人印象最深的是下部红色砂砾岩，中部灰色石灰岩，上部灰黑色砂页岩的“红、灰、黑”岩组色调结构，似乎3个盆地的上三叠统都有这一特点，可以对比的。但仔细研究“红、灰、黑”的岩石性质、物质组成、剖面韵律特征及古生物化石，就可发现3个盆地的上三叠统在地层柱上的位置是不相同的，存在着高、低之分，早、晚之别。地层研究结果证明，昌都盆地的甲丕拉组、波里拉组是晚三叠世诺利期的产物，而兰坪-思茅盆地的歪古村组、三合洞组是晚三叠世卡尼期的产物，它们之间是上、下关系，而不是平行关系。

我们提出以上五点对比认识，基本上理顺了中国西南区三叠纪地层的纵、横向关系，克服了以往这些组、段对比上的混乱，对于研究青藏高原及其邻区三叠纪古地理轮廓及地质构

---

① 西藏地质矿产局，1979，1∶100万《拉萨幅》区域地质调查报告(资料)。

② 西藏地质矿产局，1994，1∶20万《丁青县幅》、《洛隆县(硕般多)幅》区域地质调查报告(资料)。

造演化，无疑是有帮助的。

第三节　事件地层分析

中国西南区三叠纪有海水进退事件、火山活动事件、构造变动事件、环境变迁事件、生物绝灭事件等。这些事件，都与这里三叠纪地层问题是休戚相关的。

一、海水进、退事件

三叠纪海水进退不同于晚古生代，它的基本特征是海水进退频繁、持续时间短暂、岩性交替复杂、岩相纵横变化迅速。规模较大的有两次海进(T_1—T_2^1,T_3^1—T_3^2)、两次海退(T_2^2,T_3^2—T_3^3)，而规模较小的海水进退多达15次以上(T_1,3次;T_2,6次;T_3^1,3次;T_3^2,3次)。

1. 中三叠世安尼期海进

继晚二叠世海退之后，经过早三叠世三次(进—退—进)规模较小的变迁，进入中三叠世安尼期(T_2^1)海进达到高潮。表现为海相地层分布极广、岩石性质以退积型碳酸盐岩为主，并普遍超覆在古生界不同层位之上，生物化石的属种及数量都达到相当繁荣，它们的一致性和可比性都很强，尤以腕足类、菊石类、双壳类比较突出。

2. 中三叠世拉丁期海退

在中国西南区这是一次规模较大的海退，表现为许多地点都缺失沉积，上三叠统直接覆盖在中三叠统安尼阶之上，具有较好露头的扎尕山组上部、马索山组、丛拉组、臭水组及赖布西组上段，其沉积序列基本上是由细到粗的层序，而且碎屑岩比重显著增大，沉积厚度明显减薄，古生物化石发现不多，属种单调、数量很少，与上覆上三叠统底部砾岩多为不整合或平行不整合接触。在羌北-昌都-思茅地层区业已褶皱成山，羌南-保山地层区及冈底斯-腾冲地层区至多也只保存一些残留洼地。这一海退，是中国西南区拉丁阶层位缺失难寻的基本原因。

3. 晚三叠世卡尼期海进

这期海进表现为地层分布极广，海相沉积超覆不整合在下、中三叠统及古生界不同层位之上，并持续到晚三叠世诺利期中时。以海水进退面广、频率高而规模小、进退持续时间不长为特征。一般地区有6～8次，在巴颜喀拉地层区及喜马拉雅地层区海水进退频率很高，因而地层的韵律都十分复杂。

4. 晚三叠世诺利期晚时至瑞替期海退

这是中国西南区显生宙以来规模最大的一次海退期，并结束了这里三叠纪海相沉积历史。它所代表的地层是雅江组、喇嘛垭组、英珠娘阿组、巴贡组及德日荣组的一部分，其岩性主要表现为长石质岩屑砂岩，成熟度很低，页岩也富含砂质，浅水标志相当发育，含有煤线和煤层为特征。三叠纪所有正常海相的菊石类、腕足类、腹足类、海百合茎、牙形石、有孔虫等十几个门类的生物完全消失，代之而起的是丰富的植物及一些小个体、厚壳双壳类。陆地面积不断扩大，许多地方遭受剥蚀。

二、火山活动事件

这里三叠纪火山活动极为频繁，以活动期次多、性质差异大、分布面积广、岩石类型相当复杂为特征。且以玉树-中甸地层分区、羌北-昌都-思茅地层区的金沙江-哀牢山构造带(东带)和澜沧江构造带(西带)比较集中，莫宣学等(1993)曾做过详细的研究。其他如保山地层分区、双湖地层分区、雅鲁藏布江地层分区及拉萨附近也有分布。三叠纪的这些火山岩，以中三叠世的规模最大。晚三叠世次之，但分布最广。早三叠世的则比较局限。

1. 早三叠世火山活动

目前仅见于西藏东部的马拉松多组和普水桥组，前者主要是流纹岩和英安流纹岩，后者主要是英安质凝灰熔岩和凝灰角砾岩。据研究，这些酸性火山岩具陆缘弧—碰撞型火山岩的特点。

2. 中三叠世火山活动

中三叠世火山活动以晚安尼期至拉丁期这一阶段最为发育，沿金沙江构造带和澜沧江构造带呈带状延伸长达1 000～2 000 km以上。集中反映在攀天阁组、崔依比组、忙怀组上段和小定西组这4个地层单位中。

攀天阁组为流纹岩，崔依比组为安山玄武岩、安山质熔岩，忙怀组上段为流纹岩、流纹质凝灰岩，小定西组为碱性玄武岩、粗面玄武岩、钾玄岩、安粗岩等。自下而上都具有由流纹岩向玄武岩过渡的特征。据研究，属于活动大陆边缘靠近大陆一侧陆内俯冲、板内拉张环境下的产物。

3. 晚三叠世火山活动

本世火山活动的层位限制在晚三叠世卡尼期至诺利期中时。属于卡尼期的有根隆组、牛喝塘组、日干配错群下组，属于诺利期早—中时的有勉戈组、洞卡组，属于晚三叠世有高山寨组和修康群，共7个层位。显著特征是分布面广，在5个地层区内都可以找到同期层位的代表，不同地层区火山岩岩石组合差异很大，岩石类型各有特色，但卡尼期的以中—基性为主，诺利期的以中—酸性为主则是共有的性质。这些中—基性至中—酸性火山岩，以金沙江构造带两侧最为集中，延伸长度都在1 000 km以上，这就是东侧的根隆组和勉戈组，西侧的洞卡组和高山寨组。

东侧的根隆组和勉戈组火山岩，属于弧火山岩性质，称之“义敦火山弧”，火山活动分为前岛弧期、主弧期、弧后期三大阶段，横向上也可分弧前区、主弧带、弧后区三部分。

西侧的洞卡组酸性火山岩，连同车所—鲁麻一带基性熔岩在内具有与东侧基本相似的弧火山岩性质，并称之“江达火山弧”，同样可以分出三大阶段和三个部分。

显然，金沙江构造带两侧就具有两个结构相似、性质相同的弧火山岩带。我们认为，这两个弧火山岩带在晚三叠世时，实质上是一个弧火山岩带，“义敦火山弧”是三叠纪以后被剪切、推覆叠置于现在的位置的。

保山地层分区的牛喝塘组和双湖地层分区的日干配错群下组，都是基性—中基性熔岩及少量火山碎屑岩，岩石化学总体以高钛、低铝、低镁为特征，属于板内拉张环境火山岩。

三、构造变动事件

如果说，中国西南区晚古生代的构造变动是“一开、一合”，以开为主的格局，到三叠纪这里的构造变动则是以合为主、板内拉张的格局。最清楚地反映在班公错-怒江构造带以东的“三江流域”。构造变动可分早、晚两期，早期的发生在中三叠世拉丁期末，晚期的发生在晚三叠世诺利期末，两期时间间距约27 Ma。由早到晚、自西而东表现出构造迁移。这两期重要的构造变动，在地层上都留下了深刻的烙印。这就是我们所理解的印支运动第一幕和第二幕。构造事件多发地带是金沙江-哀牢山构造带。

两次主要构造事件，使藏滇地层大区和华南地层大区自晚古生代以来复杂多变的沉积地质、火山岩地质，到晚三叠世晚期达到了初步统一，逐步进入侏罗纪演化阶段。

第七章

侏罗纪—白垩纪

印支运动之后，随着金沙江-哀牢山构造带的闭合，西南区北部部分地域已拼合于北方大陆一侧，构成新的物源剥蚀区。而班公湖-怒江构造带的北部和东北部，却出现一个宽阔的陆架海沉积区，并发育着从陆相、海陆交互相到浅海相和陆坡相，各种相带排列有序的侏罗纪沉积地层。这一海域延长达3 000 km，十分醒目地穿越青、藏、滇三个省区的部分地域。但在侏罗纪末，随着班公湖-怒江构造带的关闭，这一陆表海也随之消失，因而白垩纪时该区均为陆相沉积地层所占据。

但是，班公湖-怒江带以南的地域其沉积过程与此不同，整个侏罗白垩纪的沉积，都是伴同延伸达2 000 km的“新特提斯大洋”的演化而变化的，因而在北部广泛发育着与活动大陆边缘相关的沟、弧、盆沉积地层序列；南部广泛地发育有与被动大陆边缘沉积环境相关的浅海到深海相地层序列。这一沉积格局直到始新世中期以后，随着特提斯大洋的关闭才发生改变，新的地层断代序列才得以形成。

由于本区侏罗-白垩纪的地层发育情况及分布规律与本区晚古生代及三叠纪时期的沉积，已有很大的改变，原先以古生代地层为依据的西南区综合地层区划图(图2-1)，已不能适应中生代中晚期以后的地质情况，故本章将对地层区划的界线进行适当地调整，即将华南地层大区的界线南移到班公湖-怒江带上，将原区划的羌南-保山地层区与羌北-昌都-思茅地层区合并，统称羌塘-昌都-保山-思茅地层区。(图7-1)。

第一节 区域地层分述

一、华南地层大区(Ⅵ)

(一)巴颜喀拉地层区(Ⅵ$_1$)

本区仅有两个不连续的地层单位，即年宝组和羊曲组。

年宝组主要为一套中酸性火山岩，凝灰岩夹含煤碎屑岩，底部有砾岩，与下伏三叠纪变质碎屑岩不整合接触，未见顶。厚89～637.5 m。含有植物及孢粉化石。分布局限，多见于玛多，甘德断裂和巴颜喀拉中部断裂带之间的地区内。

羊曲组是引用华北地层大区的地层单位，正层型位于青海兴海县尕羊曲。本区的羊曲组

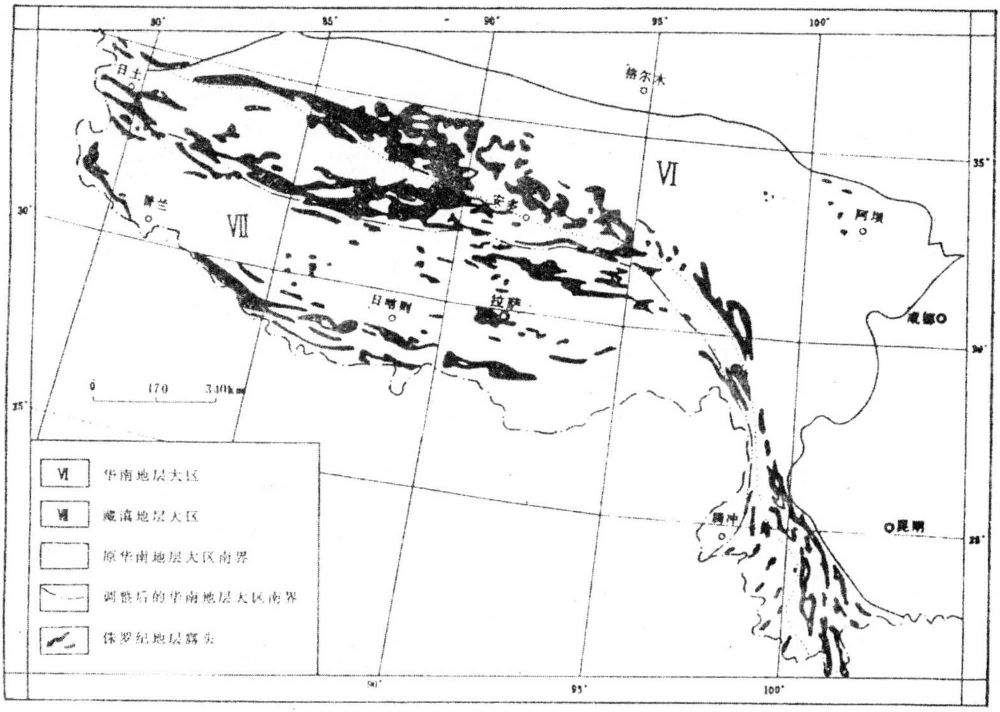

图 7－1　中国西南区中生代地层区划及侏罗纪地层分布略图

Fig. 7－1　A schematic map showing Mesozoic stratigraphic division and Jurassic lithostratigraphic distribution in southwest China

是据对比关系而确定。

区内本组仅见于玛沁和玛曲两地。主要由黄绿色砂页岩夹不稳定煤层组成，底部有砾岩。石峡一带岩组中尚见淡水泥质灰岩，多未见顶，不整合于阿尼玛卿蛇绿岩群或花岗岩之上，厚度可达 820～1 067 m。含植物化石及孢粉分析成果。

(二)羌塘-昌都-保山-思茅地层区($Ⅵ_2+Ⅶ_1$)

本区范围甚广，跨越藏、青、滇三省(区)部分地区，由于历史原因和行政区划关系，地层单位的划分很不一致，本书根据上述三省(区)地层清理结果，将全区岩石地层归并为 1 个岩群，6 群 25 组，包括 3 个无组的群，并以延伸范围为依据，归纳成几个地层序列(参见表 7－1)。

1. 兰坪-思茅地层分区($Ⅵ_2^3$)

永平群

该群包括漾江组、花开佐组和坝注路组三个地层单位。永平群建于 1973 年，后来 1∶20 万区调填图中，多使用已划分的组级单位，永平群一词被停止使用，显然是由先建群后分组的传统概念促成的。其实兰坪-思茅盆地内，上述三个组是有共生联系的基本地层单位，完全是在相同的构造背景上和相似的古地理环境下形成的地层序列，除漾江组展布较局限，并造成花开佐组广泛超覆沉积外，它们是华南地层大区内连续沉积在晚三叠世暗灰色含煤磨拉石建造之后的第一套红色碎屑岩建造，具有广泛的区域地质意义。因此本书建议恢复使用永平

表 7-1 羌塘-昌都-保山-思茅地层区地层序列表

Table 7-1 Stratigraphic sequence of Qiangtang - Qamdo - Baoshan - Simao stratigraphic province

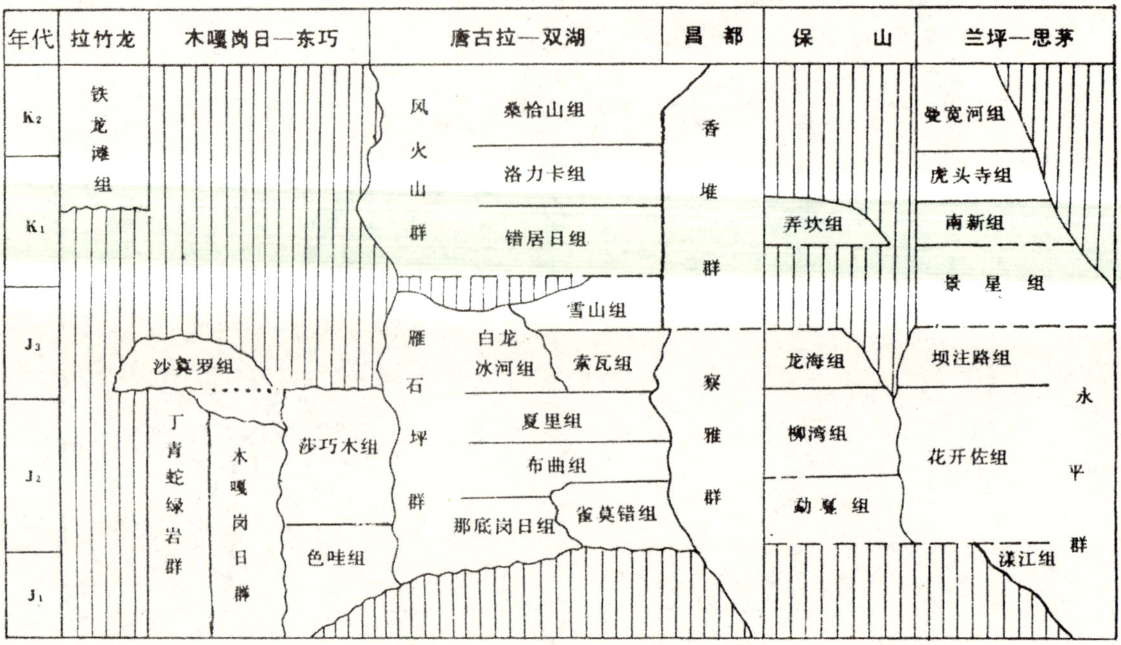

群(*JYP*)名称以代表云南滇西地区侏罗纪时期的三个组的高级岩石地层单位。

漾江组

本组分布局限，仅见于兰坪和思茅盆地的东部，西部普遍缺失。主要由较细的紫红色泥岩，砂质泥岩、粉砂岩组成的岩性组合，局部夹少量细砂岩和泥灰岩凸镜体。底与麦初箐组整合接触，上与花开佐组平行不整合接触，典型地区巍山漾江一带厚 626.4 m，最厚为兰坪雪门坎，厚达 894 m，最薄为洱源红潭仅 64.5 m。含有介形类、轮藻和双壳类化石。

花开佐组

本组是兰坪、思茅两盆地中分布最广的地层，由于中部夹有海相层，故可分为上下两个岩性段，下段以陆相紫红色厚层泥岩与细粒石英砂岩互层组成，底部常见砾岩，产有陆生双壳类、腹足类、轮藻及植物化石。上段为杂色钙质泥岩夹多层泥灰岩、灰岩及细砂岩，局部见有石膏层和盐类矿物，产有海相双壳类、腹足类及海胆化石，也见有陆生的介形类和双壳类化石。顶与坝注路组整合接触，底与漾江组平行不整合接触。缺失漾江组地区，多平行不整合在麦初箐组之上，兰坪盆地两侧，以厚度较大的底砾岩不整合在小定西组及三叠纪地层之上。本组总厚度达 960～2 500 m，以东部厚度最大，西部通常厚度较薄。

坝注路组

本组以岩性和岩石色调较单纯为特色，主要由一套紫红色泥岩、泥质砂岩为主夹细砂岩的岩性组合，底部连续沉积于花开佐组之上，顶与景星组平行不整合接触。本组以北部和东部厚度较大，达 1 176～1 412 m，盆地南部和西部较薄，一般为 830～1 045 m，景谷、景洪等地仅 144～269 m，云县、临沧地区缺失沉积。含有叶肢介、介形类、双壳类化石，部分地区见全骨鱼类化石。

景星组

本组在滇西红层中地貌标志比较突出，常形成高山陡崖，以具有较稳定的岩性组合及含有特殊的双壳类组合为特征。下部岩性为灰白色、浅灰色石英砂岩，砂质泥岩；上部多为紫红色泥质粉砂岩与细砂岩、泥岩互层组成。底与坝注路组、顶与南新组均为平行不整合接触。澜沧江以西直接超覆于花开佐组或晚三叠世地层之上。厚 400～2 000 m。澜沧江一带砂砾岩夹层较多。盆地中部岩性较细，泥质层增多，局部可出现与下覆层整合接触现象。含有较为特殊的双壳类组合，尚有介形类、腕足类、叶肢介等化石，局部尚见鱼类及恐龙等脊椎动物化石。

南新组

本组由紫红色块状长石砂岩及少量凸镜状砂砾岩、粉砂岩、砂质泥岩等，呈不等厚互层组成，以长石砂岩为主，一般下部岩性较粗，上部岩性较细，形成明显的正向沉积韵律。顶与虎头寺组整合接触，下部与景星组接触关系各地不一，思茅盆地东部，多为平行不整合接触，局部（绿春一带）与景星组为微角度不整合接触，甚至超覆不整合于晚三叠世地层之上。盆地中部的景谷、普洱、勐腊一带，由于南新组岩性变细、钙泥质增多，与景星组出现整合接触现象。

南新组所产化石以陆生双壳类、介形类、轮藻及植物为主，部分地区仍有少量海生类型的双壳类。厚 500～2 000 m，北部兰坪盆地东侧为 500～800 m，西侧宝丰南新达 1 500 m。思茅盆地东侧墨江中牛海一带为 1 800 m，而西侧和南侧的景圈、景洪大荒田一带为 1 200～2 000 m。

虎头寺组

本组以岩性较粗，成分单一，抗蚀能力强，常形成较突出的地形地貌为特征。是滇西地区红色岩系上部的明显标志层，由于分布范围有限，在区域填图意义上不及景星组显著。

虎头寺组由一套浅灰白色块状含长石石英砂岩组成，夹有少量泥质岩及粗粉砂岩，底部常见凸镜状含砾砂岩。岩石渗透性良好，是区域性含水层，普遍具有铜和铀的矿化现象。盆地内与下伏层南新组及上覆层曼宽河组均为整合接触，兰坪盆地东侧，因缺失曼宽河组沉积，故顶部与勐野井组平行不整合接触。本组厚度变化较大，兰坪地区为 80～180 m，其中典型地区为 138 m。巍山、镇源一带厚度达 368～444 m，景谷一带为 231 m，勐腊一带仅 20 余米。

曼宽河组

本组分布范围仅限于整董、景洪曼黑和勐腊尚勇等地，兰坪盆地和思茅盆地两侧，均未见该组分布。

曼宽河组由棕红色钙泥质粉砂岩、砂岩、泥岩互层组成，中部夹有灰绿色泥灰岩条带，厚 1 000～3 142 m。典型区江城石膏河厚度最大，普洱崩扎一带为 2 000 m，西侧勐腊，磨歇一带仅 609 m。与下伏虎头寺组整合接触，顶与勐野井组也为整合接触，但东侧整董、石膏河等地与勐野井组为微角度不整合接触。含有以介形类、轮藻为主，及少量双壳类化石。

2. 唐古拉-昌都地层分区（东部）（VI_2^2）

昌都地区的侏罗-白垩纪地层与兰坪、思茅地区相似，由于地层研究程度偏低，仅划分为两个未建组的群级单位。即察雅群和香堆群。

察雅群

察雅群分布于青海杂多县以南和西藏察雅、昌都、芒康等地。由紫红色兼有杂色的泥岩、粉砂岩、砂岩组成，夹有泥灰岩、介壳灰岩和泥晶白云岩及凸镜状砂砾岩层。以陆相沉积为主，西部夹有海相层。总厚度为358～3 000 m，变化较大。底与巴贡组含煤地层连续沉积，顶与香堆群平行不整合接触。含有恐龙动物群及海生双壳类、腕足类化石。

察雅群曾建立一些非正式地层单位，但这些单位岩性差别甚小，在区内延伸范围不大，缺乏制图意义，由于认识尚未统一，本书暂以无组的群表示。

香堆群

本群分布范围小于察雅群，仅见于昌都盆地的中部。由紫红色砂岩、泥质粉砂岩和凸镜状砾岩、含砾砂岩组成。夹少量泥页岩及粘土层，局部见少量石膏层。各地残留厚度不一，由1 605～2 575 m不等。底与察雅群平行不整合接触，上未见顶。

香堆群化石产地较分散，缺乏系统性，已知有介形类、双壳类和植物等门类，也见有脊椎动物化石。

3. 保山地层分区(VII_1^4)

保山地区是云南省著名的海相侏罗纪地层分布区，共有4个岩石地层单位。即勐戛组、柳湾组和龙海组，以及白垩纪弄坎组。

勐戛组

本组因断裂切割出露不完整，主要见于畹町、潞西、施甸、保山、泸水等地。由暗紫红色夹黄绿色泥岩，砂质页岩夹砂岩，粉砂岩及薄层泥岩组成。向上渐变为紫红色砂岩、长石石英砂岩夹砂质页岩，中部夹一层延展性较好的灰岩、白云岩，总体为一套向上变粗的红色碎屑岩夹灰岩层系。总厚400～1 160 m。典型地区厚857 m，与下伏二叠纪沙子坡组或三叠纪河湾街组平行不整合接触，保山水磨房及昌宁、永德一带为不整合接触。顶与柳湾组为整合接触。老鲁田、大田湾一带，勐戛组上部有杏仁状玄武岩及基性凝灰岩层发育。西部层中见双壳类及腕足类、珊瑚化石，东部岩性粗，化石稀少，永康一带可见厚层石膏及植物化石。

柳湾组

柳湾组由一套灰岩、介壳灰岩、泥灰岩夹泥页岩及砂岩组成。延伸稳定，是保山地区侏罗纪地层中的制图标志层。底与勐戛组上与龙海组均为整合接触，但西部局部地区柳湾组底部出现砂砾岩，与勐戛组为平行不整合接触，并且勐戛组上部有层位缺失现象。

柳湾组以施甸、永康一带最厚为814～926 m，东部和西部都较薄，仅100～219 m。柳湾组产有海相化石，以腕足类为主，少量双壳类，部分地段也见有植物化石。

龙海组

本组由一套黄绿色泥页岩和砂质页岩夹砂岩组成的岩性组合，局部可见煤线，厚196～244 m，向东芦子箐、曼东沟一带，岩性变为紫红色、灰绿色砂质泥岩夹钙质泥岩，底部有一层长石石英砂岩，总厚可达687 m以上。底与柳湾组整合接触，顶与弄坎组平行不整合接触。

龙海组含有海相双壳类和少量非海生双壳类化石，潞西一带有箭石、海胆及腕足类化石。

弄坎组

本组仅残存于潞西、勐戛、遮放一带，由一套紫红、黄绿色陆相碎屑岩夹泥灰岩组成，底与龙海组平行不整合接触，上未见顶。残厚为286～466 m。未获化石。南延到国境外，与缅甸腊戍、东坡一带的卡鲁组相当。

4. 唐古拉-昌都地层分区(西部)和双湖地层分区($\text{VI}_2^2+\text{VII}_1^2$)

本区是中国西南区北部海相侏罗纪沉积带的主体，中西部呈东西向延伸，但双湖以西地区被羌塘陆块隔离成南北两个条带形分布区，东部昌都一带已转向南北方向延伸，向南与云南保山地区的海相沉积区相连。区内以稳定型浅海相沉积为主，北部夹有陆相层，以海陆交互沉积为主，大多由三套滨海—陆相杂色碎屑岩和两套浅海碳酸盐岩呈多韵律状互层组成，统称雁石坪群。北部温泉地区在群的层型区内建立了5个组级地层单位，当延伸到藏北地区，岩性组合已有变化，但群的定义并未改变，其单位的划分对比关系见表7－2。

表7－2 侏罗纪雁石坪群组级单位横向关系表

Table 7－2 The map showing lateral relationship between formation-order units in Jurassic Yanshiping Group

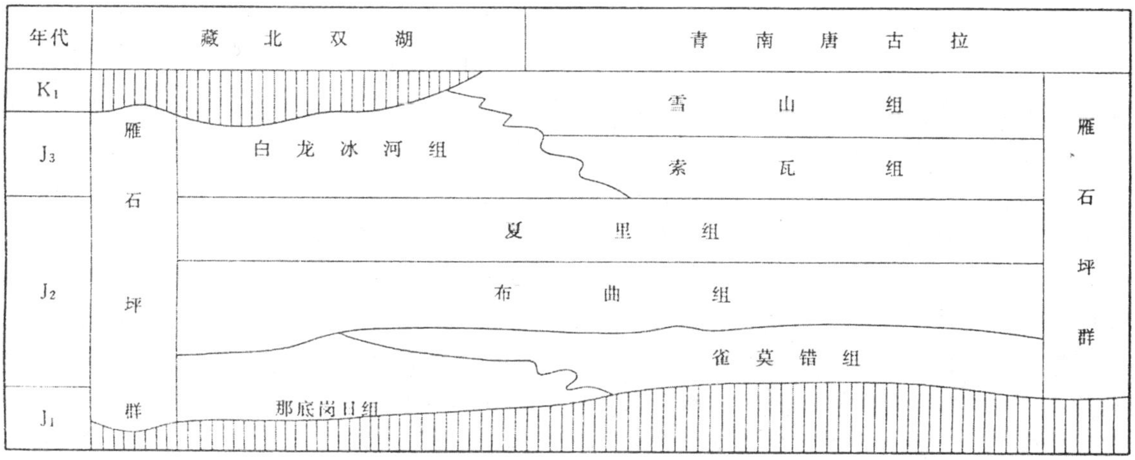

本区白垩纪时已演变为陆相地层沉积区，主要层系多分布在北部，南部分布较零星，统称风火山群。下面将按各组由下而上叙述于后：

雀莫错组

本组由灰紫色及灰色岩屑石英砂岩夹少量生物碎屑灰岩及粉砂岩组成，下中部为厚层红色含砾砂岩、砾岩，总体为一下粗上细的多韵律沉积层序。底与二叠纪开心岭群或三叠纪巴贡组不整合接触，顶与布曲组整合接触，丁青一带顶部层中夹有玄武岩和安山岩层。厚度变化较大，典型区1 219 m，向西变薄仅数百米，温泉一带最厚达2 410～3 000 m，杂多吉青能、多日洼仅有11.2～83 m。含有腕足类及双壳类化石，也见有淡水双壳类和植物化石。

布曲组

本组分布广泛，延伸稳定。主要为一套灰色泥质及粉砂质碳酸盐岩组成，夹有白云质灰岩层，东北地区灰岩中泥质成分偏高，显示近陆源区特点，西南部砂泥质含量减少，淘洗作用增强。厚度为115～1 754 m，典型区厚674 m，东北部厚度较薄，为266～593 m，左贡札玉地区厚473 m，并夹有玄武岩层。底与雀莫错组，顶与夏里组均为整合接触。含有丰富的双壳类、腕足类化石，也见少量海胆、菊石及鹦鹉螺。

夏里组

本组分布范围较广，青南藏北等地均有见及，区域上岩性组合较稳定。主要由一套紫灰、灰绿、褐红色相间的粉砂岩、泥质粉砂岩、泥岩、砂岩组成的韵律状碎屑岩层系，夹少量薄层状泥晶灰岩及石膏层。仅东部拉加涌、多日洼等地砂岩中夹砾石层。杂色相间韵律层是本组最突出的宏观标志特征。

夏里组与下伏布曲组为连续沉积；与上覆索瓦组或藏北地区的白龙冰河组均为整合接触，

总厚为402～1 887 m，典型区厚646～819 m，东部吉能多一带最厚达1 512～1 887 m。含有海相双壳类及腕足类化石，尚见较多陆生植物及孢粉组合。

索瓦组

本组由一套深灰色厚层状灰岩与灰绿色钙质粉砂岩、泥质粉砂岩呈韵律状互层组成，宏观上以薄层灰岩为主，以灰岩与砂岩频繁交错沉积和层面上多具瘤状突起为特征标志。但本组横向上变化甚大，温泉以东地区，中部层位岩性变粗，灰岩减少，以粉砂岩为主。向西以灰岩为主，夹少量粉砂岩，并过渡为白龙冰河组。厚度为389～633 m。底部与夏里组连续沉积，顶与雪山组整合接触。含有腕足类及双壳类化石，东北部地区多含有半咸水型双壳类化石。

雪山组

本组分布范围较局限，主要见于温泉、扎窝茸、奔错一带。岩性组合由下部紫灰—灰绿色相间的长石石英砂岩，夹粉砂岩及少量微晶灰岩组成；上部由灰白色—灰绿色中厚层状岩屑砂岩、含砾砂岩和砾岩组成。底部连续沉积于索瓦组之上，未见顶。残留厚493～1 249 m。含海相半咸水型双壳类及植物化石，以产“奇异蛤动物群”为本组的特色。

藏北地区的雁石坪群，在双湖以西被羌塘陆块分割成南北两个东西向槽状沉积区，北部的雁石坪群仍保持两套红色碎屑岩和两套碳酸盐岩互层的特点，仅拉雄错、那底岗日一带出现一套厚1 670 m的中酸性火山岩和火山碎屑岩地层。西藏地层清理组将其合并在雁石坪群下部。本书建议恢复使用那底岗日组一名，同时藏北地区雁石坪群顶部的灰岩层位，按对比关系相当青海南部的索瓦组和雪山组相变层位，因岩性组合不同，本书恢复使用白龙冰河一名，因此，青海南部和藏北地区的雁石坪群含义是一致的，仅两地区包含的组级地层单位有差别。

那底岗日组

那底岗日组原含义仅指出露于拉相错、拉雄错、江爱达日一带的中酸性火山岩、火山碎屑岩夹砂砾岩的一套地层(吴端忠等,1982—1983)；底部不整合于日干配错群之上，顶部与雁石坪群底部的红色砂砾岩连续沉积，根据底部不整合面的延伸规律，和两个相关的同位素测年数据，将其归于雁石坪群下部[①]。本书同意这种认识，并将火山岩之上的红色砂砾岩、页岩及泥灰岩层，也归并在那底岗日组内。这样，那底岗日组的正式含义为：出露于羌塘地块北部，拉相错到纳兹岗一带的，以中酸性火山凝灰岩、火山碎屑岩、安山岩、流纹岩为主，夹少量玄武岩。顶部为红色碎屑岩，砂泥岩及泥灰岩组成的岩性组合。底与日干配错群不整合接触，顶与布曲组碳酸盐岩整合接触，厚1 975 m以上，横向上可与雀莫错组对比，根据部分化石资料，层位应低于雀莫错组，故其底界存在穿时现象。属藏北地区雁石坪群底部的第一个组级单位。

布曲组

属于青海南部布曲组延伸的层位，岩性由黑色、灰白色中厚层—薄层状灰岩、泥质灰岩、生物碎屑灰岩与薄层粉砂岩、页岩组成，沉积环境较青海南部略深，故岩石色调和岩性均有差异。厚1 213 m，底部与那底岗日组、顶部与夏里组两套红色碎屑岩均为整合接触，含有大量腕足类和双壳类化石，按下部的化石组合，多见于青海地区的雀莫错组上部，说明布曲组底界也存在穿时现象。

---

① 成都环境资源研究所，1995，藏北石油地质调查汇报(资料)。

夏里组

本区的夏里组也系青南地区的延伸层位，主要由长石岩屑砂岩，粉砂岩夹薄层泥灰岩、生物灰岩及石膏层组成，以中厚层—薄层互层层序和深水泻湖相石膏层特多为特征。

白龙冰河组

仅分布于双湖以西的羌塘南北地区，主要岩性组合由大套厚层状生物碎屑灰岩、泥灰岩、白云质灰岩互层组成，上部过渡为深水页岩夹薄层粉砂岩，底部有500 m厚的灰岩、生物灰岩与薄层砂页岩互层，未见顶。整合于夏里组之上。含有大量菊石及双壳类化石。

该套地层向东延至双湖地区，已变为：下部由黑色中厚—薄层状碳酸盐岩夹多层石膏层及粉砂岩、页岩互层，中上部获有"奇异蛤"双壳类化石。厚875 m。其面貌已接近青海南部的索瓦组和雪山组，因此白龙冰河组应为后两组的相变层位。

风火山群

风火山群是由错居日组、洛力卡组和桑恰山组合并组成，是羌塘、唐古拉地区海相沉积结束后，分布最广泛的陆相沉积地层，大部分岩系是沿着三个东西向展布的构造凹地内发育，北部地层较连续，见于月亮湖—五道梁一带。中部多集中分布于玛章错钦—涟水湖地区。南部多为零星露头，散布于杂多、温泉、热觉茶卡、阿布山等地。

错居日组

由一套紫红色砾岩、砂砾岩夹砂岩及少量页岩和淡水灰岩组成，具有下粗上细的韵律层序特点。底部不整合于不同年代的地层之上，顶与洛力卡组整合接触。厚度各地不一，北部最厚达917～1 460 m，中部地区为415～606 m，南部残留厚仅289～522 m，普遍含有介形类及轮藻化石。

洛力卡组

由一套黄灰色薄层灰岩、泥灰岩夹砂岩、粉砂岩及石膏组成。典型区厚606 m，但北部和中部的冬布里山地区，岩性由灰绿色沉凝灰岩，生物碎屑灰岩，砂质灰岩及厚层石膏组成，但厚度较薄，仅60余米。南部阿布日阿加宰一带，厚度可达130 m，藏北阿布山地区的砂砾岩及泥灰岩，厚达125～135 m，本组下与错居日组，上与桑恰山组均为整合接触。主要化石仍以介形类和轮藻为主，但数量较少。

桑恰山组

主要分布于北部风火山和巴音赛诺地区，南部仅见于阿布山和错居日以西地域内。其岩性组合：下部由紫红色岩屑砂岩夹薄层泥质粉砂岩组成；上部为巨厚的砾岩夹长石岩屑砂岩、粉砂岩组成。总厚达3 107～4 000 m以上，未见顶，底与洛力卡组整合接触。阿布山及错居日一带，主要由砾岩、砂岩、粉砂岩互层为特征，厚仅409 m，化石材料缺乏，仅孢粉分析资料较为系统。

5. 木嘎岗日地层分区（$Ⅶ_1^3$）

本区属海相侏罗纪沉积区的南部边缘地区，属陆缘过渡区和活动型地层沉积区。呈东西向狭长带状展布于班公湖-怒江断裂带的北侧，丁青以南地区已被晚后的断裂带切割，未见相当的地层出露。

色哇组

仅见于安多、曲色、则松和其香错、唐古拉山口一带，延伸范围窄小。下部由灰黑色页岩、泥晶灰岩组成，上部为深灰色细砂岩、泥页岩、泥灰岩互层组成，具浊积韵律结构，厚3 060 m。底与三叠纪日干配错群平行不整合接触，顶与涉巧木组整合接触。含有大量早侏罗世菊石及双壳类。

莎巧木组

见于双湖莎巧木及其香错北岸，西部佣钦错一带也见出露，岩性由深色砂岩、泥岩互层组成，具有复理石沉积特点，夹有部分薄层状介壳灰岩，厚度达 1 015 m。底与色哇组连续沉积，上未见顶。含有海相双壳类、腕足类及珊瑚化石。

木嘎岗日群

分布于班公湖、日土、改则、东巧等地，呈带状延伸，南侧被断裂切割，界线截然。主要由一套厚度巨大的复理石沉积组成，大部分为暗灰色、灰绿色浅变质的砂岩、粉砂岩、板岩韵律层组成，间夹多层中一基性火山岩，放射虫硅质岩和浊积薄层砾岩。中上部尚见有超镁铁质的蛇绿岩块及由二叠纪、三叠纪灰岩组成的“外来岩块”，岩群未见顶底，但与色哇组和莎巧木组为横向过渡关系。含有少量浅水型珊瑚、腹足类化石，也见深水型放射虫、菊石化石。总厚达 5 400～14 790 m。以层型区改则、绒马一带厚度最大，东部格那隆巴、东巧一带仅 1 100 m，下秋卡以东已断失。据近年区调成果，丁青一带也有深水浊积岩和放射虫硅质岩以及混杂沉积层出露，化石年代也为早侏罗世，应为木嘎岗日群的延伸部分。本群暂以无组的群单独存在。

沙莫罗组

仅见于东巧、革吉盐湖和日土多玛等地，呈东西向带状分布，但露头较零星。岩性组合以灰白色中粗粒石英砂岩、粉砂岩夹薄层生物碎屑灰岩组成，厚 339 m，含有菊石、珊瑚、有孔虫及双壳类化石。底部在东巧一带直接不整合在丁青蛇绿岩群之上，但未见与木嘎岗日群的接触关系，在西部拉竹龙一带顶与铁龙滩组不整合接触。

铁龙滩组

仅见于拉竹龙地区的东罗克宗和多玛一带，是引用新疆阿克赛钦地区的岩石地层单位名称。主要由一套海陆交互相沉积的粗碎屑岩与砂质灰岩，含砾灰岩组成的韵律层沉积。厚度达 1 197～1 240 m 以上。基本特征与新疆地区的铁龙滩组相似。底与沙莫罗组不整合接触，上未见顶。在新疆甜水海的克什米尔地区，铁龙滩组整合于亚帕钦组之上，说明本区的不整合现象应为超覆沉积所致。铁龙滩组含有丰富的珊瑚、双壳类、海胆、有孔虫等化石，也见有少量植物化石和淡水腹足类化石。

丁青蛇绿岩群

本岩群是一个构造岩石地层单位，由于它占据了一定的地层空间，在地层区划上有一定的意义，故本书也对其进行一定的描述，但未给正式地层单位名称和地层代号，统称丁青蛇绿岩群。

丁青蛇绿岩群泛指班公湖-丁青-怒江蛇绿岩带的超铁镁质超基性岩块体，因后期的构造仰冲和推覆作用，已解体呈不连续的块体，散布于班公湖、日土、革吉、改则、洞错、东巧、安多、白拉、拉弄、永珠、纳木湖和丁青色札、类乌齐卡马等地。大部分与围岩为断层接触，部分块体夹杂于木嘎岗日群内。根据大量剖面综合，可以确定岩群的层序特征与现代大洋岩石圈的地球物理分层完全相似。但丁青蛇绿岩群也具有本身的特点：①相当地幔界面之下的变形地幔岩中，未见二辉橄榄岩产出，以不含单斜辉石，缺乏明显的变形组构为特征。纯橄岩类数量较多，反映了为高度部分熔融的(25%～30%)残留地幔成分。②代表古大洋壳的基性熔岩和超铁镁质堆积岩，不甚发育，厚度仅达 2～3 km，比现代大洋壳平均厚度(5～7 km)小一半以上。③岩浆房的规模普遍较小，厚度多不超过 1 000 m。④席状岩墙不发育。⑤

顶部枕状玄武岩较薄，厚仅 115～315 m(鲍佩声等，1984、1985)。上述特征可说明丁青蛇绿岩群是生成于具有高度部分熔融的地幔区和扩张速率较低的洋脊环境，或为具有初始洋脊的裂谷环境中，从岩群顶部的硅质岩中常夹含陆源碎屑成分，可以补充说明该洋脊的扩张范围也是十分有限的。

西藏地层清理组将岩群划分为两个独立的岩群，分别称为“东巧蛇绿岩群”和“丁青蛇绿岩群”，其含义均以地球物理分层为单位描述内容，仅以岩群形成年代和定位年代的差异为划分依据。

本书认为：蛇绿岩碎块的形成年代和定位年代，只能说明岩群产出的持续时间，按板块构造机理，从初始洋壳生成开始，到板块构造闭合消亡，蛇绿岩可以持续地或间断地从洋脊部位产出，也可以在任何时间铲刮定位于板块消敛带边缘。因此，同一构造带的蛇绿岩残片的年龄数值，不应用来分割蛇绿岩群的整体。

本书建议将班公湖-丁青-怒江蛇绿岩群，统称丁青蛇绿岩群，作为该地区中生代中期构造开合带上，特有的构造岩石地层单位，与地层学的岩石地层分类单位并不等同。

二、藏滇地层大区

(一)冈底斯-腾冲地层区(Ⅶ$_2$)

侏罗白垩纪时，本区已发展成位于“新特提斯大洋”北部的火山弧构造区，从中晚侏罗世开始，冈底斯南缘出现洋壳下插俯冲作用，使该区逐步演化成陆缘岛弧区，在弧脊北部发育成弧后扩张盆地，因此，冈底斯-腾冲地层区内，由于构造环境的差异，地层发育情况变化较大，其地层序列划分情况见表 7-3。

表 7-3　冈底斯-腾冲地层区岩石地层序列表

Table 7-3　Sequence of lithostratigraphic units in Gangdisi-Tengchong Area

时代	措勤-申扎地层分区	拉萨地层分区	那曲-比如地层分区	
K_2		设兴组	竞柱山组	
K_1^2	捷嘎组	塔克那组	郎山组	
K_1^1	则弄群	楚木龙组	多尼组	
J_3	达雄群	林布宗组	拉贡塘组	接奴群
		却桑温泉组、多底沟组	桑卡拉拥组	
J_2		叶巴组	马里组	
J_1	?	甲拉浦组		

1. 那曲-比如地层分区(Ⅶ$_2^2$)

泛指班公湖-怒江带以南的日土、革吉、改则、班戈和嘉黎、比如、洛隆以及贡山以西腾冲等地，大体相当冈底斯岛弧的弧后盆地沉积区。共有 1 群 6 组，7 个岩石地层单位。

马里组

本组主要集中出露在嘉黎、桑巴、洛隆、嘉玉桥和八宿、舒伯拉山东侧一带，同时在古琴、次龙地区和腾冲片马附近也有零星出露。但西部未见该组分布。

本组由一套杂色粗—细粒砂砾岩、粉砂岩等碎屑岩组成，顶部夹有薄层状灰岩。横向变化较大，通常北部常见有属颗粒流成因的角砾岩夹层，并见有众多的“外来岩块”。南部地层中夹有少量钙碱性安山质火山岩。底部不整合于嘉玉桥(岩)群或石炭纪来姑组，三叠纪确哈拉群之上，顶与桑卡拉佣组连续沉积。厚度变化较大，从168～2 405 m不等。以嘉黎、桑巴一带最厚，洛隆地区最薄，古琴、次龙一带为400～800 m，八宿地区为1 170～1 649 m。本组含有双壳类化石。

桑卡拉佣组

本组由一套灰—黄灰色泥灰岩、碎屑灰岩、夹生物碎屑灰岩组成，局部夹有砂砾岩及页岩，宏观上为一套比较显著的碳酸盐岩层系，但在区域上延展并不稳定，为一大型凸镜状地层体，厚550～1 002 m，含有大量腕足类及双壳类化石，也见少量海胆生物。底与马里组，顶与拉贡塘组均为整合接触，分布情况与马里组相似，仅古琴、次龙地区及腾冲片马地区未见出露。

拉贡塘组

拉贡塘组广泛分布于地区的北部，那曲、桑巴及洛隆一带比较集中，八宿地区被断裂切割呈条带状分布。拉贡塘组由一套灰黑色砂岩、粉砂岩、板岩、泥灰岩，团块状灰岩及少量砾岩组成的复理石相沉积组成。层中夹有多层安山质火山岩，火山碎屑岩和古生代岩块组成的“外来岩块”，局部也可见到陆相煤系夹层。岩性及厚度变化较大，东部八宿、洛隆一带厚344～714 m，凸镜状灰岩夹层较多，西部厚达2 310～3 000 m以上，泥质层及火山岩夹层增多。底与桑卡拉佣组连续沉积，在俄西西部，桑卡拉佣组灰岩尖灭后，拉贡塘组与马里组连续沉积，但界线划分较困难，顶部与多尼组为平行不整合—角度不整合接触。

接奴群

主要见于纳卡湖、那曲以西的班戈、申扎、多则木和革吉掟嘎等地。属于比如地区三个侏罗纪的地层单位向西延伸相变的地层单位。

接奴群是由一套砂砾岩、粉砂岩夹中酸性火山岩、火山碎屑岩及少量泥砂质岩石组成，具有复理石沉积特征，尤其是下部层位薄层砂泥质韵律层十分发育，横向上与比如地区的马里组、桑卡拉佣组、拉贡塘组为相变关系，当桑卡拉佣组碳酸盐岩消失后，拉贡塘组与接奴群在宏观上区分较为困难，通常把拉贡塘组作为接奴群上部层位的延伸部分。

接奴群大多未见底，仅改则麦堆一地，可见其不整合于二叠纪灰岩之上。顶部多与多尼组平行不整合接触，厚度可达1 187～2 860 m。化石较少，主要为双壳类、腹足类、珊瑚和少量菊石、水螅、层孔虫等。

多尼组

以杂色碎屑岩为主，夹有火山岩、生物碎屑灰岩、泥灰岩和薄层煤系地层，横向上变化较大，大多数火山岩见于下部层位，呈凸镜状。海陆交互相的煤层多见于东段八宿、洛隆地区和中段改则川巴地区，中段夏康坚、多巴地区多为灰岩、生物灰岩发育地段。

多尼组沉积厚度各地不一，通常为1 600～2 250 m，最薄仅300～400 m，最厚可达4 779 m。

多尼组底部与拉贡塘组为平行不整合接触，顶与郎山组连续沉积。含有多种门类化石，如植物、海胆、有孔虫、双壳类、珊瑚、腹足类、介形类、层孔虫、腕足类及菊石等。

郎山组

本组为白垩纪中期海侵期的沉积，岩性较稳定，分布十分广泛，区内主要见于日土以南，革吉、改则一带和班戈、纳木湖、那曲等地，比如以东未见分布。主要岩性组合为厚层状灰岩与生物碎屑灰岩互层，下部层位常夹钙质砂岩、泥岩，局部尚见含砾砂岩。西部地区郎山组下部夹有少量中基性火山岩层。最突出的宏观岩性标志是上下各层位，均夹有由单一的圆笠虫(*Orbitolina*)组成的生物碎屑灰岩。通常称其为“圆笠虫灰岩”，是区域地层中的对比标志层。厚度为 1 051～4 300 m，其中西部厚度较大，中部厚度较薄。底与多尼组整合接触，顶部与竞柱山组不整合接触。化石门类十分丰富，计有有孔虫、固着蛤、珊瑚、菊石、腹足类、海胆、腕足类等，以有孔虫最为发育。

竞柱山组

本组展布于班公湖以南、革吉、洞错、班戈、洛隆、八宿等地。主要岩性组合，是由大套紫红色、灰紫色粗—细粒碎屑岩组成，西部地区夹有多层中基性火山岩，革吉和班戈北部，上下层中夹有海相砾屑灰岩和大量泥质岩。由于岩性较粗、化石较稀少，目前仅于海相夹层中获有少量腕足类、有孔虫及一些陆相双壳类化石。

竞柱山组厚度变化较大，由 515～1 650 m 不等，北部索县一带最大厚度可达 2 500 m。狮泉河地区也达 2 100 m 以上。本组底部与郎山组、多尼组或拉贡塘组多为不整合接触，在日土东侧及班戈北部，竞柱山组直接不整合在早白垩世侵入的花岗闪长岩之上，上未见顶。

2. 拉萨地层分区(Ⅶ$_2^3$)

泛指念青唐古拉以东，嘉黎-纳龙断裂以南的“拉萨陆块”范围，是冈底斯岛弧带上的弧脊隆起部位，在较窄的陆架区内发育有一套次稳定型地层，但延伸范围仅限于拉萨地层分区的北部，为地区性地层单位，出露虽较零星，层序且较完整，地质意义较大，共包括 8 个地层单位。

甲拉浦组

仅见于拉萨北部甲拉浦、査果切两地，其岩性组合为一套黄灰色、暗灰色砂岩，页岩夹薄层灰岩，中上部由中粗粒砂岩、粉砂岩及火山碎屑岩互层组成，局部可见煤线，底与麦隆岗组为整合—平行不整合接触，上未见顶，与叶巴组关系不明，厚 530～660 m。产有海相双壳类、腹足类和植物化石。

叶巴组

主要分布于拉萨市以东的白定、达孜、甲马和沃卡北部的麻扎拉等地。呈近东西向带状分布。叶巴组由一套巨厚的中酸性流纹岩、英安岩、火山碎屑岩、凝灰岩夹少量玄武岩及砂岩、页岩、泥灰岩组成，除熔岩和火山角砾岩外，均为薄层状或互层状产出，横向变化大，火山岩及火山碎屑岩常相变为粉砂岩、泥页岩夹薄层状泥灰岩，仅层中均含有火山凝灰质组分。厚达 3 000～4 000 m 以上。底部未出露，顶部与多底沟组多为断层接触，个别地点(甘禅寺沟口东侧)可见到平行不整合接触关系，产有双壳类、珊瑚和藻类化石。

却桑温泉组、多底沟组

该两组在剖面上为上下关系，但横向上为互为消长的相变关系(图 7－2)。

却桑温泉组仅见于却桑温泉、堆龙德庆、达孜、甘登寺一带，甲马赤康以东未见其分布。主要岩性为一套钙质砂页岩互层夹薄层凸镜状灰岩及火山凝灰层。底部为砾岩、砂砾岩夹黄色高岭土，与下伏叶巴组杂色安山岩、凝灰质砂岩平行不整合接触；顶与多底沟组灰岩连续沉积。典型区厚 400 m，向东逐步变薄，堆龙德庆厚 230 m，未见底，叶巴沟 80～150 m，达孜北仅厚 15 m，甘禅寺沟以东仅 5 m，甲马赤康一带未见该组分布，多底沟组直接与叶巴组接触。含有双壳类、腹足类及植物化石。

多底沟组是以一套中厚层生物灰岩与薄板状灰岩、泥灰岩互层的碳酸盐岩组成，顶底灰岩层中均含有大量陆源碎屑颗粒，局部可成为凸镜状钙质砂岩，夹有安山质火山岩凸镜体，甲马赤康以东底部见灰岩砾块和火山砾块组成的砾岩层。底与却桑温泉组整合接触，甲马赤康一带多直接平行不整合于叶巴组之上；顶与林布宗组为渐变关系。厚 400～1 200 m，东厚西薄。

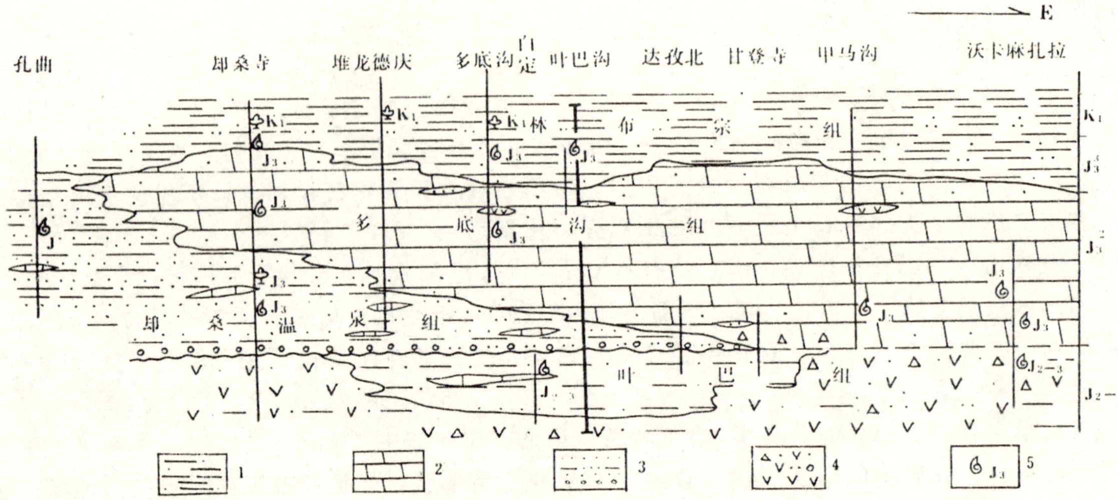

图 7－2　侏罗纪多底沟组与却桑温泉组空间关系示意图

Fig. 7－2　The sketch map showing space relationship between Jurassic Duodigou and Quesangwenquan Formations

1. 板岩、砂质页岩；2. 灰岩、生物灰岩；3. 砾岩、砂砾岩；4. 火山熔岩、火山碎屑岩；5. 化石产出位置及时代

林布宗组

主要分布于拉萨北部的向阳、澎波、牛马沟、墨竹工卡及多嘎等地。主要由一套灰黑色薄层状砂岩、粉砂岩及页岩、板岩互层组成，局部夹有凸镜状薄煤层及碳质页岩。偶见安山质火山凝灰岩。厚度变化大，为 700～1 000 m，最厚达 2 641 m，个别地段仅 325 m，含有菊石、双壳类化石、上部层位主要为植物化石。

林布宗组与下伏多底沟组为渐变过渡关系，顶部与楚木龙组为整合接触，宏观特征清楚，易于识别。

楚木龙组

本组岩性组合为一套暗灰色、深灰色粉砂岩夹大量灰白色石英砂岩，及灰绿、紫红色千枚状板岩组成的韵律层，局部夹有薄煤层，底部常见含砾石英砂岩及细砂岩层，因抗蚀能力较强，地貌上常呈突出的崖壁，宏观特征较清楚。组厚 325～795 m，最厚可达 1 590 m 以上。主要化石为植物，也见少量双壳类和腹足类化石。底与林布宗组，顶与塔克那组均为整合接触。

塔克那组

本组分布范围较广泛，但露头较为零星，见于却桑寺，拉萨以北的确果、纳嘎、澎波、墨竹工卡、麻扎拉等地。其岩性组合为一套灰色、灰绿色、深灰色石灰岩，生物灰岩及砂岩、泥页岩互层，以碳酸盐岩为主的地层组合。通常顶部和底部砂泥岩夹层较多，中部以灰岩和薄层泥页岩为主，岩性较稳定，厚 170～573 m。与下伏楚木龙组，上覆设兴组均为整合过渡关系。塔克那组化石门类极为丰富，是本区生物分异度最高的地层单位，计有海胆、有孔虫、双壳类、菊石、虾蟹等节肢动物和鱼类化石等十余个门类。

设兴组

本组仅见于堆龙德庆、林周地区和麻扎拉一带，主要岩性特征为一套紫红色、杂色陆相砂砾岩、泥岩夹钙泥质粉砂岩组成，南部设兴一带夹有海相碳酸盐岩和中酸性熔结凝灰岩薄层，厚度达 500～1 723 m，最大厚度达 2 435 m(曲中—那玛)，底部与塔克那组整合过渡，顶与林子宗群火山岩不整合接触。

3. 措勤—申扎地层分区(Ⅶ$_2^1$＋Ⅶ$_2^3$ 南部)

本区泛指嘎尔、捷嘎、隆格尔、措勤、申扎和拉萨地层分区南部的昌果、桑日、温区、沃卡等地区。代表冈底斯岛弧南翼的弧前陆坡带沉积区，共包括 3 个岩石地层单位。

达雄群

断续地出露于措勤雪上勒、节郭勒、许如错则固等地。主要由一套杂色砂砾岩、粉砂岩、砂质页岩组成的碎屑岩组合，底部夹有生物碎屑灰岩，中上部夹有凝灰岩及凝灰质砂砾岩。总厚达 1 700～2 860 m，含有双壳类、腹足类和植物化石，但数量较少。

达雄群多未见底，推测与下伏层为沉积间断，顶部与则弄群为整合接触(雪上勒)。

西藏地层清理组(1994)将达雄群合并于接奴群中，主要根据是：两群时代相同，同是以碎屑岩类组成的地层。本书认为，接奴群为深水复理石碎屑岩组合，达雄群属浅海—陆坡带碎屑岩组成，两者沉积性质不同，同时两群地层的展布规律也大相径庭，因而不能以年代相同将其归并，故本书恢复使用达雄群(西藏区调队，1983)。达雄群横向上可能与却桑温泉组及叶巴组有相变关系，但目前还未证实。

则弄群

则弄群在西部措勤—申扎一带分布范围较宽，东部桑日地区出露范围较窄，多位于雅鲁藏布江北岸呈近东西方向延伸。主要岩性组合为：下部由中基性火山熔岩、火山角砾岩、安山质凝灰质熔岩及火山碎屑岩，夹少量砂岩、泥岩、粉砂岩及泥晶灰岩组成；上部多为薄层中粒岩屑砂岩与页岩互层，夹少量生物碎屑灰岩及钙质及凝灰质砂岩，部分地区夹有紫红色砾石层。总体为一套火山—碎屑岩沉积组合。横向岩性组合变化较大，一般北部火山岩夹层少，可见少量红色碎屑岩，南部火山岩夹层增多，角砾状灰岩也发育。

则弄群大多未见底，茶里错一带见其不整合于二叠纪洛巴堆组之上，但在北部措勤雪上勒一带与达雄群为整合接触；顶部与捷嘎组为整合接触。厚度各处不一，典型区未见底，厚度大于 991 m，申扎一带大于 528 m，纳木湖以西厚度达 2 915 m。桑日地区大于 2 854 m。

则弄群含有双壳类、腕足类、腹足类、珊瑚等化石，纳木湖西侧，于红色层中含有淡水介形类及轮藻化石。

捷嘎组

分布范围与则弄群相似，主要岩性组合为一套基性玄武岩、安山岩、英安岩和火山角砾岩、凝灰岩夹砂砾岩及生物灰岩为基本岩性的韵律性互层组成。下部以火山熔岩为主，中上部以火山岩、凝灰岩和火山角砾岩夹砂砾岩为主。大部分韵律层顶部，均为生物碎屑灰岩或“圆笠虫灰岩”。底与则弄群为整合接触，顶与第三纪林子宗群不整合接触。厚度可达 2 250～1 524 m以上，但最薄地区仅 100 余米(不尔嘎)，层型地区厚达 5 844 m。可以反映弧前区构造、地形多变的不稳定沉积环境特征。

捷嘎组含有菊石、双壳类、腹足类和有孔虫类，也见部分珊瑚和海百合茎化石。

需提出的是，近期在拉萨南部进行的 1：20 万区调填图中，大多采用“桑日群”①，并以其与则弄群和捷嘎组两者对比。

本书认为：“桑日群”含义不清，包含的地层序列较混乱，不利于制图使用和宏观识别。原“桑日群”自下而上，共包括“麻木下组”、“比马组”、“旦狮庭组”、“门中组”和“温区组”等 5 个组级单位。区调工作已证实：“麻木下组”与“比马组”的岩性组合相同，应合并为一个地层单位；“旦狮庭组”不是桑日群的地层单位，它应与不整合在桑日群之上的原“丁拉组”相当，即现划分的林子宗群，属第三纪的火山岩；“门中组”与“比马组”接触关系不明，“温区组”与“门中组”之间为一大型韧性剪切断裂，两者不应归属同一群级单位内。这样“桑日群”只有“门中组”可与捷嘎组对比，“麻木下组”和“比马组”仅能与则弄群对比。因此，本书为了避免混淆，决定采用西藏地层清理组意见，以则弄群和捷嘎组取代“桑日群”。

(二)喜马拉雅地层区($Ⅶ_3$)

按本区地层发育特点，侏罗白垩纪地层，仅是本区晚三叠世到始新世这一自然断代中的一部分，本身并不具备断代划分特征。本书为与其他章节平衡，暂时割裂出来单独叙述。

侏罗白垩纪时，区内各地层单位的沉积速率都比前期普遍增大，活动性加剧，除南部北喜马拉雅地层分区仍保留有较窄的陆架区稳定型沉积外，其北部逐渐展现出越来越深的沉积环境，并有复理石建造和基性火山岩溢流层出现，个别地层内发育有“外来岩块”，特别是雅鲁藏布江一带，在晚期有大量洋壳残片形成，说明此时已属“新特提斯大洋”汇聚和洋壳消敛作用最强盛的演化阶段。

区内共有岩石地层单位 23 个，即 5 群 17 组和 1 个构造岩石地层单位。分别隶属于稳定型、过渡型和活动型三类不同的地层序列(表 7－4)。

1. 北喜马拉雅地层分区(稳定型)($Ⅶ_3^2$)

才里群、聂聂雄拉群

两者均为稳定型沉积地层单位，但岩性组合和展布范围不同。

才里群分布于札达、普兰、吉隆强拉地区，以厚层状生物碎屑灰岩、鲕粒灰岩为主，仅顶部和底部见有少量中薄层状砂岩夹层。厚 375～608 m，北部鲁巴和东部吉隆一带厚达 1 500 m 以上。才里群与下伏德日荣组整合接触，但与上覆门卡墩组为平行不整合接触，并有部分层位缺失，相邻印度地区相当层位上也存在地层缺失现象。才里群含有多种门类化石，以双壳类最为丰富，其他还有腕足类、菊石、珊瑚和箭石等门类。

聂聂雄拉群主要分布于吉隆强拉以东的聂聂雄拉、岗巴、亚东等地，其岩性组合是由中厚层状砂质灰岩、砂质页岩、灰岩与粉砂岩、砂页岩互层组成，夹有鲕状灰岩及粗粒石英砂岩。厚 1 592～1 687 m。横向上变化不大，一般向东上部层位以砂页岩为主，夹少量灰岩，厚度减薄为 1 300 m。向西南方向灰岩层增多，砂页岩减少，于吉隆强拉一带逐步变为才里群。本群所含化石较丰富，计有双壳类、腕足类、菊石、箭石及珊瑚、有孔虫等多种门类。底与德日荣组整合接触，顶与门卡墩组为整合接触；未发现像才里群顶部的平行不整合现象，但

① 西藏地矿局，1996，1：20 万《加查幅，沃卡幅》区域地质调查报告(资料)。
西藏地矿局，1991，1：20 万《拉萨幅》区域地质调查报告(资料)。

表 7-4 喜马拉雅地层区地层序列表

Table 7-4 Stratigraphic sequence of Himalaya stratigraphic province

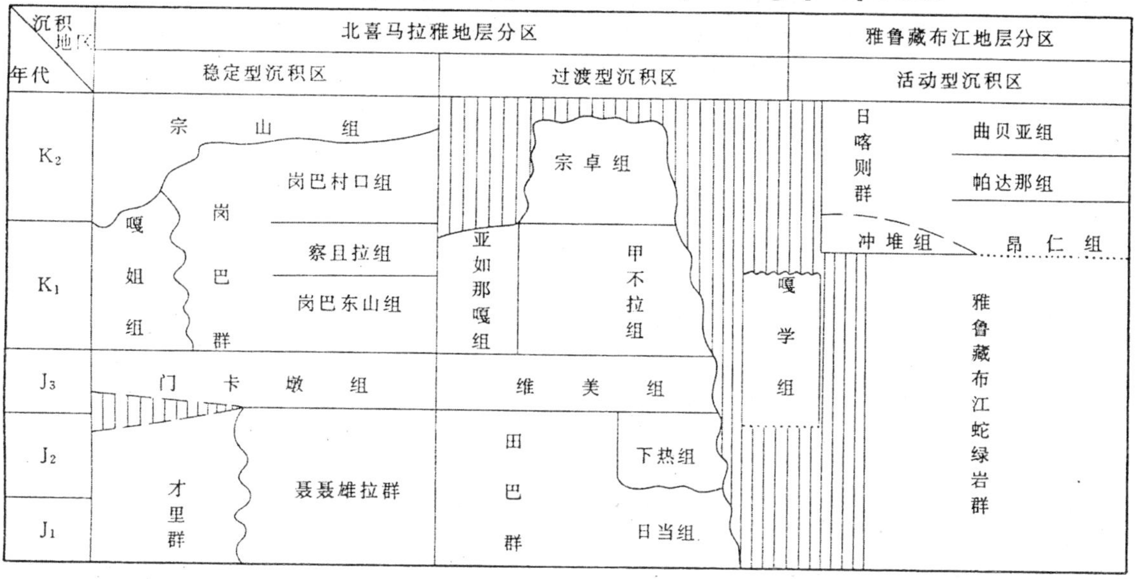

在定日帕卓一带，聂聂雄拉群顶部见有海陆交互相碎屑岩沉积，含有大量植物化石，可能反映才里群顶部的剥蚀面，系海平面下降后，陆缘区长期处于剥蚀环境所致。

目前，才里群和聂聂雄拉群均为无组的群级地层单位。以往曾在两群内划分有许多组，但这些组的岩性组合区别不大，又多以生物组合的年代关系为依据，在宏观区分上较困难，故本书暂以“群”单独表示之。

门卡墩组

本组是稳定型沉积区内唯一具有深水沉积特征的地层单位，主要分布于札达、普兰、聂拉木、定日和亚东一带，由一套黑色、黄绿色页岩，砂质页岩夹少量粉砂岩和薄层灰岩组成，富含硅泥质结核及菱铁矿结核、磷灰石结核，为最明显的宏观标志。全组岩性简单且稳定，厚度变化较大，由 241～1 278 m 不等，聂拉木地区厚达 1 124 m，札达一带 580 m，印度拉普塔尔仅 80～100 m(斯匹提页岩)。

本组底与才里群为平行不整合接触，也有部分地层缺失，但东部与聂聂雄拉群为整合接触，显示了西部陆缘区是在海平面上升时，逐步超覆沉积的特征；与上覆岗巴群为连续沉积。

门卡墩组在东部深水沉积层中，化石门类有菊石、箭石、双壳类，西部浅水区的化石除上述外，尚有有孔虫、层孔虫及珊瑚等。

岗巴群、嘎姐组

岗巴群仅见于定结、岗巴、堆纳以及定日古错等地，主要由黑灰色页岩组成，上部和下部夹有不稳定的灰岩、泥灰岩层，中部多夹有砂岩，据此划分成岗巴东山组、察且拉组和岗巴村口组 3 个岩石地层单位。其中岗巴东山组是由页岩、薄层灰岩互层夹块状灰岩组成，横向变化较大，典型区厚仅 100 m，向东到察且拉、热烈青姆山时，灰岩夹层增多，厚度达 310～700 m以上，由典型区向西，页岩中碎屑岩成分增多，古错一带已变为粉砂岩、页岩夹薄层砂岩，厚度为 700 m。特征已接近嘎姐组。岗巴群中上部的岩性变化较小，其中察且拉组厚98～240 m，岗巴村口组为 344～530 m。

嘎姐组主要展布于西部札达、普兰等地区。主要岩性为一套细砂岩、石英砂岩、粉砂岩、砂质页岩夹生物碎屑灰岩组成，局部可见含细砾的砂岩层，厚度105～410 m，向东在古错一带与岗巴东山组及察且拉组呈相变关系。

嘎姐组与岗巴群均与下伏门卡墩组连续沉积，其上又均与宗山组灰岩层整合接触，但顶部的界线具有穿时性质。

岗巴群和嘎姐组均含有菊石、有孔虫、双壳类等化石。

宗山组

本组分布于岗巴、定日、定结和札达等地，岩性特征稳定，是位于岗巴群或嘎姐组之上的一套碳酸盐岩地层。东部地区厚223～278 m，西部札达波林一带厚180～485 m。富含有孔虫、双壳类、腹足类、海胆、珊瑚、介形类和藻类化石。底与嘎姐组或岗巴群，顶与基堵拉组均为连续沉积。根据生物地层资料，宗山组的底界是一个穿时的界面。

2. 北喜马拉雅地层分区(过渡型)($Ⅶ_3^2$)

田巴群

田巴群多出露于吉隆北部、康马、羊卓雍地区和措美、隆子地区，是地层分区北部陆坡带下部的过渡型深水复理石沉积。田巴群包括日当组和下热组两部分。

日当组

分布范围较广，主要为灰色页岩、钙质页岩、条带状泥质灰岩为主的岩性组合，夹有与页岩呈互层状的砂岩、粉砂岩。普遍含有硅质结核和钙硅质结核，偶夹晶屑凝灰质砂岩和辉绿岩岩床。通常东部地区钙质岩石较发育，而西部地区碎屑岩组分增多。厚度为1 500～3 500 m，但个别地段，厚度仅300 m，富含浮游类型的菊石生物群。下与三叠纪涅如群整合接触，上与下热组多为断层关系，未见直接接触。但西部日当组与维美组为整合沉积，其间未见下热组存在。推测下热组为日当组上部的相变层位。

下热组

主要分布于江孜、隆子地区，西部康马一带未见分布。下热组是由砂页岩和基性火山岩互层组成的复理石沉积组成，夹有海绿石灰岩、粉砂岩及火山角砾岩等，普遍含有硅质结核和钙泥质结核。横向岩性与厚度变化较大；东部拿日雍错一带，基性火山岩最为发育，厚度可达6 493 m，向西火山岩渐少，江孜、班穷山、拉孜一带，主要为页岩、凝灰岩和泥灰岩组成，仅夹少量火山岩，厚度仅430 m。康马、田巴地区未见火山岩，岩性特征与日当组接近，厚度为959～2 000 m。下热组仍以富含浮游型菊石动物为特色。

下热组下与日当组多为断层接触，顶与维美组整合接触。按下热组延展情况和所含化石组合，可说明：下热组应属日当组上部层位的相变部分(图7－3)。

维美组

维美组在区内呈两个条带状露头展布，北部见于羊卓雍湖、江孜、萨迦、夏嘎东札、仲巴及松布达惹等地，南带见于岗巴、康马、吉隆北部及龙中等地。两带岩性稍有差别；北带的维美组由钙泥质砂岩、粉砂岩与页岩互层组成，夹有灰岩、泥灰岩及火山凝灰岩。局部地区(促巴、拉赛拉等地)尚见粗安岩和辉绿岩床贯入以及“外来岩块”出现。总厚度达3 570 m。南带的维美组以薄层及凸镜状砂岩、粉砂岩与页岩互层组成，普遍含有钙泥质及硅质结核，局部可见硅质岩薄层。但沉积厚度仅10～330 m。维美组与田巴群整合接触，但在苦玛、岗巴一带却直接超覆在三叠纪涅如群之上，维美组与上覆亚如那嘎组及甲不拉组均为整合关系。

亚如那嘎组、甲不拉组

该两组分布于北喜马拉雅地层分区的北部，包括哲古湖，拉轨岗日以北和札达、香札等

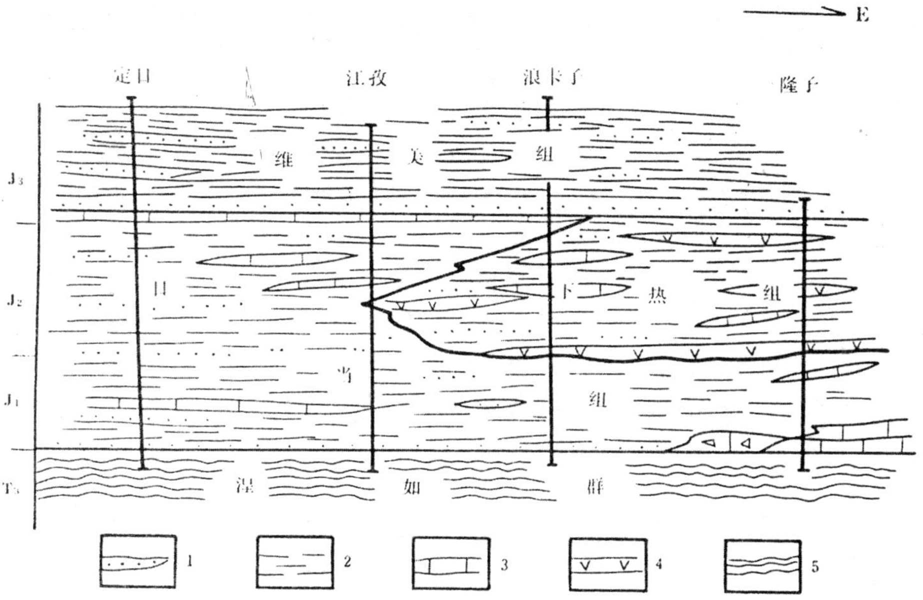

图 7-3　侏罗纪日当组与下热组层位关系图

Fig. 7-3　The map showing position relationship between Jurassic Ridang and Xiare Formations

1. 石英质粉砂岩；2. 暗色页岩；3. 泥晶灰岩；4. 基性火山岩、凝灰岩；5. 板岩、千枚岩

地。

甲不拉组以黑色泥页岩，硅质页岩为主，夹有凸镜状灰岩及砂岩，具有浊积和塌积相沉积特点，总体结构为下细上粗的深水型沉积。厚度为 1 050～1 202 m。层型区不含火山岩，但东部羊卓雍湖区，下部层位中有安山岩、火山角砾岩、凝灰质砂砾岩及砾状硅质灰岩。西部仲巴县巴巴札一带，甲不拉组已变为石英砂岩、钙质页岩夹灰岩、硅质岩及玄武岩组成。厚达 4 110 m 以上。甲不拉组下与维美组上与宗卓组均为整合接触。组内含有菊石、箭石、双壳类、腕足类化石。

亚如那嘎组仅见于普兰霍尔、姜叶玛地区，是甲不拉组向西相变的层位。主要由浅水型灰岩、生物碎屑灰岩、鲕状灰岩夹部分碳质板岩、薄层砂岩组成，生物化石较单调，仅见菊石和双壳类，厚度为 1 265～2 400 m。与下伏维美组整合接触，上未见顶。

宗卓组

分布范围与甲不拉组相似，主要岩性为大套砂岩、页岩、放射虫硅质岩夹灰岩凸镜体及凝灰岩组成，以塌积相碎屑流沉积十分发育为本组最明显的宏观标志。厚度为 1 000～1 500 m。

典型区附近的江孜、甲不拉、穷堆一带塌积相砂砾岩较发育，代表深水陆坡带沉积，羊卓雍湖地区火山物质增多，上部出现玄武岩和火山碎屑岩。西部萨迦、仲巴地区浅水相沉积区内塌积相沉积较少，且组内硅质岩逐步减少，陆源碎屑增多。宗卓组仅含有浮游型有孔虫及放射虫化石，与其沉积环境较深相关。

宗卓组底与甲不拉组整合接触，未见顶。

3. 雅鲁藏布江地层分区(Ⅶ$_3^1$)

本分区为活动型地层分布区，由于板块构造俯冲的“铲刮作用”和“弧缘增生”特点，大部分地层体不连续，呈残留或断片产出为主，部分地层单位，按产出部位，应隶属岛弧构造弧前区范畴，本书因其沉积特征与洋盆活动区有较多的关联，故将其归入喜马拉雅地层区内，将有利于地层格架分析。

本区共有地层单位1群5组和1个构造岩石地层单位。

嘎学组

本组断续出露于阿尹拉山、札囊、泽当等地，岗久以西的玛旁拥错，奇阿嘎尔推覆体上盘也见分布。

嘎学组主要由一套千枚岩、板岩与硅质岩互层夹大量变质玄武岩、火山碎屑岩及辉绿岩床组成，横向变化较大，东部泽当一带以细碧岩为主，夹石英片岩、千枚岩及凝灰质砂岩，仅下部为硅质岩层；西部阿尹山一带，多为灰黑色、紫红色—绿灰色粉砂质板岩、砂岩、泥灰岩、硅质岩和中基性火山岩组成，部分地段可见“外来块体”夹于层中。底与顶均为断层关系，总厚465～2 380 m，主要化石为放射虫。

冲堆组

仅见于冲堆、萨迦纳虾、查雪增等地，多与蛇绿岩群共生。受断裂切割延伸性较差。本身也是构造混杂体组成部分。冲堆组是由一套绿色、紫红色薄层状硅质岩、硅质泥岩、、硅质粉砂岩韵律状互层组成，夹有少量砂岩及玄武岩、火山角砾岩底部硅质岩十分发育，上部砂泥质碳酸盐岩增多，总厚175～197 m。横向变化不大。富含放射虫化石。

冲堆组与下伏蛇绿岩群为连续沉积，属洋壳上部的正常沉积层，顶部与日喀则群为平行不整合—整合接触，后者具有穿时的超覆沉积特点。

日喀则群

本群由昂仁组、帕达那组和曲贝亚组三部合并组成。

昂仁组

仅见于仁布到仲巴吉拉之间的地区，其他地段未见出露，岩性组合为一套巨厚的砂岩、粉砂岩与砂质页岩、页岩组成的复理石沉积，中部偶夹条带状、泥晶灰岩。总厚达2 785 m，层型地区未见顶底接触关系。日喀则纳虾一带昂仁组与冲堆组平行不整合接触。但查雪增附近，昂仁组与冲堆组为整合接触。西部桑桑和大竹卡尼思拉一带，与上覆帕达那整合接触。昂仁组含有放射虫、有孔虫及双壳类、腹足类化石，灰岩尚见固着蛤和珊瑚化石。

帕达那组

主要分布于仲巴错江顶、桑桑和大竹卡等地，西部冈仁波齐峰南麓也有分布。

帕达那组主要为一套灰绿—紫红色薄层韵律状浅海相碎屑岩夹泥灰岩组成，厚693 m。西部冈仁波齐、札贡日阿一带，岩性较粗，由杂色砂岩、含砾砂岩、页岩、粉砂岩组成，可见大型斜层理和大量植物化石枝干碎片。厚达1 000～2 000 m。含有双壳类、腹足类、珊瑚和少量甲壳类化石，上下各层均见植物化石。与上下两组均为整合接触。

曲贝亚组

本组仅见于错江顶、如角藏布地域内，主要岩性组合：下部以钙质砂岩、砂质页岩为主夹生物碎屑灰岩；上部以砂质有孔虫灰岩为主夹紫红色泥质粉砂岩及砂岩。与下伏帕达那组，上覆达机翁组均为连续沉积。厚达1 000 m，但典型区内仅430 m。组内含有多种门类化石，以有孔虫和双壳类为主，其他为菊石、珊瑚、腹足类和少量节肢类。

雅鲁藏布江蛇绿岩群

岩群属构造岩石地层单位，代表新特提斯洋壳向北俯冲过程中，铲刮、撕裂的碎块，增生在弧缘地区的岩石体，总体可代表已消失的大洋壳残存的碎片，它的分布标志着俯冲带的空间位置。

雅鲁藏布江蛇绿岩群从郎县、加里，经罗布莎、日喀则、昂仁、仲巴到公珠错、噶尔延伸到印度和巴基斯坦的拉普苏、布尔齐尔，全长达 2 200 km 以上，大部分是断续出露的残留块体，多以构造关系与围岩接触，各块体的原始层序并不完整，通常要以综合剖面序列来认识其构造地质特征。除顶部玄武岩和硅质岩层（冲堆组），应属正常沉积地层之外（即地球物理分层 2A），其他诸如岩浆岩、堆积岩、变形橄榄岩（2B、3A、3B 层等）均应归属构造岩石地层单位，与地层学的层序概念有本质的差别，更不能将地球物理分层赋予地层学的概念，因此本书未接受西藏地层清理小组的划分意见，并将其统称为雅鲁藏布江蛇绿岩群。

在我国境内，该岩群以日喀则和罗布莎两地的岩体规模较大，剖面层序保留较全，其综合层序包括五个具有典型壳幔结构的岩石组合，自上而下为：

5. 枕状熔岩及深海放射虫硅质岩（冲堆组）
4. 席状基性岩床群
3. 均质辉长石岩
2. 超镁、铁质层状堆积杂岩
1. 变形橄榄岩

其中个别岩体的综合层序中，缺少超镁、铁质层状堆积杂岩岩石组合（日喀则路曲）。与世界典型蛇绿岩群对比，本岩群有下列一些重要差别（王希斌等，1987，1983）：①枕状熔岩之下出露的不是基性岩墙群，而是席状岩床群。②层状堆积杂岩组合厚度较小，本区仅在白岗、大竹卡、吉定和罗布莎 4 个岩体中，见到小而孤立的层状堆积岩，最大厚度不足 1 000 m。反映了本区洋壳下部的岩浆房规模甚小的特点。③代表洋壳的玄武岩和层状堆积杂岩，总厚仅 2 000～3 000 m，相当现代洋壳平均厚度（5～7 km）的 1/2～1/3。④变形橄榄岩赋存在上地幔较浅的部位（约 3.5～4.5 km 以下）。

上述特征表明，雅鲁藏布江蛇绿岩群是属于低速扩张洋脊的具有低度熔融的地幔残余岩石。据同位素年龄测试成果，岩群中上部钠长花岗岩锆石年龄值（U－Pb）为 139 Ma（王希斌等，1987），底部动力变质的石榴石角闪岩年龄值（K－Ar）为 81 Ma。结合沉积于岩群之上的枕状玄武岩及冲堆组的放射虫化石年代面貌，可以判定雅鲁藏布江蛇绿岩群大多是形成于中晚侏罗世—早白垩世以前，然后在晚白垩世—始新世中期陆续地构造侵位于岛弧前缘的增生体。

第二节　区域地层划分与对比

一、华南地层大区

（一）巴颜喀拉地层区

本区仅在北部边缘地带发育两个不连续的侏罗纪地层单位。白垩纪地层全部缺失。

年宝组属含煤碎屑岩夹火山岩沉积，主要化石为植物与孢粉组合，两者基本植被面貌一致，均以蕨类、松柏和银杏类为主。以 *Podozamites lanceolatus*, *Neocalamites* sp., *Hausmannia ussuriensis*, *Cladophlebis nebensis*, *Pterophyllum* sp., *Ferganiella lanceolatus*, *Sphenobaiera longifolia*, *Equisetites* sp. 等组成，总体可与李佩娟、何元良 1988 年划分的 *Neocalamites-Cladophlebis* 植物组合对比，年代为早侏罗世。

年宝组以往多与昆南地区的八宝山群含煤火山碎屑岩系对比。年代曾被归入晚三叠世，后来在昆南地区发现平行不整合于八宝山群之上的"兰道湾乌苏组"（现被对比为羊曲组，可能有误）与年宝组岩性组合类似，均含有不同于八宝山群的植物化石组合，因而肯定了年宝组的存在。

羊曲组为不含火山岩的含煤碎屑岩沉积，属湖沼相沉积，含植物化石 *Neocalamites* sp., *Coniopteris hymenophylloides*, *C. burejensis*, *C. simplex*, *Eboracia lobifolia*, *Cladophlebis* sp., *Ginkgoites sibiricus*, *Baiera furcata*, *Phoenicopsis angustifolia*, *Pityophyllum longifolium* 等，其组合特征与斯行健于柴达木划分的 *Coniopters*—*Phoenicopsis* 组合（何元良，1989）十分相似；年代为中侏罗世，早年本组曾称为"野马滩组"，近年发现其与青海兴海地区的羊曲组相似，故将其对比延伸之。

（二）羌塘-昌都-保山-思茅地层区

本区包括陆相、浅海—海陆交互相和深水复理石相三种沉积环境的沉积，单位的划分，生物组合特征并不相同，因而对比关系复杂。

东部陆相盆地的地层序列，以兰坪思茅地区发育较全，研究程度较高。年代地层划分可靠对比关系清楚。

漾江组

本组为永平群底部的组级单位，但分布局限，多见于兰坪盆地和思茅盆地东部，西部普遍缺失。本组以介形类化石为主，见于底部层位，其他化石为轮藻及双壳类，但数量较少。

介形类以 *Simeonella exornata*, *Oncocythere rhombiodalis* 和 *Darwinula liassica* 等属种组成，前两个属种的意义较大，是从下伏晚三叠世地层中延续生存的类群，上覆花开佐组内已无该分子存在。大多是晚三叠世—中侏罗世的生物分子，在邻近区域内，常见于一平浪群、下绿丰组和冯家河组内，由于漾江组是连续沉积于三叠纪煤系地层之上的红色地层，通常将其视为早侏罗世的沉积。

花开佐组

本组是永平群中最主要的地层部分，可分成上下两段，下段以陆相沉积为主，上段由于受到海侵影响，出现海相夹层，但这种现象也仅见于盆地西侧，东部仍以陆相沉积为主。本组化石丰富，具有陆生和海生两种类型。

陆生双壳类以 *Cuneopsis*, *Psilunio*, *Eolamprotula*, *Pseudocardinia* 等属最为发育，伴生有 *Unio*, *Margaritifera*, *Tutuella*, *Sibiriconcha* 等共 9 属 34 个种及相似种组成，可称为 *Lamprotula* (*Eolamprotula*) *cremeri*-*Pseudocardinia kweichouensis* 双壳类组合。其中的许多种如：*Cuneoconcha sichuanensis*, *C. johannisboehmi*, *Pseudocardinia elliptica*, *P. kweichouensis* 等，都是常见于滇中张河组，四川沙溪庙组和自流井群的中侏罗世生物分子。

海相双壳类是以 *Protocardia stricklandi*-*Amiodon fengdenensis* 生物组合为代表，包括 30 属 56 个种与亚种组成。大部是近岸浅水穴居或固着生态类群，是亚洲地区侏罗纪较常见的组合类型。在本区该组合以 *Protocardia*, *Isognomon*, *Astarta*, *Modiolus*, *Mytilus*, *Pleuromya*,

Quenstedtia 等属最为发育，其次为 *Camptonectes*，*Myopholas*，*Gervillella* 等属。其中年代意义较大的属种为：*Protocardia stricklandi*，*Pteroperna* cf. *emarginata*，*Gervillella* cf. *orientalis*，*G.* cf. *ovata*，*Isognomon* cf. *murchisonii*，*Liostrea birmanica*，*Modiolus imbricatus* 等，大多是英国、缅甸等地中侏罗世巴特期的重要成员。

本组介形类仅见 *Darwinula sarytimenensis* 和 *D. magna* 等。属种单调，但分布广泛。腹足类中含有 *Discohelix calcalus*，*Ataphrus labadyei*，*Ampullina loriere* 等，多为欧洲地区侏罗纪巴特期的产物。

花开佐组含有少量腕足类，如 *Burmirhynchia praestans*，*B. praestans tenuiplicata* 等，但未发现常与其共生的穿孔贝类化石，可能与生态环境有关。*Burmirhynchia* 属是柳湾组，雁石坪群以及缅甸地区南尧姆群，最具代表性的中侏罗世化石分子，它的存在，无疑为花开佐组的延伸对比提供有利的依据。

坝注路组

由于顶部有平行不整合接触关系，层位有缺失现象，各地厚度不一，所含化石以介形类和轮藻为主。其他尚见叶肢介及全骨鱼化石。

介形类以 *Darwinula* spp. 种群组成，其中 *D.* cf. *sarytimenensis* 是延续生存的种，*D.* cf. *impudica*，和 *Cypridea* sp.，*Clinocypris* cf. *scoila* 及 *Candona yunnanensis* 等是本组新出现的属种。

轮藻化石以 *Aclistochara* 和 *Euaclistochara* 两属组成，叶肢介有 *Eosestheria* 属分子，均是滇中张河组顶部和四川遂宁组中的晚侏罗世早期的生物成员。

景星组

本组底部有一不连续界面，代表另一个沉积旋回的层位，分布广泛，西部可延伸到临沧地区。生物群发育，以介形类和陆生双壳类为主，其余为腹足类、植物化石、轮藻、叶肢介等，局部见脊椎动物化石。

陆生双壳类以原始类型的类三角蚌生物群为特色，由 *Peregrinoconcha*，*Eonippononaia*，*Koreamaia*，*Plicatounio*，*Sinonaia* 等属组成，并以前两属最为发育，遍布全组上下，其间也见部分海生双壳类，如：*Nakamuranaia*，*Goniomya*，*Liotrigonia*，*Faleimytilus* 以及少量 *Modiolus*，*Tancredia*，*Mactramya*，*Eomiodon* 等。多为晚侏罗世常见分子，尤其是 *N. laevigata*，*N. elongata*，*N.* cf. *jouberti*，*F. tramauensis*，*F. dietrichi* 等属种，是印度、南非等地晚侏罗世的重要生物成员。

介形类以 *Jingguella*，*Damonella*，*Mantlliana* 和 *Darwinula* 属群组成，其中 *Jingguella* 一属是景星组的特征分子，*Darwinula* 属种群丰富，约 10 余个种，除 *D. sarytimenensis*，*D. impudica*，*D.* aff. *subimpudica*，*D.* cf. *submuricata* 等为侏罗纪延续上来的成员外，也有仅出现于早白垩世的分子，如 *D.* cf. *postitruncata*，*D.* cf. *oblonga*，*D. contracta* 等。按介形类的年代认识，主要为早白垩世，但也包含晚侏罗世的色彩。

本组的植物化石保存不佳，但包括一些重要类型，如 *Coniopteris cupressinocladus*，*Stenopteris*，*Ruffordia* 和 *Thallites yunnanensis* 等，年代面貌为晚侏罗世—早白垩世。

南新组

本组连续沉积于景星组之上，仍以介形类和双壳类为主。

陆生双壳类以 *Trigoniodes*，*Plicatounio*，*Nakamuranaia*，*Nippononaia* 组合为特征，是亚洲地区陆相白垩纪特有的“*T.* -*N.* -*P.* 类三角蚌动物群”的组分。南新组内最常见的分子为*T. kodairai*，*T.* (*Direrstrigonioides*) *xizangensis*，*T.* (*T.*) *sinensis*，*Plicatounio naktongensis languidus*，*Nakamuranaia chingshanensis*，*N. elongata*，*Nippononaia carinata*。奴贵山一带，下部层中见有海相类型双壳类，约十余个属种，除*Leptosolen*和*Scittila*属早白垩世分子外，其余均为时限较长的类型。

南新组介形类由*Monoculcocypris-Cypridea*组合为代表，部分成员始见景星组，在南新组内已成为优势属种，分布甚广。计有*M. subovata*，*M. subelliptica*，*M. yunnanensis*，*M. mirabilis*，*M. longa*，*M. ventriconvexa*和*C. angusticandata*，*C. subquadrata*，*C. pulvinata*，*C. ampullaceousa*等种群。伴生的*Darwinula*属已大大减少，常见有*D. contracta*，*D. oblonga*及*Rhinocypris*，*Metacypris*等由下伏延续生存的分子，也见有首次出现的新成员，如*Adrenocypris*，*Caspiocypris*，*Mongolianella*，*Ziziphocypris*等四属，年代面貌为早白垩世。

虎头寺组

本组未获化石，大多因其与上下岩组为整合接触，推断其年代为早白垩世晚期。

曼宽河组

当本组沉积时，断陷盆地已经萎缩到盆地中部营盘山断裂以西的整董、景洪、勐腊一带，因而兰坪、思茅地区大多缺失本组。

本组以介形类最为发育，轮藻次之，双壳类已处于不重要位置。

介形类是以*Talicypridea-Cypridea-Sinocypris-Quadracypis*组合为特征，包括20个属的共生组合。下部层位中可见许多延续生存的属种，如*Mongolianella*，*Rhinocypris*，*Darwinula*，*Ziziphocypris*，*Metacypris*等。上部层位出现许多新生属种，如*Lycopterocypris*，*Caspiocypris*，*Cyprinotus*，*Candona*，*Harbinia*，*Cypris*等。

*Talicypridea*属是曼宽河组的特征分子，共有3个种。其中*T. amoena*是松辽地区晚白垩世的重要成员，另两个种*T. subparaella*，*T. xishuangbanaensis*是初见于本组的种。伴生的分子中*Cypridea* cf. *cavernosa*，*Quadaracypris*也是广泛见于晚白垩世的种。

轮藻化石以大型的*Porochara*占有优势，以*P. anluensis*，*P. spharica*，*P. oblonga*，*P. deuurisiva*以及*Peckichara dangyanensis*，*Charites tenuis*等成员组成，均为华南晚白垩世的重要成员。

泰国东部呵叻盆地的普拉维汉组(Phra wiham)、少夸组(Sao Knua)、普潘组(Phu phan)与本区景星组、南新组、虎头寺组完全可以对比，它们是由上下两套耐风化的浅色砂岩层和中部紫红色粗碎屑岩类泥岩、粉砂岩层组成，同样是以陆相生物群为主，夹海相生物化石为特征的陆相盆地沉积岩系。曼宽河组由于盆地萎缩，沉积范围较小，兰坪地区已缺失沉积，北部延伸关系不明。但泰国呵叻盆地的班纳尤组(Ban nayo)与其极为相似，仅厚度稍薄，且顶底均为整合接触。

察雅群和香堆群

昌都盆地的察雅群其岩石特征与云南永平群相似，一般芒康、察雅以东几乎全部由岩性偏细的陆相层组成。昌都、类乌齐、龙木达以西地区，察雅群以杂色碎屑岩、粗屑砂砾岩组成，且海相夹层增多。

察雅群的化石成果，多不系统，海相双壳类多采自盆地西部，计有*Pleuromya alduini*，*Lopha* cf. *asellus*，*L. gregarea*，*Modiolus* cf. *imbricata*，*Pseudotrapezium cardiforme*，*Isognonlin* sp.，*I. ootoconvexa nimor*，*Protocardia linkaensis*，*P. strichlandi*，*Camptonecten* sp. 等。以*Lopha*和*Protocardia*属最丰富，基本色彩与花开佐组相似，年代为中侏罗世。

腕足类化石数量不多，但很有特色，主要由 *Burmirhynchia*，*Holcothylis* 和 *Septaliphoria* 三属成员组成，均为中侏罗世重要分子，可与柳湾组、雁石坪群生物群对比。

察雅群的脊椎动物化石主要产于东部陆相沉积区内，共有三个动物群组合(赵喜进等，1978)，自下而上为：

①鳄鱼动物群包括 *Plesiosaurus changduensis*，*Ichthyosaurus rectusiden*，*Steneosaurus microbtusidens*，*Hybldus changduensis*，*Tibetodus gyrodoides* 等。

②蜥龙动物群主要由 *Damalasaurus laticostalis*，*Lufengosaurus changduensis*，*Megalosaurus tibetensis* 组成。

③蜥脚类动物群，由 *Ngexisaurus changduensis*，*Megalosaurus dapukaensis*，*Microdontosaurus dayensis*，*Lancangjiangsaurus*，*Changdusaurus laminaplacodus*。

上述①和②动物群的年代为早侏罗世，可与云南绿丰动物群对比。③动物群属中侏罗世产物，与四川自流井群上部的动物群可做比较。

香堆群是未分组的群。化石产地较分散，已知有介形类、双壳类、植物和脊椎动物化石等。

盐井、芒康的植物化石为 *Elatides*，*Brachyllum*，*Elatocaldus*，*Cupressincladus* 等属，大多为白垩纪类群，介形类有 *Talicypridea demiorbiculata*，属晚白垩世种类。双壳类有 *Nakamuranaia*，*Loreanaia*，*Nipponaia*，*Sinonaia* 以及 *Peregrinoconcha* 等与云南景星组和南新组的生物面貌相似。

香堆群下部层位有脊椎动物化石 *Prodeinodon tibetensis*，*Microvenator chagyabi*，*Monkonosaurus lawulacus*，*Ceratodus tibetensis* 等，属早白垩世的物种，产于香堆群上部层位的化石为 *Megacervixosaurus tibetensis*，*Ornithominus* sp. 等，为晚白垩世动物分子。

羌塘-昌都-保山-思茅地层区的北部和中部，是区内侏罗纪海相沉积最主要的分布区，青海、西藏两省(区)已统一采用雁石坪群和风火山群单位名称，仅部分地段组的含义不同。云南地区的地层单位，虽与其有相似性，因历史原因，暂保留原建立的勐戛组、柳湾组、龙海组和弄坎组等名或作为雁石坪群所属各组的同义语存在。

勐戛组

本组是保山地区海相侏罗纪底部的第一个组，由于岩性粗，化石较少，在西侧下部海陆交互层中获有少量珊瑚和双壳类。主要为 *Protocardia*，*Radulopecten*，*Spondylopecten*，*Astarte* 等属。东部陆相层中获有 *Otozamites*，*Clathropteris* 等植物化石。年代归属主要按层序关系，暂置中侏罗世早期。

柳湾组

本组生物分异度较高，以腕足类占绝对优势，双壳类次之，腕足类以 *Burmirhychia* spp. 和 *Holcothyris* spp. 共 15 个种和亚种组成，可见少量 *Cryptorhynchia*，*Terebratulla*，*Lodoidothyris* 等属，统称 *B. praestans-H. pinguis* 组合。大多是常见于西欧、缅甸中侏罗世巴通期的典型生物。海生双壳类共有 18 个属种，归并为 *Camptonectes aurtus-Exogyra bruntrutana-Plagiostoma* cf. *caxdiformis* 组合，伴生分子尚有 *Cuculla*，*Modiolus*，*Lina*，*Nucula* 等属的许多种，多为中生代常见的生物分子。

龙海组

本组以双壳类为主，仅见少量腕足类以及腹足、箭石及蛇尾类，尚见部分陆生双壳类。海生双壳类均于底部 60 米层位中获得。共有 20 个属种，下部以 *Camptonectes longhaiensis*，*Pla-*

cunopsis radiata, *P. suborbicularis*, *Plagiostoma* sp., *Liostrea* aff. *subrugulose*, *Lopha* aff. *asellus namtnensis* 等。上部可见到 *Quenstedtia* cf. *rodborensis* 和 *Liostrea uncata*。除 *Placunopsis*, *Pteria* 和 *Quenstedtia* 属是龙海组新出现的属外，大多是从下伏层延续上来的生物分子。时代为中晚侏罗世，主体为晚侏罗世，属跨世的地层单位。

弄坎组

保山地区弄坎组未获化石，但相当的层位在缅甸（卡鲁组），采有 *Plicatounio* 和 *Trigonides* 等化石，时代为白垩纪，相似的化石组合，见于区内南新组和雪山组内，因此弄坎组与南新组的空间位置大体相当。

保山地区的侏罗白垩纪地层，普遍缺失早侏罗世沉积，白垩纪地层底部有沉积间断现象。北延可与唐古拉地区雁石坪群相当，均为海相-海陆交互相沉积组合。向南与缅甸禅邦高原的南尧姆群、卡鲁组相联，东部与兰坪思茅盆地的永平群为过渡关系，其变化格架可见图 7-4 所示。总体上反映了沉积区为大陆西缘陆架海的浅海—滨海—陆内盆地的沉积格局。

雁石坪群

雁石坪群的海相双壳类十分丰富，腕足类也有一定数量。据阴家润 1988 年于青海南部温泉地区的研究成果（阴家润，1988），雁石坪群自下而上，包括 6 个双壳类组合，其中雀莫错组含有 *Camptonectes auritus-Pteroperna costaula* 组合和 *Cuneopsis-Psilunio-Lamprotula* 组合，均为中侏罗世巴柔期的分子。其中后一组合成员，多为陆生双壳类组成，产于雀莫错组的顶部，但在横向上也夹有少量海生双壳类。*Eomioxon angulatus*, *Rollierella minina* 和 *Camptonectes rigidus* 等。按陆生双壳类组合的面貌，大体与顾知微早年于华南地区建立的 *Lamprotula cremeri-Pseudocardinia kweichouensis* 动物群相似，仅区内未见 *Pseudocardinia* 属分子。

布曲组包含着双壳类第三个组合的内容，称 *Camptonectes laminatus-Anisocardia beaumonti* 组合，年代面貌为中侏罗世巴通期。

第四个双壳类化石组合，主要分布于夏里组，称 *Anisocardia tenera-Modiola biparta* 组合，年代属卡洛期。

索瓦组也包括两个双壳类组合，中下部以数量最多、分布最广的 *Radulopecten fibrosus-Gervillia aviculoides* 组合为代表。年代为牛津期。上部为 *Myopholas multicostata-Entolium corneolum* 组合，年代为牛津中晚期—启莫里期。

雁石坪群顶部的雪山组尚未建立生物组合，但其生物群较为特征，计有 *Peregrinoconcha yunnanensis*, *P. perlonga*, *Yunnanoconcha* sp., *Sinonaia* sp., *Paranippononaia* cf. *paucisulcata*, *Trigonioides lamprotula*, *Protocardia* sp., *Questedtia* sp. 等，也具有从下伏层中延续生存的 *Myopholas multicostotam*, *Laevitrigonia gibbosa* 等（阴家润等，1990），时代为提塘期—贝里亚斯期。为一跨纪的生物类群。特征分子与思茅盆地的景星组十分相似。

雁石坪群的腕足类经史晓颖研究（史晓颖，1987，1988），共建立了三个组合，大部分产于雁石坪群下部的雀莫组和布曲组内，第一个组合称 *Monsardithyris rauzevauxi-Sphenorhynchia matisconensis* 组合，年代为巴柔期。第二个组合是区内较典型的物群，种群繁盛，分布甚广。由 *Burmirhynchia gutta-Holcothyris subovalis* 为代表组成的组合，产于雀莫错组上部和布曲组下部，跨越两组范围，时代为中侏罗世巴柔期晚时-巴通期早时。第三个腕足类组合为 *Kallirhynchia yaxelyensis-Pseudotubithyris globata* 组合。主要产于布曲组中上部，年代为中晚巴通期。夏里组未见腕足类，索瓦组在藏北和唐古拉地区内，见有少量腕足化石，但未建立生物组合。主要有 *Septaliphoria aruennensis*, *Thurmanella acuticosma*, *Laconosalla*

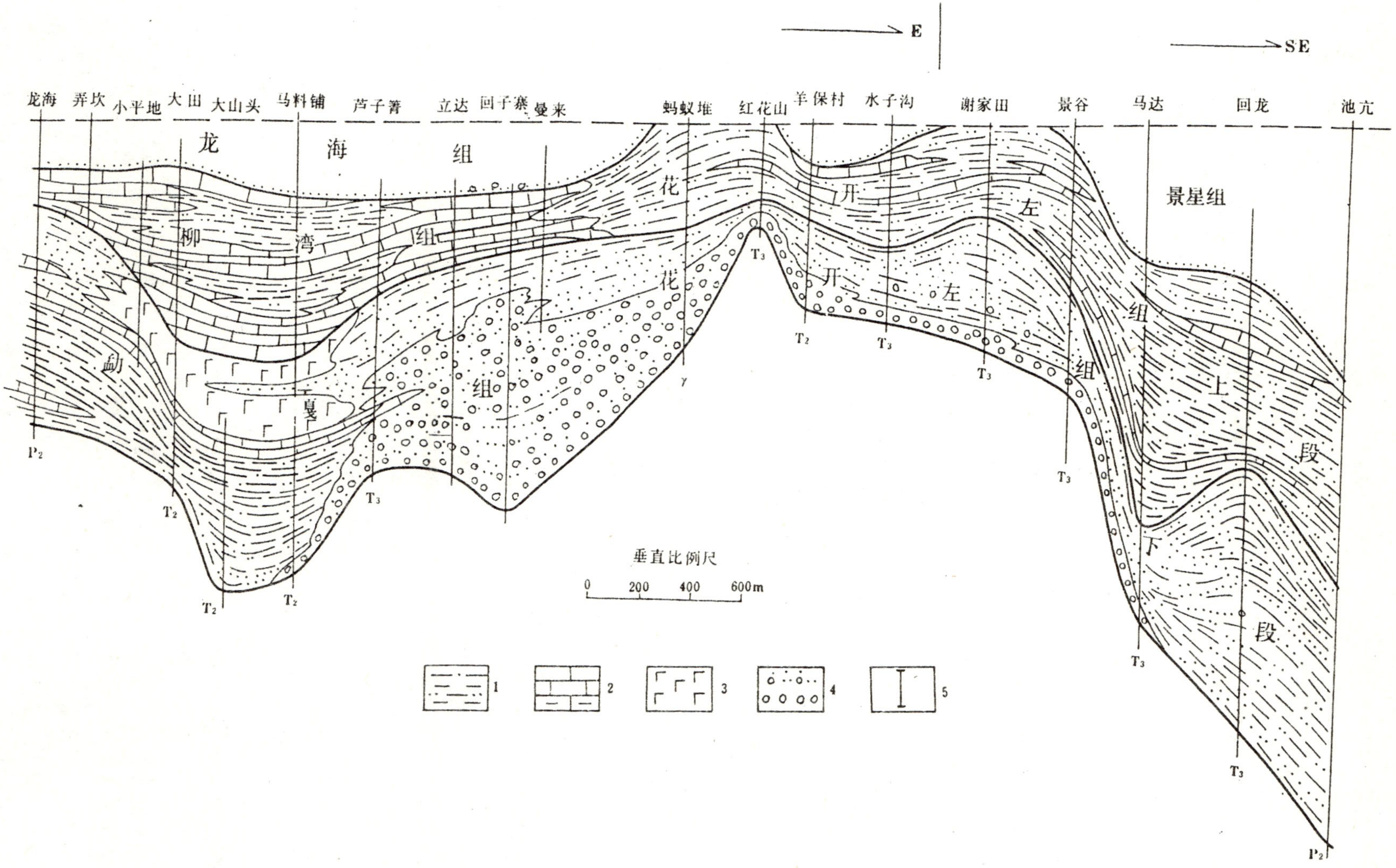

图 7－4　花开佐组与柳湾组、勐戛组横向变化关系图

Fig. 7－4　The map showing lateral change of Huakaizuo, Liuwan and Mengga Formations

1. 红色砂质泥岩、页岩；2. 灰岩、泥灰岩、介壳灰岩；3. 玄武岩；4. 砾岩、含砾砂岩、砂岩；5. 柱状剖面位置

trilobatiformis, *Pentithyris palagica*, *Rutorhynchia jioshanensis* 等，具有晚侏罗世牛津期的生物色彩。

雁石坪群双壳类和腕足类化石组合的对应关系可由表 7－5 表示。

表 7－5 雁石坪群正层型生物地层序列

Table 7－5 Biostratigraphic sequence of holostratotype in Yanshiping group

<table>
<tr><th>年代</th><th>岩石地层</th><th>双 壳 类</th><th>腕 足 类</th></tr>
<tr><td rowspan="2">启莫里期</td><td>雪山组</td><td>Peregrinoconcha yunnanensis、Sinonaia sp.、Yunnanconcha. sp. 等</td><td rowspan="3">Septaliphoria aruennensis、Thurmanella acuticosma、Rutorhnchia jioshanensis、Pentithyris polagica. Laconosalla trilobatiformis 等</td></tr>
<tr><td rowspan="2">索瓦组</td><td>Myopholas multicostata-Entolium corneolum 组合</td></tr>
<tr><td>牛津期</td><td>Radulopecten fibrosus-Gervillia aviculoides 组合</td></tr>
<tr><td>卡洛期</td><td>夏里组</td><td>Anisocardia tenera-Modiola biparta 组合</td><td></td></tr>
<tr><td rowspan="2">巴通期</td><td rowspan="2">布曲组</td><td rowspan="2">Camptonectes laminatus-Anisocardia beaumonti 组合</td><td>Kallirhychia yaxleyensis-Pseudotubithyris globata 组合</td></tr>
<tr><td rowspan="2">Holcothyris subovalis-Burmirhynchia gutta 组合</td></tr>
<tr><td rowspan="2">巴柔期</td><td rowspan="2">雀莫错组</td><td>Camptonectes-Psilunio-Lamprotula 组合（陆相）</td></tr>
<tr><td>Camptonectes auritus-Pteroperna costaula 组合</td><td>Monsardithyis rauzevauxi-Sphenorhynchia matisconensis 组合</td></tr>
</table>

藏北地区的雁石坪群化石生物较丰富，但大多未建立生物组合，计有双壳类、腕足类、腹足类、珊瑚、菊石、层孔虫及苔藓类。

那底岗日组大多根据其底部的不整合关系，对比于中侏罗世，但在拜惹布错一带，那底岗日组底部夹层中产有属早侏罗世辛涅缪尔期的珊瑚化石，近年来在唐古拉山口以南也陆续发现雁石坪群底部含有属早侏罗世的植物化石及双壳类化石，说明雁石坪群向西南方向，底部出现早侏罗世沉积，其底界有穿时现象。

藏北地区也见有 *Burmirhynchia-Holcotyris* 腕足类化石组合，但该组合全部产于藏北地区的布曲组内，并以 *Holcotyris* 属的种群数量极多为特征，并且底部还出现 *Sphenorhynchia* 属的分子，说明藏北地区的布曲组，其底界的年代比青海地区偏早，包括一部分雀莫错组的相变层位，组的界线具有穿时现象。

藏北雁石坪群的菊石化石很有特色。主要产于西部碳酸盐岩相的白龙冰河组上部，以 *Virgatosphinctes* 属最为发育，Perisphinctidae 次之，计有：*V. minusculus*，*V.* cf. *pompeckji*，*V.* cf. *kraffti*，*Aulacosphinctes* sp.，*Paraboliceras* sp.，*Perlsphinctes* sp.，*Progeronia* sp. 等 12 个属种，虽未建立生物组合，但以 *Virgatosphinctes* 种群最为显著。年代归晚侏罗世顶部无疑。

风火山群由于岩性较粗、化石产出不连续，因而未能建立生物组合，化石以介形类、轮藻为主，其次为双壳和植物化石。

介形类仅在下部两组（错居日组、洛力卡组）中获得，主要为 *Cypris decaryi*，*Candoniella albicans*，*C. suzini*，*Eucypris lenghuensis*，和 *Darwinula*，*Rhinocypris*，*Quadracypris*，*Kaitunia*，*Cyprinotus* 等种和属。大部分为晚白垩世—新生代分子。轮藻类主要有 *Obtusochara brevicylin-*

drica, *Tectochara houi*, *Amblyochara subeiensis* 等，也为晚白垩世的类群。

风火山群的孢粉资料较多，上下三组的组合面貌相似，均由 *Classopllis*, *Tricolporopollenites*, *Biretispolites*, *Meliaceoipites*, *Deltoidospora* 等组成，时代面貌为白垩纪。

分布于本地层区最南部的色哇组，莎巧木组及木嘎岗日群已属陆架区外的深水相沉积，与雁石坪群的岩性组合及生物群组合，差别较大。

色哇组

属深水复理石沉积，化石以菊石和双壳类为主，也见少量腕足化石，由于地质情况复杂，资料均缺乏系统性。

色哇组下部的菊石有：*Arietites vetiformis*, *Lytoceras* cf. *fimbriatum*, *Hippopodium pondersum*, *Pholadomya aegualis*, 以及 *Psiloceras*, *Schothemia*, *Sulciferites*, *Hildoceras*, *Tiltoniceras* 等 14 个属种，多为欧亚地区早侏罗世的标准带化石。色哇组上部的菊石有 18 个属种，如 *Witchellia*, *Dorsetensia*, *Zetoceras*, *Emileia*, *Fontannesia*, *Pseudotoides* 等属和 *Sonninia propinguans*, *Shirbnirnia* cf. *buckmen* 等属种，以前两个属的成员最为发育，大多是中侏罗世早期的主要生物分子。

色哇组双壳类多见于上部层位，共有 16 个属种，主要分子为 *Camptonectes laminatus*, *C. punctus*, *Parramussium* cf. *perpilcata*, *Eopcten* sp., *Liostarta* cf. *qeuminata* 等，时代面貌为中侏罗世早期。部分种属也见于雀莫错组。

莎巧木组

本组为浅-次深水沉积，生物群与雁石坪群有些相似，仍以双壳类和腕足类为主，但地层单位尚难以细分。

腕足类化石由 *Kutchithysis pygmas*, *K. lingularis* 和 *Aulacothyris*, *Chyptorhynchia*, *Cardinirhynchia*, *Hiatella* 等属种组成，可与雁石坪中下部层位中的腕足类组合对比，年代为中侏罗世。双壳类化石较发育，多为 *Modiolus imbricatus*, *Astarta* cf. *elegan*, *Pleuromya* sp., *Chlamys tippert*, *Cercomya* cf. *undulata*, *Pseudotuapezium cordiforme*, *Pholadomya socialia*, *Protocardia qinghaiensis* 等十余个属种组成，与夏里组和索瓦组的动物群比较接近，年代为中侏罗世晚期。

木嘎岗日群

含有多种类型生物化石、有深水型放射虫、菊石，也见有浅水型珊瑚、腕足类、双壳类，由于该群属深水浊积环境产物，多见“外来岩块”加入，故应以放射虫、菊石为主要年代依据。

放射虫多见于中上部层位，计有 *Cryptomphorella* aff. *macropora*, *Hemicrypaocepsa* aff. *ornata*, *Halioclietya hoinosi* 和 *Dictyomitra*, *Lithomitra*, *Tritrabs*, *Sethocapsa*, *Sethocyrtis*, *Archicapsa* 等。多为中侏罗世—晚侏罗世的类群。

菊石类主要为 *Baucaulticeras* cf. *baucaultianum*, *Angulaliceras* cf. *lacunatum* 等，年代面貌为早侏罗世。

根据菊石和放射虫等化石的时限，木嘎岗日群主要为早中侏罗世的沉积，顶部可能有晚侏罗世早期的成分。

沙木罗组

本组分布范围有限，属浅海相沉积，以珊瑚和层孔虫为主。珊瑚类有 *Heliocoenia* cf. *orbignyi*, *H. meriani*, *Latiastrea*, *Stylina*, *Thecosmilia magna*, *Dermoseris deloguboi* 等属种，

多为欧洲晚侏罗世常见的生物。

层孔虫主要有 *Cladocoropsis mirabilis*，*C. manoixi*，*Parastromatopora compacta*，*Milleporella pruvosti*，*Milleporidium remesteimnen*，*M. lamellatum* 等，均为欧洲晚侏罗世的生物分子，其中前三个属种为晚侏罗世牛津-启莫利期生物分子。

铁龙滩组

本组是藏北西部唯一的海相白垩纪地层，以双壳类和有孔虫化石为主。腹足类与珊瑚次之，也见少量海胆、箭石和植物化石。

双壳类以厚壳固着蛤为主要类型(杨遵仪等,1982)，下部产有 *Praeradiolites hedini*，*Toucasia* cf. *carinata*，*Sauvagesia* cf. *texana*，*Eoradiolites* sp.，*Hippurites* sp. 等。同时伴生有底栖型的 *Modiolus* cf. *kuzgunsuensis*，*Texigryphaea* cf. *rocmeri* 等双壳类。年代为晚白垩世早期，可能包括部分阿尔必期的成分，上部层位的固着蛤有 *Praeradiolites* cf. *cylindraceus*，*Sauragesia* sp.，*Radiolites crassus*，*R. angeiodes*，*Biradiolites* cf. *lunbricoides*，*Gorjanovicia* cf. *acuticostata*，*Milovanovicia* sp.，*Hippurites* sp.，*Lapeiriosii* sp. 等，也伴生有 *Pycondonte* cf. *costei*，*Exogyra* sp.，年代为晚白垩世中晚期，与东欧地区的晚白垩世固着蛤种群较为相似。

有孔虫大部分为白垩纪中晚期的类群，计有：*Globigcrina*，*Haplophragmoides*，*Nodosaria*，*Lenticulina*，*Astacolus*，*Gumbelina*，*Quingueloculina* 等属和 *Orbitolina conolus*，*Soritoides norini*，*Patalobissus* cf. *lejeburei* 等种群。

腹足类以海娥螺类群组成，共 10 余个属种，以 *Nerinea parahicoriensis*，*Nerineopsis acuta*，*Glauconia cylindrica*，*Climolithium minutun* 等组成，时代面貌属白垩纪。

羌塘-昌都-保山-思茅地层区内，三种沉积环境的地层系、互相间为渐变关系，按生物地层鉴定的结果，各地层单位的空间延伸和对比关系，大体如(图 7－5)地层格架图所示。基本上说明了西南区北部的侏罗纪海相地层分布区，应为古亚洲大陆南部的被动大陆边缘，陆缘海沉积区，只有南部边缘已进入深水盆地沉积区。

二、藏滇地层大区

(一)冈底斯-腾冲地层区

地层区包含有弧前区、弧脊区和弧后区三种沉积环境，组的划分与生物群特征有一定差别。弧后盆地范围内以洛隆一比如一带地层较为发育，生物地层工作也较系统。

马里组

本组岩性较粗，化石稀少，仅于上部层中获得双壳类化石，称为 *Potocardia stricklandi-Myophorella signata* 组合(童金南,1987)，除组合分子外 *Asterte maliensis* 数量也较多，其间尚有腕足类 *Loboidothyris perovalis*，但数量稀少，属种单一。时代为中侏罗世早期。

桑卡拉佣组

本组化石丰富，以双壳类、腕足类为主，也见少量珊瑚、菊石。双壳类由 35 个属种组成，童金南(1987)将其归并为 *Clamys*(*Rodulopecten*)*baimaensis-Lopha gamdoensis-Pseudotrapezium cordiforme* 组合，包括数量较多的物种如 *Protocardia* cf. *stricklandi*，*Homomya gibbosa*，*Pholadomya hemicardia* 等，但双壳类组合分子仅产于桑卡拉组中下部，上部灰岩层中未见双

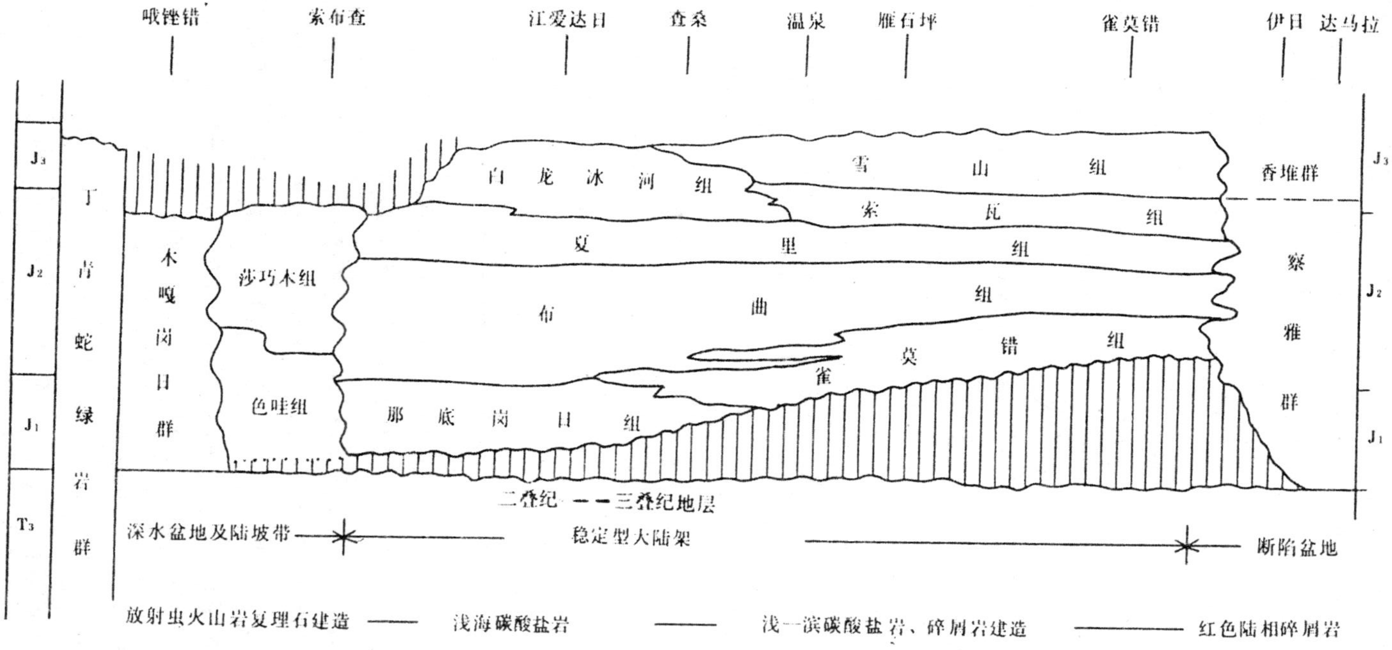

图 7-5 羌塘-昌都地区侏罗纪岩石地层横向变化关系

Fig. 7-5 The map showing lateral change of Jurassic lithostraitigraphy in Qiangtang-Qamdo area

壳类生存。时代面貌为中侏罗世巴柔期—巴通期。本组的腕足类十分发育，史晓颖(1987)将其划分为四个腕足类组合，底部第一组合，组分较简单，以 *Monsardithyris ventricosa-Sphaeroidothyris lenthayensis* 两属种为优势种。第二组合称 *Pseudotubithyris plowerstockensis-Cererithyris richardsoni* 组合，其中 *Pseudotubithyris* 属有四个种，均是组合中相当丰富的分子。第三组合为 *Cererithyris intermedia-Avonothyris lohrongensis* 组合，其主要成员还有 *C. linglaris*，*C. pentagonalis*，*Pseudoattonithyris circumdanta* 等。第四组合以 *Dorsoplicathyris* 和 *Kutchithyris* 两属种群大量出现为特征。该四个腕足组合的年代范围，是从巴柔晚期-卡洛早期，主要为巴通期的产物。双壳类和腕足类化石组合的对比关系，由表 7-6 中显示。

拉贡塘组

本组在区域上普遍见有菊石和双壳类化石，丁青一带尚见有海生介形类和有孔虫。

表 7-6 桑卡拉佣组双壳类、腕足类化石组合对比关系

Table 7-6 Correlation fossil assemblages of the Bivalve and Brachiopoda in Sangkalayong formation

时代	岩石地层	双壳类	腕足类
卡洛期	拉贡塘组	*Entolium xizangensis-Placunopsis maliensis* 组合	
	桑卡拉佣组	哑带	*Dorsoplicathyris dorsopilcata-Kutchithyris jooraensis* 组合
巴通期			*Cererithyris intermedia-Avonothyris lohrongensis* 组合
		Clamys (*Radulopecten*) *baimaensis-Lopha gamdoensis-Pseudotrapezium cordiforme* 组合	*Pseudotubithyris powerstockensis-Cererithyris richardsoni* 组合
			Sphaeroidothyris lenthayensis-Monsardithyris ventricosa 组合
巴柔期	马里组	*Potocardia stricklandi-Myophorella signata* 组合	

拉贡塘组可综合成四个菊石组合，下部为：*Macrocephalites-Dolikephalites* 组合，包括 *Kinkeliniceras*，*Reineckenia*，*Alligaticeras* 等属，时代为卡洛期。其上为 *Mayaites* 组合，含有 *Peltoceratoides semirugosus*，*Prososphinctoides* cf. *manialensis* 等，时代属牛津期，第三个组合为 *Aspidoceras* 组合，分布较广泛，含有 *Kossmatia*，*Euaspidoceras varina*，*Parataxioceras*，*Rasenia*，*Katoliceras* 等属种，时限为启莫利期。年代最新的第 4 个菊石组合称 *Virgatosphinctes densplicatus* 组合。为提塘期标准化石，但这些菊石组合均为综合整理的成果，并非系统剖面的划分成果，因而不能反映本区的生物地层具体情况，但可说明拉贡塘组包含中晚侏罗世的沉积。

接奴群

本群主要含有双壳类和珊瑚化石，也见少量菊石。双壳类化石主要见于下部层中，主要为 *Grammatodon virgatus*，*Goniomya trapezicostata*，*Meleagrinella* cf. *ovalis*，*Pseudolimea*，*Astarte subcardiformis*，*Inoceramus* 等，未建立生物组合单位。时代面貌为中侏罗世。珊瑚化石多产于本群的顶部层位，可归并为两个组合，下部为 *Epistreptophyllum duncani-Collignoastraea jumarensis* 组合，上部称 *Pseudocenia hexaphyllia-Stylosmilia michelini* 组合，年代均为晚侏罗世。

多尼组

多尼组化石丰富，主要有植物、菊石、有孔虫和双壳类，也见少量珊瑚、腕足类、海胆等化石。植物化石主要产自下部层位，以八宿、改则、川巴和狮泉河地区研究较详，主要成员为 *Weichselia reticulata*, *Klukia browniana*, *Onychiopsis elongata*, *Cladophlebis exiliformis*, *Cl. koraiensis*, *Zamiophyllum buchianum*, *Ptilophyllum* cf. *borealis*, cf. *Frenelpsis hoheneggeri* 等，近 30 个属，斯行健等将其归入 *Ruffordia-Onychiopsis* 植物群组合(李佩娟,1982)，由于含有大量 *Weichselia reticulata*, *Onychiopsis elongata*, *Klukia browniana* 等分子，其特征与欧洲韦尔登植物群相近，因此其时代为晚侏罗世—早白垩世。

菊石类化石多产自下部的海相层中，主要有 *Neocosmoceras* sp.，*Kilianella leptosoma*, *Olcostephanus* sp.，*Phylloceras serum*, *Thurmaniceras* cf. *salientinum*, *Neocomites neocomiensis*。多尼组上部层中仅有少量 *Callizoniceras*, *Deshayesites*, *Desmocerastidea* 等，年代面貌多为早白垩世，但共生的层孔虫、海胆、珊瑚等化石，提供的年代为晚侏罗世-早白垩世。

多尼组上部含有孔虫化石，多为 *Orbitolina*(*C.*)*tibetica*, *O.* (*C.*)*pengboensis*, *O.* (*C.*) *lhunzhbensis* 和 *Palorbitulina lenticularis*, *P. discoidea* 等种群，多为早白垩世晚期阿普第期的成员，因此，多尼组的年代跨度较大，应属晚侏罗世顶部—早白垩世中期的阿普第早期。

郎山组

本组为海平面上升期生物分异度最繁盛阶段的沉积，以圆笠虫、固着蛤和海峨螺最为繁盛为特色。主要由 *Orbitolina*(*M.*)*texana*. *O.* (*M.*)*birmanica*, *O.* (*O.*)*toibaca*, *O.* (*C.*)*absidata*, *Palorbitolinoides orbiculata* 等 6 个属(亚属)共 24 个种群组成(万晓樵,1987)，以不含阿普第早期的圆笠虫为主，时代面貌为阿普第中晚期—阿尔必期。共生的海峨螺类也属该时期的生物，计有 *Adiozoptyxis coquandiana*, *Diptyxis tibetica*, *Neoptyxis astrachanica*, *Ampullina xainzaensis* 等(余汶,1987)。

朗山组的固着蛤以 *Praeradiolites* 属的种群和 *Rutonia*, *Requienia*, *Eoradiolites* 等属组成，多以礁相生物产出，年代均为早白垩世。

竟柱山组

本组岩性较粗，化石较少，仅见少量陆生双壳类 *Trigonioides* 的部分种群，年代为白垩纪无疑，海相夹层中产有有孔虫 *Orbitolina concava* 等大型底栖型圆笠虫化石，多为晚白垩世赛诺期的生物分子。竟柱山组底部的安山岩K-Ar法同位素年龄值为 83 Ma，同时又不整合于 K-Ar 法年龄值为 103～119 Ma 的花岗闪长岩之上，证明本组的年代应属晚白垩世。

弧脊区地层序列以拉萨地层区北部较为典型，虽然延伸范围不广，但地质意义较大。

甲拉浦组

因岩性较粗，化石稀少，仅上部层位获有双壳类和植物化石，其中植物化石有 *Equisetum* cf. *sarrani*, *Coniopteris* sp.，*Neocalamites* sp. 等，孢粉组合为 *Calamospora tener*, *Todisporites minor*, *Rhaetipollis germanicus* 等(刘世坤等,1988)，具有晚三叠世—早侏罗世的年代面貌。

双壳类有 *Weyla*, *Inoceramus*, *Chlamys*, *Modiolus* 和 *Schafhaetlia sphaeroides*, *Palaeocardita langnongensis*, *Astarte* cf. *voltzii* 等，组合面貌接近马里组，一般根据甲拉浦组与下伏麦隆岗组为整合—平行不整合接触，年代关系相近，故将其视为早中侏罗世的沉积。

叶巴组

本组化石点较分散且不系统，最近区调填图工作中于沃卡北部麻札拉南部，采获大量双壳类和钙藻化石[①]，计有 *Cunigervilla*，*Prunoella*，*Entolium*，*Isognomun*，*Corbicellopsis* 等属和 *Protocardinia stricklandi*，*Astarte* cf. *compressiumscula*，*Nuculana lacryma*，*Lopha costata* 等种群，其中 *Prunoella*(*Gythemon*)亚属，是中侏罗世类型，多产于中侏罗世晚期，*Protocardinia stricklandi* 是中侏罗世巴通期最常见的分子。钙藻中有 *Cymopolia*，*Mizzia*，*Macroporella*，*Trinocladus*，*Solenpora* 等。按化石面貌叶巴组归于中侏罗世中晚期是可靠的。在横向上可与马里组及桑卡拉佣组对比，但岩性组合完全不同。

却桑寺组和多底沟组

前一组属滨外次深水相沉积，生物类型较单调，仅见双壳类 *Astartoides dingriensis*，*A. amboensis*，*Protocardia* sp.，*Ostrea* sp.，*Anisocardia* sp. 等属种，多为中晚侏罗世常见的分子，底部层位中见有零星的 *Ptilophyllum*，*Zamites* 等植物化石。后一组为碳酸岩台地相沉积，化石生物较丰富，以腹足类、珊瑚、层孔虫和藻类为主，腹足类以 *Cossmanea*，*Ptygmatis*，*Nerinea* 等属群组成，年代面貌为晚侏罗世。珊瑚有 *Cladophyllia*，*Lochmaeosmilia*，*Epistreptophyllum*，*Agathelia* 等属，都是晚侏罗世的生物属型，其中 *Epistreptophyllum* 属是晚侏罗世牛津期的标准分子。共生的钙藻 *Salpingoporella annulata* 是仅限于牛津期生物分子，层孔虫 *Cladcorpsis* 一属是牛津期中晚时的生物成员，广泛见于日本、印尼牛津期中上部地层中。因此两组均应为晚侏罗世的沉积。

林布宗组

本组有两个植物化石层，其间被含有菊石的夹层隔开。中上部植物化石以 *Weichselia reticulata*，*Cladophlebis browniana*，*Zamiophyllum buchianum*，*Elatides curuifolia*，*Scleropteris* sp.，*Onychiopsis* sp.，*Sphenopteris* sp.，*Ptilophyllum* sp.，*Taeniopteris* sp.，*Podozamites* 等组成，组合面貌与多尼组相似，可与英国韦尔登植物群对比(段淑英等，1977)，年代为早白垩世。下部植物化石主要为 *Ptilophyllum acutifolium*，*P. cutchense*，*P.* aff. *acutifolium*，*Cycadolepsis* sp.，*Elatocladus* sp.，*Desmiophyllum* ap.，*Axes* sp. 等，其主要成员都是印度上冈瓦纳植物群的分子(王乃文等，1984)，年代为中晚侏罗世—早白垩世．由于该植物层之上为晚侏罗世提塘期菊石层，故可视为晚侏罗世的产物。

林布宗组的菊石层仅见于该组的底部，主要由 *Virgatosphinctes*，*Aspidoceras*，*Aulacosphictes* 等属组成，年代为晚侏罗世提塘期。但各地菊石产出的位置不一，却桑温泉一带菊石层产于距底 25 m 处，其上 2 m 即为韦尔登植物群产出层。拉萨多底沟一带菊石层距底约 150 m，其上 10 余米为韦尔登植物群层位。叶巴沟一带菊石层距底达 300 m。说明林布宗组不仅有跨时性质，同时其底界尚存在穿时现象。

楚木龙组

本组的植物化石仍由 *Weichselia reticulata*，*Zamiophyllum buchianum*，*Cladophlebis* sp.，*Equisetites* sp.，*Neocomites* sp. 等组成，植物群面貌与林布宗组相似，年代仍为早白垩世。

塔克那组

本组化石丰度极高，计有圆笠虫、双壳类、腹足类、海胆、菊石、虾蟹节肢动物等多种门类。下部层位的圆笠虫由 *Orbitolina*(*Eorbitolina*)*prisca*，*O.* (*Columnorbitolina*)*microsphaerica* 等为代表，中上部层位以 *O.* (*C.*)*tibetica*，*O.* (*C.*)*lbiinzhubensis*，*O.* (*C.*)*pengboensis* 等组成，一些地点尚见 *O.* (*Mesorbitolina*)*texana*，*O.* (*M.*)cf. *parva*，*Praeorbitolina cornugi*

---

① 西藏地质矿产局，1995，1∶20万《加查幅》《沃卡幅》区域地质调查报告(资料)。

等(王乃文等,1983),多为早白垩世巴列姆期—阿尔必期的生物分子。其下部圆笠虫组合面貌,与多尼组顶部组合面貌相似,中上部组合面貌与朗山组圆笠虫组合相同,提示了在区域上塔克那组的底界比朗山组底界低,两者的底界是不等时的。

塔克那组中部含有大量菊石,计有 *Parahoplites* cf. *melchioris*,*Acanthohoplites* sp.,*Uhligella* sp. 等,是英国早阿普第—中阿尔必期的生物分子。虾、蟹等节肢动物 *Meyeria magna*,*Notopocorystes xizangensis* 以及海胆 *Hemaster* sp.,*Heteraster* sp. 等也都是早阿尔必期或阿尔必期的成员。组内的双壳类 *Neithea quinguecostata* 是早白垩世巴列姆期—晚白垩世广泛分布的种。因此,塔克那组的年代应属于早白垩世巴列姆期—阿尔必期。

设兴组

本组北部多为陆相红层,含有介形类及孢粉化石。南部陆相层中夹有海相层,产双壳类。

介形类为 *Altanicypris* aff. *bispinofera*,*Scabriculocypris ingenicus*,*Cypridopsis* aff. *bugintsavicus* 等,年代面貌为晚白垩世。双壳类主要为小个体的牡蛎化石,如 *Pycnodonte vesiclosaa*,*Amphidonte ostracina*,*Aetostreon zhongshanensis* 等,多为晚白垩世的分子。在横向上与竟柱山组可做对比,但本区设兴组与塔克那组为整合过渡关系。

弧前区地层发育不完整,研究程度低,生物化石采集工作不够系统。

达雄群

本群获得的化石较为稀少,下部见有少量双壳化石,*Praeexogyra acuminata*,*Inoceramus* sp.,*Astarte* sp.,*Palaeonucula* sp. 等。中部层中采有双壳类 *Fimbria dingriensis* 和海娥螺 *Nerinea* 属的成员。其中 *Praeexogyra acuminata* 分子多为中侏罗世分子,在斯匹提地区的"Kioto 灰岩"上部或才里群上部多有见及。*Fimbria dingriensis* 是见于藏南门卡墩组的属型种,因此达雄群的年代应归于中晚侏罗世。

则弄群

本群含有双壳类、腹足类、介形类和轮藻等多门类化石,但化石点比较分散,申扎一带产有腕足类 *Zeillerina walkerifomis*,*Peregrinella cheboensis*,*P. bangoinensis*,*P. bifurcata*,*P. dongqoensis*,大多为早白垩世底部贝里阿斯期-凡兰吟期的典型生物分子。但与其伴生的层孔虫 *Cladocoropsis* 属,是仅生存于晚侏罗世的生物。则弄群顶部见有双壳类,主要为 *Cyprina teolluensis*,*Cyprimeria* cf. *quadrata* 等,具早白垩世双壳类色彩,在纳木湖西侧部分地段,获有介形类和轮藻化石,*Schuleridea*,*Paraschuleridea*,*Darwinula*,*Eucypris*,*Damonella*,*Xestoleris* 等属群和 *Lycopterocypris* cf. *grandis*,*L. fabaria*,*Cypridea* cf. *pusilla* 等属种。是晚侏罗世—早白垩世的生物面貌,因此则弄群应属早白垩世沉积,但底部应含有晚侏罗世的成分。

捷嘎组

本组化石门类较丰富,类型较多。但生物地层缺乏系统性。

腹足类最为发育,计有 *Nerinella dayi*,*Glauconia trotteri*,*Ampullospira xainzanensis*,*Tylostoma* sp.,*Gonfusiscala* sp.,*Nerinea* cf. *pauli*,*N.* cf. *libanolica*,*Plesioptyxis* aff. *langshanensis*,*Trochactaeon* sp. 等,大部分成员均见于北部朗山组内,是中东地区和西欧等地阿普第期的常见分子。伴生的固着蛤类 *Praeradiolites ngariensis*,*Caprina* sp. 和 Caprinidae 科的成员,也是见于朗山组的双壳类,因而捷嘎组可与北部塔克那组中上部或郎山组对比,均为早白垩世阿普第期的沉积。

冈底斯-腾冲地层区的三套地层序列,分别代表三种构造环境的沉积,虽然在空间上未发现三者直接的相变关系，但在纵向层序上的演变关系，较为相似，根据生物地层资料，其对比关系较为明确。可以直接反映冈底斯岛弧带沉积地层的横向变化关系。（参见图 7－6）。

（二）喜马拉雅地层区

本区属古印度大陆北缘的陆缘海-深水盆地沉积区，可分为稳定的浅海滨海沉积区，陆架边缘过渡型沉积区和活动型深水复理石火山岩沉积区，因而地层序列的发育情况和赋存的生物组面貌各不相同，为了便于比较本书将其放在一起叙述。

才里群、聂聂雄拉群

两者均发育于地层区南部稳定型沉积环境内，但沉积相上有差别，故岩性特征和生物组合也存在部分差别。

才里群为碳酸盐岩台地相沉积、极少有陆源碎屑出现，大多由内碎屑、骨屑、鲕粒组成的生物碎屑灰岩、鲕状灰岩组成，生物门类十分发育，计有双壳类、腕足类、菊石、珊瑚和箭石等各门类生物，其中以双壳类占绝对优势，共有 40 属 90 余种，可划分为两个双壳类生物组合带（苟宗海，1992），即：*Weyla ambongoensis-Entolium calivus* 组合带和 *Meleagrinella bulingensis-Grammatodon* cf. *bathonicus* 组合带。前一组合带多分布于才里群下部层中，年代为早侏罗世。后一组合带主要见于才里群上部。年代为中侏罗世早期，缺失中侏罗世晚期的成分。

才里群西延与印度斯匹提地区的“Sulcacutus 层”，“拉普塔尔组”及“吉约托群”上部的灰岩层相当，这些层位的顶部都存在着层位缺失现象。在札达地区大多缺失卡洛期中上部和牛津期中下部层位，而印度斯匹提地区缺失卡洛期，甚至包括部分巴通期地层，但在陆架相沉积区内并未发生地层缺失现象，或许可以说明这是由于海平面下降，使陆缘区遭到剥蚀，形成的平行不整合现象所致。

聂聂雄拉群下部由深水陆架钙泥质岩夹砂岩组成，上部为浅水陆架碎屑岩组成。总体为下细上粗的海退型进积层序，与才里群韵律特征相似，仅陆源碎屑含量增大，单纯的生物灰岩、生物碎屑灰岩并不多见。

聂聂雄拉群化石丰富，也以双壳类、腕足类、菊石、箭石、珊瑚、有孔虫等组成。

双壳类也可划分为两个组合带，下部为 *Weyla ambongoensis-Astarte* cf. *voltzii* 组合带，是才里群下部层位双壳类组合带的延伸部分，在区内主要产于聂聂雄拉群的下部层位中。另一个双壳类组合带称 *Trigonia brevicostata-Camptonectes laminatus* 组合带，其主要成员大部是广泛分布于中侏罗世的常见分子。该组合带主要分布在聂聂雄拉群的中上部层位。

本群共有三个菊石组合带（王义刚，1987）。第一个组合带称 *Psiloceras-Schlothemia-Arietites* 组合带，位于本群的下部层位中，主要年代为早侏罗世赫唐期-辛涅缪尔期。第二组合带称 *Dorsetensia-Sonninia* 组合带，出现于本群的中部层位，与第一组合带之间有一生物哑带存在，时代属中侏罗世巴柔期。第三组合带为 *Macrocephalites-Dolikephalites* 组合带，位于本群的上部层位，时代为卡洛期，但未见巴通期的菊石生物。仅于定结地区和康马涅如等地，分别获得 *Garantia* sp. 和 *Delecticeras* sp. 等常见于巴通期的菊石分子、但未能建立生物带。上述三个菊石组合带中、只有第三组合带的少量分子延伸到才里群顶部，中下部两个组合带并未延伸到札达地区。

箭石类化石共有两个组合带，主要出现于中部层位，下带称 *Passaloteuthes-Haotites* 组合带，与第二菊石组合带及上部双壳类组合带共生，时代为巴柔期，主要分子 *H.* cf. *blainvillei*

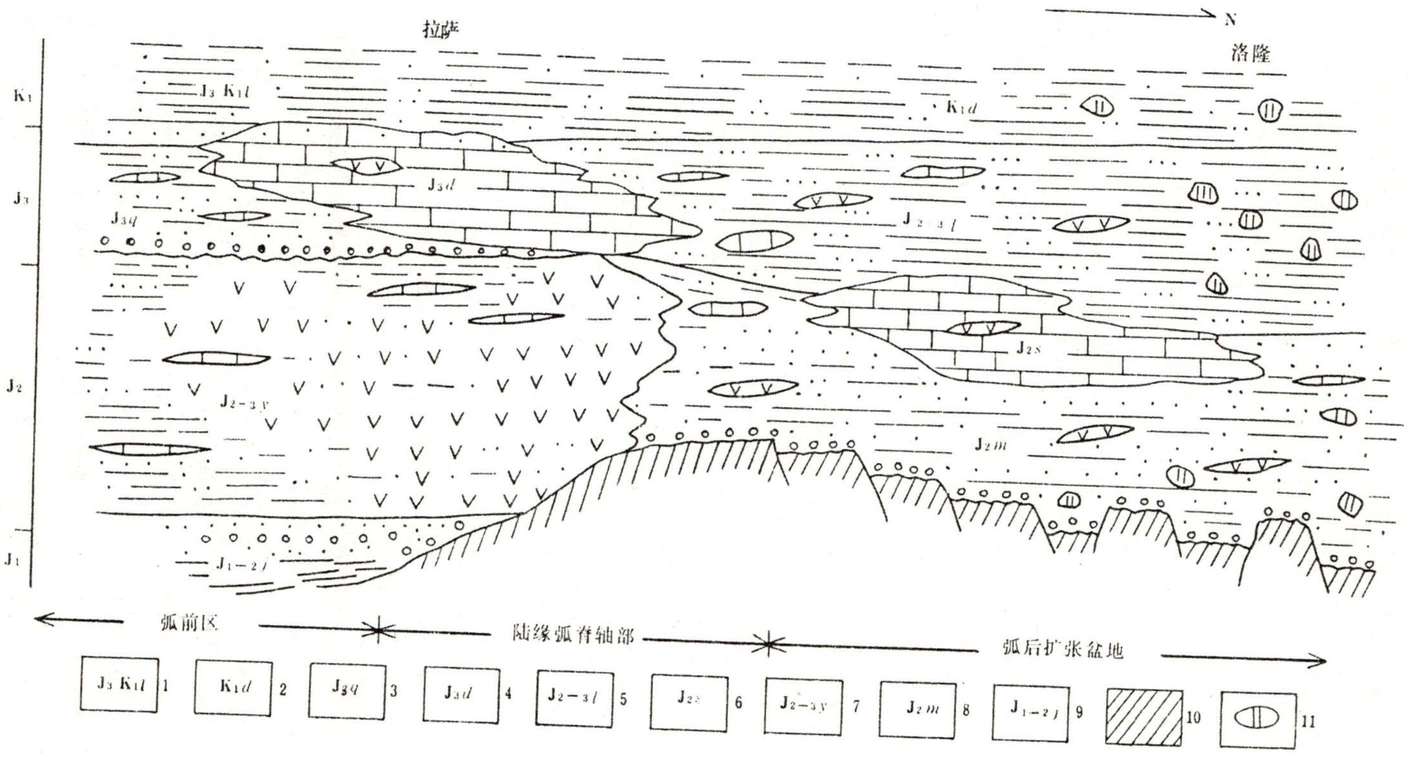

图 7-6 拉萨-洛隆侏罗纪地层格架示意图

Fig. 7-6 A schematic map showing a stratigraphic framework of the Jurassic in Lhasa-Lhorong area

1. 林布宗组；2. 多尼组；3. 却桑温泉组；4. 多底沟组；5. 拉贡塘组；6. 桑卡拉佣组；7. 叶巴组；8. 马里组；9. 甲拉浦组；10. 前侏罗系基底；11. 外来岩块

和*P.* spp.，均是中侏罗世早期的生物成员。上部的箭石组合带称 *Hibolites cathinensis-Belemnopsis lalonglensis* 组合带，与下带箭石组合带之间也有一个哑带存在，基本上与第三菊石组合带共生，时代为卡洛期。其他门类化石大多未建立组合带，本书从简不再叙述。

田巴群

本群属深水沉积环境的产物，主要化石生物为菊石动物群，日当组在典型区划分了三个菊石组合，底部为 *Psiloceras-Schlothemia* 组合，包括大量的 *P. psilonotum*，*P. provincialis*，*Wachneroceras latum*，*Polymorphites* sp. 等，年代为早侏罗世底部赫唐期。紧接其上的是 *Aretites-Sulciferites* 组合，由大量 *A.* spp. 和 *S.* spp 种群组成，尚有 *Gleviceras* sp.，*Euagasiceras* sp.，*Arnioceras* spp. 等伴生成员出现。年代为早侏罗世辛涅缪尔期。上部是 *Prodactylioceras-Galaticeras* 组合，主要成员有 *Penodum*，*Hantheniceras* cf. *hantheni*，*Lytoceras* cf. *fimbriatum*；*G.* cf. *harpoceroides* 等，年代为早侏罗世普林斯巴赫期。日当组顶部尚有一些从下部延伸上来的 *Phylloceras* 菊石，但组合面貌不清(王义刚，1976)。

下热组仅见有浮游型菊石，主要为 *Garantiana*，*Indocephalites*，*Dorikephalites*，*Reineckeia*，*Macrocephalites Gulielmiceras*，*Hoplophyloceras* 等。年代为巴柔期-卡洛期。

门卡墩组、维美组

两组均含有丰富的化石，以菊石、箭石和双壳类最为重要，维美组因沉积环境较门卡墩组水深，故放射虫化石较发育。

门卡墩组可划分出 4 个菊石组合，下部称为 *Aulacosphinctoides* 组合，主要分子有 *Haplophylloceras pinque*，*Epimayaites* sp. 等。常与箭石 *Belemnopsis geraidi* 等共生，时限为上牛津-启莫里期。其上为 *Virgatosphinctes densplicatus-Haplophylloceras stringle* 组合，以大量 *V.* spp. 和 *H. stringle* 分子出现为特征，同时也伴生有从下部菊石组合延伸上来的 *A.* sp. 和 *H.* sp 成员，时限为中下提唐期。第三组合为 *Himalayates-Haplophylloceras stringle* 组合，伴生有 *Blanfordiceras*，*Berriasella* 等属成员，是提唐期上部的生物组合。最顶部的菊石组合仅在定日、门布一带发现，以大量 *Berriasella grandis*，*B. pramecilenta* 和 *Spiticeras* sp. 组成，年代已跨入早白垩世贝利亚斯期。说明门卡墩组有跨时或穿时现象。

西部札达地区，门卡墩组未发现早牛津期的典型生物，可能与该区门卡墩组底部存在沉积间断有关。其层序关系以图 7－7 表示。

维美组的菊石多集中产于两个层位中，其间被一双壳类为主的生物层隔开，下部菊石层以 *Virgatosphinctes densplicatus-Haplophylloceras stringle* 组合组成，与门卡墩组第二个菊石组合相似，年代为中下提唐期。上部菊石层为 *Spiticeras-Blanfordiceras-Berriasella grandis* 组合组成，与门卡墩组顶部的组合相同，且属种十分丰富，时限为上提唐期-贝里亚斯期的生物群(王义刚，1987)。在两菊石组合间的双壳类，是由 *Buchia rugosa-Piochii* 组合组成，并以大量 *Buchia* 种群为主。其产出层位跨度大于 *V.-H.* 菊石组合的范围。因此其时限为上启莫里-提唐期。但维美组底部层位化石较少，未能划分生物地层单位，可能包括有晚侏罗世早期的沉积。

岗巴群

本群以菊石、双壳类、有孔虫等生物为主，但化石点分散、系统性不强。底部的岗巴东山组，菊石类属种较多，大体可分成三个层次，底部为 *Pterolytoceras* sp. 等，时限为凡兰吟期，第二层为 *Paraholites* sp. 等，时限为阿普第期，第三层有 *Cleoniceras xizangensis*，*Dipoloceras cristatum*，*D. subodelauei*，*Mortoniceras* 等，时限为阿尔必期。

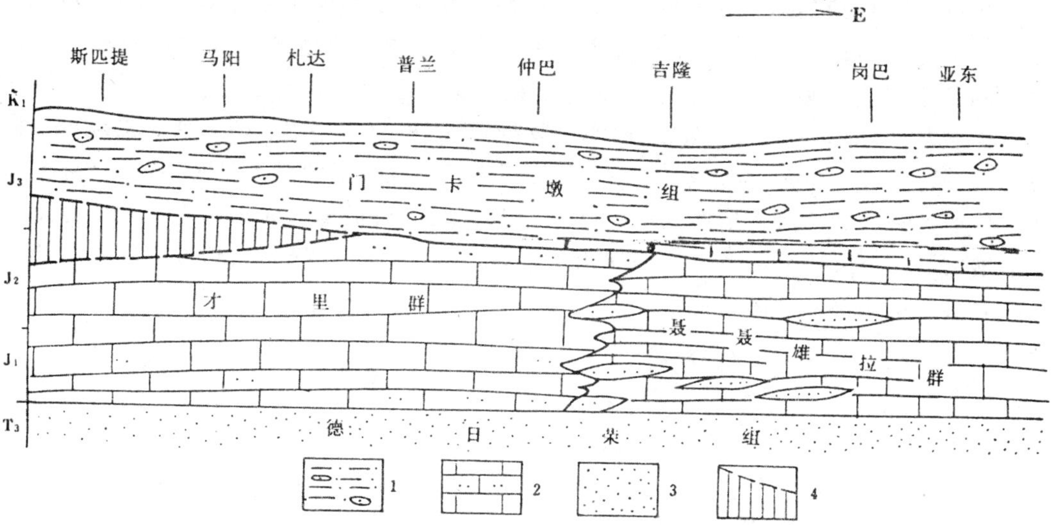

图 7－7 侏罗纪门卡墩组、才里群、聂聂雄拉群时空关系图

Fig. 7－7 The map showing space relationship between Jurassic Menkadun Formation and Caili or Nieniexiongla Group

1. 结核状砂质页岩；2. 灰岩、含海绿石灰岩；3. 砂岩、粉砂岩；4. 地层缺失

察且拉组最主要的生物群为有孔虫类，总体可分为两个组合(万晓樵，1985)，下部称 *Ticinella roberti* 组合，包括 *Globigerinelloides algeriana*，*G. eaglefordensis*，*G. bentonensis*，*Hedbegella planispina* 等分子，年限为阿尔必晚期。上部有孔虫组合为 *Rotalipora appenninica* 组合，包括 *R. evoluta* 等分子，时限为早赛诺期。

岗巴村口组的菊石仅产于该组的下部，由 *Calycoceras newboldi*，*Acanthoceras* sp. 等组成，时限为赛诺期-土伦期。上部未见菊石分布，但有双壳类和海胆组成的化石层，主要由 *Pycnodonte vesiculosa*，*Camptonectes curvatus*，*Hemiaster frontacutus* 组成，时限为康牙克期—山唐尼期。但该组的有孔虫多由 *Rotalipora greenhorensis*，*R. cushmani*，*Praeglobotruncana helvetica*，*Hedbergella murphi*，*Globotruncana schneegansi* 等组成(万晓樵，1985)，年代为中赛诺期—山唐尼期。在东部地区岗巴村口组的顶部采有 *G. elevata*，年代可上延到康潘尼期。说明岗巴群的时限为早白垩世凡兰吟期—晚白垩世山唐尼期，东部含有康潘尼期的成分。

嘎姐组

本组岩性组合与岗巴群不同，两组为横向渐变关系，嘎姐组含有菊石化石，底部可见 *Euthymiceras* (*Octagoniceras*) *polyacantum*，*E.* (*O.*) *octagonus* 种属，顶部有 *Olcostephanas* sp. 等，大多属白垩纪凡兰吟期—赛诺期的生物分子。仅相当岗巴东山组和察且拉组的时限。嘎姐组西延与印度的久马尔(砂岩)组相当，两者为同义语(郭铁鹰等，1991)。

宗山组

本组是以碳酸盐岩为岩性特征的地层单位，含有大量有孔虫、海胆、双壳类和腕足类化石，以前两门类最为发育，多由浮游型有孔虫和底栖型海胆交替产出为特色(万晓樵，1987)。在西部波林地区，下部层位中产有大量 *Globotruncana* spp.，*Sulcoperculina* sp.，*Orbitoites tissoti* 等有孔虫及 *Hemiaster* sp.，*Hemipneustes stritoradiatus*，*Heterohelix* sp. 等海胆生物类群，其中*G. ventricosa*，*G. linneiana*，*Sulcoperculina* sp.，*Orbitoides tissoti* 等，均是康潘尼期—马斯特里赫特期的生物分子，宗山组顶部层中含有大量底栖型有孔虫 *Omphalocyclus macroporus*，*Orbitoides apiculatta* 和海胆 *Hemipneustes* 等。均为白垩纪最晚期的生物。因此宗山组的年限跨度应为康潘尼期—马斯特里赫特期。但是东部岗巴一带，相当康潘尼期的 *Hemiaster* 和 *Globotruncana elevata* 分子，却赋存于岗巴村口组内，印度斯匹提地区，相当宗山组的齐开姆灰岩中尚含有阿普第期的化石分子。说明宗山组的底界具有明显的穿时性特点，却从印度斯匹提地区从阿普第期开始，在本区西部为山唐尼期，向东到岗巴地区逐步穿时到康潘尼期以后。也可认为印度齐开姆灰岩的底部层位，应为岗巴村口组或部分嘎姐组的相变层位。其层序格架关系如图 7-8。

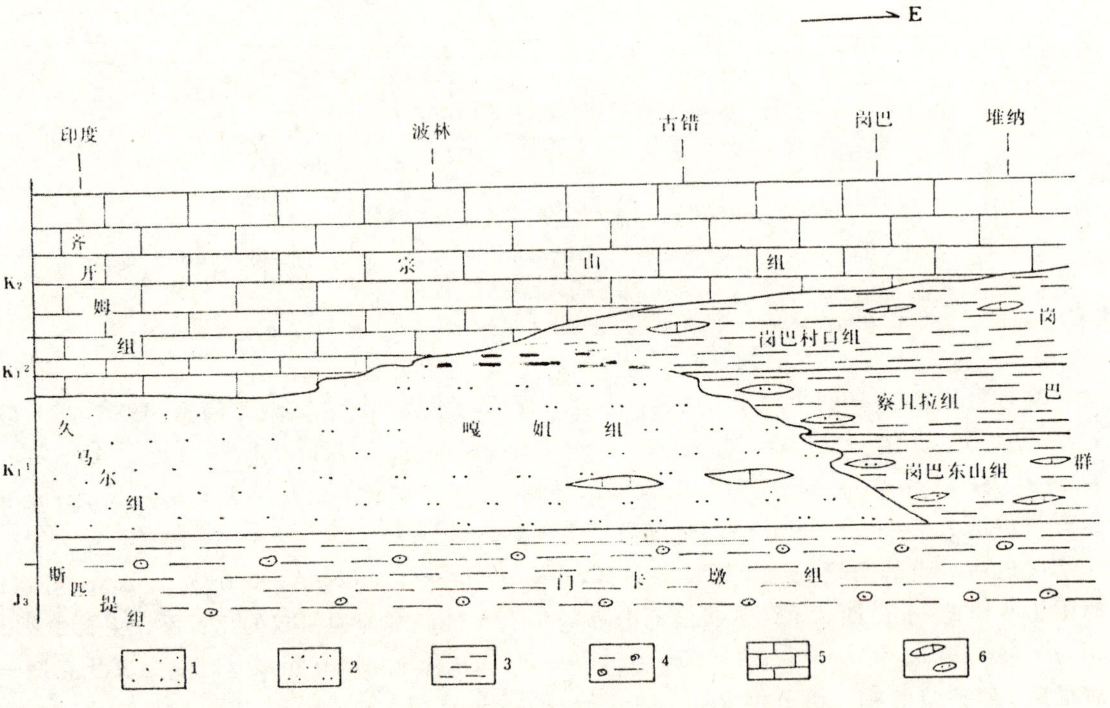

图 7-8　白垩纪宗山组底界穿时特征及岗巴群、嘎姐组横向关系图

Fig. 7-8　Diachroneity of lower boundary of Cretaceous Zongshan Formation, and lateral relationship between Gangba Group and Gajie Formation

1. 陆屑砂岩；2. 钙泥质粉砂岩；3. 钙质页岩；4. 硅泥质结核页岩；5. 灰岩、生物碎屑灰岩；6. 凸镜状泥灰岩、粉砂岩

甲不拉组、亚如那嘎组

甲不拉组化石丰富，有菊石、箭石、双壳类和腕足类、腹足类等，以菊石最为发育，但未划分组合。下部层中产有 *Thurmanniceras*，*Subthurmannia*，*Sarasiella*，*Calliptychoceras*，*Kilianella*，*Neocomites*，*Blanfordiceras*，*Spiticeras* 等。前六个属种多为凡兰吟期生物分子，后两属是常见于白垩纪贝里亚斯期的分子。甲不拉组中部产有：*Eulytoceras*，*Pseudohaploceras* 等属，年限为欧特里夫期-阿普第期，上部层位见有阿尔必期的 *Oxytropidoceras*，*Beudanticeras*，*Douvilliceras* 等，由此可知，甲不拉组是白垩纪早中世的沉积。

亚如那嘎组仅含有菊石和双壳类化石，其组合面貌与甲不拉组相似，底部层中产有

Berrasella，*Blanfordiceras*，*Spiticeras*，*Euthymiceras*，*Kilianella*，*Neocomites* 等，为贝里阿期-凡兰吟期的生物群，其上出现 *Calliptychoceras*，*Proteratites*，*Haplophylloceras* 和 *Olcostephanus*，*Criceratites*，*Eulytoceras* 等，大多为凡兰吟期上部到阿普第期下部的生物化石，上部层位主要为 *Desmoceras*，*Acanthohoplites*，*Pseudohaploceras* 及 *Ieymeriella*，*Oxytropidoceras* 等，属阿普第期—阿尔必期的生物，由于研究程度不足，未能建立完整的生物地层单位。

宗卓组

本组为深水沉积环境，主要生物化石为放射虫和有孔虫，多集中产于部分层位中，未进行系统的生物地层划分。放射虫主要为 *Pseudodictyomitra*，*Pseudomacrocephala*，*Hemicryptocapsa* cf. *tuberosa*，*Dictymitra*、*Novixitus* 等，时限为赛诺—土伦期(吴浩若，1982)。羊卓雍地区见有有孔虫 *Globotruncana fornicata*，*G. globigernoides*，*G. linneiana*，*G.* spp. 和 *Heterohelix*，*Rotalipora*，*Planomalina*，*Rugoglobigerina* 等种群和属群，年限为康潘尼—马斯特里赫特期。

宗卓组是以塌积相沉积称著的岩石地层单位，它位于具有进积层序的甲不拉组之上，可能是低水位体系域的层序。因而宗卓组仅出现在深水沉积区内。

嘎学组

本组属大洋盆地相沉积，主要化石为放射虫，但缺乏系统的生物组合划分。夏鲁沟地区见有 *Acanthocircus multicostata*，*Eucyrtis micropora* 等，为晚侏罗世提唐期到早白垩世晚期生物属种。在其他地区尚采有 *Stethocyrtis* spp.，*Theconus* spp.，*Hemicriptocapsa* spp. 和 *Thanarla* spp. 以及 *Zifondium* 属的个别分子，年限为晚启莫利期—早白垩世凡兰吟期或欧特里夫期，相当维美组中上部和甲不拉组中下部年限，为一跨纪的岩石地层单位。

冲堆组

本组也为大洋盆地相沉积，由于是直接沉积于雅鲁藏布江蛇绿岩群之上，一般都将其视为洋脊区的大洋沉积。主要化石也为放射虫，下部层中产有 *Archaeospongoprunum tehamaense*，*Napora praespifera*，*Thanarla* aff. *pulchra*，*Pseudodictyomitra rigiola*，*Orbiculiforma depressa*，*Trcapsula costata* 等，多为赛诺期的属种，个别分子可出现于阿尔必期。中上部含有 *Praeconocaryomma* aff. *lipmanae* 和 *Dictyomitra* aff. *napaensis*，顶部还发现有 *Rotalipora* sp.，多为赛诺期—土伦期的放射虫属种，可能仍以赛诺期为主(吴浩若，1988)。

日喀则群

本群底部的昂仁组生物化石较多，有双壳类、腕足类、有孔虫和放射虫及腹足类等，部分灰岩层中尚有固着蛤和珊瑚化石，其底部产出的有孔虫意义较大，计有 *Orbitolina concava*，*Palorbitolinoides hedini*，*O.* (*Mesorbitolina*) *texana*，*Cuneolina scarcellai* 等，并与 *Trochocyathus* sp.，*Thamnopora* sp.，*Plesioplocus* sp.，*Oligoptyxis* sp. 等腹足类共生，年代应为阿普第-赛诺早期(万晓樵，1985)。

昂仁组中上部的放射虫，主要为 *Holocryptcantium barbui*，*Gongylothorax siphonofer*，*Pseudodictyomitra pachicostata*，*Cenellipsis botryides*，*Acaenityle diapharogora*，*Patulibrachium* sp. 等，多为赛诺期—土伦期的分子。因此昂仁组的年代跨度为白垩纪阿普第—土伦期。

帕达那组是由浅海碎屑岩夹泥灰岩组成，陆源碎屑物较多，生物化石为双壳类、腹足类和少量珊瑚及甲壳类生物，并且上下层位均见有植物化石。年代为晚白垩世康尼克期—康潘尼期。曲贝亚组含有多种化石门类，以有孔虫和双壳类为主，有孔虫可分成三个组合。下部为 *Lepidorbitoides gangdisicus* 组合，时限为晚康潘尼期。产于该组中部层位的为 *Pseudor-*

bitoides yini-Lepidorbitoides zhongbaensis 组合，为马斯特里赫特早期的生物分子（万晓樵，1985）。产于上部层位的为 *Lepidorbitoides minor-L. blanfordi* 组合，为中晚马斯特里赫特期。本组尚产部分菊石，其中 *Libycoceras*，*Manambolites* 和 *Pachdiscus* 等属，都是马斯特里赫期的属种，*Sphenodisus* 一属是晚康潘尼期—马斯特里赫期的特征分子。因而曲贝亚组则为白垩纪最晚期的沉积。

第三节　沉积环境分析

一、华南地层大区

印支运动之后，本区已褶皱上升成陆，成为北方欧亚大陆的一部分，但区内两个地层区的具体古地理状况并非一致。

（一）巴颜喀拉地层区

侏罗-白垩纪时，本区已成为夹持于柴达木-肃南盆地和四川-滇中盆地以及昌都-兰坪-思茅盆地之间的一块三角形山地物源区。因此这里没有接受正常的地层沉积。仅在北部边缘地带的部分大型走滑断裂附近发育有少量零星散布的陆相沉积盆地，大多为早侏罗世或中侏罗世的沉积，未见晚侏罗世及其以后的沉积。

早侏罗世年宝组分布范围较局限，多见于华南及华北两大地层分界的昆南和昆中断裂带两侧，呈断续不连通的小型盆地状。这类火山-沉积盆地的成因多与区域性断裂在印支运动之后仍有强烈的活动作用密切相关。

中侏罗世羊曲组也是在区域性断裂控制下形成的小型沉积盆地，与早侏罗世盆地无继承性关系，除不含火山岩外，多属补偿不足型沉积盆地，沉积环境与柴达木-肃南中侏罗世成煤盆地的情况完全一致。

（二）羌塘-昌都-保山-思茅地层区

本区在侏罗纪时，已演化成欧亚大陆南缘的边缘海，绵延达 3 000 km 以上，包括深水沉积、浅滨海沉积和海陆交互沉积以及陆内断陷盆地沉积等各种沉积环境的岩系，而且各相区间均为过渡关系。但在晚侏罗世后期，由于班公湖-怒江深海槽的缝合关闭，全区上升成陆，故白垩纪均为陆相沉积。

现将本地层区的各种沉积环境简述于后：

1. 陆内断陷盆地的环境分析

陆内断陷盆地是指位于东部昌都、兰坪、思茅三个连通的沉积盆地。盆地的主体已被金沙江-滕条河断裂带切割破坏，目前仅残留盆地的西半部。呈近南北向延伸，北部止于青海省杂多以南地区，南延已出国境，与老挝、泰国的沙空那空盆地和呵叻盆地相连，仅泰国的两个盆地形态十分完整，其他盆地均已切割破碎。盆地的演化受构造因素制约，因而沉积特征十分相似，盆地间的地层单位均可直接对比或延伸。

此类断陷盆地按其演化过程，可分为发展期（侏罗纪）和转化萎缩期（白垩纪）两个阶段。

侏罗纪早期的沉积，是连续沉积在晚三叠世暗色煤系地层之上的红色碎屑岩组成（漾江组、察雅群下部)。但分布范围仅限于盆地的东部，靠近西部隆起区普遍缺失沉积。该岩系厚度巨大，以细粒碎屑岩为主，夹有少量泥灰岩，但岩石成熟度偏低。沉积环境属沉降幅度大、沉积速率较高的河湖相沉积，与晚三叠世的沉积无继承性关系。

中侏罗世是断陷盆地发展的鼎盛时期，由巨厚的红色陆相碎屑岩夹海相层组成(花开佐组,察雅群中上部)。此时，盆地的沉积范围已逐步扩大，因而该期的地层分布最广。早期均由陆相沉积组成，仅西部岩性较粗，砂砾岩夹层较多，砾岩砾径粗大，成分较杂，具有底砾岩性质，但沉积厚度较薄。盆地东部岩性较细，砾岩层少，砾径细小，成分多为砂泥岩和泥灰岩砾，多为河流冲刷形成的内源砾石，但沉积厚度远远大于西部沉积区。说明沉积盆地的中心部分是位于东部，西部临沧一带为物源区。

中侏罗世晚期的沉积是由陆相碎屑岩块夹海相沉积组成,盆地西部海相夹层较为发育,至少显示出两次海进的退积层序特征。但向东到盆地内部，海相层渐渐消失，盆地东部均由陆相红色细碎屑岩组成，盆地内沉积厚度仍为东厚西薄，说明中侏罗世中晚期盆地的沉积范围已超越西部隆起区,与西侧海相沉积区相连,当海平面上升时海相沉积层能延伸到盆地内,但未能淹没全区，故东部盆地断陷中心部位仍由巨厚的陆相沉积物组成，沉积环境仍应属沉积速率较高的浅水湖相沉积，但此时盆地的沉降补偿沉积作用已达到平衡，属补偿正常的沉积盆地。

晚侏罗世盆地仍保持前期的沉积格局，继继沉积厚度巨大的红色陆相碎屑岩(坝注路组、察雅群顶部)，但兰坪、思茅盆地内未见海相夹层，昌都盆地的西部仍见有海相夹层出现。

该期地层厚度变化极大，最大厚度为1 976 m，部分地区全部缺失，其原因除与盆地继承断陷盆地的沉积格局外，主要与白垩纪沉积前的盆地上升及剥蚀作用有关(参见图7-5)。

白垩纪之初，盆地区普遍发生一次构造事件，可能与班公湖-怒江带的缝合关闭有关，除造成白垩纪底部普遍存在的沉积间断外，更重要的是促使盆地的构造属性由单向补给的断陷盆地转变为双向补给的剪切走滑盆地。

底部的景星组是白垩纪沉积中分布最广的地层，常超越侏罗纪时期的盆地范围，延伸到西侧临沧地区，直接超覆在三叠纪或年代更老的地层之上，北部连续延伸到昌都盆地的南部，与香堆群下部层位相接，均由成熟度较高的碎屑岩组成。

在盆地内部，大多数河湖相粗屑砂砾岩主要分布在盆地的西部。指明西侧已成为盆地的物源碎屑供应区。盆地东部除底部白色石英砂岩外，多为粒度较细的砂泥质岩沉积，沉积厚度均达到1 000～2 000 m以上。但在盆地中部的整董、普洱、镇源一带沉积厚度很小，仅400 m。造成盆地两侧的沉降幅度大、中部小的特点，预示着断陷盆地的演化已进入新的阶段。

当南新组沉积时，盆地范围已大为缩小，澜沧江以西，基本上未见分布，北延部分虽可与昌都盆地的香堆群中上部对比，但岩性特征已有差别。兰坪、思茅盆地的西侧，仍为盆地的物源区,但最显著的厚1 800 m的山麓堆积相砂砾岩,却分布于景东—墨江—江城联线以东地区,即前期的盆地沉降中心地带。此时哀牢山地带已成为盆地东部最主要的物源供给区,盆地的中心部位已向西迁移到景谷、普洱、勐腊一带。

但兰坪盆地稍有不同，因其东部未出现新的高耸的山地物源地，故盆地东部和西部均由砂岩为主的沉积组成,而且东部厚度仅500～800 m,盆地中部保丰一带却厚1 500 m以上。昌都盆地香堆群中上部砂砾岩普遍增多，或许反映了昌都盆地应属超补偿型沉积，兰坪盆地为构造活动较平静的补偿型河湖相盆地，而思茅盆地虽有两个方向的物源补给，但仍为一个补偿不足的河流—湖泊相沉积区。已显示出盆地的凹陷强度由南而北逐步减弱，盆地的沉积范围也日益缩小。

虎头寺组由成熟度较高的石英砂岩组成，未见粗屑砾岩沉积，分布较稳定，代表地形较平坦的河流相沉积，由于顶部有沉积间断存在，各地地层出露不全。一般以东侧沉积厚度较大，可达 368～458 m，盆地中心带为 231 m，差别不甚显著。可能反映盆地的演化已经进一步衰减，凹陷作用已不明显。

晚白垩世时，盆地范围已萎缩到盆地中部营盘山断裂以西的整董、景洪、尚勇一带，呈条带状展布。曼宽河组仅发育在这槽状地带内。昌都、兰坪和思茅盆地两侧，均未见该地层沉积。

曼宽河组多由砂泥质互层的河湖相沉积组成，未见粗屑砂砾岩类，盆地地域的地质营力构造活力，均处于较微弱的状态，预示着盆地的发展正趋近消亡。

2. 陆缘海区的环境分析

北部的陆缘海仅生存于侏罗纪短暂的时间内，白垩纪时已全部消亡。其海域范围：北界已达沱沱河—恒梁湖—玛尔盖茶卡一带；南界为扎普—康札—其香错一线；西部由于羌塘地块的突起，海域被分割成两个带状沉积区，均为东西向延伸的凹地；东部于丁青、类乌齐一带逐渐转成南北向，经保山地区延伸到缅甸的腊戌、东枝等地，与东侧的陆相盆地平行延展。

海区多由稳定型浅海相沉积组成，夹有海陆交互相和陆相沉积。但不同部位的岩系，因沉积环境的差异，岩性组合及地层划分上稍有不同。

陆缘海的东北部接近陆源区，因而陆相夹层较多，总体上是由三套碎屑岩和两套碳酸盐岩相间沉积组成(雁石坪群)，包括三个明显的旋回性沉积。

下部沉积旋回包括雀莫错组和布曲组。

该旋回是从中侏罗世开始，早侏罗世的沉积旋回仅在南部东巧一带见到。

雀莫错组底部有不稳定的砾岩层，成层性较好，多见于北部和东部靠近陆源区附近。属广海型滨海相沉积，仅中部夹有一层浅海相介壳灰岩，顶部和底部夹有部分陆相红色碎屑岩。雀莫错组具有下粗上细的沉积序列。属退积型海侵体系域的沉积。

布曲组为浅海台地相碳酸盐岩沉积，北部近岸区的灰岩多含有陆源粒屑，但向西南延伸，含量逐步减少，大部分灰岩由高能环境的生物灰岩、亮晶砂屑灰岩及鲕粒灰岩和深度稍大的低能环境的块状泥晶灰岩和少量暗色薄层砂质页岩组成，布曲组中下部的巨厚层状灰岩及生物碎屑灰岩，可能为最高海泛期的沉积。

该旋回是由频繁的短周期韵律层组成的复合旋回，总体应代表一次中长周期的海平面升降过程，按古生物提供的定年关系，旋回跨度为中侏罗世巴柔期—巴通期，周期年限约 12.2 Ma，相当二级或三线层序等级。

值得注意的是该旋回的顶部和底部，区内许多地段均有安山岩、玄武岩夹层出现。

中部沉积旋回由夏里组和索瓦组构成。

夏里组为沉积环境频繁升降的滨海碎屑岩沉积，常见有暴露水面的指相沉积物标志“豆石”以及植物根系。仅东部近陆源区夹有少量砾岩层和陆相沉积。向上过渡为索瓦组粉砂岩与灰岩韵律层，最高海泛期以索瓦组中上部的厚层泥晶灰岩夹块状灰岩为代表，其间的化石生物最为丰富，说明生物繁殖率与最高海泛期是对应的。

本旋回也是由短周期韵律层序组成的复合旋回，在沉积序列上没有前一旋回明显，但仍为下粗上细的退积型层序，并由滨海沉积逐步累进到浅海相沉积，因此夏里组和索瓦组中下部的中薄层韵律层，均为海侵体系域的成分。索瓦组中上部的厚层块状泥晶灰岩和生物灰岩，当为最高海泛期沉积，该旋回是从中侏罗世卡洛期到晚侏罗世基末里期，时间跨度约 9.2 Ma，与前一旋回海平面升降周期比较接近，属二级或三级层序等级。

上部沉积旋回由雪山组组成，但未见顶。

雪山组延展范围不广，仅见于温泉以北各地，但岩性组合上较为特殊，下部以细碎屑岩为主，并夹有部分灰岩层。粗屑岩石大半出现于上部层位，具有上粗下细的反向粒级层序，但在温泉以南，岩性偏细，但仍以中层状粉砂岩为主，灰岩层增多，除北部具有三角洲沙体分布外，大部为滨海平原相沉积。雪山组具有进积型地层序列，总体应为海平面下降过程中的沉积。

本旋回沉积时，班公湖-怒江带已开始汇聚闭合，在挤压作用下导致北方大陆大范围上升，增强了物源区的侵蚀营力，使大量陆源碎屑搬运到海区，同时也迫使海平面下降，因此该时海平面下降的构造因素可能比重较大。

陆缘海南部为平缓南倾的陆架区，大部由浅海相碳酸盐岩和碎屑岩相间组成，仅底部夹有陆相碎屑岩。西北部那底岗日一带尚有安山岩、流纹质火山岩层发育，为雁石坪群南延层位，但组的划分不尽相同、同时底部层位沉积时间早于北部，穿时现象明显。

南部雁石坪群共含两个沉积旋回，下部旋回由那底岗日组和布曲组组成。

那底岗日组除火山岩和火山碎屑岩外，大部分为波浪、潮汐改造的三角洲相和快速海侵的滨岸相沉积(余光明等,1990)。

布曲组在藏北海区内多为浅海台地相碳酸盐岩、深水泻湖相蒸发岩和鲕粒滩，潮汐水道相沉积组成，不夹红色碎屑岩。两组在整体上为一次上升幅度不大，但延时较长的海平面上升过程。相当北部地区的下部海侵旋回，仅浅海相碳酸盐岩出现的时间早于北部，沉积环境比北部略深。

上部沉积旋回由夏里组和白龙冰河组组成。

在南部海区，夏里组除底部见有红色泥岩和中粒岩屑砂岩外，多由薄层状细碎屑岩夹薄层灰岩、石膏层组成，以石膏夹层较多著称。通常石膏层底板多由薄层泥质灰岩或凸镜状生物碎屑灰岩组成，不含白云质岩石，为深水泻湖蒸发岩沉积，属海平面升降频繁的浅海滩地相沉积。

白龙冰河组主要为一套薄层状碳酸盐岩，顶部出现深水型页岩夹灰岩层，下部沉积环境应属浅水碳酸盐岩台地与深水泻湖相过渡的沉积，向上过渡为浅海碳酸盐岩台地相，再上为深水型泥页岩夹薄层灰岩沉积。夏里组和白龙冰河组中下部，应为沉积环境逐步变深的海侵期沉积。白龙冰河组上部页岩应为海泛面最高时期的沉积。该旋回与北部第二旋回对应，但层序周期较长，年代跨度为卡洛期—提塘期，时间约 15.7 Ma。由于白龙冰河组在区域上相当索瓦组和雪山组的时间跨度，反映了南部海平面尚在持续上升时，北部海区已开始进入海平面下降的过程，由于雪山组的分布仅限于北部靠近陆区附近，说明北部第三个沉积旋回，是由于构造上升因素形成的局部海平面下降过程。

东部海相沉积区仅指保山、潞西地区，因晚期构造切割破坏，沉积区仅保留东部与陆相盆地过渡区的浅—滨海和陆相沉积部位。共包括两个沉积旋回性的沉积。

下部旋回包括勐戛组和柳湾组。

勐戛组由红色碎屑岩夹灰岩组成，上部出现多层杏仁状玄武岩，向东岩性逐渐变粗，并以巨厚含砾粗砂岩和砾岩为主，显示了本组东部为陆相沉积区，西部为海陆交互相沉积区。

柳湾组由多层碳酸盐岩夹碎屑岩组成，属浅海—滨海相沉积，向东海相层可伸延到昌都、兰坪、思茅盆地内，逐渐变为河湖相碎屑岩。

上述两组整体上为一海侵期沉积组合，但在沉积序列上较为复杂，勐戛组在西部海陆交互沉积区内，具有下细上粗的反向韵律层序，仅东部陆相沉积区内才具有下粗上细的正向韵律特征，同时柳湾组在东部与勐戛组为整合连续关系，在西部与勐戛组之间存在沉积间断，并且有层位缺失现象，因而西部柳湾组底部多夹有砂砾岩及砂泥岩层，这种现象可能反映该海区的构造活动性要高于北部陆架区。

上部沉积旋回保存不全，目前仅见龙海组，该组由杂色碎屑岩组成，属浅海—滨海相沉积，夹有少量陆相层。未见沉积旋回上部的地层。

东部海区的两个旋回性沉积。相当北部海区的两个沉积旋回，应为北部陆缘海滨海相区的南延部分。

3. 陆坡带及深水盆地的环境分析

陆坡带的沉积范围，仅限于安多、曲色、则松和其香错以南的狭窄区内，由色哇组和莎巧木组为代表。

色哇组属深水复理石相碎屑岩，含有菱铁矿结核。在底部出现浅海相薄层泥灰岩。全部由暗色和灰绿色调的岩石组成，不夹任何红色层及陆相沉积。

莎巧木组也以深色的碎屑岩夹少量碳酸盐岩组成，以不夹红色层为其特点，属浅海相沉积。在佣钦错、帕度错、日干配错以北，因出现红色砂页岩及鲕状灰岩，被归入雁石坪群沉积区。说明本区与北部陆缘海沉积区为过渡关系，但北部不存在深水相暗色碎屑岩沉积，由于色哇组为早中侏罗世的沉积，年代上要早于雁石坪群，说明在雁石坪群沉积之前，“陆坡带”就是一个浅海相沉积区，其后随海平面的不断上升，逐步淹没北部而形成陆缘海沉积区，并接受雁石坪群的广泛沉积，陆坡带也随着海平面的上升而变深，接受色哇组上部的复理石浊积岩沉积。当陆缘海海平面下降，成为浅海—滨海相沉积时，陆坡带也变浅，成为略深于陆架区的正常浅海相沉积。因此色哇组和莎巧木组应代表陆架区向深水盆地过渡的陆坡带沉积。

沉水盆地型沉积主要由木嘎岗日群为代表，该群呈东西向狭长带状展布，由一套暗色的碎屑岩夹多层中—基性火山岩、放射虫硅质岩组成的复理石沉积。层中尚见蛇绿岩块及二叠纪—三叠纪灰岩块组成的“外来岩块”。

木嘎岗日群的复理石鲍马序列较清楚，多为a，b及a—e，b—e，c—e，各段沉积属近源浊积扇中扇和水道相产物，故砂砾岩、粉砂岩层次较发育，缺乏盆地内部外扇浊积岩d—e段的沉积。

木嘎岗日群的硅质岩多与蛇绿岩块共生，少数夹于浊积砂岩内。岩石不连续，厚仅几十米，呈紫红色，放射虫含量达30%～80%，也见有许多再沉积的放射虫硅质岩，同时硅质岩内常混入少量陆屑颗粒，或硅质岩之上直接被砂岩沉积覆盖。表明本区的深水盆地延续的时间较短，盆地规模不大，并受陆源区陆源碎屑的干扰。据余光明等(1986)，班公湖南侧蛇绿岩中，见有富锰贫铁的褐土岩和红色远洋微晶灰岩沉积，其间夹有紫红色硅质岩条带，表明盆地深度至少可达碳酸钙补偿深度(CCD)，推测为海平面以下2 500～2 700 m。

木嘎岗日群在区内出露范围十分窄小，南部已被班公湖-怒江断裂切割破坏，故仅反映了中特提斯大洋北部陆坡带下部或盆地的一部分沉积特征，真正的大洋盆地已不复存在。

沙莫罗组仅见于南部少数地区，为稳定型滨-浅海相沉积，不整合于蛇绿岩群之上，说明晚侏罗世时，班公湖-怒江带已进入构造演化的晚期，部分地段已逐渐上升变浅，故有沙莫罗组的沉积。白垩纪时，班公湖-怒江深水盆地已完全关闭消失，全区均已形成陆地，陆缘海也随之消失，因而区内白垩纪沉积均由陆相粗碎屑岩类组成(风火山群弄坎组)。大多为盆地型河湖相砂砾岩沉积，仅西部拉竹龙地区有部分从新疆阿克赛钦地区延伸过来的滨海相沉积(铁龙滩组)。但仅代表全区海退过程中的局部沉积。

二、藏滇地层大区

(一)冈底斯-腾冲地层区

晚古生代以来，本区已成为由北方大陆和冈瓦纳大陆裂解而来的陆块群汇聚区，部分学者称其为“基麦里大陆”(Sengör，1979)，它夹持在南北两个扩张型大洋板块之间。北部大洋盆地早期的发展情况并不清楚，但早侏罗世曾有过强烈的扩张作用，初始洋壳发生在晚三叠世晚期—早侏罗世，中侏罗世以后随特提斯洋壳总体向北推移的作用，扩张强度逐渐衰减，终于在晚侏罗世后关闭消亡。在构造演化上仅达到大洋裂谷盆地阶段(红海型裂谷盆地)。南部大洋盆地经古生代—中生代早期的持续扩张，侏罗-白垩纪时已形成辽阔的“新特提斯大洋”，至少从中侏罗世开始，冈底斯南缘地带发生了洋壳俯冲和板状汇聚作用，并由此发展为岛弧构造带。因而区内的沉积环境、均与岛弧带的“沟、弧、盆”构造地质环境相关。

弧后沉积盆地

本区泛指地层区北部的比如、边坝、贡山、腾冲和那曲、纳木湖西北等地，呈近东西向排列。但形态已不完整，多被后期的构造切割。

盆地内侏罗-白垩纪的沉积有两种状况：靠近南部弧脊隆起区的沉积，大多为稳定型浅海相和海陆交互相，甚至为陆相沉积，一般沉积厚度偏小、岩性较粗、横向稳定，如侏罗纪部分马里组、桑卡拉组，少量拉贡塘组和白垩纪的郎山组、竟柱山组等。但远离弧脊隆起区的北部，岩性变化较大，如北部的马里组，是以浅海相碎屑岩组成，但夹有重力流相砂砾岩凸镜体，可见众多的外来岩块和少量安山质火山岩夹层，沉积厚度显著增大，横向变化较强，显示了沉积环境与盆地裂陷活动相关的特点。桑卡拉佣组在盆地北部已尖灭消失，相当的层位被砂页岩、砾岩层代替、和拉贡塘组难以区分，说明该碳酸盐岩组合仅发育于盆地的中南部浅水环境内，北部随盆地变深，碳酸盐岩已相变为其他岩石类型，故北部未见该组分布。拉贡塘组主要分布于北部地区，大多由砂板岩、泥灰岩和少量薄层砾岩组成的复理石相沉积，夹多层安山岩及火山碎屑岩。外来岩块较为常见。沉积厚度变化较大。通常东南部地区，厚度仅有数百米。而且岩性组合中灰岩凸镜体较发育，局部尚可见到陆相煤系地层。但西北部厚度达 2 300～3 000 m 以上，而且复理石相沉积、火山岩夹层及外来岩块均十分发育。

上述侏罗纪的三个地层组，在纳木湖以西，均变为复理石相沉积，组的划分困难，故统称接奴群。

白垩纪多尼组主要分布于盆地的北部，以岩性变化较大为特点，主要由浅海相—海陆交互相碎屑岩组成。其中海陆交互相含煤沉积、多见于东部八宿和西部多巴一带浅水沉积区，延伸范围较小，连续性差，厚度较薄，反映了弧后盆地沉积环境不稳定、多变的特性。

白垩纪上部的郎山组、竟柱山组，仅见于南部靠近弧脊隆起区附近，北部地区未见出露。郎山组具稳定型沉积特点，下部层位中夹有中基性火山岩，属于从滨海滩相生物碎屑岩渐进到浅海碳酸盐岩台地相沉积，相当一次海平面上升的沉积过程。

竞柱山组属红色碎屑岩系，大部为河流相沉积，部分为扇三角洲相沉积，剖面序列具有下细上粗进积型层序特点，代表海平面下降的沉积。本组所见的砾岩砾石成分，多由下伏层郎山组灰岩组成，分选性和磨圆度均较低，当属近源剥蚀沉积而成。

弧脊隆起区

本区指冈底斯带的东段，念青唐古拉山以东、嘉黎-纳龙断裂以南的“拉萨陆块”范围。冈底斯中西段因第三纪岛弧型火山岩大面积覆盖，基岩露头较少，弧脊区范围尚难划定。

该区侏罗-白垩纪地层多具有稳定型台地陆架相沉积特点，与相邻的弧前区或弧后区沉积差别甚大，因此该区的地层单位延伸范围多局限在岛弧带内较狭窄的地区，甲拉浦组为连续地或平行不整合于麦隆岗组之上的碎屑岩沉积，下部为浅海相—滨海相，中上部过渡为滨海三角洲相沉积。具有下细上粗进积型层序特点，属于由晚三叠世延续到早侏罗世的海退过程的地层沉积。

叶巴组是一套巨厚的火山沉积岩系，岩系横向变化极大，常由巨厚的熔岩、凝灰岩、火山角砾岩迅速地变为薄层粉砂岩、泥页岩夹灰岩，说明叶巴组沉积时是处于多处中心式火山喷发的浅海相环境内。

叶巴组火山岩属钙碱性岩浆系列，碱度(IAK)＝5.62%，是冈底斯构造带内最早出现的造山期岛弧火山岩系列。年代与弧后盆地张裂的时间相当，均为中侏罗世，提示了冈底斯构造带是中侏罗世时，才演化成岛弧构造阶段。因此甲拉浦组和麦隆岗组，应为岛弧带形成以前的陆缘区沉积。甲拉浦组的海退过程也可能与岛弧构造形成前的挤压上升作用有关，其构造因素占有较大比重。

由于洋壳俯冲作用，岛弧前缘构造增生和侧向加积物的不断累积，弧前区的沉积范围日益扩大，使弧脊区远离活动性最强烈的海沟带，因而在拉萨—麻扎拉以北地区，发育有较窄的稳定型陆架带浅海—滨海相沉积，晚期尚见红色陆相沉积，共包含两次完整的海侵—海退过程。

最早的一次海侵期由多底沟组或却桑温泉组以及林布宗组下部层位组成，底部为平行不整合关系，发育有砾岩和高岭土风化层，层序界线属Ⅰ型，但东部多为平行不整合—整合关系。

却桑温泉组仅分布于甘登寺以西地区，总体上为由粗变细的退积型层序，属滨海相沉积，具有从后滨—前滨—近滨的渐变过程，海侵幅度不大，但岩石普遍含有长石、岩屑组分，成分熟度较低，反映沉积区具有剥蚀，搬运和沉积速度均较快的强补偿性沉积环境。

多底沟组为一套碳酸盐岩沉积，底部在甲马次康以东地区有底砾岩存在，但未见风化粘土层，顶底部灰岩中普遍含有陆源碎屑颗粒，同时下部灰岩层理多为中薄层状，上部灰岩多厚层状—块状。显示出其沉积环境应为靠近陆源区的滨海相—浅海相碳酸盐岩台地的沉积。

多底沟组延伸范围局限，中下部层位向西与却桑温泉组为相变关系，东部仅见于沃卡北部的麻扎拉一带，在区域上呈一大型带状凸镜体，紧紧围绕在弧脊沉积区边部的陆架带上。

最高海泛期的沉积，出现在多底沟组之上的林布宗组底部，含有深水标志的菱铁质结核及菊石化石。由于露头区是处于陆缘边部，大多为低能类型的浅海陆架带沉积。

据余光明等(1990)研究，林布宗组中上部属高水位体系域的沉积，为海平面下降过程中的滨海相近滨带—充水沼泽相沉积环境，多属低能环境的产物。

楚木龙组为低成熟度的陆源碎屑岩系，中部石英质杂砂岩其结构成熟度甚低，杂基含量达20%～40%，反映本区受物源区影响较大，是一个快速堆积的沉积环境。除底部有小型辫状河道沉积外，大部分仍为滨海相前滨—后滨带的沉积。

林布宗组和楚木龙组虽然包含着许多韵律性沉积旋回，但总体上是一个由细变粗的复合型进积性沉积序列，代表早白垩世早期的一次海平面下降期的沉积。

第二个海侵期沉积由塔克那组代表，层序界线为Ⅱ型。塔克那组底部多由滨海相前滨带的砂岩组成，有时可见到小型岸退型三角洲河口沙坝相沉积。向上大部分为滨海相近滨带的细粒砂泥岩和浅海相灰岩、泥灰岩夹泥页岩的沉积，按剖面结构本组为下粗上细的退积型沉积序列。同时浅海相灰岩中所含化石门类，为本区白垩纪生物分异度最高的地层单位。由于剖面是位于活动型岛弧构造带的上部，沉积环境受构造上升因素影响，沉积相只在浅海—滨海范围内波动，海平面升降幅度不大，缺少深水缺氧环境的沉积，但本组应代表白垩纪中期一次海侵期地层序列。

设兴组是弧脊区白垩纪晚期的沉积，拉萨市以北以陆相沉积为主，南部玛区一带其下部除灰岩为浅海相沉积外，其他多属障壁海泥坪和砂泥坪相沉积。中上部过渡为陆源河流相，顶部尚见冲积锥相和三角洲相沉积。整体为下细上粗的进积型序列，为海退过程中的高水位体系域成分。

设兴组与竞柱山组均为海退期出现的陆相红色碎屑岩系，但设兴组岩性偏细，砂砾岩夹层较少，多出现在近海区的外缘，同时底部与塔克那组为整合接触。

弧前盆地沉积区

该区泛指拉萨、申扎、措勤、捷嘎以南，近东西向排列的不规则地区，大部为冈底斯带南翼的陆坡带上部沉积区。岩性组合和层序特征与前两地区均有差别。属于具有活动多变的构造沉积环境。

该区最老的沉积为达雄群，出露不全，也未见底，岩石成分和结构成熟度均较低，多由扇三角洲相和三角洲前缘相沉积组成。部分砂泥质砾岩层具有韵律互层现象，显示粒序性层理，暗示沉积环境为较深的碎屑流沉积。达雄群中上部火山碎屑岩夹层多，成层性好，除部分为搬运沉积的沉积岩外，多为火山作用直接沉积的产物。

则弄群由火山岩为主的火山沉积岩组成，通常下部以火山岩为主，上部以沉积岩为主。但该群横向变化极大，北部地区则弄群火山岩较少，灰岩夹层增多，大多为扇三角洲外缘相和浅海相南部火山岩及火山碎屑岩十分发育，灰岩中可见塌积相角砾状灰岩崩块体及灰泥流相的泥晶灰岩，但基本层序仍为陆屑、灰岩屑和火山岩屑组成的复理石沉积。沉积环境应为半深水的陆坡带上部。

根据则弄群复理石沉积的矿物组分，陆源碎屑和火山物质均占有一定比例，接近“智利型”复理石沉积特征。说明则弄组沉积时，冈底斯岛弧应为内壁高耸的陆缘岛弧，即“安底斯型”陆缘弧，这与本区火山岩爆发指数大于85%的数据对比结论是一致的。

捷嘎组是由一套钙碱性火山岩、火山碎屑岩和砂砾岩、圆笠虫灰岩为基本岩性的韵律性互层组成，多数韵律层顶部均为生物碎屑灰岩或圆笠虫灰岩，反映火山喷发活动具有旋回性间断性质。在平面上岛弧西段上部层位火山岩组分较少，灰岩和碎屑岩比例偏大，但东段昌果、桑日一带，火山岩比重仍较大，其沉积环境与则弄群相似，仍以陆坡带上部半深水型沉积为主，但沉积厚度变化较大，可能属堆积类型弧前盆地的沉积。

（二）喜马拉雅地层区

按地质演化特征和地层发育情况，本区的侏罗纪、白垩纪沉积，仅为本区晚三叠世—始新世这一完整的自然断代中的一部分。因而这一时期的沉积，是继承晚三叠世“新特提斯大洋”生成以后的沉积格局持续发展的。进入侏罗纪、白垩纪时期，区内各地层单位的沉积速率普遍增大，沉积环境的活动性进一步加剧。除南部靠近印度大陆北缘地带，仍保留较窄的稳定型陆缘沉积区外，其中部和北部都出现深水环境的沉积。并发育有基性火山岩，个别单位还夹有“外来岩块”。特别是雅鲁藏布江一带，晚期尚有洋壳残片和上覆洋盆的沉积出现。说明该一时期已进入“新特提斯大洋”汇聚和洋壳消敛的构造演化阶段。

早中侏罗世共有三种沉积类型，分别代表不同地域的沉积环境特点。

才里群以浅海相碳酸盐岩沉积为主，仅顶底部有少量石英质细砂岩。大部分碳酸盐岩由内碎屑和生物骨屑组成，极少有陆源碎屑渗入，灰岩构造多为豆粒、鲕粒、砾屑—沙屑状和部分蠕虫状、藻粘结状等，充填物多为亮晶方解石及部分泥晶方解石、沉积环境应为水动力条件较强的浅海碳酸盐岩台地。

聂聂雄拉群下部为障壁海型海岸带沉积，是由潮汐作用形成的陆源碎屑海滩和碳酸盐岩与陆源碎屑混合型海滩岩组成，具有一套沼泽、泻湖、冲溢扇、潮道和潮坪等沉积相组合。该群的中下部多为无障壁海海岸带沉积，由矿物成分和岩石结构成熟度较高的陆源碎屑岩和陆源碎屑与碳酸盐岩混合沉积，属岸退型前滨带—近滨带沉积，也见有滨外浅海相泥灰岩沉积。该群的中上部为浅水内陆架相碳酸盐岩沉积，但顶部仍有少量潮坪，泻湖相浅水滨岸相沉积（余光明等，1982）。

聂聂雄拉群其整体是由海岸带向陆架带逐渐变深的沉积地层。代表一次速度缓慢，幅度不大的海平面上升过程。

才里群多分布于西部札达、普兰、吉隆强拉一带，聂聂雄拉群主要分布于强拉以东地区，两者为时代相当的相变层位，均为稳定型陆缘区的沉积，可能由于海岸带地形条件不同，前者为陡峭的基岸海岸，后者为宽缓的沙质滩地，因而造成沉积环境的差异。

田巴群为过渡型沉积带的地层，包括日当组和下热组两部分。日当组富含深水型菊石化石，门类较单一，部分粉砂岩具有沙纹斜层理，具等深流沉积特征。但在西部康马一带，日当组陆源碎屑增多，同时化石门类也增多，提示了西南部海水变浅。总体上其沉积环境为陆架外带半深水相沉积。

下热组仅见于江孜—隆子一带，主要为一套夏理石夹基性火山岩沉积，普遍含有硅质结核及黄铁矿晶粒，沉积环境与日当组相似，属陆架外带半深海相沉积，由于沉积区靠近北部大洋盆地，故火山岩夹层极为丰富。

晚侏罗世的沉积以门卡墩组和维美组为代表。前一组是陆缘区唯一具深水沉积特征的地层，后一组为过渡区内具有活动性特征的沉积物。均反映晚侏罗世喜马拉雅地区有过一次强劲地海平面上升现象和“新特提斯”大洋已进入新的构造活跃期。

门卡墩组岩性较单调，多为暗色、层理不发育的砂质页岩、页岩组成，以富含硅泥质、菱铁质和磷质结核为特征。大部分结核内均见有化石生物内核。化石多为浮游-游泳生态类型，另外尚有深水类型的双壳类。除浅水区外，大部分生物的钙壳均未能保存，说明本组应为深海低能环境的沉积，其深度应在当时的碳酸钙补偿面(CCD)以下。

门卡墩组在吉隆强拉以东地区，与下伏层为整合接触。强拉以西札达和印度斯匹提等地，均为平行不整合关系，并且才里群顶部缺失部分层位，甚至上覆门卡墩组沉积的时间也较东部晚一段时间(参见图 7-8)，或许这一现象提示了中侏罗世晚期，曾有一次海退过程，造成西部才里群暴露剥蚀，东部由于海平面下降幅度尚未达到暴露剥蚀的位置，故聂聂雄拉群顶部是以潮坪、泻湖海湾相沉积组成。东部门卡墩组沉积的年代始于牛津早中期，而西部最迟始于牛津晚期。说明这一穿时性界面是随同海泛面上升扩大，逐步淹没到西部地区形成的。

喜马拉雅陆缘区海相侏罗纪沉积，也是由两次海平面升降过程的沉积序列组成，旋回周期多为16.4 Ma,与北部冈底斯地区及唐古拉地区的两次海侵旋回相当,最高海泛期均以中侏罗世巴通期和晚侏罗世提塘期最为明显。

维美组在区内呈两个带状露头区出露，南部见于岗巴、康马一带，与陆缘区沉积比较接近，沉积性与门卡墩组相似。北部维美组见于羊卓雍湖、江孜、仲巴一带，由于靠近活动性较强的深海盆地区，故有大量火山岩及“外来岩块”，其沉积厚度比南带大得多。但两者均为深水低能环境的沉积，可能为陆架外带沉积。

白垩纪时期，随着大洋盆地的消敛收缩，区内沉积环境的变化较大，原先稳定型的浅水沉积区，均已沦为次深水沉积区，陆缘边岸已大大退缩。白垩纪早期稳定型沉积，只有嘎姐组和岗巴群，两者均为浅海陆架区沉积，但由于沉积物性质不同，两者略有差别。

嘎姐组仅见于札达、普兰以西地区，由一套细—粉砂为主体的碎屑岩组成，岩组具有下细上粗的进积层序特征，余光明等(1984)将其归于浅海陆源碎屑质内陆架相沉积。或为深水低能的近岸型砂体沉积。

岗巴群是由中部夹有砂岩的暗色页岩组成，仅顶部和底部夹有延伸范围有限的不稳定泥灰岩层。岗巴群所夹的灰岩，大部为泥晶骨屑或泥晶砂屑灰岩组成，内碎屑多由有孔虫和钙屑球粒组成。泥晶含量较高，为能量较低的泥质浅海沉积环境中沉积。陆源沉积物主要由粉砂岩和页岩组成，含有部分海绿石矿物，余光明等(1990)将岗巴群中下部归于碳酸盐与陆源碎屑混积的浅海陆架相沉积，但岗巴群中上部由于碳酸盐岩与泥页岩之比为6∶1～3∶1，碳酸盐岩均为水平纹层状泥灰岩组成，其沉积环境属外陆架相沉积。

宗山组是连续沉积在嘎姐组和岗巴群之上的一套碳酸盐岩地层，据余光明等(1984)宗山组下部韵律状薄层灰岩，多为钙屑和微粒陆屑构成的低密度流浊积岩，属远洋—半远洋灰岩相沉积，为远离陆源区的深水陆架相沉积。中上部碳酸盐岩层，由薄层渐变为中厚层，属于由深水向浅水环境渐变的9种相环境的沉积，如盆地、斜坡、礁前、礁体、浅滩、开阔台地、斑状及丘状礁、泻湖、潮坪等，总体上为一次海退的层序。其中礁相沉积较典型。造礁生物多由厚壳蛤和大型底栖有孔虫组成，有时有孔虫和牡蛎也能单独形成生物丘。但札达地区的宗山组，下部未见远洋灰岩相沉积，主要为浅水型生物碎屑灰岩和厚层生物灰岩为主，夹有少量陆源碎屑，属近岸型碳酸盐岩台地相和生物礁滩相沉积。虽然东西部沉积环境的差异从古生代以来就已存在，似乎自晚侏罗世海侵之后，这种差异性更趋明显。或许它能提示喜马拉雅地区的沉积相带的展布方向，并不是平行区域构造线走向呈东西向延伸，而是斜交构造线呈NW－SE方向延伸，即陆缘区位于构造带的西南侧，深水盆地主要位于构造带的东北地区。目前的东西带状地质体应属构造变动之后形成的构造线方向，与原始的沉积相带完全不同。

过渡型沉积区的白垩纪地层，共有三个组级单位，即甲不拉组、亚如那嘎组和宗卓组。

甲不拉组是区内横向变化较复杂的地层单位，层型区内是由黑色页岩、硅质页岩组成，夹有砂质浊积岩和塌积相砂枕，其中泥灰岩多由有孔虫、放射虫，颗石藻及少量泥质构成，应属非补偿性远洋盆地沉积物。西部仲巴等地的甲不拉组，是由石英砂岩、钙质页岩夹灰岩、硅质岩及玄武岩等组成，以厚度增大、陆源碎屑物增多为特征，甚至再向西到霍尔、姜叶玛一带，甲不拉组已变为浅水型亚如那嘎组，进入浅水碳酸盐岩台地相沉积区。

甲不拉组包括盆地相和过渡相两类沉积，西部浅水相区的甲不拉组和亚如那嘎组，在地层层序结构上，均有下细上粗的进积层序变化，可能应代表一次海退过程的进积副层序。

宗卓组连续沉积于甲不拉组之上，西部未见沉积，本组是以塌积相和颗粒流相沉积十分发育为特征，但这类沉积多见于东北部江孜、甲不拉、维美和穷堆等地的深水沉积区，西部萨迦、仲巴一带的浅水沉积区内，发育程度较差。宗卓组沉积特征与甲不拉组相似，仍以深水浊积岩类为主，向西也渐变为石英砂岩和钙质页岩相沉积。仅本组塌积相沉积最为发育，往往一个塌积扇的厚度可达 400 m，延展范围达 20 km 以上。

喜马拉雅地区活动型侏罗白垩纪的沉积地层，仅见嘎学组和冲堆组两个地层单位，且分布范围有限，多夹持在断裂带之间，延伸性较差。

嘎学组多断续地出露于雅鲁藏布江蛇绿岩群以南。属深海洋底盆地相沉积。据鲍佩声等(1986)报道，嘎学组变质玄武岩的岩石化学特征，应隶属大洋板块内部的非扩张性大洋拉斑玄武岩，属于形成于远离扩张脊区的大洋盆地内的碱性玄武岩。因此嘎学组虽分布上多与蛇绿岩群相邻，但沉积环境和成因关系并没有任何关联。

冲堆组也与蛇绿岩群伴随产出，但延伸性很差。最主要的特征是连续沉积于蛇绿岩群之上。据岩石化学分析资料(鲍佩声,1986)，下部枕状玄武岩是属于洋脊型碱性玄武岩，代表源于部分熔融的幔源基性岩浆，形成于扩张洋脊区的玄武岩类。因此，冲堆组应为洋壳岩石组合之上的第一套正常大洋沉积。

冲堆组整合于蛇绿岩群之上，同时也与上覆日喀则群为整合—平行不整合接触，按年代地层关系，冲堆组与日喀则群下部的昂仁组均为晚白垩世赛诺期为主的沉积，但两者的沉积环境相差较大，前者为深度大于碳酸钙补偿深度(CCD)的非补偿性深水盆地沉积，后者为位于碳酸钙补偿深度之上的，有大量陆源碎屑供给的复理石相沉积，但在后期昂仁组逐渐整合地超覆沉积于冲堆组之上。由于冲堆组和蛇绿岩大多为互不连续的块体，呈带状散布于连续较好和分布较广的日喀则群之上或岩系中部，因此本书将冲堆组视为沉积于洋脊深水盆地，而后，随俯冲作用被铲刮定位于岛弧前缘，成为弧前区的增生体，定位时间当在赛诺期之后，由于铲刮增生作用均在水下进行，因而与日喀则群为平行不整合—整合接触。根据古生物定年数据，冲堆组从沉积开始到定位于弧前区止，共跨时间约 7.4 Ma。据 1994 年 C T Klootwijk 等对喜马拉雅和印度地区侏罗-白垩纪古地磁极移曲线的研究中，提出印度板块在晚白垩世时，向北的汇聚速率突然增大，达到 12.4～12.9 cm/a。因此，我们可推断冲堆组从洋脊区到增生定位处，大致漂移了 900 多公里的距离，这样我们对冲堆组和昂仁组两种不同性质的沉积物，在一处连续地出现，就不会感到唐突。

日喀则群应属冈底斯岛弧区的弧前盆地沉积，本书因利于对活动型地层区进行格架分析，暂将其纳入喜马拉雅地层区内叙述。

日喀则群包括昂仁组、帕达那组和曲贝亚组。昂仁组由一套巨厚的泥砂质复理石沉积组成，夹有砂砾岩、火山质杂砂岩、粉砂岩，岩石成分成熟度和结构成熟度极低为本组一大特征，其成分成熟度指数 $Q/(F+L)=0.02\sim0.08$，杂基含量$>15\%$，说明昂仁组是以北侧的冈底斯火山弧作为物源区，经过短途搬运和快速沉积而成，根据层序结构特点应归于海底浊积扇相沉积。

帕达那组仍以薄层韵律状互层的复理石相沉积组成，以大量出现陆源碎屑和碳酸盐岩夹层为特征，沉积环境与昂仁组相似，大致应属浊积扇中扇和内扇范围的沉积，在西部冈仁齐波地区，帕达那组岩性变粗，多由陆源碎屑岩组成，生物化石也由浅水类群组成，说明地段已进入浅海—滨海沉积环境。

曲贝亚组仅见于错江顶一带，不具复理石沉积特征，并有紫红色泥质粉砂岩及砂岩出现为其特点。属正常浅海—滨海相沉积。

日喀则群由下而上，是由深水复理石相—正常浅海—滨海相沉积组成，具有向上变粗，向上变厚的层序演化特点，属于海平面下降过程的高水位体系层序，由于它连续沉积于增生的俯冲杂岩之上，北部又多不整合于冈底斯岛弧型中酸性岩浆岩之上，因而日喀则群应为冈底斯岛弧南缘的残留型弧前盆地沉积(尹集祥,1988)。

第八章

第三纪

中生代末，中国西南地区的大多数活动性构造带，都已先后闭合并并合到古亚洲大陆内。只有横贯本区南部的“新特提斯”构造带依然存在，它是从中生代一直延续到新生代并正在逐步消亡的大洋沉积区，到始新世中晚期，它也随着印度板块与亚洲大陆的碰撞最终消亡。因此西南地区的新生代地层，除冈底斯带以南地区尚有部分新生代早期阶段的海相地层和活动型沉积发育外，全区基本上均为陆相盆地沉积。本区新生代沉积其成因类型特征极为明显，各类盆地的横向展布或纵向上发展的演化特征，均严格地受到区域性构造因素的制约，因而也为新生代地层的对比带来许多方便。

第一节　区域地层分述

一、华南地层大区(Ⅵ)

新生代时期，本区已是亚洲大陆的一部分，区内各阶段的沉积地层，多由非继承性陆相盆地沉积组成。不同地域的地层单位，其岩性组合特征和延伸变化规律，均受到新生代区域性构造因素的制约，因而地层的展布规律与中生代地层分区并不吻合。为便于叙述，本章对地层区划适当调整：即将除木嘎岗日地层分区之外的羌南-保山地层区与羌北-昌都-思茅地层区合并，隶属于华南地层大区，称为羌南-昌都-思茅地层区，下属保山地层分区、兰坪-思茅地层分区及昌都地层分区，原双湖地层分区区划范围扩大到唐古拉山以北地区，区划级别上升为地层区，称为双湖-可可西里地层区。地层大区内共有 17 个岩石地层单位(见表 8－1)。

(一)巴颜喀拉地层区($Ⅵ_1$)

热鲁组

多见于四川省西部的甘孜、理塘、乡城和青海省巴颜喀拉山口、清水河等地。

热鲁组由上下两个韵律性碎屑岩组成，下部韵律层主要由砾岩、岩屑砂岩与钙质粉砂岩、泥岩、泥质灰岩呈多韵律状互层组成。底部以粗屑砂砾岩为主，向上岩性变细，局部可见白云质灰岩及石膏层。上部韵律层保留不全，仅见下部的砾岩和砂砾岩层。砾石成分因地而异，多为附近基岩成分。热鲁组底与变质的侏倭组、杂谷脑组或图姆沟组均为不整合接触，未见顶，厚度各地不一，135～2 000 m 不等。含有植物化石。

表 8-1 华南地层大区新生代岩石地层序列表

Table 8-1 The sequence of Cenozoic lithostratigraphy in South China province

时代	巴颜喀拉地层区	羌南-昌都-思茅地层区 兰坪思茅	保山	昌都	双湖-可可西里地层区
Q_1					
N_2	昌台组	剑川组	三营组	拉屋拉组	曲果组
N_1		双河组	三号沟组	拉屋拉组	查保马组、唢呐湖组
E_3	热鲁组	金丝厂组	勐腊组	贡觉组	沱沱河组
E_2	热鲁组	宝相寺组、等黑组	勐腊组	贡觉组	沱沱河组
E_1	热鲁组	勐野井组		贡觉组	沱沱河组
K_2		曼宽河组	香堆群	香堆群	

昌台组

分布范围不广，为沿走滑断裂发展的小型盆地沉积，主要岩性：下部为一套砂砾岩，向上为红色砂泥岩夹褐煤及页岩，局部地段发育有泥灰岩，由于沉积盆地常有迁移现象，故盆地的一侧，常缺失砂砾岩层位，使上部的砂泥岩夹褐煤层及泥灰岩，直接超覆沉积于基岩之上，仅部分盆地中夹有中基性火山凝灰岩。底部与两河口组、曲嘎寺组等不整合接触。松潘马拉登一地可见昌台组不整合于热鲁组之上，未见顶。厚度为 369～590 m，个别地区可达 1 000 m以上。含有腹足类化石及植物化石。

(二)羌南-昌都-思茅地层区（$Ⅵ_2$＋$Ⅶ_1$ 部分）

1. 兰坪-思茅地层分区（$Ⅵ_2^3$）

本区第三纪地层发育完整，分布较广，研究程度较系统。大都为陆内大型断陷盆地沉积。

勐野井组

本组广泛分布于兰坪、思茅盆地的中部，如勐腊、整董、镇源、南涧、思茅、景谷、江城、兰坪、云龙和乔后等地。大部分地层体可断续相连。是继承白垩纪断陷盆地的沉积格局而持续发展的大型盆地沉积。

勐野井组由一套棕红色钙泥质粉砂岩、钙质泥岩、砂质泥岩互层组成，夹有多层石膏、岩盐、钾盐和细砂岩及泥灰岩。属于干热条件下的咸水湖相沉积。底部接触关系较复杂，多数地区因缺失白垩纪曼宽河组，而与虎头寺组平行不整合接触，顶部与等黑组整合接触。在思茅地区由于曼宽河组较发育，勐野井组与曼宽河组为整合接触，但在营盘山断裂带附近的整董、红坭河一带，勐野井组与曼宽河组为不整合接触。本组厚度变化较大，兰坪地区为 720～2 275 m，思茅盆地东部为 225～600 m，盆地西部景谷和整董地区可达 750～1 300 m。

组内产有大量介形类和腹足类化石，局部地区获有孢粉及少量昆虫化石。

等黑组

本组分布较零星，主要见于勐腊、江城、景谷、镇源、云龙及兰坪等地，由一套紫红色厚层状长石石英砂岩、粉砂岩、泥质砂岩、泥岩等组成的韵律状互层，岩性较勐野井组粗，但不夹粗屑砂、砾岩，也未见泥灰岩及石膏、岩盐夹层。属淡化的湖相沉积。底与勐野井组连续沉积，顶与勐腊组不整合接触。厚度变化较大，镇源、景谷地区厚 950～1 908 m，江城一带仅 168 m，兰坪地区为 657～1 621 m。含有大量介形类、轮藻、腹足类和昆虫、孢粉等化石。

勐腊组

本组以兰坪、思茅盆地较为发育，并跨越地层分区分布到保山、中甸和德钦等地，主要为一套红色磨拉石相粗碎屑岩沉积，由灰紫红色块状砾岩、含砾砂岩和长石石英砂岩互层组成，仅中部为细砂岩和粉砂岩、泥岩互层。底与等黑组不整合接触，多未见顶，局部与三号沟组为整合接触。最大残留厚度达 1 593 m(景谷)，勐腊地区仅 711 m，中甸和昌宁一带最厚可达1 759～1 913 m。

本组未发现生物化石。

三号沟组

本组多见于兰坪、思茅地区内，以景谷、普洱、江城和盆地东侧的洱源较为发育。多由独立发展的小型湖沼盆地组成，与思茅、兰坪等断陷盆地不存在继承性关系。

三号沟组主要由暗灰色和浅灰色中薄层状粉砂岩、细砂岩和泥岩、褐煤层等呈粗细相间的韵律状互层组成，夹有褐煤层、碳质泥岩及含油砂岩、菱铁矿结核及薄层。底部多见及底砾岩。底与勐腊组为不整合接触，上未见顶。厚度 580～688 m，景谷地区最大厚度为 1 529 m。富含植物化石。

三营组

本组多由小型山间盆地型沉积组成，分布范围广泛，零星地见于兰坪、思茅盆地内，部分地层体已跨入扬子地层区的丽江地区(层型区)。

本组主要由浅色砂岩、泥岩夹褐煤呈互层状组成，除底部见砾岩外，大部分砂砾岩多位于岩组的上部，中下部多由粉砂岩、泥岩互层夹褐煤层，偶夹粗砂岩，部分地段有薄层泥灰岩及菱铁矿凸镜体或结核层。底部不整合于不同时代的地层之上，顶部被第四纪松毛坡组不整合覆盖，厚度为 734～851 m，层型区最厚可达 1 331 m。含有植物化石、介形类及腹足类，个别地段见有哺乳类动物化石。

在地层区的东部剑川地区，尚有另外一套早晚第三纪地层，由于该区处于构造带接合部位，受构造因素影响，地层序列较为独特，但基本上可与兰坪、思茅地区的层序对比，故本书将其归入兰坪-思茅地层分区内。

宝相寺组

本组仅见于剑川地区和兰坪金顶的东部，主要由一套红色厚层块状砾岩、角砾岩和长石石英砂岩等粗碎屑岩互层组成。砾石成分以灰岩砾岩为主，也见各种片岩、石英岩、片麻岩及火山岩砾石，砾径大小不一，分选性差，磨圆度较差。属山麓堆积相沉积。底部与等黑组不整合接触，大部分与其他时代更老的地层不整合接触；顶部与金丝厂组不整合接触，但丽江美东地区，本组与金丝厂组为整合接触，部分地区未见金丝厂组，宝相寺组直接被双河组不整合所盖。厚度为 817～1 357 m。

本组化石稀少，仅于个别地点获得少量介形类化石及双壳类化石。

金丝厂组

本组分布于丽江金丝厂、剑川老君山、中甸东旺和德钦奔子栏等地。主要由一套紫红色细砾岩、含砾砂岩、岩屑砂岩、粉砂岩及钙质粉砂岩互层组成的粗碎屑岩，夹有少量泥岩及砂质泥岩。底部与宝相寺组为不整合接触，但丽江美东金丝厂层型区内，金丝厂组与宝相寺组为整合接触，多未见顶，部分地段可见三营组不整合其上。最大厚度为 1 656～2 670 m。

本组化石稀少，仅于个别地点获得植物化石。

双河组

本组仅见于剑川、双河一带，分布范围较局限。主要岩性组合：由浅灰色中薄层状细砂岩、粉砂岩、泥页岩互层组成，下部以砂岩为主，夹有多层褐煤，并见有凝灰质砂岩；上部层中夹有中厚层状泥灰岩。厚仅 114～445 m。底部直接不整合于宝相寺组之上，未见到与金丝厂组的接触关系，顶部与剑川组不整合接触。

本组含有丰富的植物化石，也见少量腹足类、双壳类化石。

剑川组

本组仅见于剑川老君山地区，主要由一套杂色碱性火山岩为主，夹有火山沉积层的岩性组合，火山岩类以粗面岩、粗面质火山集块岩、火山角砾岩及粗面晶屑凝灰岩组成，局部见杏仁状玄武岩夹层。凝灰质砂砾岩多见于上部层位，并含有植物化石。本组厚 194～389 m，剑川上塔曲一带最厚，达 546 m。本组不整合于双河组之上或其他老地层之上，未见顶。

2. 昌都地层分区（VI_2^2 部分）

本区早晚第三纪仅有两个地层单位。

贡觉组

本组见于江达、昌都、贡觉、察雅、芒康等地，呈带状广泛分布。本组下部由红色砂岩与钙泥质粉砂岩韵律状互层组成，常夹多层石膏或结核状石膏团块，向上为粗屑泥质砂岩和砂砾岩互层。上部由红色砂泥岩、泥质粉砂岩夹泥灰岩、石膏层及含铜页岩组成。厚 2 646 m。

层型区以北岩性变细，可见较多泥灰岩和钙质泥岩及石膏层，仅顶部出现部分砾岩及砂砾岩夹层。厚度为 2 862 m。底部与古生代里查组或三叠纪地层不整合接触，上未见顶。含有介形类、昆虫化石，部分地段有孢粉分析成果。

拉屋拉组

仅见于芒康和类乌齐甲桑卡、察雅等地。岩性组合：下部由碱性粗面岩、粗安岩、石英粗安岩夹粗面质火山角砾岩及凝灰岩组成，底部见砂砾岩；上部为灰白色长石砂岩夹泥岩、薄煤层，底部不整合于察雅群之上，上未见顶。总厚达 400 m，部分地区可达 1700 m。含植物化石及少量介形类、轮藻、腹足类化石。

3. 双湖—可可西里地层区（VI_2^2 部分＋VII_1^2）

在华南地层大区的西部可可西里—双湖地区，广泛地发育着一套早晚第三纪的地层序列，共有 4 个岩石地层单位，但其岩系的延伸和展布范围，已跨越华南和藏滇两个地层大区的部分范围，大体相当区划图上的唐古拉-昌都地层分区（VI_2^2）和双湖地层分区（VII_1^2）的部分地域。

沱沱河组

本组广泛出露于双湖以东和唐古拉山以北，可可西里山脉两侧的楚玛尔、多尔改错、勒玛曲、乌兰乌拉、沱沱河和强日玛查、鲸鱼湖等地。

沱沱河组主要由一套成分复杂的砾岩、含砾砂岩、岩屑砂岩、砂质泥岩、灰紫色厚层状生物碎屑灰岩呈互层状组成，下部以粗屑砂砾岩为主，上部多由细粒碎屑岩夹泥岩及灰岩层组成，在横向上，盆地边缘地区以粗碎屑岩沉积为主，盆地内部岩性变细，以细砂岩、砂质泥岩夹生物灰岩组成。(青海省地层清理时，将这套灰岩组合，单独命名为“雅西措组”，本书将其合并于沱沱河组内，作为补偿不足型盆地内的相变层位处理。)本组地层厚度变化不大，大型盆地内多为 1 271～1 446 m，但札多县泗青能盆地的组厚达 3 394 m，同时岩性以粗碎屑岩夹石膏层为特点，已逐渐接近昌都地区的贡觉组或巴颜喀拉地区的热鲁组岩性特征。

沱沱河组底部多与侏罗纪或白垩纪的老地层呈不整合接触，顶部与唢呐湖组为平行不整合接触，但在赤布张错一带，沱沱河组顶部与查保马组为不整合接触。

本组产有介形类、轮藻及孢粉等化石。

唢呐湖组

本组多呈零星的露头散布于双湖—唐古拉山以北和可可西里及羌北地区内。

青海省南部的相当地层单位，在地层清理时被重新修订为五道梁组，本书将这两个相同含义的地层单位统称为唢呐湖组。

唢呐湖组主要由粉砂岩、泥岩、含石膏泥岩、泥灰岩、石膏和岩盐层，呈互层状产出。在横向上岩性稍有变化，一般西部地区岩性稍粗，底部出现砂岩、含砾砂岩和砾岩互层的岩性组合，中上部泥灰岩夹层增多，并见有油页岩夹层。东部该组底部仅出现厚层状砂岩，中上部泥灰岩夹层普遍减少，但石膏夹层增多。沉积厚度为 398～530 m，西部个别地点厚度可达 4 300 m(?)。底部与雁石坪群不整合接触，东部部分盆地内与沱沱河组为平行不整合接触，但在盆地边缘仍为不整合接触。唢呐湖组在区内多未见顶，但西部盆地多被石坪顶组不整合所覆。

本组含有介形类及孢粉化石，西部盆地内尚见有腹足类和双壳类化石。

查保马组

本组分布范围不广，仅限于祖尔肯乌拉山和赤布张错等地区内。主要岩性：由一套陆相火山喷发岩组成，岩石类型多为致密状或气孔状玄武安山岩，部分地段由火山角砾熔岩、辉石安山玄武岩、粗面岩、粗安岩等组成。厚度为 81.8～263 m，个别地段可达 1 842 m。底部与风火山群不整合接触，赤布张错地区与沱沱河组也为不整合接触，多数地区未见顶，仅治多县布依湖一带不整合于曲果组之下。

本组未获化石，但有同位素测年数据 10～24.6 Ma。

按年代关系查保马组与唢呐湖组空间位置大体相当，但区域上未能查明两者的变化关系，仅在洪水河南岸可见到较薄的查保马组火山角砾岩连续沉积在唢呐湖组之上。本书暂将该两组视为相变关系。

曲果组

仅分布于沱沱河盆地、勒玛曲盆地和巴颜喀拉山口北部以及治多、曲麻莱、玛多和黄河源区等地。

曲果组主要由一套粗碎屑砂砾岩夹细粒岩屑砂岩、粉砂岩和泥岩组成的红色地层。西部岩性细，砾岩层减少，泥岩增多，并有砂质泥灰岩及菱铁矿沉积，东部岩性普遍变粗，砂砾岩层数增多，厚度多为 541～552 m，典型区厚度可达 1 070 m。

曲果组底部不整合于查保马组之上，顶部被早更新世的羌塘组不整合覆盖。

本组含有介形类化石。古地磁年龄距今 2.2～4.3 Ma。

二、藏滇地层大区(Ⅶ)

新生代初期阶段,“新特提斯大洋”尚未消亡,因而藏滇地层大区的地层沉积仍继承着中生代晚期的构造格局而发展演化。有关大洋北缘的冈底斯岛弧和其南侧的海洋沉积区依然存在。

当新生代中后期时,随着印度板块与亚洲大陆的碰撞,“新特提斯大洋”和冈底斯岛弧等活动型构造带全部消失,但是碰撞后的印度板块在强大的挤压作用下,继续向亚洲大陆俯冲,并导致大陆岩片的仰冲和喜马拉雅山脉的形成,其中冈底斯地区由于大量岩片的反冲挤出,促成部分地段的引张活动,造成以磨拉石沉积为主的沉积带中,有大量中酸性火山岩溢出,使岛弧构造消亡后的冈底斯地区再次成为藏滇地层大区中火山岩最为集中的构造沉积带。甚至整个青藏高原的新生代地层,其成因类型和层序特征、演化规律,都与冈底斯构造碰撞带的演化息息相关。

藏滇地层大区的地层区划基本上仍沿用中生代的区划,北部因羌南-保山地层区已并入华南地层大区,仅木嘎岗日地层分区仍隶属藏滇地层大区,为了便于区别,本书以木嘎岗日-比如地层区称之。

本区第三纪岩石地层单位共有 27 个,包括 4 群、23 组,详见表 8-2(附印度地层大区地层序列)。

表 8-2 藏滇地层大区新生代岩石地层序列表

Table 8-2 The sequence of Cenozoic lithostratigraphy in Tibet-Yunnan province

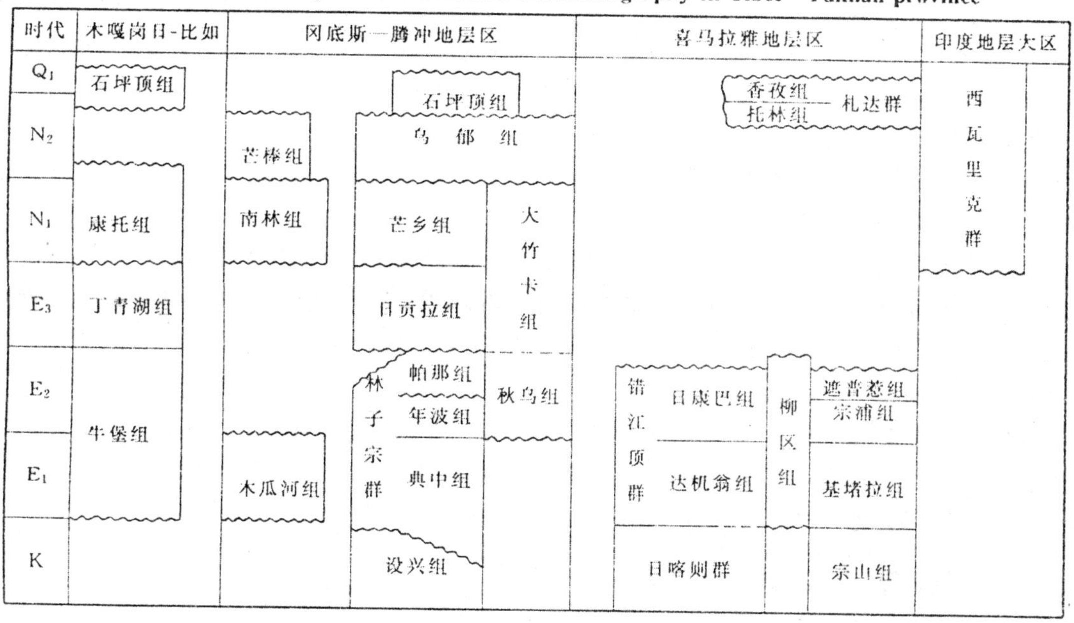

(一)木嘎岗日—比如地层区($Ⅶ_1^3+Ⅶ_2^2$)

新生代时期,原班公湖-怒江活动型构造带已封闭消失,但在该地带发育了一套序列较为完整的新生代地层,该套地层的延伸和展布并不受地层区划界线的限制,基本上跨越了藏滇地层大区的两个地层区的部分范围，大体相当木嘎岗日地层分区（$Ⅶ_1^3$）和那曲-比如地层分区（$Ⅶ_2^2$）的地理范畴，本书为便于叙述，暂将其合并简称为木嘎岗日—比如地区。

牛堡组

本组分布于丁青以西的聂荣、伦不拉、班戈、改则和班公湖等地区。

牛堡组底部多由红色砾岩、砂岩夹红色泥岩、粉砂岩等组成。中部为灰绿色泥页岩夹红色砂砾岩及晶屑凝灰岩。上部由红色和灰绿色泥页岩互层夹薄层泥灰岩、油页岩及粉砂岩组成，局部见有凝灰岩夹层，总体为一向上变细的正向韵律层。在横向上岩性与厚度变化均较大，一般在盆地中心部位，岩性较细，厚度较大，盆地边缘或个别断陷深度较大的盆地内，多由粗碎屑岩组成，厚度一般偏小。本区以伦不拉和班戈两盆地沉积厚度最大，可达 3 000 m 以上，其他地区多为 400～500 m。牛堡组底部以不整合关系与木嘎岗日群、接奴群或竞柱山组等接触，顶部与丁青湖组为整合接触。含丰富的介形类、轮藻、孢粉化石。

丁青湖组

本组分布较局限，仅见于伦不拉、班戈和中仓等地。其余地区多已剥蚀，未见分布。据钻孔资料①，其岩性组合主要为一套灰色泥页岩夹泥灰岩、粉砂岩、油页岩及少量细砂岩和凝灰岩组成的细粒碎屑岩系，厚度达 1 186 m。丁青湖组整合于牛堡组之上，顶部被康托组不整合所盖。本组含有丰富的介形类、轮藻和孢粉化石。

康托组

本组分布广泛，多见于班公湖—改则连线以北，双湖以南以及日土、多玛、龙木错一带，主要为小型山间盆地型沉积。

康托组由紫红色厚层状砾岩、含砾砂岩夹少量粗砂岩、细砂岩以及砂质泥岩组成，底部夹有玄武岩层。总体为下部粒度粗，多由砾岩组成，上部渐细，多见粉砂岩、泥岩及石膏岩盐等沉积物，厚度为 300～2 700 m 不等。底部与日贡拉组火山岩或丁青湖组凝灰质泥岩均为不整合接触，顶部被石坪顶组火山岩不整合覆盖。

石坪顶组

主要分布于唐古拉山以北和昆仑山以南的羌北地区和可可西里地区，青藏公路以东未见分布，多呈零星分散的露头出露。

石坪顶组由气孔状辉石玄武岩、安山玄武岩、碱性粗面岩、流纹质熔结凝灰岩及凝灰岩组成，部分地段见有碱性—强碱性白榴石响岩、霓辉粗面岩产出，厚 200～350 m。底部与康托组为不整合接触，上部未见顶，或被松散的沉积物覆盖。本组未获化石，同位素测年数据为 9.4～10.6 Ma（K-Ar 法）。

西藏地层清理组将分布于改则西北地区的一套不整合于康托组之上的火山岩地层，单独划分为鱼鳞山组。本书认为：除该套火山岩的区域分布较特殊外，其岩性组合和上下层位关系均与石坪顶组相似，具有同物异名含义，故本书暂将其合并于石坪顶组内。

（二）冈底斯—腾冲地层区（$Ⅶ_2$）

在地层区范围内，沿冈底斯山脉的两侧，有两套并列发展的地层序列，层序较为完整。云南腾冲地区也发育着另外一套地层序列，但层序不完整。

林子宗群

① 西藏地质四队，1974，伦不拉盆地石油普查总结报告（资料）

本群分布于雅鲁藏布江以北的冈底斯山—郭喀拉日居两侧，从东部沃卡、林周、桑日到西部的狮泉河地区均有出露，是冈底斯岛弧带上最具代表性的钙碱性火山岩系列。该岩系以陆相火山岩—火山碎屑岩组成，南侧岩系中多夹有海相碎屑岩和灰岩、页岩层，西藏岩石地层清理组将夹海相层的火山岩层，以“茶里错群”命名之。本书将其合并在林子宗群内。

林子宗群在横向上岩性变化较大，通常西部地区火山碎屑岩最为发育，东部地区以火山熔岩和熔结凝灰岩为主。厚度为 1 203～1 965 m，最厚可达 6 880 m(申扎枪木学)。多数地区未见顶底出露，目前仅在拉萨、林周、桑日、冈仁波齐、隆格尔和措勤南部和申扎地区，可见到林子宗群底部不整合于则弄群和设兴组之上，顶部被日贡拉组不整合所盖。

林子宗群在拉萨、曲水、沃卡一带已进一步划分为 3 个组级单位(典中组、年波组、帕那组)，能否适用于全区尚未证实。

典中组

本组为林子宗群底部的第一个组，岩性组合为黑云母安山岩、安山质熔结凝灰岩、英安岩夹火山集块岩、凝灰岩及流纹岩等，呈火山喷发韵律层组成，厚度较大但不稳定，典型区厚度为 1 130 m，不整合在设兴组之上，南部地区多与则弄群不整合接触。本组未发现化石，同位素测年数值为 50～63.8 Ma(K－Ar 法)，也有少量为 86～88 Ma(Rb－Sr)的数据。

年波组

岩性组合由岩屑砂砾岩夹中酸性晶屑凝灰岩和安山岩组成，通常下部以安山质凝灰岩为主，上部以砂砾岩夹层较多为特点，在横向上，中上部常夹有薄层状富含生物碎屑的泥灰岩和砂岩凸镜体。厚度 717 m。底部和顶部均为不整合接触，但这类火山喷溢性质的不整合关系，延伸性较差，不具区域性意义。

年波组含有介形类和腹足类化石，部分地区尚见植物化石，同位素测年数值为 49.9～50 Ma(K－Ar)。

帕那组

由流纹质熔结凝灰岩，晶屑—玻屑熔结凝灰岩组成，夹有火山角砾岩。下部两层块状熔结凝灰岩具有柱状节理，向上火山质岩屑砂岩、沉积砾岩层次增多。在西部狮泉河地区，与其相当的层位多以流纹质火山碎屑岩夹少量熔岩组成。厚度达 1 852 m。本组与下伏年波组为不整合接触，并使年波组顶部有部分层位缺失。典型区内未见顶，仲巴北部麦拉一带、冈仁波齐一带均可见到日贡拉组不整合覆于其上。组内未获化石，同位素测年数值为 39.5～44.4 Ma(K－Ar)。

日贡拉组

本组分布于冈底斯山脉的中部，多为零星散布的地层体，主要的露头见于南木林、乌郁、申扎昂孜错、隆格尔齐玛察、白达和革吉鄂玛等地。

本组主要岩性为紫红色粉砂岩、页岩夹薄层泥灰岩及火山凝灰岩。仅底部有角砾状安山岩及少量粉砂岩。在横向上稍有变化，靠近西部地区，日贡拉组多由中酸性火山岩、火山碎屑岩夹长石砂岩及粉砂岩、泥岩组成。厚度 500～1 500 m，但西部地区变化较大，为 60～4 220 m。底部不整合在林子宗群之上，顶部被芒乡组不整合所覆。含有少量植物化石和孢粉化石，同位素测年数据为 31.4 Ma(K－Ar)。

芒乡组

本组多见于冈底斯山北坡，仲巴江章、革吉捷嘎、班戈达玉山及南木林一带。曲水、拉萨以东未见分布。

芒乡组主要岩性由凝灰质砂砾岩、含煤粘土岩和凝灰岩、火山碎屑岩互层组成，以含有煤层及油页岩为特征性标志。厚166～900 m不等。底与日贡拉组不整合接触，但在乌郁盆地内，芒乡组与日贡拉组为整合关系；顶与乌郁组为不整合接触。产有植物、孢粉、介形类和轮藻等各门类化石。同位素测年数据为19～23 Ma。

乌郁组

分布地点与芒乡组相似，但展布范围更广。乌郁组岩性组合变化较大，申扎、南木林典型区内可分成上、下两部分：下部主要由块状安山岩、英安岩、晶屑凝灰岩和安山质火山角砾岩组成，夹少量砂岩和砾岩层；上部多由砂砾岩、粉砂岩、泥质粉砂岩夹煤层及油页岩等互层状组成。仲巴地区以凝灰岩、流纹岩和火山碎屑岩为主。八宿一带是以杂色碎屑岩为主，夹有火山碎屑岩组成。厚度为1 000～3 545 m。均未见到顶部层位关系，底部与芒乡组为不整合关系。在乌郁盆地茶翁一带，乌郁组上部层位直接超覆不整合在则弄群之上。

乌郁组获有大量孢粉化石成果。同位素测年数据为10.3 Ma(K－Ar)。

秋乌组

本组是冈底斯山南麓前山带地层序列中的第一个组级地层单位。主要见于日喀则东嘎、札西岗、秋乌、昂仁及门士的北部，呈一狭长的带状平行冈底斯山断续延伸。

秋乌组底部多由块状砾岩组成，中上部由砂岩、粉砂岩和砂页岩互层产出，夹多层可采煤层及细砂岩。但各地厚度不一，典型区仅厚264～300 m，门士一带厚达900余米，一般地区多在374～460 m。底部多直接不整合于白垩纪晚期的花岗闪长岩或蚀变辉绿岩之上，顶部与大竹卡组平行不整合接触。本组含有大量植物化石。

大竹卡组

本组展布延伸情况与秋乌组相似，仅分布范围稍大于秋乌组。延伸长度可达1 500 km以上。主要露头区见于加查、泽当、日喀则、昂仁、门士和阿依拉日居等地。

大竹卡组在典型区是以红色砂砾岩、含砾砂岩、砂页岩类凝灰岩组成，泽当一带本组下部为厚层状砾岩，中部为含砾砂岩夹细砂岩、砾岩及粉砂岩、砂页岩、沉凝灰岩，上部又为厚层块状巨砾岩组成。总厚达1 000余米。本组底与秋乌组为平行不整合接触，未见顶。罗布莎地区大竹卡组多直接不整合覆盖在则弄群或白垩纪晚期的中酸性侵入岩之上。本组含有大量植物化石，也见部分轮藻、腹足类和双壳类化石。

木瓜河组

本组是腾冲地区新生代地层序列中层位最低的一个组。目前木瓜河组仅见于永德木瓜河一带，延伸情况不明。

主要岩性：下部由厚层状粗砂岩、砾岩及含砾砂岩等组成；上部由薄层—纹层状粉砂岩、砂质泥岩、泥岩不等厚互层组成，以泥质岩和砂质泥岩为主体。厚757 m。

本组底部不整合在二叠纪玄武岩之上，顶与上伏层接触关系不明。

南林组

广泛分布于梁河、盈江、保山、双江、耿马等地。属小型断陷盆地沉积。主要岩性特征：为一套砾岩、砂砾岩、砂岩和泥质粉砂岩夹碳质泥岩及褐煤层组成的多韵律互层序列，下部韵律层多由砂岩和砾岩组成，其间也见褐煤层，中上部韵律层多由砂岩和粉砂岩组成，常夹泥岩、褐煤层，局部地区尚见油页岩。沉积厚度各地不一，层型区最厚935 m，永德一带仅63 m，其他地区多为245～653 m。本组底部不整合于柳湾组或燕山期花岗岩之上，顶部被芒棒组不整合覆盖。含有大量植物化石及孢粉化石，也见少量双壳类和腹足类化石。

芒棒组

本组零星散布于腾冲、梁河、风庆等地，多属山间盆地沉积，以腾冲一带最为发育。

本组主要由一套碎屑岩夹基性火山岩及薄煤层组成。其上部和下部均为砂砾岩、细砂岩和泥岩夹薄煤层的韵律层组成。局部地区夹有火山凝灰岩层，中部由气孔状玄武岩和致密状橄玄岩组成，但横向上不稳定，部分地段组内不夹火山岩层。各地厚度不一，最大残留厚度为 321～450 m。本组底部不整合于南林组或更老的地层之上，未见顶。富含植物化石及孢粉、硅藻类化石。

（三）喜马拉雅地层区（$Ⅶ_3$）

本区是中国西南地区唯一保留新生代海相沉积的地层区，但是分布范围仅局限在藏南少数地区。同时海相沉积延续的时间极短暂，伴随着雅鲁藏布江缝合带的消亡同时消失。因此本区的新生代地层序列比较简单，但受构造作用的制约，纵向上的断代划分最为明显。

柳区组

本组仅见于萨噶、拉孜、白郎一带，呈断续的条带状延伸，无例外的均分布在雅鲁藏布江蛇绿岩群以南。

柳区组厚度巨大、岩性变化复杂：下部以杂色页岩为主，夹有砂岩和凸镜状砾岩、粗砂岩，向上渐为砂页岩互层和厚层砾岩夹粗砂岩组成，具有向上变粗的逆向层序特征；中部多由杂色砾岩和砾岩、砂岩互层的韵律层，砾径粗大，成分繁杂，可见硅质岩和超基性岩砾石；上部由红色砾岩与砂岩互层为主夹有砂岩层，显示出下粗上细的旋回性沉积韵律。总厚 700～1 615 m。柳区组底部与嘎学组不整合接触（热沙龙格），或不整合在雅鲁藏布江蛇绿岩群之上（噶尔巴金沟），未见顶。

本组在下部砂页岩层中含有腹足类、双壳类和植物化石。

错江顶群

仅见于萨嘎—仲巴之间的如角藏布、错江顶、罗波岗日和噶尔达机翁一带。呈零星的条带状散布。主要由一套成分成熟度较低的海相碎屑岩夹碳酸盐岩和粗碎屑岩组成。具有下细上粗层序特征。为区内残留海沉积，可分成达机翁组和日康巴组两部分。

达机翁组

本组由中薄层状深灰色豆状有孔虫灰岩夹砂岩及砾岩组成，下部常见砂砾岩互层夹微晶灰岩，并有厚度不一的底砾岩存在，上部灰岩中含有大量有孔虫化石。如角藏布一带本组底部没有底砾岩出现，多为粗屑砂岩和砂页岩互层组成，厚度为 175～202 m。

本组底部多不整合于蛇绿岩或白垩纪晚期的花岗闪长岩之上（噶尔），在如角藏布一带本组与日喀则群顶部为整合—平行不整合接触，顶部与日康巴组整合接触。

日康巴组

本组由两个旋回性层序组成：下部旋回底部为块状砾岩夹岩屑砂岩，向上渐变为砂质页岩与有孔虫灰岩互层，并夹有中酸性火山凝灰岩；上部旋回底部也为砾岩和岩屑砂岩，向上渐变为薄层钙质粉砂岩夹细砂岩和砂质灰岩组成，顶部也见流纹质晶屑凝灰岩。厚 595 m。底与达机翁组连续沉积，有时也超覆花岗闪长岩之上，未见顶。组内含有丰富的有孔虫化石，也见部分双壳类、腹足类和珊瑚、海胆等化石。

藏南地区新生代海相沉积，仅能划分出 3 个组级地层单位，但分布范围和延伸情况十分局限，只能代表残留海的沉积特点。

基堵拉组

仅见于岗巴和亚东、定日等地。主要岩性为中细粒石英砂岩、铁质砂岩为主，夹有深灰色砂质灰岩的岩性组合。厚度仅188 m，定日地区可达380 m。该组连续沉积于白垩纪宗山组灰岩之上，顶部与宗浦组也为整合接触。含有介形类、有孔虫和藻类化石。

宗浦组

分布情况与前一组相同。岩性组合是由一套深灰色块状灰岩、瘤状灰岩夹薄层状泥质灰岩组成的碳酸盐岩地层。分布较稳定，厚540 m。底与基堵拉组、顶与遮普惹组均为整合接触。含有丰富的有孔虫、介形类及少量双壳类、腹足类及藻类化石。

遮普惹组

仅见于定日、岗巴两地，亚东地区多为零星残留露头。本组主要由一套钙质页岩、砂质页岩为主夹块状灰岩、薄层状泥灰岩及细粒石英砂岩组成，顶部有厚层状石灰岩。厚度达1 285 m。底部与宗浦组整合接触，上部未见顶。含有丰富的有孔虫化石，也见少量介形类、藻类化石。

札达群

本群主要分布于普兰—札达地区，为一大型盆地沉积。其他各地均为零星地层体，如吉隆、希夏邦马山峰北麓和定日朋曲河上游等地。共包括托林组和香孜组两个地层单位。

托林组

本组岩性组合由灰色粉砂岩、钙质泥岩、砂质泥岩互层组成，中上部和中下部夹两套砾岩、砂岩和含砾砂岩层。东部小型盆地的岩性组合与此相似，仅砾岩层薄而少，以砂岩与粉砂岩互层为主。厚度为400～500 m。底部多不整合于侏罗纪以前的老地层之上，上与香孜组整合接触。组内含有孢粉及三趾马脊椎动物化石，另有部分磁性地层研究成果。

香孜组

本组仅见于札达盆地和吉隆盆地一带，主要岩性是由一套胶结松散的砾石层和砂岩层与薄层粘土、亚粘土互层组成。厚度达648 m。底部连续沉积在托林组之上，未见顶。层中主要化石为孢粉，顶部也见少量介形类化石。

三、印度地层大区(Ⅷ)

在中国境内，隶属本地层大区的地域范围甚小，主要指西藏错那县以南的巴霞卡—尼乌木国境线附近，区内仅出露新生代地层——西瓦里克群。

西瓦里克群

单位名称引自印度、巴基斯坦，由于本地区研究程度低，无法与组级单位对比，暂以“群”概括之。本区该群的主要岩性为一套巨厚的粗碎屑砂砾岩夹粉砂岩和泥页岩组合，厚度达6 500 m以上。底部被喜马拉雅主边界断裂(MBT)切割，顶部多位于印度境内，故出露不甚完整。

第二节　区域地层划分与对比

中国西南区新生代地层序列，其生物地层和年代地层的工作程度普遍偏低，除藏南地区的海相地层和部分地区的陆相地层做过比较系统的生物地层研究外，大多数地区研究程度均较粗略，有待今后予以加强。

一、华南地层大区

热鲁组

本组分布广泛，多见于巴颜喀拉地层区的东部、四川及青海地区。沉积特征属断陷盆地类型，地层体呈带状断续展布，受走滑断裂带制约。本组含有部分化石，以植物和孢粉为主，也见少量介形类及轮藻。

植物化石主要采自该组的中上部层位，化石层不连续，主要分子为 *Eucalyptus relunensis*, *Palibinia pinnatifida*, *Banksia puryearensis*, *Comptoina* sp., *Hemiptelea paradavidii*, *Pakistania sinensis*, *Australorbis* cf. *pseudomornius*, *Trapa pamlala*, *Manica*(*Changlingia*) *tholistoma* 等，并以 *Eucalyptus* 和 *Ruus turcmanica* 等最为发育。广泛地见于理塘拉波、热鲁、若尔盖罗叉、本哈萨和崩巴沟等地。年代为始新世或始新世晚期。

但是在德格玛其格、若尔盖热当坝、多儿沟等地，于中下部层位采集的孢粉组合，是以下列主导分子组成：*Biretisporites*, *Schizaeoisporites* spp., *Welwitschiapites*, *Cicatricosisporites*, *Converrucosisporites*, *Psophosphaera*, *Ginkgocycadophytus* 等，其中希指蕨属种占组合的40%～60%，年代面貌为晚白垩世—第三纪早期。目前各单位都将热鲁组归于早第三纪，下部可跨入晚白垩世晚期。

昌台组

本组属小型断陷盆地沉积，其延伸多与走滑断裂相关，但与热鲁组沉积盆地之间无继承性关系。本组化石丰富，以植物化石为主，主要分子为 *Planorbis youngi*, *Ailanthus* sp., *Berberisites leguminitypis*, *Cyperacites* sp., *Calocedyus* sp., *Paraindigofera lytzincusis*, *Salix* cf. *miosmica*, *Acer* cf. *miofranchetii*, *Zelkova ungeri* 等。昌台地区于泥灰岩层中采有 *Planorbis youngi*, *P.* cf. *chihliensis* 等腹足类化石。年代为上新世无疑。

贡觉组

本组展布延伸多呈条形带状，属断陷盆地沉积。由于下部岩性较粗，化石多产自中部和上部层位中，主要有介形类、孢粉、昆虫和少量植物、腹足类，但缺乏系统性工作。

介形类主要有 *Eucypris*, *Candona*, *Limnocythere*, *Darwinula*, *Cyclocypris*, *Paracypris*, *Cyprois* 和 *Stenocypris* 等属。昆虫主要为 *Mesosagrites multipuncatus*, *Ademosyne* sp., *Eocolus youzhanensis* 等。年代为早第三纪。孢粉组合主要为 *Cupanieidites*, *Cupuliferoidaepollenites* spp., *Ephedripites*, *Euphorbiacidites* spp., *Quercoidites* spp., *Retitricolpites* spp. 等 37 个形态属种(宋之琛等，1982)。年代为始新世。目前均将贡觉组年代视为晚第三纪。

拉屋拉组

本组仅见于昌都芒康、察雅等地。植物化石层多见于剖面上部，主要有 *Equisetum* sp., *Betula mangkangensis*, *B.* cf. *utilis*, *B.* cf. *vera*, *Carpinus* cf. *fargesiana*, *Ca. grandis*, *Sorbus wilsoniana*，同层位的孢粉有 *Lonicera*, *Chenopodium*, *Polygonum*, *Artemisia* 等(宋之琛等，1982)，为亚热带山地乔—灌林木植被组合，年代为中新世。但芒康地区剖面上部层位中的植物化石中含有 *Pinus yunnanensis*, *Equisetum* sp., *Cyperacites* sp., *Salix angusta* 和介形类 *Stenocypia fischeri*, *Candoniella donschanensis*，年代特征为上新世。目前均将拉屋拉组归于晚第三纪，未做详细划分。

勐野井组

本组广泛分布于兰坪-思茅盆地内，沉积范围较下伏曼宽河组大得多，因而许多地区可超覆沉积于不同时代地层之上。

本组化石丰富，以介形类和轮藻为主，其他尚有昆虫和腹足类化石，个别地区进行了孢粉分析。介形类是以 *Sinocypris* - *Cypris*(*Cristocypris*)- *Parailyocypris* 组合为代表(蒋志文，1982)，共包含有15个属与亚属近35个种群。年代为古新世。轮藻化石以 *Obtusochara* spp. 和 *Peckichara*，*Harrisichara yunlongensis*，*Tectochara subelongata* 等组成，年代倾向古新世-始新世(王振等，1976)，但勐野井组的孢粉组合年代为晚白垩纪-第三纪早期，其代表分子有 *Pterisisporites*，*Corrugatisporites*，*Tsugaepollenites*，*Plicapollis*，*Ulmipollenites fagus* 等。本书暂将其置于古新世。

等黑组

本组连续沉积于勐野井组之上，为淡化的湖相盆地沉积。化石丰富以介形类、腹足类、叶肢介为主。介形类有 *Candona*，*Cyprinotus*，*Eucypris*，*Cypris*，*Ilyocypris*，*Limnocythere*，*Pinnocypris*，*Sinocypris* 等各属，并以后两属种群占有突出地位，年代意见为始新世。叶肢介类主要为 *Paraleptesthria* 属的多个种群组成。孢粉由 *Cicatricosisporites*，*Polypodiaceoisporites*，*Klukisporites*，*Monosulcites*，*Inaperturopollenites*，*Quercoidites*，*Tricolpites*，*Euphorbiacites* 等组成，年代为早第三纪。昆虫化石有 *Neocarum trivenose*，*Nisocercopis validis*，*Platokoleos moxioensis*，*Mesocryptogastra sinensis* 等，年代为早中始新世。

勐腊组、宝相寺组、金丝厂组

勐腊组岩性较粗，尚未发现化石，年代以上下层位关系和区域对比关系，对比为上始新世-渐新世。

宝相寺组的底界与勐腊组底界相当，可做追索对比。组内未获化石，但在区域上可与含有化石的丽江组对比，时代为始新世上部。

金丝厂组分布范围甚小，多不整合在宝相寺组之上，但丽江地区金丝厂组与宝相寺组为整合接触，金丝厂组仅见少量植物化石，年代被归于渐新世。勐腊组主要分布在兰坪、思茅盆地内，宝相寺组和金丝厂组仅见于剑川地区，但两者是可以对比的。

三号沟组、双河组

两者均为小型含煤盆地湖沼相沉积，前者广布于兰坪-思茅盆地各地，后者仅见于剑川、金顶及中甸等地。

三号沟组以植物化石为主，并以 *Quercus* cf. *paraschottkhyana*，*Q*. spp.，*Magnolia ugoana*，*Phyllites* sp.，*Phoebe parananmu*，*Dryophyllum* spp. 等植物组成，共有37个属种，是比较有特色的中新世植物组合。

双河组除植物化石外，尚见较多的腹足类及双壳类化石，其植物化石有 *Zelkova serrata*，*Juglans*，*Dryophyllum*，*Acer florinii*，*Ficus*，*Trochodendron*，*Sapindus*，*Ulmus*，*Evodia* 等属，共包括12属18个种，被称为双河植物群。年代为中中新世早期。与其共生的腹足类多为 *Planorbis* 等，双壳类为 *Unio*，*Rhombunio*，*Hyriopsis*。

本书将三号沟组、双河组均置于中新世。两者完全可以对比。

三营组

本组属小型山间盆地沉积，组内含有介形类、植物和腹足类化石。介形类由 *Candoniella hasachsttanica*，*Candona* cf. *schirvania*，*Leucocythere*，*Paracypris*，*Eucypris decurta*，*Limno-*

cythere sanctipatricii 组成，腹足类为 *Clavus* (*Brachytoma*) *pseudoprincipalis*，*Columbella* sp.，*Paraprosathenia* sp. 等，植物化石为 *Quercus pannosa*，*Q.* spp.，*Rhus* sp.，*Equisetum* sp.，*Almus* sp.，*Ulmus* sp.，*Populus norinii* 等，以 *Quercus* 属的种群十分发育为特色。年代为上新世。

剑川组

本组仅分布于剑川老君山一带，以碱性粗面岩等火山岩为主组成，仅在上部凝灰质砂砾岩层中采到少量 *Quercus* 属和 *Albizzia* 属的植物化石，主要依层位关系将其归于上新世沉积。

沱沱河组

沱沱河组主要化石门类有介形类和孢粉分析成果，个别地区获有少量双壳类化石。

组内介形类以 *Eucypris* 属的种群为主体，其次尚有 *Cypridopsis*，*Cypria*，*Herpetocypris*，*Subulaocypris*，*Darwinula* 等属的种群。共有 9 属 18 个种，具有第三纪早期的年代面貌。

孢粉类型有两类（王大宇等，1986），一类代表东部干热环境的植被组合，其裸子植物花粉是以 *Picea* 为主体，占组合的 61.4%，其次为 *Inaperturopollemites*，*Ephdripites*，共占组合的 20%；蕨类植物 Polypodiaceae 等占组合的 18.6%；被子植物 *Quercus* 仅有少量出现。另一类孢粉组合代表西部大盆地湿热环境的植被组合，其中藻类孢子占组合的 15%；计有 *Leiosphaeridia*，*Grorodiscus*，*Comasphaeridium* 和 *Campenia* 等。裸子植物花粉仅占组合的 29%；以 *Ephedripites* 和杉科花粉组成，蕨类孢子仅占组合的 14%，成员有 *Angiopterisporites*，Plagiogyriaceae，*Conigramme*，*Undulatisporites*，*Verrucosisporites*，*Cyclophorusisporites* 等。被子植物花粉却占组合的 36%，主要分子为 Oleaceae，Ulmaceae，Betulaceae，*Nitrariadites*，*Tubulifloridites* 等。年代归属均为早第三纪。可与贡觉组或热鲁组进行对比。

唢呐湖组、查保马组

该两组在横向上为相变关系，因而分布和延伸范围各不相同，前一组多分布于羌北及可可西里以西和南昆仑地区；后一组多分布于唐古拉到可可西里地区。

唢呐湖组主要为一套湖相沉积地层，化石门类以腹足类和双壳类为主，腹足类主要为 *Planorbia youngi*，*Lymnaea* sp.，*Gyraulus* sp. 组成，双壳类主要为 *Sphaerium* aff. *nitidum* 等，年代主要为晚第三纪中新世，但不排除上部有上新世的成分。

查保马组上部以火山岩为主，下部以碎屑岩为主，未见化石产出，但在组的上部同位素测年数据为 10～24.6 Ma(K－Ar)。年代大体为中新世。

曲果组

本组主要分布于青藏公路以东地区，西部仅有少量出露，在楚玛尔盆地、勒玛曲盆地大部分被第四系覆盖，钻孔资料已证实有该组分布。

曲果组为浅水湖相沉积，含有丰富的介形类、腹足类、轮藻和双壳类。介形类主要有 *Cyclocypris*，*Candoniella*，*Ilyocypris dunschanensis*，*I. errabundis*，*Limnocythere tropis*。腹足类为 *Radix*，*Valvata*，*Gyraulus*。轮藻为 *Obtusochara*，*Tectochara*，年代面貌为上新世。可与川西地区的昌台组对比。

二、藏滇地层大区

牛堡组、丁青湖组

两组为上下整合关系，主要分布于丁青县以西、聂荣、伦不拉、班戈、改则和班公湖一带，总体呈东西向条带状分布，属大型断陷盆地沉积。

牛堡组为深水湖相沉积，化石较丰富，以孢粉、介形类及轮藻研究较详。孢粉可划分为两个组合①(王开发，1975)，主要分布在牛堡组的中部和上部。第一个孢粉组合称 *Quercoidites*-*Ulmipollenites* 组合。以大量 *Q.* sp 和 *U.* sp. 以及裸子花粉 *Ephedripites* 组成，其他分子还有被子类 *Salixpollenites*，*Chenopodipollis* 和少量 *Parvipojectus*，*Translucentipollis*，裸子类为 *Abietineaepollenites*，*Pinuspollenites*，*Cedripites* 和蕨类孢子 *Pterisisporites*，*Osmundacidites*，*Henrisporites* 等。上部孢粉组合称 *Ephedripites*-*Quercoidites* 组合，主要的特征分子与第一组合相似，但出现大量 *Meliacoidites*，*Rhoipites* 和 Taxodiaceae 花粉及部分 Polypodiaceae，*Schizaeoisporites*。年代面貌为始新世。

介形类也分两个组合，分别与上述两个孢粉组合共存，下部介形类为 *Cyprinotus*-*Limnocythere* 组合，以 *Cyprinotus* 最为繁盛为特征。第二个介形类组合为 *Cypris decaryi* 组合，以 *C. decaryi*，*Eucypris hunschinliangensis*，*E. endatus*，*Limnocythere hunschinliangensis*，*Candonaerbasini mandelstam* 等组成。年代为始新世。由于含化石层位之下尚有 700 m 左右的地层无化石产出，故把牛堡组视为古新世—始新世的沉积。

丁青湖组连续在牛堡组之上，岩性较牛堡组细，化石丰富，除孢粉、介形类之外，尚有腹足类和鱼类化石。

本组的孢粉特征，总体上是以 *Abietineaepollenites*，*Pinuspollenites*，*Piceaepollenites*，*Cedripites*，*Quercoidites*，*Ulmipollenites* 和伴生的 *Salixpollenites* 组成，但自下向上伴生组分上稍有变化；即本组的中下部产有较多的 *Rhoipites* 和 *Meliaceoidites* 和部分 Polypodiaecae，而中上部草本植物花粉大量出现，如 *Chenopodipollis*，*Compositae*，*Cruciferae*，*Plantago*，*Artemisia*，Convovulaceae，*Umbeifborae* 和 Gramineae，*Thalictrum* 等，甚至顶部尚出现水生植物花粉 *Typha*，*Nymphaea* 等。年代为渐新世。

介形类从下向上分为三个组合，即“*Cyprinotus formalis schneider*—*Pelocypris dingqinensis*”组合、“*Limnocythere argulata manodelstam*”组合和“*Eucypris longa mandelstam*”组合，除第一组为渐新世早期生物群外，第二、第三组合均为渐新世特征。故丁青湖组的年代为渐新世。

康托组

本组在区域上呈东西向断续延伸，广泛地展布于口上、龙木错、三岛湖、绒马及唐古拉山以南到丁青洛隆一带，属小型山间盆地沉积，与前期的沉积盆地无继承性关系。

康托组仅于个别地点采集有孢粉样品(缺分析成果)，时代面貌为晚第三纪。由于在区域上康托组不整合于丁青湖组之上，顶部又被石坪顶组不整合所覆，故其年代归属被认为是中新世—上新世中下部。

石坪顶组

石坪顶组为一套碱性粗面质中酸性火山熔岩及火山碎屑岩，主要分布于可可西里以西的布若错—多格错仁和南昆仑等羌北地区内。除布若错一带有大面积出露外，其他地区多呈星散状分布。层中化石稀少，仅于振泉湖一带属湖相沉积的夹层中获得丰富的介形类、双壳类和孢粉分析成果。介形类以 *Eucypris sars*，*Leucocythere typis* 为主，双壳类多为 *Corbicula* cf. *flumines*，*Sphaerium* cf. *corneum*，*S.* cf. *nitidum*，*Pisidium* sp. 等组成，孢粉成果中反映：

---

① 西藏自治区地质局第四地质大队，1974，藏北伦不拉盆地石油普查总结报告(资料)。

本组的孢粉组合中是以乔木花粉占绝对优势，约占组合的81.8%～95.1%，并以云杉、松属为主，雪松次之，仅含少量罗汉松及铁杉。但顶部层位的孢粉组合中，草本植物和灌木植物花粉含量大增，达组合含量的68.1%，其中以藜科植物为主，白刺蒺次之。乔木花粉已减少至31.5%，主要植被类型以栎、桦和松为主，雪松、云杉等已退居次要地位。化石成果倾向将石坪顶组的年代归于上新世，甚至包含早更新世的成分。

石坪顶组火山岩中同位素测年数据较多，其数值为10.6 Ma(K－Ar)，9.4 Ma(K－Ar)、4.27±0.14 Ma(K－Ar)，年龄数值多属中新世—上新世(张以茀等，1994)。

林子宗群(典中组、年波组、帕那组)

本群是组成冈底斯山脉最主要的岩系，代表与大洋俯冲作用相关的中酸性岛弧火山岩带，岩系展布长达1 500 km，宽度近百余公里，但目前以西部阿里地区最为发育，东部沃卡地区已被剥蚀，出露较零星。东部地区以陆相地层为主，已划分建立了典中组、年波组和帕那组三个地层单位，并在下部两个组中获得脊椎动物化石和介形类及腹足类化石。西部地区也以陆相为主，但夹有海相层，并获得海生双壳类和腹足类化石。

介形类和陆相腹足类产自年波组内，主要为 *Cypris hunanensis*，*Cyprinotus* sp.，*Homocucypris* sp.，*Cyprois* sp.，*Cyclocypris* sp. 等和 *Amnicola*，*Bythinia* sp.，*Mirolaminatus obliquus*，*M. lameobatus* 等，年代为始新世。

脊椎动物化石产于下部典中组内(麻江)，主要为Pachycephalosauridae科的成员，其中有cf. *Homocephale calathocers*(秃顶龙)，年代为晚白垩世晚期。海相双壳类主要为 *Nuculana* (*Jupiteria*) sp.，Veneridae(?)，腹足类有 *Ausbrofusus*(*Zelendiella*) spp.，*Mathildia* cf. *costellata*，*Ampullinopsis* sp. 等。年代为古新世—始新世。

本群同位素测年数据较多，数值变化较大，大体可归为三组，第一组为86±1.6～88±2 Ma(Rb－Sr)、68.3 Ma(K－Ar)。年代为白垩纪晚期，数据虽少，但东部和西部均见之。第二组数据最多，多为62.8 Ma、60 Ma、53.5 Ma、52.6 Ma、51.54～50 Ma及49.9 Ma(除个别为Rb－Sr法和 Ar^{39}/Ar^{40} 法外，均为K－Ar法)，年代为古新世—始新世。第三组数据为44.4±0.8 Ma、42 Ma、39.5 Ma(均为K－Ar法)，年代为始新世中晚期。由于不整合在林子宗群之上的日贡拉组其年龄数据为31.4 Ma(K－Ar)属渐新世，故林子宗群的时代应以古新世—始新世为主，底部可能有部分地区跨入晚白垩世晚期。因而其底界为穿时的界线。

日贡拉组

本组为小型山间盆地沉积，分布于乌郁、青郁、昂孜错、隆格尔齐玛察、白达及鄂玛等地，拉萨以东未见分布。

日贡拉组含有少量植物和孢粉。孢粉组合为 *Polypodisporites*，*Monosulcoites*，*Polypodiaceaesporites*，*Ostryoipollenites*，*Inapertuspollenites*，*Quercoidites minor*，*Momipites coryloides*，*Ovoidites* 等。

在革吉鄂玛一带，本组的同位素年龄值为31.4 Ma(K－Ar)。故本组的年代为渐新世。

芒乡组

本组分布于冈底斯山脉的中西部，主要见于江章、捷嘎、乌郁、班戈达玉山等地，拉萨以东未见分布。

芒乡组为一套含煤碎屑岩和火山碎屑岩夹有油页岩的盆地沉积。含有丰富的植物及孢粉化石。底部层位的植物化石为 *Populus latior*，*Betula parautilis*，*Carpinus grandis*，*C. wulongensis*，*Ulmus hedimi*，*Salix* sp.，*Quercus wulongensis*，*Q. namlingensis*，*Tuermopsis prebarba-*

ta，*Rhadodendron sanzugawaese*，*Rh. namlingensis*，*Cyperacites* 等。是以高山栎类阔叶乔木占有优势的植物群(约 70%)，混有部分针叶和落叶植物，其中的一些分子与我国山东山旺中新世的生物分子相似。年代为中新世。

孢粉成果以下部层位为主，主要有 Polypodiaceae，*Adiatium*，*Pinus*，*Podocarpus*，*Cedrus*，*Quercus*，*Betula*，*Ostrya*，*Corylus*，*Tilia*，*Engelhardtia*，*Carya*，*Pterocarya*，*Castanea*，Ranuculaceae，Polygonaceae，Gramineae 等，也以栎属为主的植被群为特色，并夹有许多草本和单子叶植物组成。芒乡组同位素测年数据为 23.1±0.3 Ma 和 19 Ma(均为 K－Ar 法)，年代应为中新世。

乌郁组

乌郁组为山间盆地沉积，但展布范围比下伏日贡拉组广泛，东部见于申扎、波密、八宿等地，西部见于南木林、仲巴及措勤等地。

乌郁组大部分化石生物均采自上部层位，以植物化石和孢粉为主。其中孢粉为 *Piceaepollenites*，*Cedripites*，*Tsugaepollenites*，*Laricoidites*，*Abiespollenites*，*Ephedripites*，*Chenopodium*，*Typha*，Ranunculaceae，Polygonaceae 等，为针叶和草本植物组合，其中松科花粉占组合的 45%～55%，年代为上新世。

本组同位素测年数值为 10.3 Ma(K－Ar)，样品采自措勤附近乌郁组下部层位。数值有些偏大，一般均将乌郁组依其孢粉结果定为上新世。

秋乌组

本组仅分布于冈底斯山南麓的日喀则、昂仁、大竹卡、桑桑、仲巴到噶尔门士等地，呈狭窄的条带状分布。

秋乌组中上部岩性较细，产有丰富的植物化石，以 *Eucalyptus geinitzi*，*E. Oblongifolia*，*E. angusta*，*E. macrophyllus*，*Salix lesquireuxii*，*S.* cf. *sinensis* 为主，伴有 *Ficus* sp.，*Carcidiphyllum ellipticum*，*Phrynium tibeticum* 及部分草本植物 *Cyperacites* cf. *haydenii* 等组成。年代面貌为早第三纪早中期，由于不整合于秋乌组之下的花岗闪长岩的同位素测年数据为 64.6 Ma(K－Ar)，应为第三纪早期的产物，而位于秋乌组之上的大竹卡组，为渐新世-中新世的沉积。故秋乌组的年代应以始新世为主。是否含有古新世成分，目前未能肯定。

大竹卡组

本组分布状况与秋乌组相似，均见于冈底斯山南麓，但展布范围大于秋乌组。本组产有植物、轮藻、腹足类和双壳类化石，植物以 *Parmocarpon*，? *Rhododendron*，*Quercus*，*Colutea*，*Salix* 等属为主。轮藻主要为 *Ambllychara miranda*，*Krassavinella lagenalis*，*Gyrogona shannanensis* 和 *Rantieniella* 等，腹足类为 *Planorbis* cf. *rotundata*，? *Bithynia* sp.，*Planorbarius* sp.，*Gyraulus* sp.，? *Lymnanea* sp. 等，年代面貌为渐新世—中新世(李浩敏，1976)。

门士地区于本组上部层位中采有植物 *Populus balsamocles*，*P. latior*，*P. glandulifera*，*Allbizzia* spp.，*Lequminosites* sp. 等，其中 *P.* spp. 种群占 80%以上。年代应属中新世。

根据上述化石门类的年代面貌及大竹卡组与秋乌组的层位关系，其年代应为渐新世—中新世，为一跨世的地层单位。

秋乌组与大竹卡组均为冈底斯岛弧带南缘的磨拉石相沉积，前一组代表岛弧封闭前的弧前山麓堆积相沉积，后一组为岛弧封闭后随山脉隆起所形成的第二期磨拉石沉积，两套地层向西延伸与拉达克地区的“印度河磨拉石带”相连，大体上秋乌组相当德拉斯断裂南侧的“准原地型磨拉石”沉积，大竹卡组与断裂带北部的“原地型磨拉石”沉积相当(钱定宇，1985；

尹集祥，1988)。

木瓜河组

本组目前仅在上部钙泥质粉砂岩层中采有介形类，计有 *Cypridea* (*Guangdongia*) *speciosa*，*C.* (*Uluwellia*) sp.，*Porpocypris sphaeroidalis* 等，面貌具有白垩纪特征。目前暂依云南地层清理组的意见，将时代置于古新世。

南林组

本组仅见于梁河盆地地区内，属河湖相沉积，主要化石为植物，上下各粉砂岩及泥岩中均有见及。计有 *Calocedris*，*Ailanthus*，*Populus*，*Zelkova*，*Magnolia*，*Pithecolobium*，*Alnus*，*Smilax*，*Lithocarpus*，*Firmiana*，*Paliurus*，*Quercus*，*Dryophyllum* 等，年代面貌为中新世。

芒棒组

主要分布于腾冲、梁河和芒棒一带，属山间盆地沉积类型。岩性多由灰色砂砾岩互层夹细砂岩、粘土岩及劣质煤层，顶部有玄武岩发育。产有孢粉、植物和硅藻化石。

植物有 *Quercus* spp.，*Ulmus* spp.，*Zelkova* sp.，*Osmunda*，*Pinus* sp.，*Cinnamomum* spp.，*Myrica* sp.，*Populus* sp.，*Sorhus* sp.，*Cercis* sp.，*Coriaria* 等共 19 个属种组成，硅藻类组合为 *Melosira*，*Fragilaria*，*Eunotia*，*Cocconeis*，*Navicula*，*Pinnularia*，*Stauroneis* 和 *Cymbella*，*Gomphonenia* 等，年代面貌为上新世。

柳区组

本组主要分布于雅鲁藏布江断裂以南的萨噶、昂仁、白郎、鲁曲等地，是不整合于蛇绿岩之上的磨拉石相沉积。中上部含有丰富的植物化石。下部层位主要为腹足类和双壳类。植物化石主要有：*Ginkgoites layaminensis*，*Magnolia ingleifiedi*，*Annona prereticulata*，*Ficus protobenjamina*，*Milletta* sp.，*Melanourrhonea alaska*，*Eucalyptophyllum geinitzii*，*E.* spp.，*Sapindus* sp.，*Sabalites* sp.，*Litseaphyllum presanguinea*，*Juglandites sinuatus*，*Viburnum speciosum*，*Rhammus marginatus* 等共 30 余种属，仍以桉、榕、榆、栎等阔叶林植物群组成。与秋乌组相似(陶君容，1988)，年代为始新世，由于化石群之下 600 余米地层，未获可确定年代的化石，故暂把柳区组的时限定为古新世—始新世。

错江顶群

本群沉积于冈底斯岛弧带南缘的残留海盆边缘，属海相磨拉石沉积。具有下细上粗逆粒序沉积特征，已划分为达机翁组和日康巴组两个组级地层单位。

达机翁组仅见于仲巴错江顶、萨噶如角藏布和噶尔日康巴等地，是整合于日喀则群之上的一套碳酸盐岩及砂砾岩沉积，含有大量有孔虫化石及少量双壳类、腹足类化石。有孔虫为 *Lockhartia* sp.，*Ranikothalia thalica*，*R. nuttalli*，*R. sindensis*，*R. bermudezi*，*R. tibetica*，*Miliola* sp.，*Textularia* sp.，*Assilina levis*，*A. subspinosa*，*A. ranikoti*，*Discocyclina* sp.，*Miscellanea miscella* 等。双壳类有 *Sponodylus* sp.，*Septifor* sp. 等，年代面貌为古新世—始新世(万晓樵，1987)。

日康巴组

本组是连续在达机翁组之上的层位，属海相磨拉石相沉积。日康巴组所含化石门类较多，除有孔虫最为丰富外，尚有珊瑚、双壳类、海胆和鹦鹉螺类化石。有孔虫由大量 *Nummulites rotularius*，*N. oviculus*，*N. duimiensis*，*N. mamilla*，*N. parvulus*，*Assilina dandontica*，*A.* cf. *nuttalli*，*A.* cf. *orenensis*，*Orbitoltites* sp.，*Operculina* sp.，*Alevolina boscii*，*Al.* cf. *nuttalli*，*Al.* cf. *subtiles*，*Fasciolites himalayensis*，*F. ellipsoidalis*，*F. oviculus*，*F. subtilis*

等，年代面貌属始新世中晚期（万晓樵，1987）。

基堵拉组、宗浦组、遮普惹组

三个组为连续沉积的正常海相沉积，仅分布在定日、岗巴、亚东等地，其余各地已被剥蚀，不复存在。

基堵拉组主要为一套灰白-灰绿色石英砂岩，夹有砂质灰岩的沉积，含有介形类、有孔虫和藻类化石。1987 年万晓樵建立了有孔虫组合，称为 *Rotalia*－*Lockhartia* 组合，主要分子为 *R. duknani*，*R. hensoni*，*Smoutina cruysi*，Miliolidae 和 *Lockhartia* sp. 等。是古新世早期的生物群。介形类有 *Bairdia fabaeformis*，*B. plana*，*B. ventrirotunda*，*Uroleberis inflata*，*U. imparilis*，*Propontocypris arrosa* 等，均为广布古地中海区域内的早第三纪属种，因此基堵拉组应为古新世早期。

宗浦组是灰岩夹泥灰岩为特征的地层，含有丰富的有孔虫和介形类、双壳类、腹足类、藻类。有孔虫类已建立三个组合（万晓樵，1987）。

下部组合称 *Keramosphaera* 组合，以 *K.* spp. 为主，尚有 *Lockhartia hunti*，*Verneuilina* 等。伴生有大量藻类：*Dissocladella deserta*，*Fucoporella diplopora* 等。年代为古新世—始新世早期。

中部有孔虫组合称 *Actinosiphon* 组合，其中含有 *Miscellanea*，*Actinosiphon* 分子，但第一组合的 *K.* spp. 均已消失。伴生有丰富的腹足类：*Campanile*，*Rhinoclavis*，*Crommium*，*Cepatia* 等属种，年代面貌仍为古新世。

上部组合称 *Miscellanea*－*Daviesina* 组合，伴生的双壳类为 *Spondylus rouaulti*，腹足类为 *Architectonica aredenburgi* 等，年代仍属古新世，故宗浦组的生物年代主要为古新世中晚期。

遮普惹组以灰岩夹页岩及生物灰岩组成，生物化石丰富，以有孔虫类为主，已建立三个组合，自下而上称为①*Orbitolites*－*Fasciolites* 组合，②*Assilina*－*Nummulites* 组合，③*Globorotalia*－*Globigerina* 组合，其中第一组合的年代为始新世早期，第二组合年代为始新世中期，第三组合为始新世中期到晚始新世早期，因而遮普惹组的年代应为始新世或始新世早、中期—晚始新世早期。

札达群

札达群主要分布于喜马拉雅山脉北麓的札达、普兰一带，另在吉隆、定日朋曲上游、亚汝雄拉、达涕等地也有零星分布，多为湖相及河湖相沉积，包括托林组和香孜组两部分。

托林组以砾岩、砂岩及粘土层组成，含有介形类、腹足类及哺乳类化石。介形类为 *Qinghaicypris suboentanota*，*Q. medialis*，*Ilyocypris* sp.，*Leucocythere mirabilis*，*Leucocytherella sinensis* 等。脊椎动物化石是以 *Hipparion quizhongensis*－*Paraeotrogus microden* 为主的吉隆三趾马—小古长颈鹿动物群组成（黄万波等，1979），共包含有十余种哺乳类化石，孢粉化石主要为 *Loropetalum*，*Quercus*，*Cedrus*，*Palmae*，*Picea*，*Abies*，*Tsuga* 等（曹流，1982），以草本和灌木花粉占较大比重为特点，时代面貌为上新世中晚期。

香孜组主要为连续沉积于托林组之上的砂砾岩互层的地层，化石资料较少。主要为介形类及部分孢粉，介形类 *Eucypris* sp.，*Limnocytherella kunlunensis*，*L. bispinos*，*Leucocythere dorsotuberosa*，*Prionocypris lutaris*，*Candona candida*，*Cyclocypris serena*，*Ilyocypris bradyi* 等。另据磁性地层资料，香孜组为 3.4～1.9 Ma 的高斯—松山期的沉积，故将其定为第四纪早期（朱志文等，1981）。

三、印度地层大区

西瓦里克群

本群分布范围较窄，其主体位于国境之外，本区研究程度较低，按对比关系将其年代置于晚第三纪-第四纪早期。

第三节　主要地质问题讨论

中国西南地区的第三系，包含有六种类型的沉积建造，除早期藏南地区有浅海相碳酸盐岩建造沉积外，主要有深水湖相含油有机岩建造、浅水湖相蒸发岩建造、山麓堆积相磨拉石建造、湖沼相含煤碎屑岩建造和火山岩火山碎屑岩建造等，而且各类沉积建造的发育过程和建造的岩石类型在空间的延展上，均受到区域性构造因素的制约，虽然“新特提斯”构造带在新生代早中期已拼合在亚洲大陆内，并进入板内陆相盆地发展阶段，但由于印度板块在碰撞后的持续作用，仍直接影响着整个西南地区的构造格架的变化，因此本区的新生代沉积，其构造因素成因类型的特征十分明显，可以认为是本区第三纪地层沉积的一大特色。如果能够认识和掌握本区的区域构造演化特点，无疑会对本区第三纪地层的划分对比以及恢复地层格架工作有较大的益处。本节将讨论的问题就是第三纪构造演化的阶段特征及对各类盆地的控制作用。

“新特提斯”大洋经历了中生代时期的发展演化，延续到新生代初期，已进入威尔逊旋回的尾声，随着印度板块的向北汇聚，洋盆逐步消敛，海洋范围日益缩小，因此新生代初期的浅海相碳酸盐岩-碎屑岩建造(基堵拉组 -遮普惹组)，滨海碎屑岩-陆缘磨拉石建造(错江顶群、柳区组)及与大洋俯冲作用相关的岛弧型钙碱性火山岩建造(林子宗群)等，均发育在喜马拉雅地层区和冈底斯构造带内。在远离这一构造作用区的大陆内部，广泛地发育着规模较大的陆相盆地，这类盆地多沿早期的构造带分布，沉降幅度较大，在延伸上多为条带状，具有断陷盆地性质，但与前期沉积无继承性关系。它们多由陆相红色碎屑岩建造组成，在部分深水湖相沉积中夹有部分有机岩类，浅水湖相中普遍见有膏盐等蒸发岩类沉积，如怒江上游的牛堡组、丁青湖组，兰坪、思茅地区的勐野井组、等黑组以及唐古拉山、可可西里山之间的沱沱河组和昌都地区的贡觉组等。其间存在着较好的对比关系，但是由于这一时期的沉积盆地，多属非补偿性盆地，多数盆地的边缘相沉积由粗屑碎屑岩组成，盆地中部多出现淡水灰岩及有机岩类的沉积。由于岩性变化比较复杂，故地层单位的划分对比认识尚不统一。

离洋壳消敛带更远的北部地区，新生代早期阶段的沉积，多由规模较小、数量较多的断陷盆地沉积组成，其盆地形状多为狭窄的条带状，并沿着几条主要左行走滑断裂带断续分布，沉积物以粗屑碎屑岩为主组成(热鲁组)。

但这一阶段的沉积盆地，最终于始新世中晚期随着印度大陆与亚洲大陆的碰撞均结束了盆地的沉积历史，部分盆地结束沉积的时间稍有滞后。

始新世晚期，虽然大洋已消失，全区已进入板内构造演化阶段，但印度板块并未终止其继续向北俯冲和下插的构造作用，据古地磁数值测算，从始新世后期到中新世早期，印度板块向北的俯冲下插速率，仍保持在 4～5 cm/a，说明此时的板块俯冲作用已由洋壳俯冲(B 型俯冲)转变为陆壳俯冲(A 型俯冲)，由于陆壳岩石密度低于地幔岩石圈的密度，俯冲的陆壳难以插入地幔，在巨大的应力作用下，除使上盘陆壳褶皱、缩短和增厚之外，最重要的是导致俯冲盘前缘产生深层次陆壳的拆离滑脱，即伸展构造作用，结果将俯冲盘前缘的陆壳和沉积层全部反冲到俯冲盘之上。形成一巨大的“陆壳叠加楔”(Crust stacking wedge)，整个喜马拉雅地层区就相当这一陆壳叠加楔的全部范围，驰名的喜马拉雅山脉也是在大陆仰冲阶段形成的，并非是印度板块直接碰撞的结果。

大陆仰冲作用直接影响着西南地区新生代的沉积，喜马拉雅地层区内，由于是仰冲岩片的叠加隆起区，故区内普遍缺失这一时期的沉积。冈底斯地区因前缘带大量岩片的挤出反冲，导致了部分地区的引张活动，因此在以磨拉石建造沉积为主的层系中，出现大量中酸性火山岩溢流(日贡拉组、芒乡组及大竹卡组)，冈底斯带的构造引张作用同样也影响着北部大陆内部，并导致北部许多断裂带的重新活动和左行走滑断裂的大量形成，一方面迫使第三纪早期的大型盆地(非补偿型)终止发展，同时又在原盆地基础上重叠发育了一系列非继承性的山间盆地(补偿型沉积)，广泛地接受了以磨拉石堆积相为主的粗碎屑岩沉积，如改则一带的康托组、云南思茅地区的勐腊组、中甸南部的宝相寺组、金丝厂组等。在断裂活动较强烈的地段也伴随有火山岩的喷溢，如昌都地区的拉屋拉组是由砾岩含煤碎屑岩夹大量碱性粗面岩组成，中甸以南的剑川组也是由大量粗面岩、安山岩夹沉积岩组(两组均位于同一剪切走滑断裂带上)，改则地区的康托组底部有厚达千余米的玄武岩，青海唐古拉西部的查保马组由基性火山岩夹部分碎屑岩组成。仅横向展布上较局限。同时尚有该期的岩浆岩和次火山岩的侵入活动。

直到该地史阶段的晚期，盆地的活动性才转向稳定，而且盆地的规模变小，沉积补偿作用也趋向不足，故多以河湖相细碎屑岩夹煤层的沉积物组成，如云南滇西地区的三号沟组、剑川地区的双河组、腾冲地区的南林组等。只有双湖地区的唢呐湖组为红色含膏盐的盐湖相碎屑岩沉积。

第三纪晚期时，印度板块的北移挤压作用仍然较强，但构造变动作用主要转移到喜马拉雅山脉的南麓大陆仰冲楔的主边界构造带(MBT)上，直接影响的地区为喜马拉雅地层区，除喜山南麓较早发育的磨拉石沉积(西瓦里克群)持续发育外，北麓的磨拉石沉积(札达群)，均形成于上新世晚期以后，而且多为小型分散的湖相沉积(托林组)，只在晚期才为典型的磨拉石沉积(香孜组)。

冈底斯构造带和其以北的大陆区内，这一阶段主要受印度板块挤压的影响，造成陆壳缩短、增厚和地形的强烈上升，因而第三纪晚期的沉积主要是以左行走滑断裂控制的大量小型山间盆地沉积组成，如青海地区的昌果组，川西地区的昌台组，云南滇西的三营组等，部分引张、拆离作用强烈的地区有高原拉斑玄武岩出现，如改则以北的石坪顶组和腾冲一带的芒棒组等。

总瞰西南地区第三纪的地质演化历程，均与印度板块向北俯冲、挤压和导致的拆离走滑、逆冲的构造作用息息相关，大体上可将其分成三个与沉积作用相对应的构造演化阶段；

(1)洋壳俯冲阶段：时间为 E_1—E_2^2；

(2)陆壳仰冲阶段：时间为 E_2^3—N_2^1；

(3)青藏高原隆起阶段：时间为 N_2^2—Q。

目前，印度板块向北漂移作用仍未终止，强劲的构造挤压、陆壳下插和岩片叠加，已使该区的地壳厚度达到 50 km 以上，最厚可达 72 km，由于巨厚的陆壳受重力均衡作用的驱使，产生层状拆离的伸展构造系和强劲活动的左行走滑断裂，正在改变青藏高原的面貌及影响其周围地区，最突出的例子是灾害性地质事件发生的频率日益增大。因此加强对西南地区的新生代地层和构造演化特征的研究是十分迫切的。

第九章

结 束 语

在中国南方百余年来的地质研究历史上，主要工作集中在中国南方东部。对于中国南方西部的地质研究，显然只是近二三十年才投入较多工作。作为中国西南区的地层，尤其是岩石地层单位的划分和研究，本报告尚属首次。

《中国西南区区域地层》研究的任务，是在四川、云南、青海、西藏四省(自治区)地层清理成果的基础上，参阅大量文献资料，进行综合、归纳和提高。以求在更大时空范围内探讨各个地质历史时期内接受沉积的盆地对岩石地层的控制和配置关系，它不再是地层清理工作的重复，而是区域地层规律性的研究。按此衡量，我们认为《中国西南区区域地层》的重要进展有·

一、关于大陆造山带岩石地层研究工作的进展

研究区处于特提斯-喜马拉雅构造域大陆造山带范畴内。毫无疑问，造山带的主体应代表新生代以来印度陆块与欧亚陆块碰撞的结果，但实际上本区是一个大陆复合造山带(俞如龙等，1989)。晚古生代以来，上述两个大陆之间经过多次“裂”“合”(其间也包含B型俯冲)事件的“复合”(郝子文、俞如龙，1983)。这样复杂的造山带背景，长期困扰地质工作者，包括地层工作者。近年来逐渐有人认识到传统地层学方法研究大陆造山带地层的局限性，提出在造山带应区分史密斯型、有限史密斯型及非史密斯型的地层类型(冯庆来，1993)，这是对造山带地层工作的一个很好建议。显然，这种研究方法必然是多学科的和长期的。

根据上述思路，如何在较短时间内进行和完成本区造山带岩石地层划分和地层单位建立还有许多细致的工作要做。我们在实践中，对造山带岩石地层这个客观物质实体要判别和区分它们的原始沉积(堆积)部位和复合造山后的“就位”部位，在此基础上划分建造组合类型。恢复地层序列关系和建立岩石地层单位。具体说，造山带岩石地层的原始沉积和造山作用后的就位表现有“槽”(大型海槽以复理石沉积建造为代表)、“隆”(海底相对大型正性隆起，以稳定内源碎屑，生物、化学沉积为代表)、“缝”(即接合带，以蛇绿混杂堆积为代表)、“带”(火山岛弧带和古裂谷带)、“片”(构造岩片，外来体式异地就位体)、“块”(稳定的中间小陆块)、“盆”(主要指陆内凹陷)。这种简略的归纳，尽管从大地构造学和沉积学上看都不够严谨、全面，但在这种条件下，作为大陆造山带一种客观现象的归纳，毕竟不失为可行的入手方法。举一个极为普遍的例子。过去半个世纪以来，造山带内的地层剖面，多数建立在上述活动带中的“块”内，岩相稳定，生物发育，并以此代替了上述活动带中的复杂沉积，往往

用相变来解释，这是传统地层学在造山带犯错误的典型例子。

二、前寒武纪地层研究取得了突破性进展

前寒武纪地层是中国西南区大陆造山带的重要组成部分。由于该“复合碰撞造山带”复杂的变形、变位和变质历史，半个世纪以来，相继提出了一批反映受历史背景局限的地层单位名称如：“时代不明变质杂岩”、“前寒武系”、“前志留系”、“变质核杂岩”、“前二叠系”、“××变质岩系”等等不确定的地层单位名称。本次研究根据第三章所阐述的思路，在综合大量实测剖面基础上，对“杂岩体”为代表的地层体进行了解体，找出建造组合的规律性，从岩石组合特征、层序标志特征、配合测年资料，得出了西南区前寒武纪地层在岩石地层纵向演化上四分，横向展布上二分的总轮廓、总规律性认识。

纵向上自下而上由片麻岩建造组合—云英片岩、石英岩建造组合—绿片岩建造组合—杂砾岩建造组合。前二者称下部组合，后二者称上部组合。前者的时限为早—中元古代，后者的时限为青白口“纪”—震旦纪早世。同时对它们进行了岩石地层和年代地层的区域对比(表3-1)。得出了以下重要认识。

(1)雅鲁藏布江大拐弯以南迄今未发现上部两套建造组合。该接合带虽然是新生代以来两个超级大陆的碰撞接合带，但根据青白口“纪”绿片岩组合和早震旦世杂砾岩组合只出现在该带以北的事实，说明这条界线两侧在晚元古代时应分属于两个不同的克拉通。再考虑该上部组合普遍见于秦岭及其以南地区，我们有理由提出，晚元古代时期，曾有一个泛扬子大陆，或可称其为古华南大陆。

(2)震旦纪早世杂砾岩建造组合是中国南方震旦纪陆内火山活动、冰成事件和生物演化大转折综合事件的组成部分。本书认为“杂砾岩组合的出现是伴随“澄江运动”的产物；而冰成事件总体上是澄江期后的产物。它们共同构成中国南方地台形成前的过渡环境。二者为上、下关系，既不可分割，也不可混淆，二者的发育具有不均衡性，时空上的迁移性、先遣和滞后性以及区上的跳跃性，因此，提出首先要搞清沉积物的性质，划分建造类型，在同性质、同类型之间进行对比。据此提出了中国南方震旦纪地层划分、对比的新思路。

三、对早古生代地层分区特征有了新的认识

区内早古生代地层出露虽少，但分区特征仍十分明显。

(1)藏滇地层大区均为稳定性沉积，与喜马拉雅地层区地台型沉积有较好的对比关系，反映了冈瓦纳大陆解体时间应在早古生代以后。生物区系均为华北型与江南型混合群落组成，因而提供了与华南地层大区生物对比的途径。

(2)华南地层大区早期寒武纪地层多由稳定性沉积组成，生物类型均属华北型，与邻近扬子地台的地层特征十分相似，对比性极强。但奥陶纪以后与扬子区的岩性差异逐渐加大，次稳定性—活动性沉积渐趋发育，反映了澜沧江以北和以东的地区开始解体，很可能是从泛扬子大陆解体出来。而澜沧江以南的藏滇地层大区如前所述是稳定性台型沉积，直到晚古生代才出现冈瓦纳大陆的解体。

四、对上古生界地层的认识有所深化

泥盆纪、石炭纪、二叠纪地层是中国西南区最具特色的地层。本书从地层多重划分、对比出发，进行了地层特征的研究，将其划分为稳定型(碳酸盐建造型)、次稳定型(砂-泥质＋碳酸盐混合型建造)、活动型(砂-泥质＋火山岩建造)。接受稳定型沉积场所称台盆，接受活动型沉积的场所叫槽盆，后者从点到线到面表现为巨大的裂谷系。与稳定型沉积配套，二者表现出槽盆与台盆相间沉积的构造格局。根据其中古生物生态特征，进行了相型的划分，即冷温型（冈瓦纳相型）、温暖型（特提斯相型）、冷-暖交替型(过渡相型)。据此，将其置于时、空格架考察，得出了晚古生代，尤其是中—晚石炭世至早二叠世，表现出“下冷上热，南冷北热”的规律性演化特征。同时对活动型建造“三位一体”洋壳沉积物的研究，得出了古特提斯大洋主要发育于金沙江-腾条河带的结论，集中在石炭纪—早二叠世这一段时限内，云南的老王寨群是典型代表。

五、基本查清了三叠纪地层的沉积格局

中国西南区三叠纪地层是全球分布最广、相对最集中的地区。它构成特提斯-喜马拉雅构造域的地层主体，分布面积近 500 000 km^2，累计厚度超过 10 km，这样巨大的物质来自何处，留下许多地质上不解之谜。其中，关于岩石地层类型和对比，盆地格局也是突出的问题。本次研究，基本弄清了这些问题：

(1)在巴颜喀拉地层区，形成秦岭—昆仑以南最著名的“黑三角区”，它以三叠系复理石建造的黑色砂板岩为主，以往只知道它的西侧有一套活动带岛弧建造，本次研究，将岛弧带进一步分为东、中、西三带，分别建立了中带岛弧火山建造及弧前、弧后的西、东两套岩石地层系统，并得出了盆地自西向东迁移的结论。

(2)羌北-昌都-思茅地层区总体沉积格局可归纳为“两堑夹一垒”。自东而西，由金沙江带到澜沧江带可以分出六种沉积类型。火山岩活动主要在三叠纪中世，也就是说同是华南地层大区的羌北-昌都-思茅地层区其构造活动要比巴颜喀拉地区晚三叠世火山活动早约 27 Ma。据此，较合理地解决了本区火山岩地层的对比问题。

(3)澜沧江以南、以西的藏滇地层大区包括羌南-保山地层区，冈底斯-腾冲地层区和喜马拉雅地层区在内的广大范围内，除少数层位夹一些火山岩外，基本上代表了中国西南区三叠纪地层的稳定相沉积区，是研究中国西南区海相三叠纪理想的地区。

六、理清了侏罗—白垩纪地层格架概况

侏罗纪时，巴颜喀拉地层区已属亚洲大陆的一部分，只有少数山间盆地发育含煤碎屑岩夹火山岩建造和稍晚的河湖相含煤碎屑岩沉积。特提斯大洋向南退却，被拉萨-申扎陆块和冈底斯岛弧分割成南、北两个洋盆。

北部洋盆实际为一“红海型”裂谷盆地，发育有早、中侏罗世的深水放射虫碎屑岩夹火山岩复理石建造。早期活动性较强，以后逐步减弱，其北为半深水陆坡带沉积。在唐古拉山口以北为十分宽广的浅海陆架区，由稳定性浅海相-海陆交互相碳酸盐岩、红色碎屑岩交替出

现组成。再北为陆相红色建造分布区，属断陷盆地成因。以上各类型岩石和相区之间均为渐变关系，整体上勾划了从陆相—海陆交互相—浅海相—半深水相—深水火山复理石相的有序分布特征。

南部洋盆在喜马拉雅地区也存在一个有序分布区，但变化方向相反，自西南而东北，依次为滨海—浅海稳定性碎屑岩、碳酸盐岩建造到陆坡带碎屑岩、深水放射虫硅质岩、火山复理石建造。

冈底斯岛弧区因其特殊的构造部位沉积了特殊的弧前火山岩和弧后碎屑岩及复理石。

白垩纪时期，中特提斯洋已经消亡，怒江带以北均为陆相红色碎屑岩分布。海相层仅出现在新特提斯大洋北缘的岛弧区和南缘的印度大陆北部。

七、存在问题及建议

《中国西南区区域地层》是在《国际地层指南》关于地层多重划分、对比理论、概念指导下进行编著的。将这一理论应用于大陆复杂的造山带是一种尝试。实践证明，它在解决西南区活动带地层的对比，对前寒武纪地层的解体、对陆内盆地的划分、地层格架认识上有着传统地层学不可取代的优势。任何不带偏见的读者，都会从本专著关于前寒武纪、石炭纪—三叠纪、侏罗纪—白垩纪等断代地层叙述中看到解决长期难点的新思路和新见解，但是同时我们也深感有以下不足之处：

(1)在近 2 000 000 km^2 范围内，占 50%以上的地区只有 1∶100 万比例尺资料，本次清理对造山带沉积盆地的划分、时空格架的研究深感资料不足，这是短时间内难以弥补的。

(2)本专著的编写虽然以各省(自治区)地层清理资料为基础，但由于在更大时空范围内使用这些资料就有一个鉴别、取舍甚至创新的问题，不可能在专著中一一详尽解释和说明，这对读者的理解和使用会带来不便。

(3)造山带的原始沉积盆地受到破坏甚至多期、多次受其三态(位态、形态、物态)改造和破坏。岩石地层单位的建立和对比，岩石地层格架如何建立等不只是一个工作方法问题，涉及到造山带地层工作理论的进一步发展和完善，希望能引起国际地层委员会和中国地层委员会的注意，应采用多学科的合作计划来解决这些问题。以求丰富和完善造山带地层划分、对比研究中的理论和实践问题。

(4)“三位一体”的蛇绿岩套是全球板块构造理论的重要组成部分。特提斯构造域的东、中亚部分尤为各国学者所重视(Célal Sengôr，1979；Tapponnier，1981)，它也是造山带地层物质的客观存在。由于它多数呈不完整的残片以无序状态产出，构造学家对它的重视远远超过了地层学家，本书将其分类为“构造地层单位”罗列于本书附表内。共划出了五个蛇绿岩群，它们是雅鲁藏布江蛇绿岩群、丁青蛇绿岩群、阿尼玛卿蛇绿岩群、理塘蛇绿岩群、金沙江蛇绿岩群。这些蛇绿岩群，规模巨大，延长数百乃至上千公里可以毫不夸张地说，在研究造山带的地层时，如果可忽略这些巨大的蛇绿岩带，将无从认识造山带地层的原始沉积盆地类型、环境、格架和演化历史。但由于在数百乃至上千公里的范围内，只有个别剖面或点上的研究资料，目前很难对上述五个构造地层单位的层型进行全面的定义和阐述。本次研究只是提出问题，也即暂时作为一个非正式地层单位提出，期望引起对造山带地层工作者的高度重视，留待今后的工作予以解决。

参 考 文 献

鲍佩声、王希斌，1984，藏北蛇绿岩套的堆积岩。喜马拉雅地质（Ⅱ）。北京：地质出版社。

鲍佩声等，1985，西藏大竹区蛇绿岩中的钠长花岗岩。岩石矿物及测试，4（1）。

鲍佩声、王希斌，1986，从雅鲁藏布蛇绿岩中的两套火山岩探讨中生代特提斯洋壳的演化。中国科学，B辑（5）。北京：科学出版社。

巴苏雷 J P 等，1984，雅鲁藏布带的沉积层系。中法喜马拉雅考察成果（1980）。北京：地质出版社。

曹流，1982，西藏普兰涕松上新世孢粉植物群。古生物学报，21（4）。

陈克强、汤加富，1995，构造地层单位研究。武汉：中国地质大学出版社。

陈炳蔚，1981，西藏八宿来姑中上石炭统似冰碛岩的发现及其意义。地质论评，28（2）。

陈炳蔚，1983，昌都地区怒江、澜沧江、金沙江流域地槽发展的若干问题。见：地质矿产部青藏高原地质文集编委会，青藏高原地质文集（12）。北京：地质出版社。

陈炳蔚、艾长兴，1983，试论横断山区地槽印支旋回的构造特征。中国地质科学院院报，第7号。北京：地质出版社。

陈智樑，1985，扬子地块西部边缘二叠纪碳酸盐重力流沉积。岩相古地理文集（1）。北京：地质出版社。

陈晔等，1985，四川新龙晚三叠世植物。植物研究，5（2）。

从柏林等，1993，中国滇西地区古特提斯演化的岩石学记录。IGCP 第 321 项北京学术研讨会论文集。北京：地震出版社。

程裕淇主编，1994，中国区域地质概论。北京：地质出版社。

地质矿产部成都地质矿产研究所主编，1991，中国西部特提斯构造演化及成矿作用。成都：电子科技大学出版社。

段淑英等，1977，西藏拉萨早白垩世的植物化石。植物学报，19（2）。

范影年，1985，中国西藏石炭-二叠纪皱纹珊瑚的地理区系。见：地质矿产部青藏高原地质文集编委会，青藏高原地质文集（16）。北京：地质出版社。

范影年，1988，西藏石炭系。重庆：重庆出版社。

耿国仓等，1982，西藏的第三纪植物的研究。西藏古生物（五）。北京：科学出版社。

郭铁鹰、梁定益等，1991，西藏阿里地质。武汉：中国地质大学出版社。

苟金，1993，唐古拉山地区第三纪地层的划分及命名。中国区域地质，（4）。

苟宗海等，1983，西藏聂拉木地区侏罗纪双壳类动物的初步认识。见：地质矿产部青藏高原地质文集编委会，青藏高原地质文集（11）。北京：地质出版社。

苟宗海，1992a，西藏札达、噶尔地区二叠纪地层及其双壳类化石。西藏地质，1（总7）。

苟宗海，1992b，西藏噶大克地区中生代地层及双壳类化石组合。成都地质学院学报，19（2）。

高联达，1983，西藏聂拉木晚泥盆世孢子的发现及其地层意义。见：地质矿产部青藏高原地质文集编委会，青藏高原地质文集（8）。北京：地质出版社。

顾庆阁，1965，西藏定日海相三叠纪地层。地质论评，23（4）。

顾庆阁等，1980，拉萨附近晚安尼锡期 *Paraceratites trinodosus* 菊石群的发现及其意义。古生物学报，19（5）。

何书元等，1983，西藏东部早第三纪贡觉红层。见：地质矿产部青藏高原地质文集编委会，青藏高原地质文集（3）。北京：地质出版社。

何书成，1989，四川青川、平武地区震旦纪冰成岩。四川地质学报，9（3）。

何元良，1989，青海省侏罗纪含煤地层的划分与主要聚煤层位。青海地质（1）。

郝诒纯等，1985，西藏定日的海相白垩、第三系。见：地质矿产部青藏高原地质文集编委会，青藏高原地质文集（17）。北京：地质出版社。

郝子文等，1983，论昆仑—巴颜喀拉海及其与特提斯洋演化关系。见：地质矿产部青藏高原地质文集编委会，青藏高原地质文集（12）。北京：地质出版社。

韩湘涛等，1983，藏北班戈一带海相白垩系的划分。见：地质矿产部青藏高原地质文集编委会，青藏高原地质文集（3）。北京：地质出版社。

韩同林，1983，试论“沙丁板岩系”。见：地质矿产部青藏高原地质文集编委会，青藏高原地质文集（3）。北京：地质出版社。

韩同林，1983，西藏东北部的古生界及层序讨论。见：地质矿产部青藏高原地质文集编委会，青藏高原地质文集（2）。北京：地质出版社。

侯立玮等，1991，川西藏东地区三叠系沉积-构造演化。北京：地质出版社。

侯鸿飞等，1988，四川龙门山地区泥盆纪地层古生物及沉积相。北京：地质出版社。

赫德伯格 H D，1976，国际地层指南。张守信译，1979。北京：科学出版社。

黄汲清等，1980，中国大地构造及其演化。北京：科学出版社。

黄汲清等，1987，中国及邻区特提斯海的演化。北京：地质出版社。

黄万波等，1979，西藏三趾马动物群的发现及高原隆起意义。科学通报，(19)。

黄枝高，1982，西藏申扎地区奥陶纪末期和志留纪早期的笔石组合及奥陶-志留系分界。见：地质矿产部青藏高原地质文集编委会，青藏高原地质文集(7)。北京：地质出版社。

姜春发等，1992，昆仑开合构造。地质专报(五)，第12号。北京：地质出版社。

贾宝江等，1990，西藏类乌齐-左贡带的东达村组及其地质意义。见：地质矿产部青藏高原地质文集编委会，青藏高原地质文集(20)。北京：地质出版社。

蒋忠惕，1983，羌塘地区侏罗纪地层的若干问题。见：地质矿产部青藏高原地质文集编委会，青藏高原地质文集(3)。北京：地质出版社。

蒋忠惕、徐正余，1983，西藏夏岗江等地华夏植物群的地质意义。中国地质，(2)。

金成伟，1982，西藏中、新生代火山岩及其地质意义。青藏高原地质论文专集(中国科学院地质所集刊)。

金成伟，西藏冈底斯地区的岩浆活动及岛弧演化地质研究成果选集。北京：文物出版社。

金玉玕等，1977，珠穆朗玛峰北坡二叠纪动物化石的新资料。地质科学，(3)。

李浩敏，1976，西藏南木林中新世植物群。古生物学报，15(1)。

李璞，1955，西藏东部地质的初步认识。科学通报，7月号。

李璞，1959，西藏东部地质矿产调查报告。北京：科学出版社。

李星学，1983，对藏南曲布组舌羊齿植物群三种新植物归属的质疑兼论曲布组时代问题。古生物学报，22(2)。

李星学等，1985，西藏改则县夏岗江二叠纪混合植物群的初步研究及其古生物地理区系意义。古生物学报，24(4)。

李才，1987，龙木错-双湖-澜沧江板块缝合带与石炭-二叠纪冈瓦纳北界。长春地质学院学报，17(2)。

李光岑，1982，唐古拉山温泉地区地质特征。见：地质矿产部青藏高原地质文集编委会，青藏高原地质文集(1)。北京：地质出版社。

李兴振等，1990，论三江地区冈瓦纳与欧亚大陆的分界。见：地质矿产部青藏高原地质文集编委会，青藏高原地质文集(20)。北京：地质出版社。

李佩娟，1982，西藏东部多尼组早白垩世植物化石的初步研究。藏东地层与古生物(二)。成都：四川人民出版社。

李佩娟等，1988，青海柴达木盆地东北缘早、中侏罗世地层及植物群。南京：南京大学出版社。

梁定益等，1983，西藏阿里喀喇昆仑南部的冈瓦纳-特提斯相石炭二叠系。地球科学，(1)(总19期)。

梁定益等，1991，试论震积岩及震积不整合——以川西、滇西地区为例。地球科学，5(2)。

梁定益等，1994，早二叠世冈瓦纳北缘构造古地理环境与杂砾岩成因剖析。特提斯地质，(18)。北京：地质出版社。

林敏基，1983，云南西部澜沧江沿举火山岩系地层层序及地质时代。见：地质矿产部青藏高原地质文集编委会，青藏高原地质文集(13)。北京：地质出版社。

刘宝珺等，1983，珠穆朗玛地区侏罗纪沉积环境。沉积学报，1(2)。

刘桂芳，1983，西藏江孜地区侏罗、白垩纪菊石群。见：地质矿产部青藏高原地质文集编委会，青藏高原地质文集(3)。北京：地质出版社。

刘国惠，1984，西藏的喜马拉雅变质带与高喜马拉雅隆起。喜马拉雅地质(Ⅱ)，北京：地质出版社。

刘世坤等，1988，拉萨地区上三叠统麦隆岗组的新认识。地层学杂志，12(4)。

刘宇平等，1994，喜马拉雅造山带南北向伸展构造变质岩的压力—温度($p-t$)轨迹证据。特提斯地质(18)。北京：地质出版社。

刘增乾，1983，从地质新资料试论冈瓦纳北界及青藏高原地区特提斯的演化。见：地质矿产部青藏高原地质文集编委会，青藏高原地质文集(12)。北京：地质出版社。

刘增乾等，1990，青藏高原大地构造与形成演化。地质专报(五)，第10号。北京：地质出版社。

刘成杰等，1988，西藏南部日喀则弧前盆地非复理石型海相上白垩统—下第三系。中国科学院地质研究所集刊，第3号。北京：科学出版社。

陆松年等，1983，中国晚前寒武系冰成岩初探。前寒武纪地质，第1号。北京：地质出版社。

罗建宁等，1991，“三江”地区主要沉积地质事件及其与邻区的对比。见：地质矿产部青藏高原地质文集编委会，青藏高原地质文集（21）。北京：地质出版社。
罗建宁等，1992，三江特提斯沉积地质与成矿。地质专报（三），第17号。北京：地质出版社。
罗瑟里（Rothery D A）等，崔作舟译，1987，西藏高原的新构造——喜马拉雅深部地壳与构造地质，北京：地质出版社。
毛裕年等，1990，西秦岭南亚带前寒武系。成都：四川科学技术出版社。
毛力等，1987，西藏林周麦隆岗组顶部的晚三叠世牙形石。中国地质科学院院报，第17号。北京：地质出版社。
茅燕石等，1985，西藏喜马拉雅前寒武系基底岩系的变质作用特征。见：地质矿产部青藏高原地质文集编委会，青藏高原地质文集（17）。北京：地质出版社。
孟祥化，1979，沉积建造及其共生矿物分析。北京：地质出版社。
莫宣学等，1993，三江特提斯火山作用与成矿。地质专报（三），第20号。北京：地质出版社。
潘桂棠等，1990，青藏高原新生代构造演化。地质专报（五），第9号。北京：地质出版社。
全国地层委员会编，1981，中国地层指南及中国地层指南说明书。北京：科学出版社。
钱定宇，1985，论秋乌煤系及拉达克-冈底斯陆缘山链磨拉石的时代。见：地质矿产部青藏高原地质文集编委会，青藏高原地质文集（16）。北京：地质出版社。
青海省地质科学研究所、中国科学院南京地质古生物研究所，1986，青海布尔汗布达山南坡石炭纪、三叠纪地层和古生物。合肥：安徽科学技术出版社。
青海省地质科学研究所、中国科学院南京地质古生物研究所，1990，青海玉树地区泥盆纪-三叠纪地层和古生物（上、下册）。南京：南京大学出版社。
青海省地质矿产局，1991，青海省区域地质志。地质专报（一），第24号。北京：地质出版社。
青海省地质矿产局，1997，青海省岩石地层。武汉：中国地质大学出版社。
饶靖国等，1985，藏南地区的泥盆系。见：地质矿产部青藏高原地质文集编委会，青藏高原地质文集（16）。北京：地质出版社。
饶靖国、张正贵、杨曾荣等，1988，西藏志留系、泥盆系及二叠系。成都：四川科学技术出版社。
饶荣标等，1983，西藏东部“沙丁板岩系”的新认识。见：地质矿产部青藏高原地质文集编委会，青藏高原地质文集（11）。北京：地质出版社。
饶荣标、朱占祥、黄盛碧，1985a，川西松潘地区拉丁阶的发现及其地质意义。见：地质矿产部青藏高原地质文集编委会，青藏高原地质文集（16）。北京：地质出版社。
饶荣标、朱占祥、黄盛碧，1985b，川西松潘地区中三叠世拉丁期的瓣鳃类和牙形石。见：地质矿产部青藏高原地质文集编委会，青藏高原地质文集（9）。北京：地质出版社。
饶荣标、陈永明、邹定邦、潘云唐，1985，西藏东部上三叠统波里拉组腹足类化石。中国地质科学院成都地质矿产研究所所刊，第6号。北京：地质出版社。
饶荣标、张正贵，1985，珠穆朗玛峰地区二叠-三叠纪过渡层动物群的发现兼论二叠-三叠系界线。西藏地质，（1），（总第1期）。
饶荣标，1987，川西“西康群”研究的新进展。地层学杂志，11（1）。
饶荣标、黄盛碧，1987，川西“西康群”下三叠统奥伦尼阶牙形石的发现及其意义。见：地质矿产部青藏高原地质文集编委会，青藏高原地质文集（18）。北京：地质出版社。
饶荣标、史清琴，1987，三江褶皱系主印支褶皱幕的再认识。中国区域地质，（3）。
饶荣标、徐济凡、陈永明、邹定邦，1987，青藏高原的三叠系。地质专报（二），第7号。北京：地质出版社。
饶荣标，1989，论特提斯-喜马拉雅构造域冈瓦纳古大陆的北界。四川地质学报，9（1）。
饶荣标，1990，三江褶皱系上三叠统的类型及对比。中国区域地质，（3）。
饶荣标、朱占祥、黎上品、李世林，1991，川西松潘地区中三叠统拉丁阶的再认识。地层学杂志，15（1）。
沈上越等，1994，金沙江带洋脊-准洋脊火山岩特征研究。特提斯地质，（18）。北京：地质出版社。
史晓颖，1987，西藏东部洛隆马里柳湾组的腕足动物群。见：地质矿产部青藏高原地质文集编委会，青藏高原地质文集（18）。北京：地质出版社。
四川区调队、中国科学院南京地质古生物研究所，1982，川西藏东地区地层与古生物（第一册）。成都：四川人民出版社。
四川省地质矿产局，1991，四川省区域地质志。地质专报（一），第23号。北京：地质出版社。
四川省地质矿产局，1997，四川省岩石地层。武汉：中国地质大学出版社。

斯行健等，1962，中国的中生代陆相地层，全国地层会议学术报告汇编。北京：科学出版社。
孙东立，1979，喀拉昆仑-唐古拉海相侏罗系的几个问题。地层学杂志，3（4）。
孙东立，1981，西藏中生代腕足动物群。西藏古生物（第三分册）。北京：科学出版社。
孙东立等，1981，拉萨地区晚二叠世地层的发现。地层学杂志，5（2）。
唐茂蛟，1989，川西义敦地区三叠系下、中统复理石与浊积扇。四川地质学报，9（4）。
陶君容，1988，西藏拉孜县柳区植物化石组合及古气候意义。中国科学院地质研究所集刊，第3号。北京：科学出版社。
田传荣，1982，西藏聂拉木土隆村三叠纪牙形刺。见：地质矿产部青藏高原地质文集编委会，青藏高原地质文集（7）。北京：地质出版社。
童金南，1987，西藏东部洛隆马里侏罗纪双壳动物群的分析。见：地质矿产部青藏高原地质文集编委会，青藏高原地质文集（18）。北京：地质出版社。
万晓樵，1985，西藏岗巴地区白垩纪地层及有孔虫动物群。见：地质矿产部青藏高原地质文集编委会，青藏高原地质文集（16）。北京：地质出版社。
万晓樵，1987a，西藏白垩纪浮游有孔虫化石带。见：地质矿产部青藏高原地质文集编委会，青藏高原地质文集（18）。北京：地质出版社。
万晓樵，1987b，西藏第三纪有孔虫生物地层及地理环境。现代地质，（1）。
卫管一等，1989，喜马拉雅地区前寒武系地质构造与变质作用。成都：成都科技大学出版社。
文世宣，1979，西藏北部地层新资料。地层学杂志，3（2）。
王大宇等，1986，青海、新疆部分地区晚白垩世及早第三纪孢粉植物群。中国地质科学院地质研究所所刊，第15号。北京：地质出版社。
王义昭，1983，滇西腾冲、保山地区石炭系含砾地层特征及其意义。见：地质矿产部青藏高原地质文集编委会，青藏高原地质文集（11）。北京：地质出版社。
王义刚，1976，西藏南部加不拉组问题讨论及隆子地区下侏罗统的发现。地质科学，（2）。
王义刚，1980，喜马拉雅地区（我国境内）地层研究的新认识。地层学杂志，4（1）。
王义刚，1987，珠穆朗玛地区侏罗系的重新划分。地层学杂志，11（4）。
王义刚、何国雄，1976，珠穆朗玛地区三叠纪菊石。珠穆朗玛峰地区科学考察报告（1966—1968），古生物，第3册。北京：科学出版社。
王乃文，1983a，中国侏罗纪特提斯地层学问题。见：地质矿产部青藏高原地质文集编委会，青藏高原地质文集（3）。北京：地质出版社。
王乃文，1983b，中国白垩纪特提斯地层学问题。见：地质矿产部青藏高原地质文集编委会，青藏高原地质文集（3）。北京：地质出版社。
王乃文，1983c，西藏拉萨地区的海陆交互相侏罗系与白垩系。地质学报，57（1）。
王乃文等，1983，西藏南部羊卓雍错区域地层研究。见：地质矿产部青藏高原地质文集编委会，青藏高原地质文集（3）。北京：地质出版社。
王乃文等，1984，拉萨北部的侏罗系与白垩系。中、法喜马拉雅考察成果（1980）。北京：地质出版社。
王乃文、巴苏雷 J P，1984，西藏拉萨北部地区的侏罗系与白垩系。中法喜马拉雅考察成果（1980）。北京：地质出版社。
王全海等，1988a，西藏札达县姜叶玛的二叠系。成都地质学院学报，15（2）。
王全海等，1988b，西藏札达县姜叶玛的三叠系。中国区域地质（1）。
王希斌等，1987，喜马拉雅岩石圈构造演化。地质专报（三），第8号。北京：地质出版社。
王成善等，1987，西藏北部查桑-茶布裂谷的发现及其地质意义。成都地质学院学报，14（2）。
魏启荣、沈上越，1995，哀牢山北段老王寨—浪泥塘一带蛇绿岩的形成环境。特提斯地质，（19）。北京：地质出版社。
吴浩若，1982，藏南宗卓组滑塌堆积相中的放射虫。古生物学报，21（1）。
吴浩若，1984，西藏南部白垩纪深海沉积层—冲堆组及其地质意义。地质科学，第1期。
吴浩若，1987，西藏南部江孜地区晚白垩世晚期及早第三纪（?）地层。地层学杂志，11（2）。
吴浩若，1988，西藏南部雅鲁藏布蛇绿岩带下鲁硅质岩中的侏罗、白垩纪放射虫化石。中国科学院地质研究所集刊，第3号，北京：科学出版社。
吴一民，1983，西藏的第三系。见：地质矿产部青藏高原地质文集编委会，青藏高原地质文集（3）。北京：地质出版社。
吴一民等，1986，西藏改则县夏岗江石炭、二叠纪冈瓦纳相地层。地层学杂志，10（2）。

吴瑞忠等，1986，藏北羌塘地区地层系统。见：地质矿产部青藏高原地质文集编委会，青藏高原地质文集（9）。北京：地质出版社。
吴瑞棠、张守信等，1989，现代地层学。武汉：中国地质大学出版社。
西藏地质矿产局，1993，西藏自治区区域地质志。地质专报（一），第31号。北京：地质出版社。
西藏地质矿产局，1997，西藏自治区岩石地层。武汉：中国地质大学出版社。
夏代祥，1983，藏北湖区申扎一带古生代地层。见：地质矿产部青藏高原地质文集编委会，青藏高原地质文集（2）。北京：地质出版社。
夏凤生等，1992，西藏色龙西山色龙群的时代及二叠、三叠系界线。地层学杂志，16（4）。
夏金宝等，1986，拉萨地区 Procyclolitidae 的一些石珊瑚。古生物学报，25（1）。
徐仁，1976，藏南舌羊齿植物群的发现及其在地质学和古地理学上的意义。地质科学，（4）。
徐钰林等，1989，西藏侏罗、白垩、第三纪生物地层。武汉：中国地质大学出版社。
许荣华等，1986，西藏聂拉木群主变质时代的讨论。岩石学报，2（13）。
肖荫文，1987，滇西首次发现克氏蛤（*Claraia*）。中国区域地质，（1）。
喜马拉雅地质文集编辑委员会，1984，喜马拉雅地质（Ⅰ），中法合作喜马拉雅地质考察成果（1981）。北京：地质出版社。
熊家镛等，1983，滇南臭水一带三叠系的划分与对比。见：地质矿产部青藏高原地质文集编委会，青藏高原地质文集（11）。北京：地质出版社。
杨遵仪等，1982，西藏阿里地区白垩纪固着蛤及其地质意义。地质学报，56（2）。
杨遵仪等，1983，南祁连山三叠系。北京：地质出版社。
杨遵仪等，1984，西藏及邻区的下冈瓦纳岩系及古地理古构造意义。国际交流地质学术文集（1）。北京：地质出版社。
杨遵仪等，1988，青海南部侏罗纪地层问题讨论。现代地质，2（3）。
尹集祥等，1973，滇西海相侏罗系。地质科学，（3）。
尹集祥等，1974，三叠系。珠穆朗玛峰地区科学考察报告（1966—1968）地质。北京：科学出版社。
尹集祥等，1976，珠穆朗玛峰北坡冈瓦纳相地层的发现。地质科学，（4）。
尹集祥等，1982，喜马拉雅中段前奥陶岩系的某些地层、地质特征。中国科学院地质研究所集刊，第3号。北京：科学出版社。
尹集祥等，1988a，西藏石炭系和下二叠统杂砾岩及其地层特征和成因讨论。中国科学院地质研究所集刊，第3号。北京：科学出版社。
尹集祥等，1988b，西藏南部日喀则弧前盆地复理石——日喀则群。中国科学院地质研究所集刊，第3号。北京：科学出版社。
尹集祥等，1988c，西藏南部日喀则地区双磨拉石带磨拉石岩系的地层学研究。中国科学院地质研究所集刊，第3号。北京：科学出版社。
殷鸿福等，1992，秦岭及邻区三叠系。武汉：中国地质大学出版社。
阴家润等，1988，唐古拉北坡雁石坪群巴柔期双壳类动物群。地质论评，34（5）。
阴家润等，1990，青海南部奇异蚌动物生态环境与时代探讨。古生物学报，29（3）。
雍永源等，1990，初论北澜沧江变质岩。见：地质矿产部青藏高原地质文集编委会，青藏高原地质文集（20）。北京：地质出版社。
余光明等，1984，西藏江孜地区白垩纪深海中的滑塌堆积和浊流沉积作用。见：地质矿产部青藏高原地质文集编委会，青藏高原地质文集（15）。北京：地质出版社。
余光明，1986，一种洋脊沉积物褐土岩（Umber）在藏北被发现。成都地质学院学报，（1）。
余光明等，1990，西藏特提斯沉积地质。地质专报（三），第12号。北京：地质出版社。
余汶，1987，西藏北部中、晚侏罗世海娥螺类。古生物学报，26（2）。
俞如龙、郝子文等，1983，论昆仑-巴颜喀拉海及其与特提斯洋演化关系。见：地质矿产部青藏高原地质文集编委会，青藏高原地质文集（12）。北京：地质出版社。
俞如龙、郝子文等，1989，川西高原中生代碰撞造山带的大地构造演化。四川地质学报，9（1）。
喻洪津等，1985，藏南晚二叠世和早三叠世的牙形石动物群及其地层意义。见：地质矿产部青藏高原地质文集编委会，青藏高原地质文集（16）。北京：地质出版社。
云南省地质矿产局第三地质大队，1989，滇西南地区早三叠世沉积的发现。地质论评，35（3）。

云南省地质矿产局，1990，云南省区域地质志。地质专报（一），第21号。北京：地质出版社。

云南省地质矿产局，1996，云南省岩石地层。武汉：中国地质大学出版社。

张守信，1992，理论地层学。北京：科学出版社。

张景华，1984，云南兰坪、维西一带晚三叠世诺利期双壳类新资料。地质论评，30（4）。

张正贵、饶荣标，1991，昌都-思茅地区石炭-二叠纪冷-凉生物群的发现及认识。见：地质矿产部青藏高原地质文集编委会，青藏高原地质文集（21）。北京：地质出版社。

张旗等，1981，西藏岩浆活动和变质作用。北京：科学出版社。

张旗，1993，中国古特提斯蛇绿岩在那里。IGCP 第321项北京学术研讨会论文集。北京：地震出版社。

张以茀等，1994，青海可可西里及邻区地质概论。北京：地震出版社。

张遴信等，1979，西藏昌都“妥坝煤系”的新认识。地层学杂志，3（3）。

张青松等，1981，西藏札达盆地的上新世地层。地层学杂志，5（3）。

章炳高，1979，西藏雅鲁藏布江以北海相第三系的发现。地层学杂志，3（1）。

章炳高，1982，西藏的圆笠虫（*Orbitolina*）动物群。西藏古生物（四）。北京：科学出版社。

章振根等，1987，西藏南迦巴瓦峰地区变质岩年代学研究。科学通报，（2）。

赵喜进，1978，西藏首次发现恐龙化石。地层古生物通讯，第九号。

郑锡澜等，1979，雅鲁藏布江下游地区地质构造特征。地质科学，（2）。

邹定邦、饶荣标等，1984，南巴颜喀拉山三叠系浊积岩。见：地质矿产部青藏高原地质文集编委会，青藏高原地质文集（15）。北京：地质出版社。

邹成敬，1985，川西、藏东三叠系基本特征及其构造成因模式。西藏地质，1985（1）（总第1期）。

朱占祥、廖远安等，1995，西藏雅鲁藏布江“开合”带蛇绿岩地层。西藏地质。1995（2）（总第14期）。

朱志文等，1981，西藏高原古地磁及大陆漂移。地球物理学报，（1）。

朱同兴等，1994，扬子台地西缘二叠纪深水碳酸盐沉积作用及其环境意义。特提斯地质（18）。北京：地质出版社。

中国科学院西藏科学考察队，1974，珠穆朗玛峰地区科学考察报告（1966—1968），地质。北京：科学出版社。

中国科学院青藏高原综合科学考察队，1984，西藏地层。北京：科学出版社。

中国地质科学院、法国科学研究中心，1984，中法喜马拉雅考察成果（1980）。北京：地质出版社。

中英青藏高原综合地质考察队，1990，青藏高原地质演化。北京：科学出版社。

中国地质科学院成都地质矿产研究所等，1992，怒江-澜沧江-金沙江区域地层。北京：地质出版社。

Cél l Seng r A M. 1979. Mid-Mesozoic closure of Permo-Triassic Tethys and its implications. Nature, vol. 279, p. 590—593.

Diener C. 1903. Permian fossils of the Central Himalayas. Palaeont. Indica. Ser. 15 vol. 1 part. 5.

Diener C. 1908. Ladinic, Carnic and Noric Faunae of Spiti, Himalaya Fossils. vol. V, pt. 3.

Gupta V J. 1975. Spiti—Kinnaur regions, Lndian Mesozoic Stratigraphy.

Hayden H H. 1907. The Geology of the province of Tsang and Uin central Tibet. Mem. Geol. Surv. India, vol. 36, part 2.

Heim A and Ganssen A. 1939. Central Himalaya Geological observation of the swiss expedition 1939, Mem. Soc. Heir. Sci. Nat. 73 (1).

Jain A K *et al.*. 1974. Stratigraphy and Structure of the Siang District, Arunachal (NEFA) Himalaya, Himalaya Geology, vol. 4, part 1.

Krafft A Von & Diener C. 1909. Lower Triassic Cephalopoda from Spiti, Malla. Johar. & Byans. Himalayan Fossils, vol. VI, pt. 3.

Norin E. 1946, Geological Exploration in western Tibet. The sino—swedish Expedition publication 29, vll. Geol. 7.

Sweet W C *et al.*. 1971. Conodont biostratigraphy of the Triassic, Geol. Soc. Amer. Men., 127, p. 441—465.

Tapponnier P *et al.*. 1981. Mesozoic ophiolites, sutures and large—scale tectonic movements in Afghanistan. Earth planet. Sci. Lett, vol. 52, No. 2, p. 355—371.

Wang Cheng—Yuan *et al.*. 1983. Conodonts from Tibet, N. jb. Geol. Palaont. Mh., (2): 69—79; Stuttgart.

附 录

附表 1　《西南区区域地层》采用的岩石地层单位一览表

附表 1-1

序号	岩石地层单位名称		代号	地质时代	创名人	创建时间	所在省(区)	备注
	英文	汉文						
1	Amuganri Gr	阿木岗日(岩)群	PtAg	Pt_{1-3}	吴瑞忠	1982	西藏	原名阿木岗群
2	Angjie Fm	昂杰组	CPa	C_3—P_1	夏代祥 (夏代祥)	1979 (1983)	西藏	
3	Angren Fm	昂仁组	$K_{1-2}a$	K_{1-2}	吴浩若等	1977	西藏	
4	Animaqing ophiolite Gr	阿尼玛卿蛇绿岩群	PTA	P—T	孙崇仁 (青海地矿局)	1993 (1996)	青海	
5	Aoqu Fm	鳌曲组	C_2aq	C_2	四川三区测队	1974	西藏	
6	Bagong Fm	巴贡组	T_3bg	T_3	李璞	1955	西藏	
7	Baidingpu Fm	白定浦组	P_1b	P_1	章炳高	1974	西藏	
8	Bailongbinghe Fm	白龙冰河组	J_3b	J_3	西藏区调队	1986	西藏	
9	Baliu Fm	坝溜组	P_1bl	P_1	云南地矿局	1990	云南	
10	Banggui Fm	邦归组	O_1b	O_1	四川三区测队	1977	四川	
11	Baoshan Fm	保山组	$\in_3 b$	$\in_3$	孙云铸	1939	云南	
12	Baoxiangsi Fm	宝相寺组	E_2b	E_2	云南一区测队三分队	1974	云南	
13	Bazhulu Fm	坝注路组	J_3b	J_3	云南一区测队	1973	云南	
14	Benzilan Fm	奔子栏组	Pb	P_1	云南省地层多重划分对比研究组	1993	云南	
15	Bendui Fm	本堆(岩)组	Ptbd	Pt_{1-2}	西藏自治区地矿局	1994	西藏	原名本堆群
16	Bingfeng Fm	冰峰组	P_1b	P_1	四川三区测队	1974	四川	
17	Bingma Fm	丙麻组	P_1bm	P_1	云南区测队 (云南区调队)	1960 (1980)	云南	
18	Bocigou Fm	菠茨沟组	Tb	T_1	四川二区测队 (四川三区测队)	1964 (1974)	四川	
19	Bolila Fm	波里拉组	T_3b	T_3	四川三区测队	1974	西藏	
20	Boqu Gr	波曲组	$D_{2+3}b$	D_{2+3}	王义刚等	1974	西藏	
21	Bulun Fm	布伦组	T_1b	T_1	云南区调队	1985	云南	
22	Buqu Fm	布曲组	J_2bq	J_2	白生海	1987	青海	
23	Caili Gr	才里群	$J_{1-2}Cl$	J_{1-2}	西藏区调队	1987	西藏	
24	Cameng Fm	擦蒙组	C_2c	C_2	梁定益等	1982	西藏	
25	Canduo Fm	蚕多组	Dc	D_1	云南区调队	1980	四川	
26	Cangna Fm	苍纳组	Dcn	D_2	四川三区测队	1977	四川	
27	Caoqu Gr	草曲群	PtCq	Pt_3	西藏区调队	1992	西藏	

注:创名人栏(　)内为介绍人,创建时间栏(　)内为介绍时间

序号	岩石地层单位名称		代号	地质时代	创名人	创建时间	所在省(区)	备注
	英文	汉文						
28	Chabaoma Fm	查保马组	$N_1\hat{c}$	N_1	青海省地质志	1988	青海	$EN\dot{c}$
29	Chaguoluoma Fm	查果罗玛组	$D_{2-3}\hat{c}$	D_{2-3}	夏代祥 (夏代祥)	1979 (1983)	西藏	
30	Chamagong Gr	查马贡群	$Z\in\dot{C}$	$Z-\in_{1-2}$	四川地层表编写组	1978	四川	
31	Changtai Fm	昌台组	$N\dot{c}$	N_2	四川三区测队 (四川三区测队)	1967 (1974)	四川	
32	Chaqiela Fm	察且拉组	$K_1\dot{c}$	K_1	王义刚等	1980	西藏	
33	Chaqupu Gr	查曲浦群	$T_{1-2}\hat{C}$	T_{1-2}	西藏综合队 (西藏综合队)	1975 (1979)	西藏	
34	Chaya Gr	察雅群	$J\hat{C}$	J	四川三区测队	1974	西藏	
35	Chidantan Fm	赤丹潭组	$P\dot{c}$	P_2	四川三区测队	1977	四川	
36	Chongdui Fm	冲堆组	$K\dot{c}d$	K_2	吴浩若	1984	西藏	
37	Choushui Fm	臭水组	$T_2\dot{c}$	T_2	云南区测队	1965	云南	
38	Chumulong Fm	楚木龙组	$K_1\dot{c}$	K_1	罗中舒	1973	西藏	
39	Congla Fm	丛拉组	T_2c	T_2	四川三区测队	1974	西藏	
40	Cuixin Fm	翠新(岩)组	$Ptcx$	Pt_2^2	西藏自治区地矿局	1994	西藏	
41	Cuiyibi Fm	崔依比组	T_2c	T_2	云南区调队	1985	云南	
42	Cuojiangding Gr	错江顶群	$E_{1-2}C$	E_{1-2}	西藏区调队	1983	西藏	
43	Cuojuri Fm	错居日组	Kc	K	冀六祥	1993	青海	
44	Daba Fm	大坝组	P_1db	P_1	云南区调队	1985	云南	
45	Dabalao Fm	达巴劳组	O_1db	O_1	西藏区调队	1987	西藏	
46	Dadongchang Fm	大东厂组	P_1dd	P_1	云南区调队	1985	云南	
47	Daerdong Fm	达尔东组	D_1d	D_1	夏代祥 (夏代祥)	1979 (1983)	西藏	
48	Dahebian Fm	大河边组	Od	O	黄盛碧	1994	四川	
49	Dajiweng Fm	达机翁组	$E_{1-2}dj$	E_{1-2}	西藏区调队	1987	西藏	
50	Dakuangshan Fm	大矿山组	O_1d	O_1	云南区测队 (云南地矿局)	1963 (1990)	云南	
51	Damingshan Fm	大名山组	P_1d	P_1	云南区调队	1984	云南	
52	Dangen Fm	党恩组	Td	T_{1-2}	四川三区测队 (雪冰)	1966 (1977)	四川	

序号	岩石地层单位名称		代号	地质时代	创名人	创建时间	所在省(区)	备注
	英文	汉文						
53	Dapingzhang Fm	大平掌组	T_3d	T_3	中科院南古所等	1975	云南	
54	Dashalong Fm	达沙隆组	$T_3d\check{s}$	T_3	王义刚等	1984	西藏	
55	Dashibao Fm	大石包组	Pd	P_2	地科院川西研究队	1969	四川	
56	Dashuitang Fm	大水塘组	T_3d	T_3	云南区测队	1966	云南	
57	Dashuijingshan Fm	大水井山组	T_2d	T_2	云南区调队	1983	云南	
58	Daxinshan Fm	大新山组	P_1dx	P_1	云南地矿局	1990	云南	
59	Daxiong Gr	达雄群	JDx	J	西藏区调队	1983	西藏	
60	Dazhaimen Fm	大寨门组	D_3d	D_3	云南区调队	1980	云南	
61	Dazhongzhai Fm	大中寨组	D_1d	D_1	云南二区测队	1976	云南	
62	Dazhuka Fm	大竹卡组	E_3N_1d	$E_3—N_1$	西藏工业局地质队（西藏区调队）	1964 (1983)	西藏	
63	Denghei Fm	等黑组	E_2d	E_2	云南区测队	1965	云南	
64	Derirong Fm	德日荣组	T_3d	T_3	穆恩之等	1973	西藏	
65	Dewukaxia Fm	德悟卡下组	S_1d	S_1	西藏综合队（西藏区调队）	1979 (1983)	西藏	
66	Dianzhong Fm	典中组	E_1d	E_1	西藏区调队	1991	西藏	
67	Dingjiazhai Fm	丁家寨组	C_2d	C_2	云南区调队	1981	云南	
68	Dingpo Fm	顶坡组	Cd	C	四川三区测队	1977	四川	
69	Dingqinghu Fm	丁青湖组	E_3d	E_3	王文彬（西藏第四地质队）	1957 (1978)	西藏	
70	Dingqing Ophiolite Gr	丁青蛇绿岩群	T_3J_3DQ	$T_3—J_3$	刘世坤、滕云	1994	西藏	
71	Dingzonglong Fm	丁宗隆组	D_2d	D_2	四川三区测队	1974	西藏	
72	Dongdu Fm	东独组	$T_{2-3}d$	T_{2-3}	陈炳蔚、艾长兴	1983	西藏	
73	Dongdacun Fm	东达村组	T_3d	T_3	邹成敬	1985	西藏	
74	Dongfengling Fm	东风岭组	C_1d	C_1	西藏第一地质队	1971	西藏	
75	Dongka Fm	东卡组	Sd	S	梁寿生等	1978	西藏	
76	Dongka Fm	洞卡组	T_3dk	T_3	陈炳蔚、艾长兴	1983	西藏	
77	Dongxin Fm	洞新组	Zdx	Z_1	西藏自治区地矿局	1994	西藏	

序号	岩石地层单位名称		代号	地质时代	创名人	创建时间	所在省(区)	备注
	英文	汉文						
78	Duodigou Fm	多底沟组	J_3d	J_3	谌义睿 (西藏综合队)	1961 (1979)	西藏	
79	Duoni Fm	多尼组	K_1d	K_1	李璞	1955	西藏	
80	Eding Fm	额顶组	$\in e$	$\in$	四川三区测队	1977	四川	
81	Enda Fm	恩达(岩)组	Pte	Pt_{1-2}	杨暹和等 (西藏自治区地质志)	1986 (1993)	西藏	原名恩达组
82	Fenghuoshan Gr	风火山群	KF	K	张文佑等	1957	青海	
83	Gajie Fm	嘎姐组	K_1g	K_1	郭铁鹰等	1991	西藏	
84	Galijiang Fm	呷里降组	$\in_1g$	$\in_1$	四川区调队	1991	四川	
85	Gangba Gr	岗巴群	$K_{1-2}G$	K_{1-2}	海登(Hayden)	1907	西藏	
86	Gangbacunkou Fm	岗巴村口组	K_2g	K_2	王义刚	1980	西藏	
87	Gangbadongshan Fm	岗巴东山组	K_1g	K_1	王义刚	1980	西藏	
88	Gangdagai Fm	冈达概组	Pg	P_2	四川三区测队	1977	四川	
89	Gangdisi Gr	冈底斯(岩)群	PtG	Pt_{1-2}	西藏自治区地矿局	1995	西藏	
90	Gangmusang Fm	刚木桑组	O_2g	O_2	夏代祥 (西藏区调队)	1979 (1983)	西藏	
91	Gaojingchao Fm	高井朝组	P_1g	P_1	云南地矿局	1990	云南	
92	Gaoshanzhai Fm	高山寨组	T_3g	T_3	云南二区测队	1975	云南	
93	Gaxue Fm	嘎学组	J_3K_1gx	J_3-K_1	西藏区调队	1983	西藏	
94	Genlong Fm	根隆组	T_gl	T_3	侯立玮、罗代锡	1973	四川	
95	Gerong Fm	格绒组	Dg	D_1	四川三区测队	1977	四川	
96	Gezhadi Fm	格扎底组	Sg	S_1	四川三区测队	1977	四川	
97	Gongjue Fm	贡觉组	Eg	E_{1-3}	李璞	1955	西藏	
98	Gongyanghe Gr	公养河群	$Z\in G$	$Z-\in_2$	云南区测队	1965	云南	
99	Gongyenong Fm	公也弄组	T_3g	T_3	陈炳蔚、艾长兴	1983	西藏	
100	Guanshang Fm	关上组	D_1g	D_1	云南区调队	1982	云南	
101	Haitong Fm	海通组	D_1h	D_1	四川三区测队	1974	西藏	
102	Hetaoping Fm	核桃坪组	$\in_3h$	$\in_3$	罗惠麟 (云南地质局等)	1967 (1974)	云南	

序号	岩石地层单位名称		代号	地质时代	创名人	创建时间	所在省(区)	备注
	英文	汉文						
103	Heyuanzhai Fm	何元寨组	Dh	D_2	孙云铸等	1947	云南	
104	Hewanjie Fm	河湾街组	Th	T_2	云南区调队	1980	云南	
105	Hongshantou Fm	红山头组	O_2h	O_2	穆恩之等	1973	西藏	
106	Huakaizuo Fm	花开左组	J_2h	J_2	云南一区测队	1973	云南	
107	Huimin Fm	惠民组	Pt_3h	Pt_3	云南区调队	1979	云南	
108	Hutousi Fm	虎头寺组	K_1h	K_1	云南一区测队	1973	云南	
109	Jiabula Fm	甲不拉组	Kj	K	西藏煤田地质队(王义刚)	1957 (1976)	西藏	
110	Jiacun Gr	甲村群	OJc	O	穆恩之等	1973	西藏	
111	Jialapu Fm	甲拉浦组	J_1j	J_1	王乃文	1984	西藏	
112	Jiaka Fm	加卡组	C_1j	C_1	李璞	1955	西藏	
113	Jianchuan Fm	剑川组	N_2j	N_2	P Misch	1947	云南	
114	Jiangyema Fm	姜叶玛组	P_2j	P_2	郭铁鹰、梁定益等	1982	西藏	
115	Jiaoga Fm	交嘎组	P_1j	P_1	四川三区测队	1974	西藏	
116	Jiapila Fm	甲丕拉组	T_3j	T_3	四川三区测队	1974	西藏	
117	Jiayuqiao Gr	嘉玉桥(岩)群	PtJ	Pt_{2-3}	李璞等	1959	西藏	原名嘉玉桥变质岩系
118	Jidula Fm	基堵拉组	E_1j	E_1	穆恩之等	1973	西藏	
119	Jidonglong Fm	吉东龙组	P_1j	P_1	云南区调队	1985	云南	
120	Jiedi Fm	洁地组	T_2d	T_2	四川三区测队	1974	云南	
121	Jienu Gr	接奴群	$J_{2-3}Jn$	J_{2-3}	西藏区调队	1983	西藏	
122	Jiega Fm	捷嘎组	K_1jg	K_1	西藏区调队	1987	西藏	
123	Jilong Fm	基龙组	Cj	C	尹集祥、郭师曾	1976	西藏	
124	Jingxing Fm	景星组	J_3K_1j	$J_3—K_1$	云南区测队	1965	云南	
125	Jingzhushan Fm	竟柱山组	K_2j	K_2	西藏第四地质队(西藏第四地质队)	1973 (1978)	西藏	
126	Jinsichang Fm	金丝厂组	E_3j	E_3	云南区调队	1984	云南	
127	Jinshajiang Ophiolite Gr	金沙江蛇绿岩群	PTJ	$P—T_3$	李璞等(李璞等)	1951—1953 (1959)	四川	

序号	岩石地层单位名称		代号	地质时代	创名人	创建时间	所在省(区)	备注
	英文	汉文						
128	Jipuria Fm	吉普日阿组	P_2jp	P_2	梁定益、聂泽同等	1983	西藏	
129	Jitang Gr	吉塘(岩)群	$PtJt$	Pt_{1-3}	李璞等	1959	西藏	原名吉塘变质岩
130	Kadabeng Fm	喀大崩组	P_1k	P_1	云南区调队	1985	云南	
131	Kanglu Fm	康鲁组	T_1k	T_1	文世宣	1979	西藏	
132	Kangma Fm	康马组	P_1k	P_1	章炳高	1974	西藏	
133	Kangnan Fm	康南组	T_2k	T_2	文世宣	1984	西藏	
134	Kangshare Fm	康沙热组	T_2k	T_1	王义刚、孙东立	1984	西藏	
135	Kangtuo Fm	康托组	N_1k	N_1	西藏区调队	1986	西藏	
136	Kawenggou Fm	卡翁沟组	Pk	P_2	四川三区测队	1974	四川	
137	Kaxiangda Fm	卡香达组	P_2k	P_2	张遴信、穆西南	1979	西藏	
138	Keerduo Fm	柯尔多组	Ok	O_{1-2}	西藏区调队 (夏代祥)	1979 (1983)	西藏	
139	Kongshuhe Fm	空树河组	$C_{2-3}k$	C_{2-3}	云南区调队	1985	云南	
140	Laba Fm	拉巴组	Pl	P	云南区调队	1982	云南	
141	Laga Fm	拉嘎组	C_2l	C_2	林宝玉	1983	西藏	
142	Lagongtang Fm	拉贡塘组	J_3l	J_3	李璞	1955	西藏	
143	Laguigangri Gr	拉轨岗日(岩)群	$PtLg$	Pt_2	西藏自治区地矿局	1996	西藏	原名拉轨岗日群
144	Laibuxi Fm	赖布西组	T_2l	T_2	王义刚、孙东立	1984	西藏	
145	Laigu Fm	来姑组	C_2l	C_2	四川三区测队	1974	西藏	
146	Lamaya Fm	喇嘛垭组	T_3l	T_3	四川一区测队 (四川三区测队)	1961 (1974)	四川	
147	Lancang Gr	澜沧群	PtL	Pt_{2-3}	云南区测队	1965	云南	
148	Langshan Fm	郎山组	K_1l	K_1	西藏第四地质队 (西藏第四地质队)	1973 (1978)	西藏	
149	Laojianshan Fm	老尖山组	O_1lj	O_1	云南区调队	1981	云南	
150	Laowangzhai Gr	老王寨群	CLw	C	李光勋等	1989	云南	
151	Lawula Fm	拉屋拉组	Nl	N_{1-2}	李宗海	1982	西藏	
152	Lazhuhe Fm	拉竹河组	P_1l	P_1	云南地矿局	1990	云南	

序号	岩石地层单位名称		代号	地质时代	创名人	创建时间	所在省(区)	备注
	英文	汉文						
153	Lianghekou Fm	两河口组	T*lh*	T_3	四川区调队 (四川区调队)	1980 (1984)	四川	
154	Liangquan Fm	凉泉组	D_1l	D_1	穆恩之等	1973	西藏	
155	Licha Fm	里查组	C_3lc	C_3	四川三区测队	1974	西藏	
156	Lichaiba Fm	栗柴坝组	S*l*	S_{2-3}	云南20地质队 (王举德)	1963 (1977)	云南	
157	Lielonggou Fm	列龙沟组	P_2l	P_2	西藏综合队	1976 (1979)	西藏	
158	Lieyi Fm	列衣组	T*ly*	T_2	文沛然 (雪冰)	1966 (1977)	四川	
159	Linbuzong Fm	林布宗组	J_3K_1l	J_3-K_1	罗中舒	1973	西藏	
160	Lingmaigou Fm	领麦沟组	T*lm*	T_1	毛君一 (雪冰)	1971 (1977)	四川	
161	Linzizong Gr	林子宗群	E*L*	E_{1-2}	李璞	1955	西藏	
162	Litang Ophiolite Gr	理塘蛇绿岩群	PT*L*	P—T	四川区调队	1984	四川	
163	Liuqu Fm	柳区组	$E_{1-2}l$	E_{1-2}	西藏区调队	1983	西藏	
164	Liuwan Fm	柳湾组	J_2l	J_2	J C Brown	1916	云南	
165	Liwu Fm	李伍(岩)组	Pt*lw*	Pt_2	宋鸿林	1995	四川	原名李伍岩群
166	Longba Fm	陇巴组	Pt*li*	Pt_2	云南区调队	1985	云南	
167	Longbie Fm	龙别组	D_1lb	D_1	云南二区测队	1976	云南	
168	Longdonghe Fm	龙洞河组	$C_{2-3}l$	C_{2-3}	云南区调队	1983	云南	
169	Longge Fm	龙格组	P_1lg	P_1	梁定益等	1982	西藏	
170	Longhai Fm	龙海组	J_3l	J_3	尹集祥等	1965	云南	
171	Longkan Fm	弄坎组	K_1l	K_1	尹集祥等	1965	云南	
172	Lucun Gr	吕村群	$T_{1-2}L$	T_{1-2}	西藏区调队	1983	西藏	
173	Luobadui Fm	洛巴堆组	P_1l	P_1	李璞	1955	西藏	
174	Luohong Fm	倮红组	D_1lh	D_1	云南二区测队	1976	云南	
175	Luolika Fm	洛力卡组	K*l*	K_1	冀六祥	1994	青海	
176	Luxi Fm	潞西组	O*l*	O_2	云南一区测队 (胡荣民)	1963 (1976)	云南	
177	Maichuqing Fm	麦初箐组	T_3m	T_3	云南一区测队	1974	云南	

序号	岩石地层单位名称		代号	地质时代	创名人	创建时间	所在省(区)	备注
	英文	汉文						
178	Mailonggang Gr	麦隆岗群	T_3M	T_3	西藏综合队	1979	西藏	
179	Malasongduo Fm	马拉松多组	T_1m	T_1	杨善清等	1983	西藏	
180	Mali Fm	马里组	J_2m	J_2	史晓颖、童金南	1985	西藏	
181	Manbing Fm	曼丙组	Cm	C_1	云南地矿局	1990	云南	
182	Mangbang Fm	芒棒组	N_2m	N_2	云南区调队	1982	云南	
183	Mangcuo Fm	莽错组	P_1m	P_1	四川三区测队	1974	西藏	
184	Manghuai Fm	忙怀组	T_2m	T_2	云南一区测队	1977	云南	
185	Mangxiang Fm	芒乡组	N_1m	N_1	吴一民等 (西藏区调队)	1973 (1983)	西藏	
186	Mankuanhe Fm	曼宽河组	K_2m	K_2	云南地质局16地质队	1966	云南	
187	Manlai Fm	曼来组	$Ptml$	Pt_2	云南区调队	1979	云南	
188	Manbo Fm	漫波组	Sm	S_{2-3}	云南省地层多重划分对比研究组	1993	云南	
189	Manxin Fm	曼信组	Dm	D_{2-3}	云南省地层多重划分对比研究组	1993	云南	
190	Masuoshan Fm	马索山组	T_2m	T_2	杜其良	1978	四川	
191	Mengcuonaka Fm	蒙措纳卡组	Omc	O_1	四川地层表编写组	1978	四川	
192	Menghong Gr	勐洪群	DCM	D—C	方仲景	1962	云南	
193	Mengjia Fm	勐戛组	J_2m	J_2	尹集祥等	1973	云南	
194	Mengla Fm	勐腊组	Em	E_3	云南区测队 (云南二区测队)	1964 (1973)	云南	
195	Mengjinshan Fm	勐井山组	Ptm	Pt_2	云南区调队	1979	云南	
196	Mengyejing Fm	勐野井组	E_1m	E_1	云南地质局16地质队	1963	云南	
197	Menkadun Fm	门卡墩组	J_3m	J_3	穆恩之等	1973	西藏	
198	Miange Fm	勉戈组	Tmg	T_3	侯立玮、罗代锡	1991	四川	
199	Mihei Fm	米黑组	Sm	S_1	四川地层表编写组	1978	四川	
200	Mili Gr	米里群	$PzMl$	Pz1	A K Jain	1974	云南	
201	Minglang Fm	明朗组	T_1m	T_1	云南地矿局三地质大队	1989	云南	
202	Mugagangri Gr	木嘎岗日群	JM	J	文世宣	1979	西藏	

序号	岩石地层单位名称		代号	地质时代	创名人	创建时间	所在省(区)	备注
	英文	汉文						
203	Muguahe Fm	木瓜河组	E_1mg	E_1	云南区调队	1981	云南	
204	Muzuo Fm	木座组	Zmz	Z_1	四川二区测队	1977	四川	
205	Nadigangri Fm	那底岗日组	Jnd	J_1	吴瑞忠等	1985	西藏	
206	Naqing Fm	那箐组	P_2nq	P_2	云南省地层多重划分对比研究组	1993	云南	
207	Nanbianshan Fm	南边山组	Dnb	D_{2-3}	云南省地层多重划分对比研究组	1993	云南	
208	Nanduan Fm	南段组	Cn	C	云南区调队	1982	云南	
209	Nanguang Fm	南光组	$D_{2-3}n$	D_{2-3}	云南二区测队	1976	云南	
210	Nanjiabawa Gr	南迦巴瓦(岩)群	$PtNj$	Pt_{1-2}	郑锡澜	1979	西藏	原名南迦巴瓦群
211	Nanlin Fm	南林组	N_1n	N_1	云南石油会战指挥部地质队	1972	云南	
212	Nanmuling Fm	南木岭组	Ptn	Pt_2	云南区调队	1979	云南	
213	Nanpihe Fm	南皮河组	P_2n	P_2	云南区调队	1984	云南	
214	Nanshuba Fm	南梳坝组	T_3n	T_3	云南一区测队	1966	云南	
215	Nanxin Fm	南新组	K_1n	K_1	云南一区测队	1973	云南	
216	Naxing Fm	纳兴组	C_1n	C_1	穆恩之等	1973	西藏	
217	Nianbao Fm	年宝组	J_1n	J_1	袁哲年	1984	青海	
218	Nianbo Fm	年波组	E_2n	E_2	西藏区调队	1991	西藏	
219	Nianqingtanggula Gr	念青唐古拉(岩)群	$AnZNq$	AnZ	李璞等	1959	西藏	原名念青唐古拉群
220	Nielamu Gr	聂拉木(岩)群	PtN	Pt_2	张旗	1981	西藏	原名聂拉木群
221	Nieniexiongla Gr	聂聂雄拉群	$J_{1-2}Nn$	J_{1-2}	穆恩之等	1973	西藏	
222	Nieru Gr	涅如群	T_3N	T_3	西藏区调队	1983	西藏	
223	Ningduo Gr	宁多(岩)群	$PtNd$	Pt_2	西藏区调队(姚宗富)	1990(1992)	西藏	原名宁多群
224	Niubao Fm	牛堡组	$E_{1-2}n$	E_{1-2}	王文彬等(西藏第四地质队)	1957(1978)	西藏	
225	Niuhetang Fm	牛喝塘组	T_3nh	T_3	云南区调队	1984	云南	
226	Nuocuo Fm	诺错组	C_1nc	C_1	尹集祥	1984	西藏	
227	Padana Fm	帕达那组	K_2p	K_2	刘成杰	1988	西藏	
228	Padang Fm	怕当组	Dp	D_1	云南省地层多重划分对比研究组	1993	云南	

序号	岩石地层单位名称		代 号	地质时代	创 名 人	创建时间	所在省(区)	备 注
	英 文	汉 文						
229	Pana Fm	帕那组	E_2p	E_2	西藏区调队	1991	西藏	
230	Pantiange Fm	攀天阁组	T_2p	T_2	云南区调队	1985	云南	
231	Papai Fm	帕拍组	T_1p	T_1	云南区调队	1986	云南	
232	Pingzhang Fm	平掌组	C_1p	C_1	云南区调队	1981	云南	
233	Puercuo Gr	普尔错群	SPr	S_{1-2}	西藏区调队	1987	西藏	
234	Pulu Fm	普鲁组	S_2p	S_2	穆恩之	1984	西藏	
235	Pumenqian Fm	铺门前组	C_1p	C_1	云南区调队	1981	云南	
236	Pupiao Fm	蒲缥组	Op	O_2	J C Brown (孙云铸)	1913 (1947)	云南	
237	Pushuiqiao Fm	普水桥组	T_1p	T_1	四川三区测队	1974	西藏	
238	Qialaka Fm	恰拉卡组	Sq	S	胡长寿等	1991	西藏	
239	Qingnidong Fm	青尼洞组	O_1qn	O_1	董得源	1979	西藏	
240	Qiongcuo Fm	穷错组	D_2qc	D_2	四川三区测队	1977	四川	
241	Qiongguo Gr	穷果群	$T_{1-2}Qg$	T_{1-2}	西藏区调队	1983	西藏	
242	Qiongyi Fm	邛依组	Cq	C_{1-2}	李宗凡	1994	四川	
243	Quiwu Fm	秋乌组	E_2q	E_2	李璞	1955	西藏	
244	Qubeiya Fm	曲贝亚组	K_2q	K_2	西藏区调队	1983	西藏	
245	Qubu Fm	曲布组	P_1q	P_1	尹集祥、郭师曾	1976	西藏	
246	Quburiga Fm	曲布日嘎组	Pqb	P	尹集祥、郭师曾	1976	西藏	
247	Qudi Fm	曲地组	P_1q	P_1	梁定益等	1982	西藏	
248	Quehala Gr	确哈拉群	T_3Qh	T_3	饶荣标等	1987	西藏	
249	Quemocuo Fm	雀莫错组	J_2q	J_2	青海区调综合地质大队	1987	青海	
250	Quesangwenquan Fm	却桑温泉组	J_2q	J_2	王乃文、J P Bassoul-let	1984	西藏	
251	Quga Fm	曲嘎组	P_1qg	P_1	西藏区调队	1987	西藏	
252	Qugasi Fm	曲嘎寺组	Tq	T_3	四川三区测队 (文沛然)	1966 (1974)	四川	
253	Quguo Fm	曲果组	Nq	N	'(苟金)	(1993)	青海	
254	Qulonggongba Fm	曲龙共巴组	T_3q	T_3	顾庆阁	1965	西藏	

序号	岩石地层单位名称		代号	地质时代	创名人	创建时间	所在省(区)	备注
	英文	汉文						
255	Ranwu Gr	然物群	DRw	D_{2-3}	四川区调队	1982	西藏	
256	Ranxi Fm	然西组	Sr	S	李宗凡	1994	四川	
257	Relu Fm	热鲁组	Er	E	四川一区测队 (四川区调队)	1961 (1982)	四川	
258	Rengong Fm	人公组	Or	O_1	四川区调队	1984	四川	
259	Ridang Fm	日当组	$J_{1-2}r$	J_{1-2}	王义刚等	1976	西藏	
260	Riganpeicuo Gr	日干配错群	T_3RG	T_3	西藏自治区地矿局	1993	西藏	
261	Rigongla Fm	日贡拉组	E_3r	E_3	吴一民等 (西藏区调队)	1973 (1983)	西藏	
262	Reheqiao Fm	仁和桥组	Sr	S_1	尹赞勋、路兆洽	1937	云南	
263	Rikangba Fm	日康巴组	E_2r	E_2	梁定益等	1991	西藏	
264	Rikaze Gr	日喀则群	K_2R	K_2	王大纯等 (文世宣)	1952 (1974)	西藏	
265	Riwanchaka Fm	日湾茶卡组	Cr	C_1	谢义木	1983	西藏	
266	Rouqiecun Fm	肉切村组	$Z\in rq$	$Z-\in$	穆恩之等	1973	西藏	
267	Sanchahe Fm	三岔河组	T_3sc	T_3	云南区调队	1981	云南	
268	Sandaoqiao Fm	三道桥组	Ps	P_1	地科院川西研究队	1969	四川	
269	Sangkalayong Fm	桑卡拉佣组	J_2s	J_2	四川区调队	1990	西藏	
270	Sangqiashan Fm	桑恰山组	Ks	K	冀六祥	1993	青海	
271	Sangqu Fm	桑曲组	O_1s	O_1	陈炳蔚等	1982	西藏	
272	Sanhaogou Fm	三号沟组	N_1sh	N_1	云南地矿局	1990	云南	
273	Sanhedong Fm	三合洞组	T_3sh	T_3	云南一区测队	1974	云南	
274	Sanjiacun Fm	三家村组	$\in_3sj$	$\in_3$	云南地矿局	1990	云南	
275	Sanying Fm	三营组	N_2s	N_2	云南第12地质队	1962	云南	
276	Sanzhushan Fm	三珠山组	Ts	T_2	杜其良	1978	四川	
277	Saze Fm	撒则组	Ss	S_2	四川三区测队	1977	四川	
278	Sewa Fm	色哇组	$J_{1-2}s$	J_{1-2}	文世宣	1979	西藏	
279	Shahechang Fm	沙河厂组	$\in_3sh$	$\in_3$	云南区调队	1980	云南	
280	Shabajiao Fm	沙坝脚组	D_1sb	D_1	云南区调队	1980	云南	

序号	岩石地层单位名称		代号	地质时代	创名人	创建时间	所在省(区)	备注
	英文	汉文						
281	Shamu Fm	沙木组	$P_2\hat{s}m$	P_2	云南区调队	1985	云南	
282	Shamoluo Fm	沙莫罗组	$J_3\hat{s}$	J_3	西藏区调队	1987	西藏	
283	Shanhuhe Fm	珊瑚河组	$C_1\hat{s}$	C_1	西藏第一地质队	1971	西藏	
284	Shanglan Fm	上兰组	$T_2\hat{s}$	T_2	云南一区测队	1974	云南	
285	Shaqiaomu Fm	莎巧木组	$J_2\hat{s}$	J_2	吴瑞忠等	1986	西藏	
286	Shazipo Fm	沙子坡组	$P\hat{s}$	P_{1-2}	云南一区测队	1966	云南	
287	Shenluogong Fm	申洛拱组	C_1s	C_1	云南省地层多重划分对比研究组	1994	云南	
288	Shenzha Fm	申扎组	$O_3S_1\hat{s}$	$O_3—S_1$	倪寓南等	1981	西藏	
289	Shexing Fm	设兴组	$K_2\hat{s}$	K_2	王乃文等	1984	西藏	
290	Shideng Gr	石登群	$C\hat{S}$	C	云南一区测队	1974	云南	
291	Shidian Fm	施甸组	$O\hat{s}$	O_1	J C Brown（尹赞勋）	1913（1936）	云南	
292	Shifodong Fm	石佛洞组	$P_2\hat{s}$	P_2	云南区调队	1984	云南	
293	Shigu Gr	石鼓群	$Pt\hat{S}$	Pt_{2-3}	P Misch	1947	云南	
294	Shipingding Fm	石坪顶组	$N_2Q\hat{s}$	$N_2—Q$	西藏区调队	1986	西藏	
295	Shiqipo Fm	石器坡组	$S_1\hat{s}$	S_1	穆恩之等	1973	西藏	
296	Shizishan Fm	狮子山组	$D_1\hat{s}$	D_1	段新华	1982	云南	
297	Shuanghe Fm	双河组	$N_1\hat{s}$	N_1	云南第12地质队	1963	云南	
298	Shuiqing Fm	水箐组	$S\hat{s}$	S_{1-2}	云南省地层多重划分对比研究组	1993	云南	
299	Shuijing Fm	水晶组	$Z\hat{s}$	Z_2	四川二区测队	1977	四川	
300	Songdagou Fm	颂达沟组	$\in sd$	$\in$	四川三区测队	1977	四川	
301	Songzong Fm	松宗组	Ds	D_{2-3}	李璞	1959	西藏	
302	Suonahu Fm	唢呐湖组	N_1s	N_1	西藏区调队	1986	西藏	
303	Suowa Fm	索瓦组	J_3s	J_3	青海区调综合地质大队	1987	青海	
304	Tacheng Fm	塔城组	Zt	Z	云南区调队	1985	云南	
305	Takena Fm	塔克那组	K_1t	K_1	罗中舒	1973	西藏	
306	Talibo Fm	塔利波组	Dt	D_3	四川三区测队	1977	四川	

序号	岩石地层单位名称		代 号	地质时代	创 名 人	创建时间	所在省(区)	备 注
	英 文	汉 文						
307	Taozishu Fm	桃子树组	T_3tz	T_3	云南区调队	1983	云南	
308	Tianba Gr	田巴群	$J_{1-2}T$	J_{1-2}	西藏区调队	1983	西藏	
309	Tielongtan Fm	铁隆滩组	K_2t	K_2	新疆石油局地调处	1975	新疆	
310	Tonghua Gr	通化群	ST	S	四川二区测队 (徐星琪等)	1961 (1965)	四川	
311	Tulong Gr	土隆群	$T_{1-3}Tl$	T_{1-3}	穆恩之等	1973	西藏	
312	Tumugou Fm	图姆沟组	Tt	T_3	四川三区测队 (文沛然)	1966 (1974)	四川	
313	Tunlonggongba Fm	吞龙共巴组	P_1t	P_1	章炳高、何国雄	1976 (1984)	西藏	
314	Tuoba Fm	妥坝组	P_2t	P_2	李璞	1955	西藏	
315	Tuolin Fm	托林组	N_2t	N_2	钱方等	1983	西藏	
316	Tuotuohe Fm	沱沱河组	Et	E	青海省区调综合地质大队	1989	青海	
317	Wachang Fm	瓦厂组	Ow	O_1	四川区调队	1984	四川	
318	Waigucun Fm	歪古村组	T_3w	T_3	云南一区测队	1974	云南	
319	Walasi Fm	瓦拉寺组	T_2w	T_2	四川三区测队	1974	西藏	
320	Wandianba Fm	弯甸坝组	T_3wd	T_3	云南区调队	1981	云南	
321	Wangjiacun Fm	王家村组	D_1w	D_1	云南区调队	1980	云南	
322	Weiguan Fm	危关组	Dw	D	徐星琪	1965	四川	
323	Weimen Fm	渭门组	$\in w$	$\in$	黄盛碧	1994	四川	
324	Weiyuangjiang Fm	威远江组	T_3wy	T_3	中科院南古所等	1975	云南	
325	Weimei Fm	维美组	J_3w	J_3	吴浩若	1984	西藏	
326	Wenquan Fm	温泉组	D_1w	D_1	云南区调队	1980	云南	
327	Woniusi Fm	卧牛寺组	C_3w	C_3	云南区调队	1981	云南	
328	Wugongkou Fm	蜈蚣口组	Zw	Z_2	四川二区测队	1977	四川	
329	Wuluochipu Fm	物洛吃普组	Owl	O_{2-3}	四川三区测队	1977	四川	
330	Wuqingna Fm	乌青纳组	C_1w	C_1	四川三区测队	1974	西藏	
331	Wuyu Fm	乌郁组	N_2wy	N_2	宁英毅等	1975	西藏	
332	Xiakasha Fm	下喀沙组	Qnx	Qn	胡金城	1994	四川	

序号	岩石地层单位名称		代 号	地质时代	创名人	创建时间	所在省(区)	备 注
	英 文	汉 文						
333	Xiala Fm	下拉组	P_1x	P_1	夏代祥 (夏代祥)	1979 (1983)	西藏	
334	Xialazi Fm	下拉孜组	O_2x	O_2	西藏区调队	1987	西藏	
335	Xiali Fm	夏里组	J_2x	J_2	青海区调综合地质大队	1987	青海	
336	Xiangdui Gr	香堆群	KX	K	四川三区测队	1974	西藏	
337	Xianggu Fm	响姑组	Cx	C_{2-3}	云南省地层多重划分对比研究组	1994	云南	
338	Xiangshan Fm	香山组	C_1x	C_1	云南区调队	1981	云南	
339	Xiangyangsi Fm	向阳寺组	D_1x	D_1	云南区调队	1980	云南	
340	Xiangzi Fm	香孜组	Qx	Q_1	钱方等	1983	西藏	
341	Xianrendong Fm	仙人洞组	P_1x	P_1	云南省地层多重划分对比研究组	1993	云南	
342	Xiaobachong Fm	小坝冲组	$\in x$	$\in_{1-2}$	四川地层表编写组	1978	四川	
343	Xiaodingxi Fm	小定西组	T_2x	T_2	云南一区测队	1977	云南	云南省归 T_3
344	Xiapotou Fm	下坡头组	T_2x	T_2	云南区调队	1983	云南	
345	Xiare Fm	下热组	J_2x	J_2	徐钰林等	1989	西藏	
346	Xigou Fm	西沟组	Cx	C_{2-3}	四川二区测队	1975	四川	
347	Xihu Gr	希湖群	$T_{1-2}Xh$	T_{1-2}	饶荣标等	1987	西藏	
348	Xinduqiao Fm	新都桥组	Txd	T_3	戈尔金(前苏联)	1960	四川	
349	Xiukang Gr	修康群	TXk	T_3	西藏区调队	1983	西藏	
350	Xiwalike Gr	西瓦里克群	$NQXw$	N—Q	Pilgrim (西藏地质局综合队)	1910 (1979)	西藏	
351	Xuebaoding Fm	雪宝顶组	Cx	C_1	谭锡畴、李春昱	1935	四川	
352	Xueshan Fm	雪山组	J_3xs	J_3	地质部石油局综合研究队	1966	青海	
353	Yajiang Fm	雅江组	Ty	T_3	范嘉松等	1960	四川	
354	Yajiu Fm	雅久组	Pty	Pt	西藏自治区地矿局	1994	西藏	
355	Yali Fm	亚里组	C_1y	C_1	穆恩之等	1973	西藏	
356	Yaluzangbujiang Ophiolite Gr	雅鲁藏布江蛇绿岩群	$TKYl$	T—K	朱占祥、廖远安等	1995	西藏	
357	Yangbazhai Fm	羊八寨组	P_2y	P_2	云南地矿局	1990	云南	

序号	岩石地层单位名称		代号	地质时代	创名人	创建时间	所在省(区)	备注
	英文	汉文						
358	Yangjiang Fm	漾江组	J_1y	J_1	云南一区测队	1973	云南	
359	Yangqu Fm	羊曲组	J_2y	J_2	青海一区测队	1974	青海	
360	Yangpo Fm	羊坡组	Pty	Pt_2	云南区调队	1984	云南	
361	Yanshiping Gr	雁石坪群	JY	J_{2-3}	詹灿惠等（西藏地质局综合队）	1957 (1974)	青海	
362	Yarunaga Fm	亚如那嘎组	K_1y	K_1	西藏区调队	1987	西藏	
363	Yazigou Fm	崖子沟组	Dyz	D_{2-3}	云南区调队	1980	四川	
364	Yeba Fm	叶巴组	J_2y	J_2	西藏地质局综合队	1974	西藏	
365	Yiji Fm	依吉组	Dy	D_1	云南区调队	1980	四川	
366	Yinchanggou Fm	银厂沟组	$\in y$	$\in_2$	云南区调队	1984	云南	
367	Yingshuiquan Fm	硬水泉组	T_1y	T_1	文世宣	1979	西藏	
368	Yingzhunianga Fm	英珠娘阿组	$Ty\dot{z}$	T_3	四川地层表编写组	1978	四川	
369	Yinshuihe Fm	饮水河组	O_2y	O_2	西藏区调队	1987	西藏	
370	Yongping Gr	永平群	JYp	J	云南区调队	1973	云南	
371	Yongren Fm	雍忍组	Sy	S_3	四川三区测队	1977	四川	
372	Yongzhu Fm	永珠组	C_1y	C_1	夏代祥（夏代祥）	1979 (1983)	西藏	
373	Youxi Fm	酉西组	$AnZy$	AnZ	西藏第一地质队	1977	西藏	
374	Yutangzhai Fm	鱼塘寨组	Cy	C_{2-3}	云南区调队	1984	云南	
375	Zagunao Fm	杂谷脑组	Tz	T_3	四川地质局甘孜区测分队	1960	四川	
376	Zenong Gr	则弄群	K_1Z	K_1	西藏区调队	1983	西藏	
377	Zhada Gr	札达群	$N_2Q_1\dot{Z}d$	N_2-Q_1	张青松、王富葆	1981	西藏	
378	Zhagashan Fm	扎尕山组	$T\dot{z}g$	T_2	李小壮（李小壮）	1972 (1975)	四川	
379	Zhamure Fm	札木热组	$T_3\dot{z}m$	T_3	王义刚、孙东立	1984	西藏	
380	Zhanjin Fm	展金组	$C\dot{z}$	C_{2-3}	梁定益等	1982	西藏	
381	Zhanongema Fm	扎弄俄玛组	$S\dot{z}$	S_2	林宝玉	1981	西藏	
382	Zhepure Fm	遮普惹组	$E_2\dot{z}$	E_2	中国登山队科考队（文世宣）	1962 (1974)	西藏	

序号	岩石地层单位名称		代号	地质时代	创名人	创建时间	所在省(区)	备注
	英文	汉文						
383	Zhuogedong Fm	卓戈洞组	D_3z	D_3	四川三区测队	1974	西藏	
384	Zhuwo Fm	侏倭组	$T\dot{z}$	T_3	四川地质局	1975	四川	
385	Zongpu Fm	宗浦组	Ez	E_1	穆恩之等	1973	西藏	
386	Zongshan Fm	宗山组	K_2z	K_2	文世宣	1974	西藏	
387	Zongzhuo Fm	宗卓组	K_2zz	K_2	西藏煤田地质队（吴浩若）	1957 (1984)	西藏	

REGIONAL STRATIGRAPHY IN SOUTHWEST CHINA

(Summary)

1. Introduction

Southwest China, which ranges between 78°E to 105°E and between 21°N to 36°N, includes Tibet Autonomous Region, west Sichuan, west Yunnan and south Qinghai, with an area of about 2×10^6 km^2. It is bounded by south Kunlun Fault on the north and by a line from west of Longmenshan Fault, Sichuan to Tengtiaohe Fault, Yunnan on the east. Geographically, it belongs to the mainbody of Qinghai-Tibet Plateau, with an average elevation of more than 4 000 m. Tectonically, it is located in the complex orogenic belt within Tethyan structural domain.

This monograph is on the basis of theory of multiple stratigraphic classification and correlation proposed in *International Stratigraphic Guide* and *Stratigraphic Guide of China and Its Explanation*. The present study is focused on classification and correlation of lithostratigraphic units.

2. Stratigraphic Regionalization and Stratigraphic Sequence

In stratigraphic regionalization , it can be divided into four levels of Stratigraphic Super-region, Region, Area and Subarea; of which the former three ranks are generally indicated on the Regionalization Map. Southwest China includes two Stratigraphic Super-regions in a scheme of China united Regionalization, i. e. South China and Tibet-Yunnan Super-regions separated by Lanchangjiang Fault. In addition, an area along the boundary line belongs to Indian Stratigraphic Super-region. The scheme of stratigraphic regionalization in Southwest China is as follows:

Ⅵ	South China Super-region
$Ⅵ_1$	Bayan Har Region
$Ⅵ_1^1$	Madoi-Markam Area
$Ⅵ_1^2$	Yushu-Zhongdian Area
$Ⅵ_2$	Northern Qiangtang-Qamdo-Simao Region
$Ⅵ_2^1$	Xijinwulan-Jinshajiang Area
$Ⅵ_2^2$	Tanggula-Qamdo Area
$Ⅵ_2^3$	Lanping-Simao Area
Ⅶ	Tibet-Yunnan Super-region
$Ⅶ_1$	Southern Qiangtang-Baoshan Region
$Ⅶ_1^1$	Kongkashan Pass Area
$Ⅶ_1^2$	Shuanghu Area
$Ⅶ_1^3$	Mugagangri Area

VII_1^4 Baoshan Area

VII_2 Gangdise-Tengchong Region

VII_2^1 Cuolei-Xainza Area

VII_2^2 Nagqu-Biru Area

VII_2^3 Lhasa Area

VII_2^4 Tengchong Area

VII_3 Himalaya Region

VII_3^1 Yarlung-Zangbo Area

VII_3^2 Northern Himalaya Area

VII_3^3 High Himalaya Area

VII_3^4 Low Himalaya Area

VIII Indian Super-region

VIII_1^1 Siwalik Area

Based on the above stratigraphic regionalization. The comprehensive scheme of stratigraphic sequence is established in which the ranks higher than the subarea are indicated. Some isolated tectonic blocks, including ophiolites and melanges, are drawn by thick lines, with the meaning of tectonic-lithostratigraphic unit. Lithostratigraphic units of 53 Groups (including Rock Groups)and 335 Formations(including Rock Formations),totaled 388 units, are listed.

3. Pre-Cambrian

Pre-Cambrian strata in the studied area are Proterozoic dominated, and no Archean have yet been reported. These strata represented by Nyalam Group are widespread exposed in High Himalaya area. In "Sanjiang" region (i. e. Jinshajiang-Lanchangjiang-Nujiang region), there are several so-called "Major Metamorphic Rock Groups" in western Yunnan, and three so-called " Major Metamorphic Series " along the river in eastern Tibet. Finally, some Pre-Cambrian Systems are distributed in Gangdise-Nyainqentanglha area. As indicated by recent reports, sporadic outcrops of Pre-Cambrian Systems have also been found in Yushu-Qamdo and Bayan Har areas (Fig3-1).

Occurrence of Proterozoic strata is generally in two forms. (1)Some appear along the rift zone as elongates, such as those occurred in "Sanjiang" area, represented by Nyalam Group as basement rocks below extension detachment surface of metamorphic core complex. (2) Others occurred as basement complex in tectonic or thermal domes, such as Laguigangri Group, representing basement complex affected by upwelling of late anatectic materials, with migmatism and progressive metamorphism from center to margin.

Pre-Cambrian strata are of important parts of continental orogenic belts in Southwest China. In the past half century, because of the complex history of deformation, translation and metamorphism in the complex collision orogenic belts, a series of informal nomeclatures of stratigraphic units, such as "undefined complex", "metamorphic core complex", "Pre-Silurian System", "Pre-Permian System" and so on, have been proposed. This study, on the basis of lithologic assemblage, sequence markers and isotopic dating, reexamines these undetermined units, and a scheme of vertical four-division and lateral two-division are suggested for Pre-Cambrian strata in Southwest China.

For the vertical four-division, it includes four formation assemblages of gneiss, mica-quartz schist and quartzite, greenschist and diamictite, ascendingly. The former two, called Lower Assemblage, range from Paleoproterozoic to Mesoproterozoic, and the latter two, called Upper Assemblage, range from Qingbaikou Period to Early Sinian. Thus, the following conclusions can be drawn:

(1) To south of Yarlung Zangbo suture zone, no outcrops of Upper Assemblage have yet been found. It is common knowledge that this suture zone represents a collision zone between two continents since Cenozoic. The fact that Qingbaikou greenschist and Early Sinian diamictite assemblages are scattered only to north of Yarlung Zangbo River, implies that both the north and the south sides of this suture zone belong to two different continents respectively. Moreover, in view of the fact that Upper Assemblage is widespread in Qinling area and to south of it, it is reasonable to propose presence of a Pan-Yangtze continent during Neoproterozoic.

(2) Early Sinian diamictite assemblage is a part of combined events of Sinian continental volcanism, glaciation and abrupt turning of biologic evolution in South China. It is suggested that appearance of diamictite assemblage is associated with "Chengjiang Movement"; whereas glaciation event occurred after Chengjiang Movement. They together form a transition setting prior to the formation of stable Chinese platform. Lithostratigraphic correlation shows a relation of the upper and the lower levels, and suggests that they can not either be mixed up or be separated under study.

4. Cambrian-Silurian

A little of Lower Palaeozoic is distributed in the studied area, but its divisible feature is still obvious.

(1) Tibet-Yunnan Stratigraphic Super-region is characterized by stable Early Palaeozoic sediments, which show the well correlated relationship with platform sediments in Himalaya Stratigraphic Area. This reflects that the breakup of Gondwana may be occurred after Early Palaeozoic. They are characterized by mixing communities with both North China type and Southeast China type, which, thus, provides a way for its biostratigraphic correlation with South China Realm.

(2) In South China Stratigraphic Super-region, Lower Cambrian consists mostly of stable sediments, containing North China-type fauna, which is very similar to those in adjacent Yangtze platform. However, since Ordovician, its difference from Yangtze Region tends to increase, in that substable-active sediments more developed. This means that South China Stratigraphic Super-region to the northeast of Lanchangjiang River began to split possibly from the Pan-Yangtze continent at that time; whereas Tibet-Yunnan area to the southwest of Lanchangjiang River deposited extensive stable sediments, which was not separated from Gondwana until Late Palaeozoic.

5. Devonian-Permian

There are characteristic Devonian-Carboniferous-Permian strata in Southwest China. In the theory of multiple classification and correlation of stratigraphy, they can be divided into stable (carbonate formation), substable (mixing sandstone-mudstone+carbonate) and active (composite sandstone-mudstone+volcanics) types. Trough basins, which form a huge rift system, are a site of substable and active deposition, and stable sediments are deposited in platform basins. They together form a tectonic framework of alternating trough and platform basins. Three facies types, including cold (Gondwana-type), warm (Tethyan-type) and alternating cold-warm (transitional-type) types, are recognized based on the palaeontologic ecology. These, combined with the consideration of space and time evolution, have led to the conclusion that a tendency for lower cold and upper warm in a time evolution as well as south cold and north warm in a space distribution appeared in Late Palaeozoic, especially from Middle-Late Carboniferous to Early Permian period. Moreover, the investigation of active formations with "trinity of ophiolitic suite" suggests that Palaeo-Tethyan ocean developed mainly along Jinshajiang-Tengtiaohe zone during Carboniferous-Early Permian period, as evidenced by a typical example of Laowangzhai Group, Yunnan.

6. Triassic

Triassic in Southwest China is the most widespread but concentrated in the world. They form the majority of strata in Himalaya tectonic domain of Tethyan, with an area of 500 000 km^2 and accumulated thickness of more than 10 km. Its source of huge accumulations is puzzling; and at the same time, its lithostratigraphic classification and correlation as well as the establishment of basin framework are also equivocal.

(1) In Bayan Har Stratigraphic Region, Triassic flysch formation of black sandstones and slates dominated forms the famous "Black Triangle" within EW-trending Qinling-Kunlun belt. In its west area, near Jinshajiang River, only a general active island-arc formation was known previously. This study suggests that the island-arc formation can be divided into western, central and eastern zones with three corresponding stratigraphic systems. Also, it is revealed that Triassic sedimentary basin in Bayan Har Region shows a tendency of migration from W to E.

(2) In Northern Qiangtang-Qamdo-Simao Stratigraphic Region, a sedimentary framework is generally characterized by "two grabens interlacing one horst". From E to W, i. e. from Jinshajiang zone to Lancangjiang zone, Triassic rocks can be divided into 6 sedimentary types, in which volcanic activity occurred mostly during Middle Triassic time. This shows earlier 27 Ma for timing of volcanism in Qamdo-Simao province than that in Bayan Har province, within the range of South China Super-region. Thus, it is a reasonable solution for correlation of volcanic strata with different ages in the above two provinces.

(3) In Tibet-Yunnan Stratigraphic Super-region located to the southwest of Lanchangjiang River, including Southern Qiangtang-Baoshan, Gangdisi-Tengchong and Himalaya Stratigraphic Regions, except for some horizons intercalated with volcanic rocks, they represent generally a stable Triassic sedimentary region in Southwest China, which is an ideal site for studying the marine-facies Triassic stratigraphy in China.

7. Jurassic-Cretaceous

In Bayan Har Stratigraphic Region, which became a part of Asian continent during Jurassic period, only coal-bearing clastic rocks intercalated with volcanic rocks, and later fluviolacustrine-facies coal-bearing clastic rocks developed in some intermontane basins. With southward retreating of Tethyan ocean, both northern and southern oceanic basins were separated by a central unit represented by Lhasa-Xainza block and Gangdise island arc.

The northern oceanic basin represents in fact a Red Sea-type basin, where a series of Early-Middle Jurassic abyssal radiolarites, volcanic rocks and flysch were accumulated, showing early stronger and late weaker activites. Northwards, through a continental slope zone, up to north of Tanggula Pass, it is transformed into an extensive shelf area, where stable shallow-sea to alternating sea and continental facies carbonates and clastics have developed. Farther northwards, there is a distribution area of red continental-facies clastic formations, showing a genesis of faulted basin. There are gradual relationships between rock types and between facies zones mentioned above, showing a generally ordered distribution from continental facies, through alternating continental-sea facies and shallow-sea facies, to bathyal and abyssal facies.

In Himalaya area, the southern oceanic basin also shows an ordered distribution; but in the opposite direction, from SW to NE, sequentially appear stable littoral to shallow sea facies clastics and carbonates, slope-facies clastics, abyssal radiolarites, volcanics and flysch formations.

In Gangdise island-arc zone, fore-arc volcanic rocks and back-arc clastics and flysch have been accumulated.

Since Cretaceous, the closure of Mid-Tethys resulted in the development of red continental-facies clastics to the north of Nujiang River, whereas sea-facies strata appeared only in an island-arc zone on northern margin of Neo-Tethyan ocean and on the southern margin in the northern Indian platform.

8. Tertiary

During Early Tertiary (E_1—E_2^2), an extensive area to the north of Gangdise zone was united with Asian continent. These sediments consist mainly of red, grey or mottled poly-terrigenous clastic and molasse formations accumulated in some strike-slip and faulted basins, in which there are intercalated coal and gypsum-bearing beds or continental volcanic eruptive materials. Then, the southern margin of Gangdise zone appeared as an active zone of Tethyan ocean, and was characterized by island-arc intermediate-acidic volcanics (Linzizong Group) and fore-arc molasse accumulations (Qiuwu Formation). Normal shallow-sea sediments can be found in northern Himalaya area of south Tibet, which would be attributed to normal sea sediments in the northern margin of Indian platform.

During Middle Tertiary (E_3—N_2^1), the collision of Indian with Eurasia continents caused southern Himalaya zone to find itself in a position of upper superposed wedge, where there is no sedimentation. To north, in Gangdise zone, deep-level extension detachment process was responsible for major intermediate-acidic volcanic flooding and subvolcanic intrusion, which made it further to become a complex belt of active formations after E_1—E_2^2. Farther northwards, in the inner continent, some strike-slip basins were successively developed, and some small-scale faulted basins were formed.

With rapid uplifting of Qinghai-Tibet plateau since Late Tertiary (N_2^2-Q), a series of alluvial-facies molasse accumulations represented by Siwalik Group has been formed in the front of Himalaya, whereas plateau flood basalts (Shipingding Formation) have been formed in north Qiangtang and Hoh Xil areas.

9. Conclusions

The monograph of "Regional Stratigraphy in Southwest China" has been completed under theory and concept on multiple classification and correlation of the stratigraphy proposed by "International Stratigraphic Guide". Its application to continental orogens is the first attempt. Our results suggest its superiority, which is incapable of action for the classic stratigraphy, in aspects such as stratigraphic correlation in active zone, subdivision of Pre-Cambrian complex, recognition of intracontinental basins and establishment of stratigraphic framework. New thinking and opinion on descriptions of Pre-Cambrian, Late Palaeozoic and Jurassic-Cretaceous stratigraphy in the monograph are obvious for readers with no prejudice. However, the monograph has the following shortcomings:

(1) The area of Southwest China is nearly 2 000 000 km^2, of which more than 50% has been mapped only at scale of 1 : 1 000 000. It is insufficient to be engaged in recognition of basins and establishment of stratigraphic framework in orogenic belts. However, it is at present difficult to make up for a defect.

(2) The monograph has been completed on the basis of stratigraphic clearence data provided by each province in Southwest China. Thus, in application of these data to greater space-time range, care must be taken to distinguish, accept or reject, and revise these established stratigraphic units. Although orthostratotype nomenclature has been used on the equivalent stratigraphic units, its implication and timing are more changable. These aspects can not be described in detail here, which is little convenient to understand and to use these units for readers.

(3) Original basins in orogenic belts have often undergone multiphase disruptions and modifications. Thus, reconstruction of basinal framework, and multiple classification and correlation of the stratigraphy for these units, not only are an issue of working method, but also deal with a theory of stratigraphic study in orogenic belts. We hope that International Commission of Stratigraphy pays attention to these aspects, and explores a way to solve these problems with the aid of multidisciplinary cooperative project.